家具设计资料集

主编：许柏鸣　方　海

中国建筑工业出版社

图书在版编目(CIP)数据

家具设计资料集/许柏鸣,方海主编. —北京:中
国建筑工业出版社,2014.8
ISBN 978-7-112-16360-1

Ⅰ.①家… Ⅱ.①许… ②方… Ⅲ.①家具-设计-
资料-汇编 Ⅳ.①TS664.01

中国版本图书馆 CIP 数据核字(2014)第 019228 号

责任编辑:徐 纺
装帧设计:景 楠
责任设计:陈 旭
责任校对:姜小莲 刘 钰

家具设计资料集

主编:许柏鸣 方 海

*

中国建筑工业出版社出版、发行(北京西郊百万庄)
各地新华书店、建筑书店经销
北京科地亚盟排版公司制版
北京市密东印刷有限公司印刷

*

开本:880×1230毫米 1/16 印张:33¼ 字数:905 千字
2014 年 10 月第一版 2018 年 4 月第二次印刷
定价:**98.00**元
ISBN 978-7-112-16360-1
(25088)

本书编写人员

主编： 许柏鸣 方 海

参编： 金 蕾 张培蕊 孙 涛 吴 丹
陈 兵 赵 明 苏春莉 刘丹丹
蒋 健 刘 阳 景 楠

序

约里奥·库卡波罗

几天前，方海教授给了我厚厚一叠《家具设计资料集》的原稿，我看后感触良多，印象非常深刻。首先，我非常高兴能在第一时间欣赏和阅读这本书的全部内容。不得不说，这是一部内容极其丰富的资料集，其百科全书般的内容能激发你的灵感，为你提供近乎所有的相关专业信息，包括近年来世界各地的设计师们所取得的最新的卓越成果。

作为一名设计师，我在职业生涯中见过很多不同的设计指南，而这部由许柏鸣教授和方海教授主编的《家具设计资料集》，应该是该领域内目前涉及专业内容最齐全的著作。方海教授10年前取得阿尔托大学（原赫尔辛基艺术与设计大学）的设计学博士学位，并已在芬兰和欧洲其他地区活跃了近18年。许柏鸣教授是中国家具研究领域的第一位博士，他曾在意大利等地拥有三年多的相关研究经历。两位主编在繁忙的教学和设计实践之余，都饱览过大量的专业书籍，也研究了很多现代设计经典，为此书收集了充足的且富有价值的资料。诚然，我们都会了解一些各自专业内的知识，但现在有了这部著作，人们便能从一本书中就获知本设计领域几乎所有方面的信息。这种体验在相互学习和灵感激发方面都具有重要的意义，可以为专业设计师和有兴趣的人士上一堂卓有成效的课。

该书在绪论部分论述且列举了几千年以来人们设计、制造和使用过的众多有代表性的家具。很欣慰，我从中看到了完整的中国家具系统和欧洲家具系统，还有世界上其他的家具风格。为什么家具风格一旦形成就会长期为人们所喜爱？因为它们那产生于不同文化背景的设计与装饰手法中都蕴藏着深刻的含义。同时，这些家具又是以功能为基础的。那么，应该反思的是，作为现代设计师的我们，是否过于热衷简洁的设计呢？我们应该从传统中吸取怎样的灵感？

家具设计经常要考虑许多关于技术诀窍的问题。为此，对设计师和建筑师来说，对材料和技术知识的了解就显得颇为重要。值得欣慰的是，这部设计资料集非常系统地介绍了以上方面的内容，特别地，还与生态设计的理念联系起来。另外，"人体工程学与家具功能"这一章可能是全书最大的亮点。现代时期以前，人们有更多的时间与大自然直接接触，保证了基本的健康。然而，现代文明创造了更多的室内生活，人们大部分时间坐在椅子上。可以说，家具设计的质量开始变得愈来愈重要，因为它与人体健康和日常生活的品质都密切相关。

在"家具材料与结构"、"人体工程学与家具功能"之后，这本书余下的章节都涉及到美学方面，尤其是"家具感性设计基础"这一章。结合着功能设计的理念，这些章节陆续介绍了民用家具、办公家具、特种家具和系统家具。最后一章"品牌构筑与产品服务"则是以前的设计手册中罕有的。美学对任何设计都是很重要的，它促使设计表现出和谐和丰富多彩，用起来舒适和健康。一旦我想要在美学方面加以改善，倘若运用得当的话，我的设计肯定会非常精彩。

感谢许柏鸣教授和方海教授，他们为我们带来了这样一部内容丰富而时尚的资料集。这本书不久就要在中国出版了，我也真诚地希望它能够在以后的几年中以其他语言在世界各地面世。我有幸在过去的20年里和方海教授长期合作，也与许柏鸣教授多次交流，通过这两位主编，以及许多其他的中国朋友，例如去年仙逝的曾坚先生、现在仍与我合作的印洪强先生，我个人经历了一段因文化交流而硕果累累的时期，我从中所学到的远多于我教给大家的。从这部著作中，我也能够明显感受到中国设计在未来的惊人力量。

2013.9.6

前　　言

家具作为建筑与室内外空间的重要元素和人类生活的必需品，数千年以来一直忠实地伴随着我们，随着社会经济的发展和人们生活水平的不断提高，家具在我们的生活、工作和娱乐中扮演着越来越重要的角色。改革开放三十多年来，我国家具行业的变化翻天覆地，已经从工场手工业生产方式转变为真正意义上的现代产业，产业规模已居世界之冠，2009年的国内生产总值达7300亿元人民币，并一直在以每年20％以上的速度增长着，随着要素驱动经济向创新驱动经济的转型，对设计的要求也随之而日益提高。

正是在这样的背景下，中国建筑工业出版社继《建筑设计资料集》与《室内设计资料集》之后，再一次推出这一部《家具设计资料集》，从而在纵向形成了一个完整的设计资料库。

家具设计属于工业设计范畴，与建筑和室内设计的性质具有本质的区别，而与其他几乎所有的工业产品不同的是，它又与室内外环境密不可分，所以家具设计是唯一具有工业产品与环境双重属性的设计，具有自身独特的设计思维和模式。

20世纪80年代，中国轻工业出版社出版过由上海家具研究所编写的一部工具书《家具设计手册》，对当时处于萌芽状态的国内家具设计起到了十分重要的参考和指导作用。今天，业界已经提出了新的更高的要求，以适应时代的需要。这部《家具设计资料集》在很大程度上颠覆了传统的家具设计理论，既吸收了三十年来国内理论和实践中所积累的基础资料和经验，更导入了当今国际最前沿的设计思想、理念、工具、方法和模型。我们希望这部新的专业性工具书能够承载行业、社会和历史所赋予的使命。

本书分为上下两卷，上卷为《基础篇》，下卷为《设计篇》。

《基础篇》重在提供设计所需要的基本信息、相关标准和规范，以及必要的数据，主要涵盖了家具的类型、家具所用的材料与相应结构、人体工程学与家具的功能、家具感性设计基础等；《设计篇》旨在为家具设计实务提供直接的参考作用，既考虑了资料性，更突出了可遵循的创新思路，以引导新设计的诞生，主要包括了民用家具的常规设计、办公家具的常规设计、特种家具的常规设计、系统家具的设计等。需要特别指出的是：下卷的最后一章，即第5章"品牌构筑与产品服务体系设计"体现了当今国际上最新的大设计概念，旨在从根本上全面解决商业化设计的市场有效性问题，而不是局限于产品本身，产品是重要的，但方向和系统保障更加重要。如果没有品牌和包括服务与传播在内的产品服务体系的支撑，家具产品本身将越来越难以获得良好的市场表现。其中蕴含着战略性思维、复杂的知识系统和对智慧的诉求。设计应当理解为是一个"知识集成中心"。当然，作为工具书，我们只能导入一个基本框架，更详尽和深入的理论将另以相关专著予以呈现。

本书的撰写历时六载，主要在于基础资料的采集与新理念的孕育，期间得益于许柏鸣先生在意大利两年的留学生涯，而方海先生带来了北欧学派的思想。感谢意大利米兰理工大学设计系、意大利设计系统（SDI）以及意大利"工业设计、艺术和传播组织"INDACO（Dipartimento di Industrial Design, Arte Comunicazione）的合作，尤其是米兰理工大学家具专业首席教授Alessandro Deserti先生和国际著名产品战略设计专家Francesco Zurlo教授的帮助。许柏鸣指导以金蕾为首的南京林业大学2009级全体研究生和方海指导的江南大学博士生景楠参与了全书的编写，做了大量的资料梳理工作，谨颂谢忱！

最后，对中国建筑工业出版社徐纺老师和黄居正老师在本书问世中所起的决定性作用致以崇高的敬意和诚挚的谢意！

目　　录

上卷　基础篇

下卷　设计篇

0 绪 论

0.1 家具的缘起

在人类历史发展的长河中，家具作为室内陈设的必需品，经历了漫长的演化与发展过程。追溯缘起，仪式与功能成为孕育人类家具的两方土壤。在中国，家具的萌芽主要源于人类对其实用性的认可，即家具体现的功能能够满足人类生活的基本需要；而在欧洲，人类寄予家具更多精神层面的含义，早期家具成为主要的仪式与庆典上的权威象征和精神符号。当然，早期的中国与欧洲家具并不存在仪式与功能的绝对分水岭。例如，中国商周时期的青铜家具，通过具有精神象征意义的图案装饰，体现出一种统治阶级被赋予神性的表达，这些家具通常作为礼器在仪式与庆典中使用；而在欧洲，古希腊时期的"克里斯莫斯椅"强调了一种简洁实用、合理优美的家具形式。随着东西方文化交流的逐渐密切，中国家具中实用的功能主义特点对欧洲的家具设计产生了广泛而深刻的影响，并最终融入现代主义的思想大潮，而中国在清朝盛期也大量引进欧洲家具的构图元素。

0.1.1 中国家具：功能主义的典范

早在新石器时代，中国的祖先就已形成了席地而坐的生活方式，直到秦汉时期，中国家具的类型都只局限在低矮式样。这个时期的家具如几、榻、箱、席等，均来自席地而坐的生活方式。其家具存在的形式完全以生活习性为准则，以满足人们起居生活的基本要求作为衡量家具优劣的标准，即家具的功能主义。到了商周时期，伴随着青铜冶炼和制作技术的逐渐成熟，青铜家具成为这个时期的典型代表，除了具有适当的功能性外，商周的青铜家具多作为礼器使用，承载了更多的仪式功能。中国家具发展中的这种尊崇仪式的特例源自商周时期的"天命观念"与"君权神授"，统治阶级企图借助一种超自然的力量维护其权威与统治。然而，随后而来的楚式家具，作为中国家具发展中的第一个高峰，已成为功能主义的设计典范。

商周时期青铜工具的发展为家具中木材的加工提供了更多可能性，自此以后，木制家具逐渐多了起来，漆家具工艺在春秋战国时期得以兴起，从而成为楚式家具的主体。春秋战国时期是我国古典哲学的萌芽与发展时期，诸子百家的哲学观念深刻地影响着中国设计的发展。其中，道家学派的创始人老子及其继承者庄子的"道法自然"学说成为中国传统设计观念的核心，中国家具之后呈现的一系列功能主义的特点，其根源都在于指导理念中质朴与实用的本质。秦汉时期是中国漆家具的成熟期，而民族大融合更促进了这种成熟和进一步的发展。胡床是西北游牧民族使用的一种可折叠的轻便坐具，它的实用性得到了汉灵帝的认可和大力提倡。直到南北朝，由佛教带来的僧侣文化对中国高型家具的萌芽起到了推动作用，人们能够看到僧侣生活中的座椅及其垂足而坐的生活方式。而这种直接来源于节制简朴的生活态度的家具类型，也促使这个时期的家具发展仍然以功能主义为主要理念。

中国家具发展至唐宋时，迎来了一个崭新的时期，并创造出宋式家具，形成中国家具发展的顶峰。首先在宫廷中流行的垂足而坐方式及座椅类型逐渐传遍开来，使得高型家具得以空前发展。唐前期的家具风格柔美华贵，加入很多繁文缛节般的装饰，但至五代以后，其家具类型转为简洁质朴和雅致大方，为宋式家具的最终形成奠定了基调。宋代家具以造型朴素纤秀、结构合理严谨为其特色，它不仅标志着席地而坐的结束，也确定了中国家具中的框架结构发展模式（图 0-1）。同时，基于对家具功能性的渴

图 0-1 （宋）赵佶《听琴图》（局部）中的琴桌和香几

求，宋代家具还注重家具整体尺寸与人体、室内布局的关系，在人体工效学与系统性设计上开创了先河。

明式家具是宋式家具的直接延续，并因硬木的使用让中国家具进入巅峰时期，其工艺精湛、结构巧妙、选材考究，每一门类的家具都完全以使用功能为设计出发点，即使以现代功能主义标准衡量，也堪称典范。以明式家具的座椅设计为例（图 0-2），其搭脑、S 形靠背板、扶手和座面尺寸等都在相当程度上符合现代人体工学对舒适的要求。明式家具的这种集功能与审美于一体的设计成为诸多西方现代设计师构思理念的灵感来源。然而，中国家具发展到清式风格，其质朴雅致的特点逐渐加入更多的繁琐雕刻与装饰，但功能主义的基调从未改变。

（a）

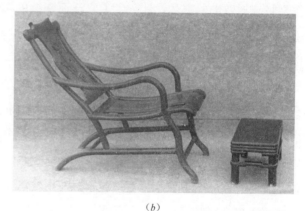
（b）

图 0-2 明式家具的座椅

（a）带独立靠背扶手椅；（b）带脚踏的中国红木躺椅

0.1.2 欧洲家具：仪式化的缘起

现存最早的木制家具要追溯到古埃及新王国时期，以四足靠背座椅居多，靠背的高低常用来表示尊卑，椅腿多以兽腿形态出现（图 0-3）。古埃及座椅的靠背、扶手及座面大多以直线居多，缺少舒适的概念。座椅的靠背多有雕刻或者镂空图案，装饰隆重而繁复。这些典型的特点都说明当时的座椅设计并不侧重于人体功能的需要，而主要为庆典仪式所用，象征着等级地位的高低差别。

家具发展到古希腊时期出现了人文主义的气息，在古希腊民主平等的社会氛围下，家具的设计更多地考虑了世俗的需要，虽然也存在仪式化的含义，但其优雅的外形和实用的功能成为欧洲古典家具中合理化的典范。

古罗马家具虽然继承了古希腊的若干传统风格，但究其区别来看，古罗马家具更注重装饰及其象征含义，大量采用雄狮、战马和胜利花环等元素，从而形成了一种浑厚浓郁的仪式化风格，

图 0-3 古埃及兽腿椅

这点也能从古罗马庞大的建筑遗存中窥见一斑。可见，仪式化的特征在古罗马家具中已非常显著。

欧洲中世纪的家具风格分为前后两个时期，前期为拜占庭式与仿罗马式，二者都沿袭了罗马家具的主要风格，家具中都惯常以古罗马建筑中的拱券、檐柱等元素作为造型与装饰的来源。其中，拜占庭风格在古罗马家具的基础上有了明显的变化，其家具线条常由弯曲变为直线，显得挺拔庄严，特别是王座的设计，上部装有顶盖和高耸的尖顶，整个造型成为后期哥特式风格的雏形，带有明显仪式化的特征。后期哥特式家具的兴起达到了欧洲家具仪式化表现的高峰。哥特式家具与同期的建筑风格完全一致，其中最典型的主教座椅中采用了高耸的尖拱与直线，表达了宗教信仰中强烈的精神向往，同时，也通过繁琐的雕刻与装饰烘托出主教的神圣地位。总的来看，除古希腊家具的简洁实用含义之外，早期欧洲家具的发展都是以装饰和造型的改变为主线，而它们都建立在为统治阶层或宗教系统的仪式服务上，因此类罕有舒适与实用化的功能创新。

文艺复兴时期的家具试图从古希腊与古罗马的风格中寻觅一种久违了的人文气息，早期文艺复兴风格的家具具有简洁、优雅及合理的结构与比例。而在后期，家具的发展逐渐走回到装饰与仪式的图圄之中，而巴洛克风格的家具就来源于后期的文艺复兴式。与文艺复兴家具的前期理想不同，巴洛克家具追求新奇与繁复的动感效果，广泛流行于欧洲各国的皇室与贵族阶层。洛可可风格最早出现于法国皇室，被称为路易十五式，其对装饰与奢华的重视成为皇室贵族们竞相炫耀财富的象征，欧洲家具中的仪式化发展到这里达到了继哥特式家具后的另一个高潮。需要说明的是，巴洛克与洛可可风格的家具在很大程度上受到中国清式家具的影响。中国清式家具在继承了明式家具功能性的同时，也发展了自己独特的甚至有些过度的装饰风格。

欧洲家具发展到新古典风格时，摒弃了洛可可时期繁琐的装饰，朝向简洁合理的古典主义精神迈进。家具的理性结构与和谐比例已经有了功能化的倾向。这个时期的一批设计风格，其原型来自中国家具，例如英国的齐彭代尔式座椅。可以说，欧洲家具自萌芽以来，它所包含的仪式化特色始终贯穿其中，而忽略了人体工程学对使用感受的要求，因此，当欧洲家具在装饰的道路上走到尽头时，一种舒适、健康与平民化的风格就变得迫切而必要，而中国家具的功能化恰恰为其带去了革新的灵感。

0.2 系统与流派

世界家具发展史中包括两个完整的家具系统，一个是欧洲家具系统（包括美国等），另一个是中国家具系统（包括日本等亚洲国家）。在这两个完整的家具系统中，又各自派生出种类繁多的设计流派或风格，而这些流派与风格又反过来影响与促进两大家具系统的逐步完善，相辅相成，不可分割，共同发展，最终创造出普遍适用于全人类的功能主义家具体系。

何谓完整的家具系统？为何是中国和欧洲分别发展出各具特色的家具系统？世界上其他国家和地区的家具发展状况又是如何呢？

0.2.1 完整的家具系统

完整的家具系统应当具备以下特点：（1）对日常生活而言，必须包括日常需要的所有种类，并充分满足使用功能的需求，且各自发展成熟；（2）对文化传统而言，必须成为一个民族或国家整体文化的一部分且含有文化的精神与符号，同时能够利用该符号和精神下的元素，较为明显地展示本民族或国家的文化传统特色；（3）对经济体系而言，必须成为构建国家经济体系中不可或缺的重要组成部分。

由此可见，在世界范围内，只有中国及欧洲的家具系统在其发展过程中始终能够彰显以上特色，不但为其本民族，也为整个人类发展的进程作出了不可估量的贡献。在此贡献中，两种家具系统的形成与发展不是各自孤立的，而是在交流与互通的基础上彼此推进，缺一不可。

0.2.2　中国及欧洲的家具系统成因

中国及欧洲家具系统的完备形成于漫长的人类文明发展史中，需要强调的是，这里的人类文明史不单指东方及欧洲文明，还有在此过程中对东西方文明产生过重要影响的其他文明，可以说，中国及欧洲家具系统的发展是建立在世界文明的不断交流与融合之中的。而从形成的成熟与完整性来讲，中国及欧洲的家具分别代表了东西方的文化特色，其主要原因如下：首先，中国及欧洲文明从发展伊始就以定居的农耕文化为主。定居的生活方式导致村落及城市的形成，同时也导致民众对于日常用品需求的增加，为文明的积累和发展提供了稳定的环境及创新的意识。其次，高座一系的家具是其他家具体系中欠缺的，由于宗教及游牧文化的影响，伊斯兰、印度和日本的家具体系中，始终以地毯或座塌取代高座家具的功能化。而在中国及欧洲的家具系统中，高座家具成为完善和促进系统发展的重要构成部分，可以说，东西文化的交流纽带就系于高座家具之上。最后，一个完整家具系统的发展取决于多方面的共同努力，例如该民族或国家的经济、文化、科技等诸多因素的先进与否。就科技发展来讲，中国早期科技的发达于古代四大发明就可窥见一斑，而欧洲的现代工业革命则引发了一系列技术的革新与进步。两者在科技层面的成果直接应用于家具领域的创新，为各自家具系统的发展注入了一针强心剂。

0.2.3　其他国家和地区的家具发展状况

0.2.3.1　古老而神秘的黑非洲：闭塞而缓慢的发展进程

据考古资料显示，非洲大陆是人类的发祥地之一，也是最早产生人类文明的地区之一。德国哲学家黑格尔曾将非洲分为三部分，包括非洲本土，即撒哈拉以南的黑非洲；欧洲的非洲，指被视为"欧洲的延伸"的大陆北缘；亚洲的非洲，即通常所说的尼罗河流域。

扎根于非洲本土的古代黑非洲文明主要分布于东北非和南部非洲。其中东北非以麦罗埃文明及阿克苏姆文明为主，而南部非洲孕育出了盛极一时的大津巴布韦文化。囿于地形地貌的复杂状况，尤其是撒哈拉沙漠与大海的阻隔，黑非洲仅在东北角上，通过尼罗河、或通过红海与外界有所联系。这种天然的闭塞环境严重制约了黑非洲文明的发展，使其进程缓慢而独立。需要说明的是，黑非洲文明在阿克苏姆时期呈现出较为丰富的多元文化，这与阿克苏姆优越的地理条件密切相关，其地处连接地中海与印度洋水路的交通要冲，移民与商旅的活跃促进了不同文明之间的交流贯通，从而形成了黑非洲文明中较为先进的一支。另外，以巨石建筑闻名遐迩的大津巴布韦文明于15世纪末或16世纪初突然瓦解，其所属王国也于近代成为英国的殖民地。可以说，闭塞的环境因素导致了黑非洲文明的不开放与少交流，无法形成对外影响的同时，也缺少引进先进文明的契机，从而使该文明在经济、技术及社会的整体水平上始终处于相对原始的发展状态。

回到家具文化中来，原始文明的停留制约着黑非洲家具（图0-4）从材料、加工工艺、结构到造型等多方面的发展。黑非洲的家具主要依附于简朴原始的生活方式及落后的经济技术。其家具体系中的种类颇少，名目简单。而针对那些代表仪式含义的家具（例如座椅等），所采用的加工方式依旧古朴，只是添加了富有浓郁黑非洲特色的装饰风格。

然而，古老而神秘的黑非洲美术给予现代艺术大师的灵感是不言而喻的，马蒂斯和毕加索就是这些受益与传承者中的重要代表。马蒂斯善于吸取多门类的艺术元素，并在积极研究东方地毯及北非景色的配色法中发展出一种独特的现代设计风格；1906年至1910年是毕加索创作的非洲时期，他从德兰的非洲面

  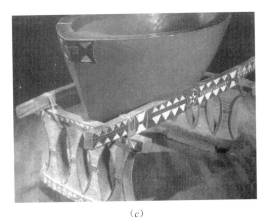

(a)   (b)   (c)

图 0-4　黑非洲的坐具与日常用具

具中得到启发，形成了多角度、多组件的人体画法，预示其立体主义时期的来临。

0.2.3.2　兼收并蓄的伊斯兰：游牧文化中的宗教需求

随着阿拉伯人自公元 7 世纪中叶以来的不断扩张，伊斯兰文明拥有了兼收并蓄的发展契机，它不但继承了古波斯萨珊王朝的艺术传统，还吸取了西方希腊、罗马、拜占庭艺术甚至东方中国、印度艺术的优秀元素，发展出一种独树一帜的原创风格。

伊斯兰文明的萌芽根植于游牧文化，其发展也伴随着游牧民族的生活需求。阿拉伯人、波斯人、土耳其人以及蒙古人成为伊斯兰文明的主要创建者。沿袭下来的游牧传统深刻影响着伊斯兰的家具文化，使轻便和富丽成为日常家具设计的主基调，并沿用至今。伊斯兰人惯用地毯（图 0-5）代替坐卧家具的功能，除了便携的优点外，地毯的编织制作易通过色彩的适宜搭配呈现出奢华富丽的风格。

图 0-5　印度绘画《皮尔斯的玫瑰花园》（局部）中的地毯（左）和
波斯绘画《情侣敬酒》中的地毯与靠枕（右）

伊斯兰文明曾一度受到异族文化的冲击，却从未屈从。伊斯兰人在积极学习他人之长的同时，始终保持着自身的传统文化。因此，即使伊斯兰人形成了定居的生活方式，也未曾改变过游牧文化下的家具使用特色。

另外，虔诚的穆斯林每天要进行五次祈祷，而为祈祷专用的拜垫也成为伊斯兰人不可或缺的日常家具形式之一。这也充分体现了宗教文化对于伊斯兰人的生活及用品（例如家具）的深刻影响。

总之，独有的民族文化与宗教文化孕育出世界文明中的一朵奇葩——伊斯兰文明。同时伊斯兰文明中的各部，例如家具发展也时刻受制于民族及宗教的特殊性。伊斯兰人的家具种类甚少，因以地毯取代坐卧家具，其在高座家具的发展中处于劣势，最终难以形成较为完备的家具系统。

0.2.3.3 宗教本位的印度：多元化宗教的交叉影响

印度是世界四大文明古国之一，古代印度系指现在整个南亚次大陆，包括现在的印度、巴基斯坦、孟加拉等8国领土。从石器时代的相关遗址来看，南亚次大陆是古人类活动的区域之一。土著居民达罗毗荼人培植了印度文明的胚芽，创建了以生殖崇拜为主的农耕文化。约公元前21世纪中叶起，以游牧生活为主的雅利安人陆续由中亚迁徙到印度，逐渐占据了先前土著居民的土地，带来了自然崇拜下的游牧文化。两种文化在印度本土实现融合，并深刻而长远地影响着印度人生活的方方面面，包括与日常生活息息相关的家具设计文化。轻便易携的低矮家具随着游牧文化的渗透逐渐走进了民众的家居生活，而农耕文化孕育的日常家具也在某种程度上影响着游牧民族的生活方式。以至于当佛教从印度传往中国时，其僧侣画像中的座椅成为中国高座家具雏形的灵感来源。

逐渐地，阿拉伯帝国于公元8世纪占领印度西部的信德地区，伊斯兰教文化也随之向印度内陆渗透。公元11世纪，突厥人入侵印度北部并建立了印度史上第一个伊斯兰帝国——德里苏丹国。这一事件伴随着德里苏丹人对佛教与印度教的残酷打压，加速了伊斯兰教文化在印度的广泛传播。与此同时，印度的佛教文化在这一时期遭受了毁灭性的打击。1526年，莫卧儿取代德里苏丹国成为印度历史上的又一个伊斯兰教封建王朝。在莫卧儿帝国统治期间，艺术文化在稳定与兴盛的社会氛围中得到了长足发展，伊斯兰教文化深入地融入印度的本土文化之中，同时结合了中亚及波斯的艺术文化特色。多种文化结合的优势得以在当时的诸多建筑作品中显现，而阿克巴陵与泰姬陵是其中的典型代表。伊斯兰教文化理所当然地影响到了与民众生活密切相关的家具领域，不但进一步加强了印度家居中以地毯满足坐卧功能的生活方式，其浓郁的宗教气息也不容置疑地形成了这些家具设计的独特风格。

需要强调的是，印度是世界宗教的发祥地之一，宗教信仰对其的影响已经深入到印度社会与文化发展的各个方面。印度历史上也曾出现过多种本土宗教，这些类目繁多的宗教文化始终贯穿于印度文明的篇章之中，例如早期的婆罗门教（印度教前身）、耆那教和佛教。而印度的家具设计一直以来也都充满着宗教色彩。宗教成为其创作的源头与动力，而这种创作本身也凝聚与包含着对宗教信仰的虔诚与忠实。囿于强烈的宗教影响，印度的家具发展首先受到了精神层面的严重制约，其早期作品中总能反映出佛教、印度教等宗教文化的精神与隐喻（图0-6）。

由此可见，印度的家具文化是其占领袖地位的宗教文化下的分支，有着强烈的精神象征、信仰束缚和深刻的地域特色，不具有普适性。另外，如前所述，印度的家具文化中高座一系的发展受到抑制，不足以支撑其形成较为完备的家具体系。

0.2.3.4 封闭原始的南美：陨落的辉煌文明

美洲是亚美利加州的简称，包括北美洲和拉丁美洲两大部分。其中拉丁美洲又分为墨西哥、中美洲、西印度群岛和南美洲四个地区，而印第安人是美洲文明的创建者。印第安人中的玛雅人、阿兹特克人和印加人先后在墨西哥、中南美洲建立了三个印第安文化的中心。

图0-6　古印度佛教雕刻中的坐具

南美安第斯高原是古代美洲文明的重要一支，即印加文明的发祥地。印加人最早以采集和渔猎为生，直到公元前 4000 年，印加人转而经营原始农业，农耕文化下的定居生活为其日常家具的发展奠定了基础。然而，美洲新大陆的发现致使印加帝国于 1533 年被西班牙殖民者摧毁，随之衰败的印加文明也严重遏制了南美文化的发展。

同时，身为奴隶社会的印加帝国，国王、王族、贵族、官吏和寺庙祭司等占有充分的国家主导地位，被统治阶级的奴隶们在宗教、政治、经济等方面都被压制，其所服务的对象和进行的劳动都依附于统治者的需要，无法自由地发挥自我才能。另外，印加人的宗教是对太阳神和月亮神的崇拜，而国王是太阳的化身，国王的木乃伊祭奉在太阳神庙的金椅上。因此，就家具制作而言，统治阶级的仪式化需求成为南美印加家具文化的重要特色（图 0-7）。可以

图 0-7　南美文化雕刻艺术品中的坐具

说，辉煌的印加文明随着入侵者的践踏陨落了，加之奴隶制与神秘的宗教信仰，南美家具文化的发展缺少了自由与创新的土壤，势必形成落后与单一的状况。

0.2.3.5　坚韧朴实的爱斯基摩：残酷环境下的实用需求

爱斯基摩文化形成于北极地区爱斯基摩人的原始社会晚期。由于特殊的自然环境，爱斯基摩人在经济上主要以渔猎为主，而文化上主要以适应北极苔原和冻土环境为主，被称为"白色文化"或者"冷文化"

爱斯基摩人是北极土著居民中分布地域最广的民族，其居住地域从亚洲东海岸一直向东延伸到拉布拉多半岛和格陵兰岛，主要集中在北美大陆。其中西部爱斯基摩文化深受亚洲和美国印第安人文化的影响。

传统的爱斯基摩人具有近乎原始的生活方式，其社会及生活构造相对简单。同时，爱斯基摩人疲于奔波，以寻求充足的猎物用于生活与生产。总之，爱斯基摩文化中的家具部分单一而简朴，实用且轻便。这种家具文化对种类的需求不高，以必需为主。

0.3　中国家具系统

从广义的概念来讲，中国家具系统中也包括日本、韩国及东南亚国家的家具。家具在中国几千年文明史中占有重要地位，它通过对材料结构、装饰文化、生活方式、思想情感等各方面的表达，充分体现了不同时代的艺术价值及其发展。同时，其独特的艺术与设计理念对许多国家产生过影响或带去创作的灵感，在世界家具设计的整体发展舞台上，扮演着关键角色。而这种独特设计艺术的核心在于中国家具以人为本的基本理念和在各个阶段发展出来的艺术性与功能性的完美结合，这也是与欧洲家具体系一开始就以仪式化为萌芽进行创作的根本差别。我们现从中国家具系统的几个要点，即从生活方式、设计师及设计文献三个方面进行探讨，从而大致描绘出中国家具系统成形与发展的轨迹。

0.3.1　生活方式决定家具的类型

人类生活方式的发展与变化是中国家具发展的内在推动力，而高椅家具的出现则是中国家具发展的最重要转折点。据悉，中国是现代时期以前在东亚地区唯一采用以椅子为中心的起居生活方式的民族，实际上也是西方以外唯一使用椅子的民族。其实，中国在北宋的高椅生活方式之前，经历了漫长的"席

地而坐"及低型家具的起居方式。

中国古典家具的雏形早在新石器时代就已出现，只不过从新石器时代到秦汉年间，家具的类型都止于席地而坐或者较为低矮的使用方式，与当时人们的生活习惯密不可分。这类家具的品种较少，至今尚存的只有为数很少的青铜或木髹漆家具。到了商周时期，青铜器的制作工艺带动了一批青铜家具的发展，其造型古朴且纹饰粗犷，常见的装饰纹样有饕餮纹、夔纹、蝉纹等。同时，由于青铜工具的发展，其制作工艺慢慢成熟，进而带来了木制家具的加工可能性。在这之后的中国家具中，木制家具类型就逐渐多起来。春秋战国是漆家具的兴起时期，髹漆彩绘为其家具的首要特色，此时的家具样式较前代更为丰富，除已有的俎、禁、床以外，还出现了几、屏风、衣架等。秦汉时期为我国低型家具的大发展时期，其中漆家具走向兴盛，髹漆技术达到一个高峰，出现了多种装饰技法，家具的品种也已经发展到床、榻、几、案、屏风、柜、箱、衣架等，而胡床的出现影射着高型家具的初现端倪，同时，软垫的出现表达了对坐具舒适度的追求，这个时期的家具选材也越加广泛起来。

中国家具的发展伴随着人们对礼教观念的认识及其变化，随后引起日常生活习惯的变化，并导致家具从矮向高发展，品种不断增加，造型和结构逐步完善，从而为后期家具木框架体系的最后形成奠定了基础。

民族的融合和佛教的流行，使汉代就已出现的胡床逐渐普及，并出现了各种形式的高型家具，如凳、筌蹄、椅子等。魏晋南北朝时期，矮型家具继承前代并有所发展，新的结构和装饰技法也时有出现，而高椅无疑成为中国家具发展中的最关键环节，并由此影响到建筑造型，室内设计，空间尺度及相关社会习俗的改变。高椅家具的源起首先与宗教及礼仪有关。佛教中的高座最早于汉末传入中国，唐朝时，作为虔诚佛教徒的武则天提倡宫中的高座文化，使女性坐于凳上，两腿垂下。后来，这种习俗逐渐扩散开来。其次，生理学上对健康与舒适的要求也促进了高椅的发展。

隋唐五代的高低型家具得以并行发展，其中唐代家具造型浑圆丰满、装饰清新华丽、形态上崇尚富丽华贵。该时期高型家具的品种和类型已基本齐全，阵容初具规模。五代家具风格则相对简洁，为宋式家具的发展奠定了基础。

垂足而坐的生活方式极大地改变了中国家具的古老风貌，宋代是我国传统家具的框架结构体系及家具类型完善和定型的时期。首先是宋代的梁柱式框架结构代替了隋唐时期沿用的箱形壶门结构。结构由繁杂趋向简化，造型日趋丰富、挺直、秀丽。而同时代的西夏、辽、金、元少数民族的家具文化也基本追随宋式家具风格走向高型化，但漆雕装饰则趋于朴素。宋式家具完成了中国家具系统中的几乎所有环节，也是中国家具设计发展的最高峰。

中国家具发展到明代达到另一高峰，硬木的使用是明清家具的最大特征。典型的明式家具（图 0-8）用材讲究，质地优美，造型简捷，比例适度，结构严谨，榫卯精密，装饰适度，繁简相宜。最后到了清式家具，其结构工艺大致沿用明式家具，只在选材取向、装饰纹样和设计风格方面做了较多变化，这些变化时常伴随着中国与西方之间越来越频繁的文化交流。

不过，高椅家具的发展并没有完全代替以往的低矮家具，相反，两种家具形式并行不悖，一起形成了当时独特的生活方式。同

图 0-8　明圆后背雕花交椅

时，高低家具的共同发展丰富了中国家具的类型和功能。总之，自宋朝以来，中国人已完全采用了以椅子为中心的起居生活方式，随着椅子和桌子的搭配作为家具的主要设置，形成了室内布置的重点，并影响着日常生活的方方面面。

0.3.2 谁是中国的家具设计师

在中国家具史中，有关设计师的历史记载寥寥无几。传统意义上的家具设计师被看作是工匠，而在这其中也仅有木匠的祖师爷鲁班名载史册。古代中国对艺术有着狭隘的概念，人们甚至认为只有诗歌、书法、绘画等门类才是艺术，这种偏见致使众多家具设计师成为默默无闻的奉献者，即使一些设计师名垂青史，其前提也是他的艺术家身份。同时，中国的家具设计师本质上是业主与工匠的结合，通常是业主用草图和口头表述来设计，然后由工匠执行操作。

追溯到早期的家具设计，商周时代的文化与技术革新带动了手工技艺的进步，而青铜器的出现则促进了更多更复杂的家具设计（例如三足的青铜容器）。这个时期的青铜家具更多的拥有礼器属性，因此，这些青铜家具的设计师就不只是单一的手工业工人，还可能包括许多负责供奉的官员。战国时期的楚国是中国艺术，特别是实用艺术中更多诗意元素的灵感来源。楚国主要的手工艺是各种各样的家具和绚烂多彩的漆木刻画，画有奇异的符鸟、蛇和具有长舌头的角鹿。而从事这些设计的人可能是那些游走在不同国家之间的艺术家、谋士或者学者。这一时期各国之间的竞争大大推动了相关文化与技术的更新和发展，不但涌现出诸如中国细木工匠的祖师鲁班等优秀代表，也出现了许多与家具设计和制作相关的技术书籍，如《考工记》，这是一部中国古代手工技艺的集大成著作。

秦朝和汉朝的艺术与设计，逐渐由早期的宗教仪式和典礼转为更多地与日常生活相关。它是叙述性艺术和表达性艺术的开始，家具首次用绘画、画像砖或画像石来描述。这种做法不但是对日常生活的表达，也开了家具设计的先河。按《西京杂记》的记载，皇帝与贵族第一次接触家具设计领域是在汉朝。其中记录了汉武帝曾用7件珍宝制作了一张床；汉灵帝对胡床——一种可折叠凳的使用和推介作出了贡献。从全国出土的这个时期的文物中，我们可发现一种完整统一的家具风格，这意味着相同的设计是由一些建筑师、设计师或至少是那些熟悉这些家具的政府官员来传播的。

中世纪时期的中国，僧侣文化对家具设计的影响至关重要。特别在南北朝时期，佛教得到了朝廷的认同，相应带来了家具设计领域诸多的变化，例如，中国人采用椅子起居的生活方式的改变。我们可以从石窟壁画和墓室出土文物中看到多种式样的家具，由此推断出佛教徒扮演着家具设计师的角色，或者说将已存的设计带入了中国，并因地制宜地进行若干修改。同时，许多僧侣也是艺术家或设计师，他们擅长于设计自己的家具并进行制作，例如唐朝时期的乡村椅。他们的创作对以后的中国家具设计，甚至西方的现代家具设计产生了深远的影响。另外，画家和官员等也尝试了家具设计方面的改良，李密就是其中一位。据说，李密习惯于使用一根互相缠结在一起的松树枝条来支持他的背部。他称这根枝条是"和谐的润饰物"。后来他设计了一根龙形靠背并把它献给皇帝，每个人都竞相模仿。这种创新设计使得靠背可拆且轻巧，深受当时人们的喜爱。之后，靠背和椅子形式的多种结合产生了大量的新式椅子。

在多元文化并存的宋朝，民族间的竞争激起了更多的创造力，由此，家具的重要设计风格出现，而设计艺术不再意味着次等艺术，它形成了中国室内文化的重要元素。当时社会各阶层都强调高质量的技艺和富有想象力的设计，这些恰是当时实用艺术的特征。这个时期的画家、学者和官员扮演着设计师的角色。皇室的鼎力支持使得这些家具设计师竭尽所能地创新。而作为杰出画家的宋徽宗成立了艺术研究院，并一直延续了整个宋朝。同时，一些著名画家（例如李嵩），在其绘画中施展了卓越的创造力，这些以家具为主题的绘画成为当时和后来设计师们的借鉴，其中一些家具的设计有着相当的革新性。

0.3.3　中国家具设计及其相关文献

宋朝及后代兴盛的家具设计创作出相关的设计和制作书籍，然而，其中的大部分都完全或部分遗失了。喻皓的《木经》是家具设计领域的重要文献，最早提及《木经》的是欧阳修的《归田录》；而宋朝伟大的学者和科学家沈括也在他的《梦溪笔谈》中留下了其中的一些篇章。另一本关于家具和木匠的书是薛景石的《梓人遗制》。从段成己在1264年为《梓人遗制》所写的序来看，薛景石来自山西万全县的河中，他亲自制作一些木制品并收集和绘制各种各样的木制实物和装置。在他的书中共介绍了110项这种实例。在段成己的序言中，还提及了一本较早的关于木工的著作《梓人工造法》，却已失传。《梓人遗制》也没有单独流传下来，但它包含在《永乐大典》中。除了这两本书之外，还有一本关于桌子的专著《燕几图》，由宋朝黄伯思编著。公元1103年，为了更有效地组织宫殿、庙宇、官邸和住宅等建筑的建造活动，北宋政府发布了由李诫编写的《营造法式》，这是一本关于建筑设计、结构、材料和构造的完整的书籍，并配有大量的插图。尽管没有专门的家具设计的介绍，但有大量与家具相关的论述。

《鲁班经》是中国古代建筑及设计方面的一部重要文献，是15世纪在宋朝和元朝积累的素材的基础上汇编而成的一本民间木工手册，以鲁班命名，每个朝代都有再次印刷的版本。经研究，这本手册最有价值的内容是家具设计部分，这部分展示了明朝的设计图样。《鲁班经》是现存所知关于家具设计和制作最早的专业文献。加之书中关于房屋结构、耕种工具，还有风水占卜和巫术的内容，它包含着广泛适用于普通家居类型设计的精炼规则。

中国园林艺术是推动家具设计的又一因素，特别是明朝园林艺术的繁荣时期，大量的家具设计用以配合园林中的建筑。1635年计成的《园冶》介绍了亭阁、栅栏和装饰性的铺路的设计。其他描写明朝室内和家具设计的著作还有文震亨的《长物志》、高濂的《遵生八笺》、屠龙的《看盘喻事》、戈汕的《蝶几图》、王圻和王思义的《三才图会》以及李渔的《闲情偶寄》。特别要提出的是李渔其人，他在《闲情偶寄》里描写了家具设计的许多方面，其最有代表性的设计是暖椅。通过考虑多种设计相关因素，李渔创新性地设计了适合冬天使用的取暖座具。

另外，黄成在公元1621～1627年间著有《髹饰录》，这是一本关于漆器设计和应用技术的实践总结。漆器是中国家具系统中最古老，也是最先进入西方的中国家具类型，它是家具设计、漆器绘画设计和技术完美结合的产物，在中国家具系统中占有举足轻重的地位。

0.3.4　中国家具系统：完善的类型及其对现代设计的启示

前文已述，《鲁班经》中最重要的内容是家具设计部分，它以图文并茂的方式，详细记录了当时民间日常生活用具和家具的形式、构造及尺度，其内容可大致分为以下几类：

（1）床类：包括大床（架子床）、凉床、藤床及禅床。

（2）案几类：案棹、八仙桌、琴案、方桌、圆桌、一字桌、折桌、香几。

（3）椅凳类：列有禅椅、板凳、琴凳、踏脚仔凳等。

（4）屏风类：单屏、围屏。

（5）箱类：扛箱、衣箱、药箱、衣笼。

（6）橱柜类：转轮柜、药橱、衣橱、食格。

（7）架类：衣架、镜架、面盆架、花架、铜鼓架、锣鼓架、烛台、灯掛、灯架、伞架等。

（8）其他：棋盘、招牌、牌匾、茶盘、算盘、洗浴坐板、看炉、香炉等。

这其中所包含的家具种类之齐全、设计之完美，至今仍是中国各地家具传统的精华，并在20世纪初全球化现代设计运动中为一大批西方设计师提供了无穷的设计灵感和构造样式。它们是中国传统文化千百年来的积淀，其合理性和经典性不言自明。

《鲁班经》是中国传统设计观的集中体现，对中国的民间业主和设计师而言，该书一册在手，涵盖建筑及家具的全部内容，从而使中国传统建筑设计自然而然地成为一种整体化设计，即从建筑（及景观环境）到室内及家具都由业主和设计师一同完成，从而保证设计与建造的和谐、完整及高质量。具有启发意义的是，第一代建筑大师如赖特、密斯、柯布西耶、阿尔托等人所追求的正是建筑与家具的一体化、整体化艺术设计。

《鲁班经》在中国传统设计文化中并不孤立，它产生的时代正是中国古代设计思想开花结果的季节，直接来自无数代中国古代设计师的代代积累，使明代成为中国物质文化和设计思想的集大成者，如周嘉胄的《装潢志》、文震亨的《长物志》、黄成的《髹饰录》、计成的《园冶》，以及明末清初李渔的《闲情偶寄》等。这些著作均出自当时最优秀的设计师兼艺术家之手，充分展现了由宋到明中国设计的全方位成就。从城市、建筑、室内、家具到文房四宝、日用漆器、竹藤编器等日用品的设计，都体现出中国传统设计的聪明才智和整体水平。它们都是中国设计的活的传统，是中国当代建筑与设计进行创新的基石。

0.4 欧洲家具系统

欧洲传统家具系统历史悠久、内容丰富，在地域上也涵盖北非和西亚等地，尤其是埃及，更是欧洲家具系统的重要源头，从古埃及的第一把木制椅直到新古典家具风格的形成，这一漫长跌宕的发展历程成为后来现代家具设计的宝贵财富。而发展过程中与中国及世界其他各民族的交流，使欧洲传统家具系统日趋完善，并最终成为世界现代家具发展的主流力量。

0.4.1 仪式与理性并存的古代家具

现在知道最早的家具来自古埃及第三王朝时期，同期及之后的西亚、希腊和罗马家具都受到古埃及家具的深刻影响。古埃及家具造型遵循着严格的对称规则，比例合理，常采用动物腿形作为家具腿部造型，也常用金银、宝石、象牙、乌木作为装饰材料，进行镶嵌和雕刻。特别是宫廷家具，常施以金箔装饰。到了古西亚时期，浮雕和镶嵌仍是家具的主要装饰方法，涡形图案被普遍使用，镟木的出现使家具脚部底端出现倒松塔形装饰（图0-9）。家具的坐垫上经常装饰有丝穗，装饰图案华丽丰满。

图0-9　古西亚家具中带倒松塔形脚的桌和凳

"克里斯莫斯椅"（图0-10）出现在公元前5世纪，它被誉为古希腊家具的典型代表，充分体现了希

图 0-10 古希腊"克里斯莫斯椅"

腊家具立足于实用而不过分追求装饰、比例适宜、线型简洁流畅和造型轻巧的特点。

古罗马的建筑与家具都受到古希腊的直接影响。其造型坚实厚重，兽足形的家具立足较埃及的更为敦实。家具上精雕细刻，特别是出现了模铸的人物和植物图饰。多次重复的深沟槽设计体现出明显的旋木细工的特征。常用的装饰题材有雄鹰、带翼的狮、胜利女神、桂冠、卷草、战马、花环等。现在所见盛期的座椅、桌、卧榻等家具实物均是由青铜或大理石制作的。

0.4.2　宗教意义主导下的中世纪家具

中世纪家具大概分为前后两个时期，前期主要为拜占庭式和仿罗马式家具。大约在 12 世纪后半叶，哥特式建筑首先在以法国为中心的西欧兴起，进而扩展到广大欧洲基督教国家，并在 15 世纪末形成了成熟的体系。于是，来源于此建筑特色的哥特式家具便成为中世纪后期的家具主流，二者都体现了宗教信仰中的精神至上理念。

拜占庭式家具融合了罗马与东方艺术中的家具特色。其装饰手法以雕刻、镶嵌最为常见，有的则通体施以浮雕，镶嵌常用象牙、金银，偶尔也用宝石。象牙雕刻堪称一绝，常用于椅子、小箱子、圣骨箱、门等重要的装饰部位。采用豪华的形式和抽象的象征性图案来表现基督神学的内容，装饰手法常模仿罗马建筑上的拱券形式，节奏感很强。公元 9～13 世纪期间，仿罗马式家具开始流行，采用罗马式建筑的连环拱廊作为家具构件和表面装饰的手法。椅子多是小扶手椅，常采用长串的图案进行装饰，椅足的上部做成动物的头或鸟爪的形状。柜子形体较小，顶端多呈尖顶形式，边角处多用金属件或铁皮加固，同时又起到装饰作用。较多地采用了旋制的回转体构件。镶板上用浮雕及浅雕，装饰题材有几何纹样、编织纹样、卷草、十字架、基督、圣徒、天使和狮等。

深受哥特式建筑的影响，中世纪后期的哥特式家具也惯常采用尖顶、尖拱、细柱、垂饰罩、浅雕或透雕的镶板装饰。它采用框架嵌板结构，平板状座面、靠背以垂直线条强调垂直庄重的形态。几乎家具每一处的平面空间都被有规律地划分成矩形并施以雕刻。其装饰题材几乎都取材于基督教圣经的内容，并且都是采用浮雕、透雕与圆雕相结合的方法来表达的。

0.4.3　回归理性的文艺复兴家具

文艺复兴的宗旨在于打破宗教桎梏，倡导一种科学与人文精神。15 世纪后期，文艺复兴的口号响彻欧洲大地，文艺复兴的家具也逐渐取缔了带有浓重宗教色彩的哥特式风格。因崇尚古典建筑与家具中的人文和理性，这个时期的家具线条严整，具有古希腊罗马建筑的特征。在结构上改变了中世纪家具全封闭式的框架嵌板形式，椅子下座全部敞开，消除了沉闷感。在各类家具的立柱上采用了花瓶式的旋木装饰，有的采用涡形花纹雕刻。箱柜类家具具有檐板、檐柱和台座等古典建筑类符号，形体优美，比例良好和谐。同时，其装饰题材上消除了中世纪时期的宗教色彩，人体作为装饰题材大量地出现在家具上，在装饰手法上赋予更多的人情味。

在不同的国家和地区，文艺复兴家具亦表现为各自独特的风格。例如，法国的文艺复兴家具装饰上出现了许多女神像柱、半露柱、檐帽及各种花饰和人物浮雕。喜用镶嵌装饰，并采用经过处理的皮革作为家具辅饰。高浮雕的装饰手法应用到陈列柜、衣柜的设计中。胡桃木开始代替橡木作为家具材料，在结构上大量使用回转体构件，采用连拱形式，并用古典雕刻题材作为装饰。家具的镶板都呈规则的长方形，排列十分整齐。而英国的文艺复兴家具相对质朴严谨些，桌腿、椅足的中央部分有很大的球根状雕刻装饰，围板采用镶嵌装饰。其家具大部分选用橡木制成，故也成为"橡木时代"。另外，源于荷兰的洋葱式柱脚也构成了这时家具的主要特点。这个时期的德国家具在柜、架等家具上采用建筑物的装饰手法，并且喜欢将名人的头像刻在柜门的嵌板上。在衣柜和床的设计中，圆柱、丘比特、叶形装饰等古典题材取代了哥特式的尖塔状和波状曲线装饰，尤其是重视用雕刻和嵌木工艺装饰细部。对称式的建筑构成、吐火兽、裸体像、假面具、花状饰带等古典的雕刻装饰，由几何案图浅浮雕构成的带状纹样等首次被引入到家具的装饰上。在桌子及椅子腿上采用球根状装饰，风格独特。柜类家具成就显著，其正面装饰十分精细、华美。西班牙文艺复兴时期的家具惯用高级硬木、象牙、动物头骨等珍贵材料，加工成精密几何图案的嵌木细工装饰（穆达迦式）。家具细部的装饰像金银细工那样精巧繁密（银匠式）。家具上使用很多锻铁作附属装饰件，形体凝重，以直线为主要线条，充满浓厚的地方情趣。

0.4.4 装饰主体的演化：巴洛克、洛可可与新古典家具

文艺复兴家具发展的后期逐渐转变为华丽的装饰风格，即 17～18 世纪流行于欧美的巴洛克风格。巴洛克风格家具大量的涡形装饰，在运动中表现出热情和奔放的激情，具有豪华、雄壮的性格，强调家具本身的整体性和流动性。刻意追求反常出奇、标新立异的形式。喜用大量的壁画和雕刻，璀璨浮华，富丽堂皇，富有生命力和动感。

与文艺复兴家具一样，巴洛克风格也在发展与流行中与各国文化特色结合，形成了多姿多彩的巴洛克家具，堪称雕刻艺术的杰作。意大利巴洛克家具的精美雕刻集中于边框和脚架，其常用雕刻图案有：裸像、狮、鹰、涡形纹和叶形纹。宫廷家具的底座和脚浑厚而沉重，中间嵌板常用硬石（玉髓、玛瑙、琉璃等构成山水花鸟风景画）。巴洛克风格在法国被称为路易十四式，其造型常用多变曲线、矩形、截角方形、椭圆形和圆形。家具的装饰题材常用绳纹、漩涡纹、花草、女神像，而材料以胡桃木、黑檀木为主。英国的巴洛克家具有两种表现风格，一种是后期雅各宾式，其多用直线和方形板面，脚部常用荷兰的球形脚，葡萄牙的涡卷装饰。座面和靠背采用藤编，扶手、腿、拉档采用涡形雕刻和螺旋形旋木，四腿间为 H 形横档，而贴面则用胡桃木和橡木，贵族家具有绮丽的雕刻装饰。另一种为威廉——玛丽式，其家具造型轻巧，脚多为螺旋形、球形、面包形，拉档为 X 形曲线交叉。椅面包面料多刺绣，装饰轮廓线简化。这个时期的美国早期殖民地家具采用当地橡木和松木，造型简洁，注重使用，无多余装饰。座椅部件多采用镟木制件。

进入 18 世纪，洛可可家具风靡一时，对这种风格的偏好来源于当时对中国传统工艺品及家具的崇尚，特别是中国的髹漆工艺，而漆家具也是最早进入西方的中国家具类型。

洛可可风格家具具有纤细、轻巧的女性体态造型。构图上有意强调不对称。装饰华丽而繁琐，装饰题材有自然主义倾向，最喜欢用千变万化的舒卷着、纠缠着的草叶，此外还有蚌壳、蔷薇和棕榈。法国洛可可风格在宫廷的流行，很大程度上受到当时女性主导时尚的影响。其在法国的表现形式有两种，分别是摄政式和路易十五式。前者是过渡时期家具，外形多采用自由的曲线，有框线，仿中式，采用岩石和贝壳作装饰。后者的椅子造型优美，坐感舒适。桌子形体变小，结构趋简，取消了四腿之间的横档连接，桌腿多弯曲细长。洛可可家具在英国的发展更为丰富，主要有三种风格的体现，一种是安娜女王式，其腿部和扶手等采用优美曲线，威廉——玛丽时期短粗爪形腿在安娜女王时期变得更长更美。一种是早期乔治式，其脚部采用爪抓球设计。中背光面花瓶形，形成与人体脊柱相吻合的曲线，顶饰形似王冠，猫脚变肥，靠背变矮并包面，出现狮子人面具等装饰题材。还有一种是齐宾泰尔式，它在简捷朴实

的英国风格上吸取了洛可可式纤细柔和的曲线美，并融合了东方艺术的格调。腿部多为直腿，弯腿都用很多的涡纹雕刻来装饰，主要形式有高度华丽的爪抓球、叶形雕刻或涡纹足。意大利的洛可可家具讲究对称和线脚，具有巴洛克印记。其充满雕饰喜欢用叶饰和带状纹饰，也用岩石贝壳中国式样的自然图案。

美国后期殖民地家具依靠自身的强大潜力，吸收英国及各地殖民地式建筑及家具的特点，形成了后期殖民地式的三种风格，即美国安娜女王式、美国齐宾泰尔式和美国温莎椅。安娜女王式的椅子与英国本国的设计风格基本相同。贮藏类家具中具有代表性的是高脚抽屉柜，上部是多个抽屉组成的衣柜，下部是梳妆桌形式；美国齐宾泰尔式的复杂曲线较多。椅背上搭脑常用弓状的波纹曲面。椅子前脚多用猫腿，腿端是爪和球，后退保持简捷；温莎椅的椅腿和靠背均采用旋制杆件，四条腿用"H"形或牛角形的拉腿档连接，结合部位适当加粗，端部缩小。木板座面，被加工成马鞍形。椅腿、横档、背骨等所有部件和坐板直接连接。靠背的结构形式有梳背、弓背和环背。

大约在18世纪后半叶，受到欧洲古典主义文艺思潮的影响，洛可可风格被谴责为过度装饰并带来实用性的弱化，此时，新古典主义犹如一阵清新空气般吹入迫切需要理性与合理化的家具领域。

新古典主义成熟于法国路易十六时期，其家具一改洛可可时期的繁琐奢华，整体造型多采用消瘦的直线形，比例和谐、尺度合理，强调理性与功能的古典主义精神。法国的新古典家具主要表现为三种主流风格：一是路易十六式，家具造型重点采用古建筑形式，外框采用长方形，体积缩小。以直线和矩形为造型基础，多采用嵌木细工、镶嵌、漆饰等装饰手法。腿部多用由上而下逐渐收缩的圆腿或方腿，表面平直或刻有凹槽。曲线少，直线多；旋涡表面少，平直表面多，最喜欢用胡桃木。以玫瑰花等作为装饰题材是从这个时期开始的。二是法国执政内阁式，其家具风格摒弃了法国传统家具的特色，转向以古代希腊和罗马为背景的古典主义形式，处于路易十六式向帝政式过渡的艺术阶段。三为法国帝政式家具，这种风格的家具是一种完全对称的（多采用直角）几何体，形体厚重而结实，极力避免使用雕刻。色彩特点是黑、金、红的调和，即家具用紫黑色的桃花心木、金色的青铜镀金饰件和红色天鹅绒的靠背和坐面，并把装饰图案用金线绣在大红的绒料上。

新古典主义到了英国之后，与其独特的传统艺术融合，产生了门类繁多的新古典家具风格，由此也涌现出一批这个时期的英国家具设计先驱者。首先是亚当式家具，其形式结构简单，造型比较规整、优美且带有古典式的朴素之美，重视装饰的新和美。亚当式椅子的腿呈细条、尖形，很少使用拉腿档。桌子一般长而狭，装饰主要集中在望板上。柜类家具以古典建筑为蓝本，吸取门窗上的三角形或拱形檐板、古典建筑中的破山花。其次为赫普尔怀特式家具，它的家具风格精炼、装饰单纯、结构简单、比例优美，兼有古典式的华丽和路易十六式的纤巧。椅腿以方尖脚为主，脚端用桃形脚或黄铜杯装饰，后腿多为方腿且向后弯曲呈军刀状。基本不采用雕刻，而采用镶木技术和涂饰。最后是谢拉顿式的家具风格，其整体轻便、朴素；以直线为主导地位，强调纵向线条。喜欢用上粗下细的圆腿且家具腿的顶端常用箍或轮子，细长腿之间很少有拉档，注重家具的实用性。

另外，美国独立后直至19世纪初期，受到新古典主义的影响，美国联邦式与邓肯·怀夫式家具逐渐兴起。后者的风格早期是模仿赫普尔怀特式、谢拉顿式及亚当式家具，如竖琴图案。但后期主要受法国执政内阁式和帝政式风格的影响。家具主要使用圣·多明各产的优质桃花芯木。椅子有直腿、弯腿，通常在人们直接注视的地方饰有雕刻或凹槽；另外还有流畅曲线构成的人字形腿。椅背较矮，有卷曲形顶板，常使用藤靠背和交错式靠背板，主要代表是竖琴形靠背板。沙发采用古典的线条和雪橇前端式扶手。桌子支架大多为竖琴形或柱头形，有时采用三条腿，高级桌腿还常用黄铜包脚。

0.5　现代家具：国际式及全球一体化

欧洲家具发展到 19 世纪和 20 世纪之交，各种思潮与风格之间呈现出"你方唱罢我登场"的热烈场面。由英国的莫里斯倡导并创立的工艺美术运动实现了艺术与技术的完美结合，在轰轰烈烈的欧洲工业革命之后，这个流派的家具设计试图改变粗制滥造的机器生产现状。工艺美术运动的思潮极大地影响了新艺术风格的诞生，针对折中主义的设计迷茫状态，新艺术风格的家具设计从自然中找到了灵感，但从本质来说，新艺术风格只是装饰改革中的一种，加之其弯曲的线条不适宜工业化时代的生产要求，另外一些实用性更强的风格便应运而生，如奥地利的维也纳学派和德意志制造联盟。前者认为现代形式必须与时代生活的新要求相契合，于是，简洁明快的现代感是这个团体的设计特色，欧布利希、霍夫曼和卢斯都是其中的代表；而后者是由建筑师穆修斯发起的，该联盟将设计与工业化生产结合作为重点，并由此引起了极大的反响，加速了现代设计的时代步伐。

两次世界大战期间也产生了一些积极探索现代设计意义的新兴思想。其中一些美术运动的流派成为家具领域的灵感源泉，风格派就是其中之一。风格派的倡导者在机器美学的引导下，发展了一种依靠几何元素与纯色进行设计表达的抽象风格，里特维尔德的红蓝椅便是风格派理念的典型代表。

德国的包豪斯被誉为现代主义设计的摇篮，从设计教育到其产生的设计作品都成为后期现代设计师崇尚与模仿的对象。同时，包豪斯也汇聚了国际知名的艺术家与设计师，如康定斯基、克利、格罗皮乌斯、密斯和布劳耶尔等。随着无缝钢管与玻璃技术的开发，新材料为包豪斯的设计师们带来了新的创作灵感，布劳耶尔与密斯先后尝试并成功设计制作了反响极大的钢管椅。包豪斯的另一个具有里程碑意义的贡献是创建了影响深远的现代设计中的"国际式"风格。"国际式"的家具偏爱直线类的几何造型与不加装饰，特别擅长利用优质的材料和精美的工艺来保障家具的高品质。随着这种"国际式"的广泛传播，它于所到之处生根发芽，从而产生了一系列具有"地方情调"的现代设计风格。

0.5.1　北欧学派：以人为本的功能主义

北欧学派是"国际风格"与本土化设计理念完美结合的典范，以阿尔托为代表的北欧设计师利用北欧自然主义的文化气息调和了"国际式"中刻板与单调的冷漠，并由此产生了影响深远的具有"地方情调"的有机现代主义。丹麦、芬兰、挪威、瑞典的设计师们共同创造着对人类影响深远的北欧设计学派。北欧设计师在玻璃与钢的"国际式"中加入了传统的木材，同时，将颇具人情味的手工艺制作方式融入到工业化的机器大生产中，在极大地满足了时代需要的同时，也兼顾了北欧严酷环境下人们对于舒适与温情的渴望。

北欧肥沃的设计土壤培育了一代又一代名扬四海的家具设计师，而芬兰的阿尔托堪称北欧有机现代主义设计的鼻祖，其对层压胶合板的弯曲技术研究成绩斐然，并由此创作了一批名载史册的现代有机家具系列。阿尔托之后的芬兰人才辈出，如塔贝瓦拉、诺米斯耐米、库卡波罗、阿尼奥等。除此之外，丹麦的雅各布森、莫根森和汉斯·韦格纳，瑞典的布鲁诺·马松和卡尔·马尔姆斯腾，挪威的弗雷德·劳温和彼得·奥普斯维克等都是继阿尔托之后的北欧现代设计的代表人物。

0.5.2　美国：现代设计的大熔炉

美国的家具一直以来都是在欧洲传统设计风格的影响下发展的，因此当"国际式"这种具有浓烈现代主义气息的风格散播到美国时，美国民众的反响并不大，反而更容易接受北欧设计中的那种温情的有机意味。"二战"以后，欧洲满目疮痍，大批欧洲设计界的领军人物来到美国，将美国变成现代设计的大熔炉。到了20世纪50～60年代，"国际式"的精炼简洁逐渐出现在民众的室内布置中，人们重新回味起密斯的钢管椅，以及崇尚一种在理性与功能化的基础上讲求秩序与简洁的思想。而这个时期的美国设计师们也积极利用新材料与新技术将"国际式"进行本土化的革新，以期实现一种美国式的家具风格。查尔斯·伊莫斯与埃罗·沙里宁是美国现代家具的旗手，他们为家具的构造注入了一种三维构件的新观念，同时也极力提倡色彩的大胆使用。

美国家具在现代设计中体现出的卓尔不群是多方面努力的结果，其主要原因有四：一是设计教育的先进与繁荣，来自芬兰的老沙里宁创建的克兰布鲁克艺术学院成为孕育众多现代设计大师的摇篮；二是优秀设计师的带动作用，例如查尔斯·伊姆斯、埃罗·沙里宁、伯托埃和尼尔森等；三是美国竞赛和展览机制的鼓励作用，例如纽约现代博物馆及其开展的一系列竞赛；四是具有前瞻性的美国家具公司，它们积极配合设计师进行相关新技术的研发，为及时推广美国家具领域的创新设计起到了重要作用（例如美国的米勒和诺尔家具公司）。

0.5.3 意大利学派：理念的试验场

意大利设计在20世纪50～60年代达到了全盛时期，家具设计亦不例外。凭借深厚悠久的历史文化，意大利设计师并不盲目追随潮流，而是将"国际式"的时代元素与本国传统相结合，加之拥有诸多做工优良且与设计师保持密切合作关系的小作坊，同时也不乏国际性大企业的整体带动作用，意大利家具在这种优越的环境下逐渐形成了自己独特的风格，即现代设计科学技术与传统文化的结合。这种境遇使意大利设计师勇于并易于试验自己的设计理念，从而使意大利设计时常领导世界设计的潮流。吉奥·庞蒂是意大利现代设计的先驱人物，倡导家具中的形式美与功能美的结合，在其作品中我们经常能够发现赋予造型美的线条及不对称的构造方式。可以说，工艺精良、设计独特的意大利家具被公认为国际高水平家具的典范，由此看来，享誉世界的米兰家具展出现在意大利也是自然的。

进入20世纪70年代以后，欧洲进入后工业社会，欧洲家具早已从单一的"国际式"设计风格踏上了多元化发展的舞台。高技派和波普风格的家具都是其中的代表，前者注重工业化技术的表达，追求新材料与新技术带来的高精尖感受；而后者力求突出自我，追求一种与众不同的新奇表现。70年代流行于欧美的另一种家具设计流派是后现代主义，它是针对现代主义设计中特别是"国际式"的冷漠与刻板提出的，特别在建筑表现中，后现代主义试图返回历史，寻找一些为我所用的元素加以强化，意大利的孟菲斯团体是这个流派与风格的重要执行者。

0.5.4 全球一体化：现代家具主导人类的工作与生活

凭借着发达创新的科技、多元且人性化的理念、丰富及多角度的展示平台，现代设计在物质与精神层面上不断满足着人们日益增加的工作与生活需求，并已成为现今设计文化的主流。而现代家具设计作为现代设计的重要一支也将当之无愧地成为家具文化中的主流。众所周知，现代家具设计在经历了战争的洗礼和战后的强劲势头之后，逐渐由"国际式"一统天下的局面转为区域化的多元发展模式，并随着20世纪50～60年代的技术革新创造了全新的现代家具设计理念及风格。其中，北欧、美国及意大利等成为现代家具设计的领跑者。除此之外，英、法、德、瑞士、荷兰、日本等都竞相试水现代家具领域，并以独特的文化积累发展出各自的现代设计风格，丰富着现代家具的设计版图。

同时，随着居住需求的提升，现代家具成为居住环境中使用与审美功能的承担者，也成为国民经济发展中的重要组成部分。可以说当今世界是以现代建筑与现代家具为构建的工作与生活画面，针对现代家具的研究具有重要的现实意义。

0.6 家具的风格特征

0.6.1 西方古典风格家具

0.6.1.1 古代家具

（1）古埃及家具（见表 0-1）

风格特点：

1）造型遵循着严格的对称规则，比例合理。

2）常采用动物腿形作为家具腿部造型。

3）常用金银、宝石、象牙、乌木作为装饰材料，进行镶嵌和雕刻。特别是宫廷家具，常施以金箔装饰。

古 埃 及 家 具 表 0-1

家具名称	图 例			
椅、凳	黄金扶手椅 （赫特菲尔斯陵墓）	御用金椅 （图坦阿蒙陵墓）	儿童椅 （图坦阿蒙陵墓）	典礼王座 （图坦阿蒙陵墓）
	杉木透雕椅	兽爪木凳	木制包金鸭头撑折叠凳	
箱、柜	镶嵌箱柜 （土塔克海门法老墓）	储存柜	抽屉柜	象牙装饰的彩绘木箱

镶嵌箱柜
（土塔克海门法老墓）

储存柜

抽屉柜

象牙装饰的彩绘木箱

家具名称	图 例				
桌、床	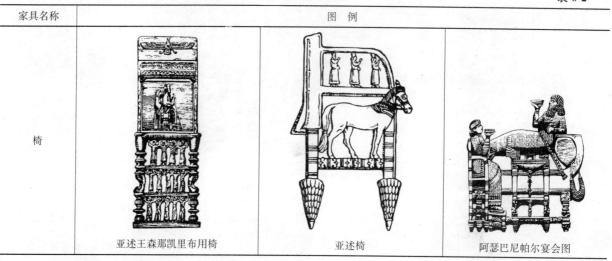 衰葬床	折叠床	木制棋桌 （土塔克海门法老墓）	黄金床 （赫特菲尔斯陵墓）	金箔装饰的古埃及床

（2）古西亚家具（见表0-2）

风格特点：

1）浮雕和镶嵌仍是家具的主要装饰方法，涡形图案被普遍使用。

2）旋木的出现使家具脚部底端出现倒松塔形装饰。

3）家具的坐垫上经常装饰有丝穗，装饰图案华丽。

古 西 亚 家 具 表 0-2

家具名称	图 例		
椅	亚述王森那凯里布用椅	亚述椅	阿瑟巴尼帕尔宴会图

（3）古希腊家具（见表0-3）

风格特点：

1）立足于实用而不过分追求装饰。

2）比例适宜、线型简洁流畅、造型轻巧。

古 希 腊 家 具 表 0-3

家具名称	图 例			
椅、凳	克里斯莫斯椅	地夫罗斯·奥克拉地阿斯 折叠凳	地夫罗斯凳	克里奈躺椅和小桌

（4）古罗马家具（见表 0-4）

风格特点：

1）造型坚实厚重，兽足形的家具立腿较埃及的更为敦实。

2）家具上精雕细刻，特别是出现了模铸的人物和植物图饰。

3）多次重复的深沟槽设计体现出明显的旋木细工的特征。

4）常用的装饰题材有雄鹰、带翼的狮、胜利女神、桂冠、卷草、战马、花环等。

5）现在所见盛期的座椅、桌、卧榻等家具实物均是由青铜或大理石制作的。

古 罗 马 家 具 　　　　　表 0-4

家具名称	图 例			
床、凳、桌	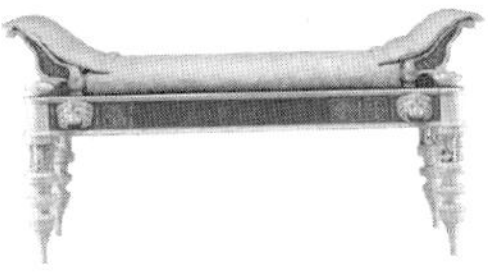 大理石床	 青铜折叠凳 （庞贝古城）	 大理石半圆桌	 大理石王座

0.6.1.2 古代中世纪家具

（1）拜占庭式家具（见表 0-5）

风格特点：

1）装饰手法以雕刻、镶嵌最为常见，有的则通体施以浮雕。镶嵌常用象牙、金银，偶尔也用宝石。

2）象牙雕刻堪称一绝，常用于椅子、小箱子、圣骨箱、门等重要的装饰部位。

3）采用豪华的形式和抽象的象征性图案来表现基督神学的内容，装饰手法常模仿罗马建筑上的拱券形式，节奏感很强。

拜 占 庭 式 家 具 　　　　　表 0-5

家具名称	图 例			
王座、箱	 马西米阿奴斯王座	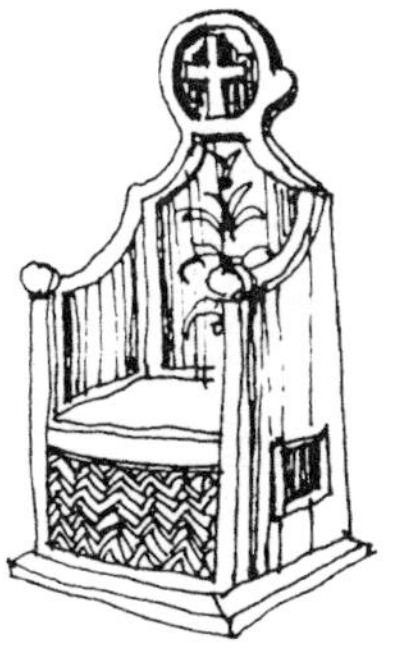 拜占庭王座	 象牙镶嵌小箱	 舍菲拉斯王座

（2）仿罗马式家具（见表0-6）

风格特点：

1）采用仿罗马式建筑的连环拱廊作为家具构件和表面装饰的手法。

2）椅子多是小扶手椅，常采用长串的图案进行装饰，椅腿的上部做成动物的头或鸟爪的形状。

3）柜子形体较小，顶端多呈尖顶形式，边角处多用金属件或铁皮加固，同时又起到装饰作用。

4）较多地采用了镟制的回转体构件。

5）镶板上用浮雕及浅雕，装饰题材有几何纹样、编织纹样、卷草、十字架、基督、圣徒、天使和狮等。

仿罗马式家具   表 0-6

家具名称	图 例	
柜	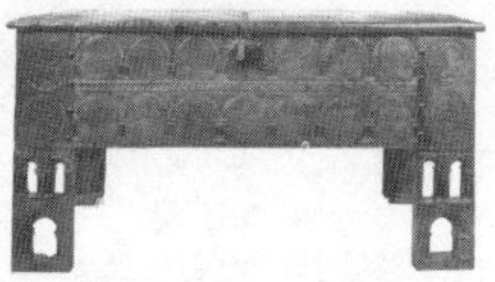 核桃木柜子	 仿罗马式山顶形衣柜
椅	 靠背椅（13世纪）	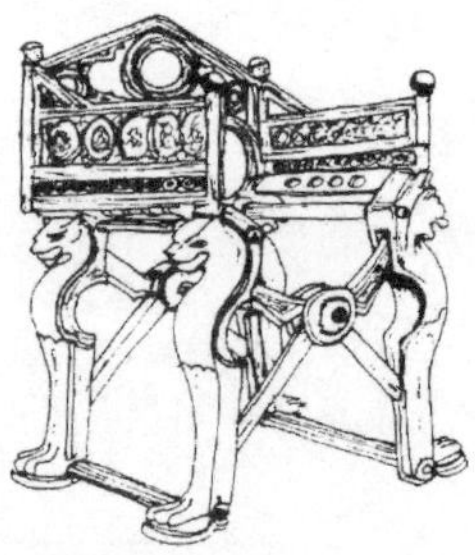 青铜折叠椅

（3）哥特式家具（见表0-7）

风格特点：

1）采用尖顶、尖拱、细柱、垂饰罩、浅雕或透雕的镶板装饰。

2）采用框架嵌板结构，平板状坐面、靠背以垂直线条强调垂直庄重的形态。

3）几乎家具每一处的平面空间都被有规律地划分成矩形并施以雕刻。

4）装饰题材几乎都取材于基督教圣经的内容，并且都是采用浮雕、透雕与圆雕相结合的方法来表达的。

家具名称	图　例			
椅	哥特式教堂座椅（14世纪~15世纪）	哥特式高背椅（15世纪后期）	哥特式椅	马丁国王银制座椅（1410年）
	哥特式椅	哥特式教堂座椅	哥特式长椅	
柜、床	哥特式餐具柜	哥特式柜	哥特式柜	哥特式柜　哥特式餐具柜
	哥特式立式柜（15世纪）	哥特式立式柜（15世纪）	哥特式顶盖床（14世纪）	哥特式四柱顶盖床（15世纪）

0.6.1.3　文艺复兴时期家具

风格特征总述：

① 线条粗犷，具有古希腊罗马建筑的特征。

② 在结构上改变了中世纪家具全封闭式的框架嵌板形式，椅子下座全部敞开，消除了沉闷感。

③ 在各类家具的立柱上采用了花瓶式的旋木装饰，有的采用涡形花纹雕刻。

④ 箱柜类家具具有檐板、檐柱和台座，形体优美，比例良好和谐。

⑤ 装饰题材上消除了中世纪时期的宗教色彩，人体作为装饰题材大量地出现在家具上，在装饰手法上赋予更多的人情味。

（1）意大利文艺复兴时期家具（见表 0-8）

风格特点：

1）外观厚重，线条粗犷，曲线被广泛地使用，显示出较大的自由度。

2）具有古希腊罗马建筑的特点，喜欢采用古代建筑样式作为装饰。

3）采用高浮雕装饰，层次起伏更加明显。

4）家具的主要用材有栎木、胡桃木、橡木。

5）家具讲究以成套的形式出现在室内。

文艺复兴时期家具　　　　　　　　　　　　　　　表 0-8

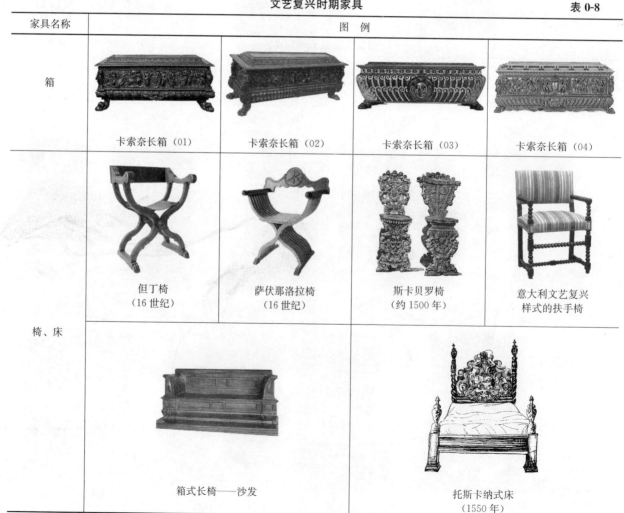

家具名称	图　例			
箱	卡索奈长箱（01）	卡索奈长箱（02）	卡索奈长箱（03）	卡索奈长箱（04）
椅、床	但丁椅 （16 世纪）	萨伏那洛拉椅 （16 世纪）	斯卡贝罗椅 （约 1500 年）	意大利文艺复兴 样式的扶手椅
	箱式长椅——沙发		托斯卡纳式床 （1550 年）	

家具名称	图 例	
桌、柜	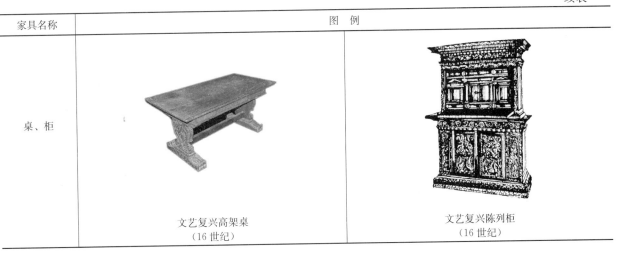文艺复兴高架桌 （16 世纪）	文艺复兴陈列柜 （16 世纪）

（2）法国文艺复兴时期家具（见表 0-9）

风格特点：

1）在家具装饰上出现了许多女神像柱、半露柱、檐帽及各种花饰和人物浮雕。

2）喜用镶嵌装饰，并采用经过处理的皮革作为家具辅饰。

3）高浮雕的装饰手法应用到陈列柜、衣柜的设计中。

4）胡桃木开始代替橡木作为家具材料，在结构上大量使用回转体构件，采用连拱形式，并用古典雕刻题材作为装饰。

法国文艺复兴时期家具　　　　　　　　表 0-9

家具名称	图 例			
桌、椅	文艺复兴聊天椅 （16 世纪）	文艺复兴高架桌 （16 世纪）	文艺复兴桌	文艺复兴顶盖床 1550 年，迪赛尔索设计
柜	胡桃木橱柜	胡桃木餐具柜	橱柜	橡木柜（16 世纪）

（3）英国文艺复兴时期家具（见表0-10）

风格特点：

1）家具的镶板都呈规则的长方形，排列十分整齐。

2）桌腿、椅腿的中央部都有很大的球根状雕刻装饰，围板采用镶嵌装饰。

3）这时的家具大部分选用橡木制成，故也成为"橡木时代"。

4）源于荷兰的洋葱式柱脚也构成了这时家具的主要特点。

英国文艺复兴时期家具   表 0-10

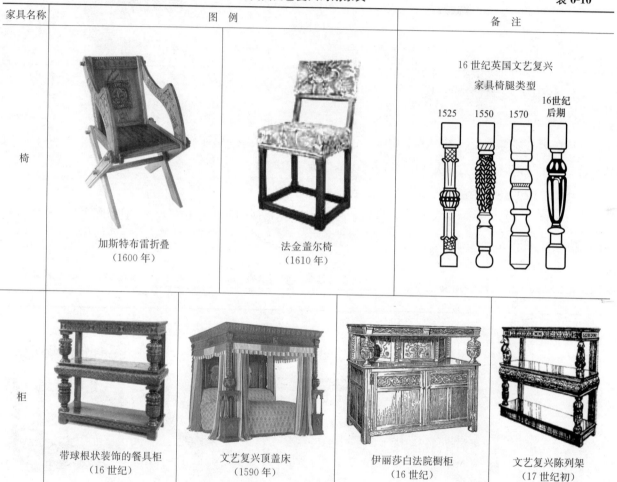

家具名称	图 例	备 注
椅	加斯特布雷折叠（1600 年） 法金盖尔椅（1610 年）	16 世纪英国文艺复兴家具椅腿类型 1525 1550 1570 16世纪后期
柜	带球根状装饰的餐具柜（16 世纪） 文艺复兴顶盖床（1590 年） 伊丽莎白法院橱柜（16 世纪） 文艺复兴陈列架（17 世纪初）	

（4）德国文艺复兴时期家具（见表0-11）

风格特点：

1）在柜、架等家具上采用建筑物的装饰手法，并且喜欢将名人的头像刻在柜门的嵌板上。

2）在衣柜和床的设计中，圆柱、丘比特、叶形装饰等古典题材取代了哥特式的尖塔状和波状曲线装饰，尤其是重视用雕刻和嵌木工艺装饰细部。

3）对称式的建筑构成，吐火兽、裸体像、假面具、花状饰带等古典的雕刻装饰，由几何图案浅浮雕构成的带状纹样等首次被引入到家具的装饰上。

4）在桌子及椅子腿上采用球根状装饰，风格独特。

5）柜类家具成就显著，其正面装饰十分精细、华美。

家具名称	图 例			
箱、柜、床	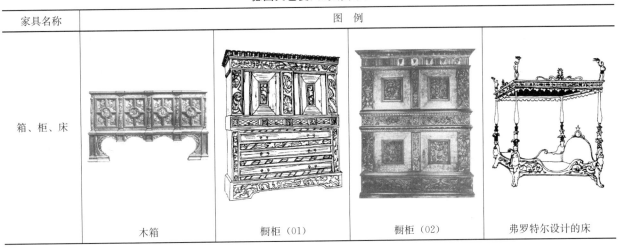			
	木箱	橱柜（01）	橱柜（02）	弗罗特尔设计的床

（5）西班牙文艺复兴时期家具（见表 0-12）

风格特点：

1）用高级硬木、象牙、动物头骨等珍贵材料，加工成精密几何图案的嵌木细工装（穆达迦式）。

2）家具细部的装饰像金银细工那样精巧繁密（银匠式）。

3）使用很多锻铁作附属装饰件。

4）家具形体笨重，以直线为主要线条，充满浓厚的地方情趣。

西班牙文艺复兴时期家具 表 0-12

家具名称	图 例			
椅、柜	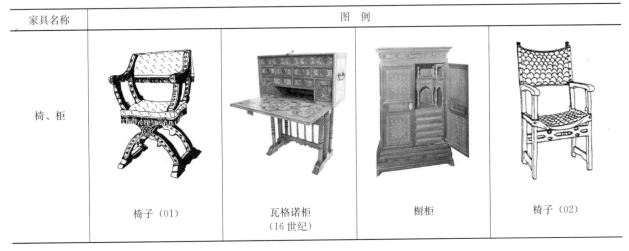			
	椅子（01）	瓦格诺柜 （16 世纪）	橱柜	椅子（02）

0.6.1.4 巴洛克风格家具

风格特征总述：

① 大量的涡形装饰，在运动中表现出热情和奔放的激情，具有豪华、雄壮的男人性格，强调家具本身的整体性和流动性。

② 刻意追求反常出奇、标新立异的形式。

③ 喜用大量的壁画和雕刻，璀璨浮华，富丽堂皇，富有生命力和动感。

（1）意大利巴洛克家具（见表 0-13）

风格特点：

1）堪称雕刻艺术品。

2）精美雕刻集中于边框和脚架，常用雕刻图案：裸像，狮，鹰，涡形纹，叶形纹。

3）宫廷家具的底座和脚浑厚而沉重，中间嵌板常用硬石（玉髓、玛瑙、琉璃等构成山水花鸟风景画）。

意大利巴洛克家具　　　　　　　　　　　　　　表 0-13

家具名称	图　例			
柜、椅、桌	碗橱	桃花心木三屉柜	黑人少年椅 Andrea Brustolon	台架桌

（2）法国巴洛克家具（见表 0-14）

风格特点：

1）造型常用多变曲线、矩形、截角方形、椭圆形、圆形。

2）装饰题材：绳纹、漩涡纹、花草、女神像。

3）材料以胡桃木、黑檀木为主。

法国巴洛克家具　　　　　　　　　　　　　　表 0-14

家具名称	图　例			
柜	法赠英之橱柜—布尔	Louis XIV Armoire 大衣柜	"柯莫德" 既像抽屉桌，又像带腿的 矮柜，用来存储衣物	"柯莫德"
桌、椅	写字桌	路易十四式写字桌	扶手椅	扶手椅

（3）英国巴洛克家具

1）后期雅各宾式（见表 0-15）

风格特点：

① 多用直线和方形板面，脚部常用荷兰的球形脚、葡萄牙的涡卷装饰。

② 座面和靠背采用藤编，扶手、腿、拉档采用涡形雕刻和螺旋形旋木，四腿间为 H 形横档。

③ 胡桃木和橡木贴面兼用，贵族家具有绮丽的雕刻装饰。

后期雅各宾式家具　　　　　　　　　　　　　　　　　　　　表 0-15

家具名称	图　例			备　注
椅、沙发	 藤编座椅	 长沙发（Daybed）	 护壁板椅	家具腿脚形式 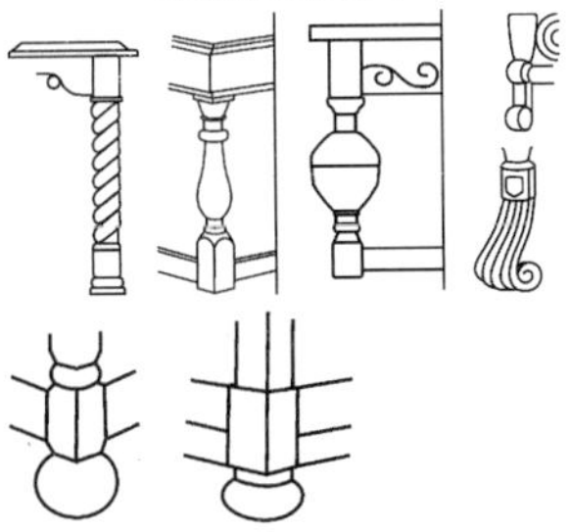

2）威廉—玛丽式（见表 0-16）

风格特点：

① 家具造型轻巧，脚多为螺旋形、球形、面包形，拉档为 X 形曲线交叉。

② 椅面包面料多刺绣，装饰轮廓线简化。

威廉—玛丽式家具　　　　　　　　　　　　　　　　　　　　表 0-16

家具名称	图　例			
椅、柜、桌	 餐椅	 扶手椅	 侧椅	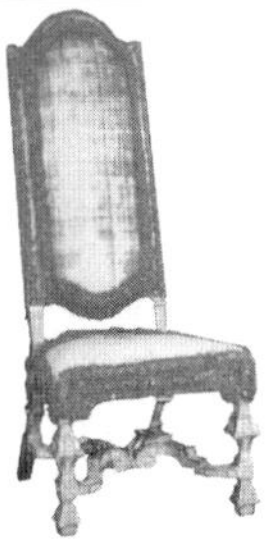 侧椅
	 躺椅（Daybed）	 橱柜	 橱柜	 写字桌

（4）美国早期殖民地家具（见表 0-17）

风格特点：

1）采用当地橡木和松木，造型简洁，注重使用，无多余装饰。

2）座椅部件多采用镟制件。

美国早期殖民地家具　　　　　　　　　　　　表 0-17

家具名称	图　例			
椅、桌、柜	卡瓦弗椅 （Carver Chair）	折叠桌	板条靠背椅 （Slat-Back Chair）	向日葵柜

0.6.1.5　洛可可风格家具

风格特征总述：

① 纤细、轻巧的妇女体态造型。

② 构图上有意强调不对称。

③ 装饰华丽而繁琐，装饰题材有自然主义倾向，最喜欢用千变万化的舒卷着、纠缠着的草叶，此外还有蚌壳、蔷薇和棕榈。

（1）法国洛可可家具

1）摄政式（见表 0-18）

风格特点：

过渡时期家具，外形多采用自由的曲线，有框线，仿中式，采用岩石和贝壳作装饰。

摄　政　式　家　具　　　　　　　　　　　　表 0-18

家具名称	图　例		
椅、沙发	安乐椅	扶手椅	长沙发

2）路易十五式（见表 0-19）

风格特点：

① 椅子造型优美，坐感舒适。

② 桌子形体变小，结构趋简，取消了四腿之间的横档连接，桌腿多弯曲细长。

路易十五式家具 **表 0-19**

家具名称	图例			
桌	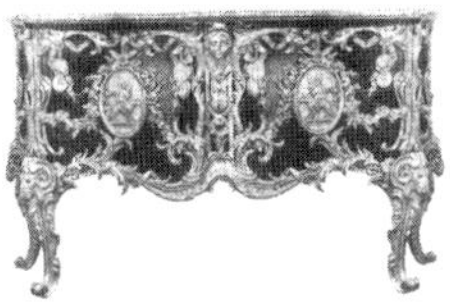 柯莫德（1）	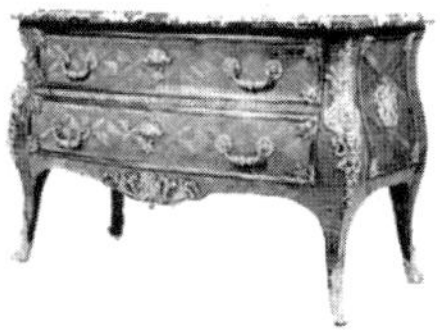 柯莫德（2）	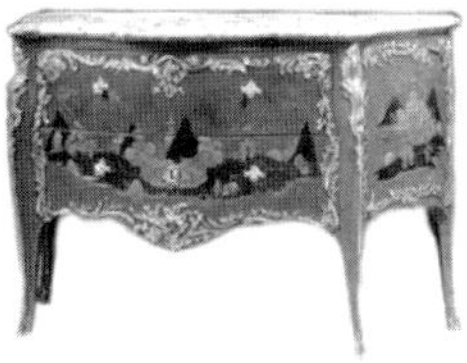 柯莫德（3）	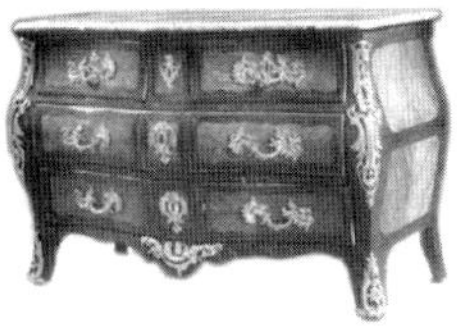 柯莫德（4）
	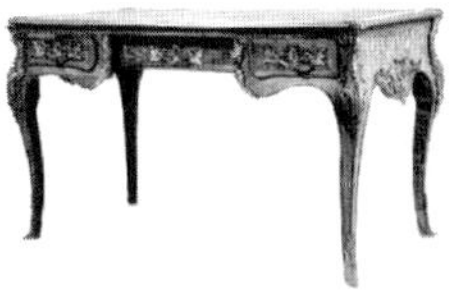 事务用桌	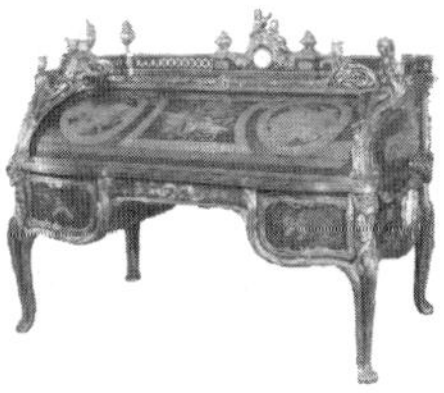 路易十五式书房写字桌 设计：埃班与弟子雷斯纳	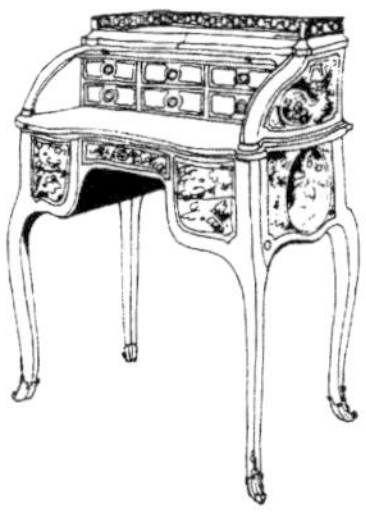 写字桌	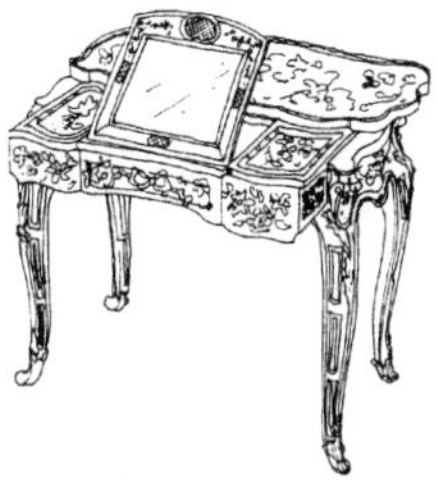 梳妆桌 （兼具写字与梳妆功能）
椅	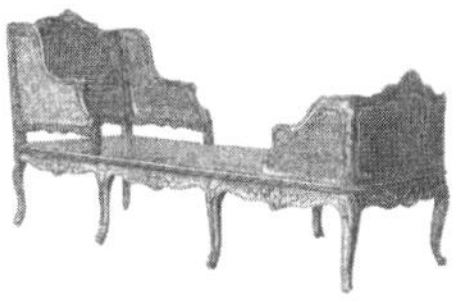 长椅	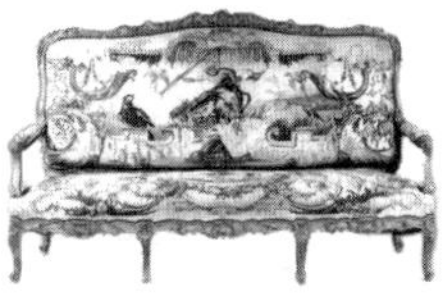 长沙发	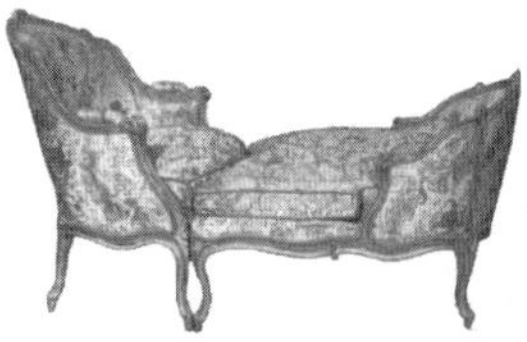 法国“公爵夫人”椅	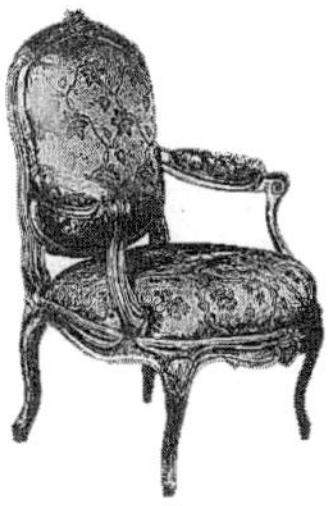 女皇椅

（2）英国洛可可家具

1）安娜女王式（见表 0-20）

风格特点：

① 腿部和扶手等采用优美曲线，威廉—玛丽时期短粗爪形腿在安娜女王时期变得更长更优美。

② 脚部采用爪抓球设计。

③ 中背光面花瓶形，形成与人体脊柱相吻合的曲线。

④ 顶饰形似王冠。

2）早期乔治式（见表 0-21）

风格特点：猫脚变肥，靠背变矮并包面，出现狮子人面具等装饰题材。

安娜女王式家具 表 0-20

家具名称	图　例			备　注
柜、桌	 安娜女王式高脚柜	 安娜女王式高脚柜	 写字桌	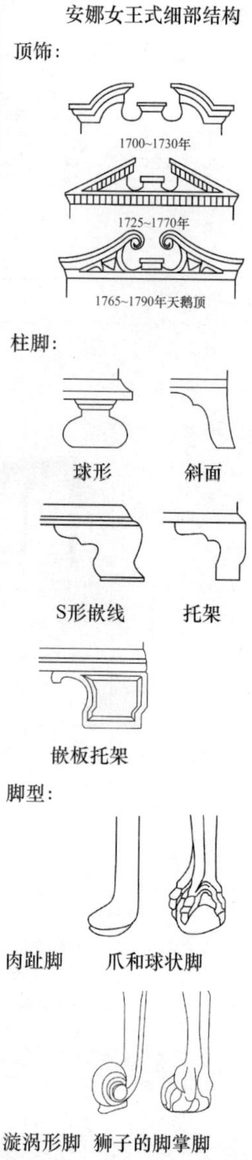 安娜女王式细部结构 顶饰： 1700~1730年 1725~1770年 1765~1790年天鹅顶 柱脚： 球形　斜面 S形嵌线　托架 嵌板托架 脚型： 肉趾脚　爪和球状脚 漩涡形脚　狮子的脚掌脚
椅	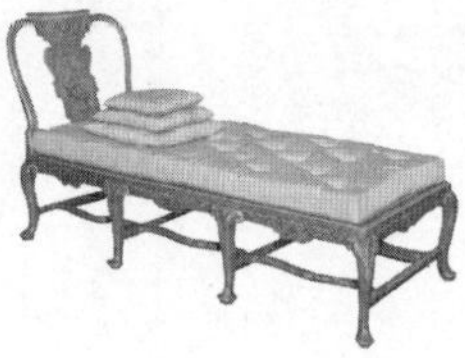 安娜女王式躺椅	 薄板靠背椅	 薄板靠背椅	
	 餐椅	 安娜女王式翼状椅		

早期乔治式家具 表 0-21

家具名称	图　例	
椅、床	 靠背椅	 马特罗风格的礼仪床

3）齐宾泰尔式（见表 0-22）

风格特点：

① 简洁朴实的英国风格上吸取了洛可可式纤细柔和的曲线美，并融合了东方艺术的格调。

② 腿部多为直腿，弯腿都用很多的涡纹雕刻来装饰，主要形式有高度华丽的爪抓球、叶形雕刻或涡纹脚。

③ 床体现了法国洛可可风格和中国塔的造型特点。

齐宾泰尔式柜 表 0-22

家具名称	图例柜类			
柜	 书柜	 书柜	 中国风格橱柜	 橱柜
桌、台	 柯莫德	 柯莫德	 边桌	 图书馆桌
床		哥特式床	 中国风格床	

家具名称	图例柜类			
椅	 边椅	 边椅	 扶手椅	备注： 齐宾泰尔椅子靠背特点： ① 梯状背（Ladder Back）——靠背由三根较细的横档构成 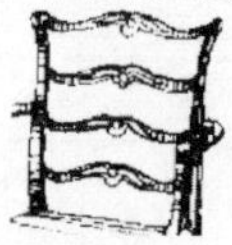 ② 薄板透雕的靠背（Splat Back） 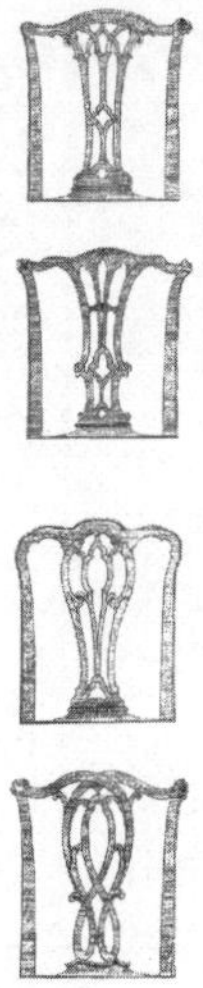 ③ 阿利斯靠背（Allis Over Back）——靠背全部采用中国风格或哥特式风格窗头花格式构图方式 
	 边椅	 扶手椅	 边椅	
	 边椅	 长沙发	 长沙发	
	 长沙发	 长沙发	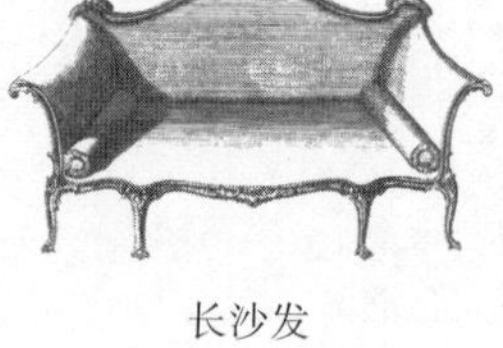 长沙发	

（3）意大利洛可可家具（见表 0-23）

风格特点：

1）讲究对称和线角，具有巴洛克印记。

2）充满雕饰，喜欢用叶饰和带状纹饰，也用岩石、贝壳中式样的自然图案。

（4）美国后期殖民地家具

依靠自身的强大势力，吸收英国及当地殖民地式建筑及家具的特点，形成了后期殖民地式（Late Colonial Style）风格。

意大利洛可可家具 表 0-23

家具名称	图例	
桌	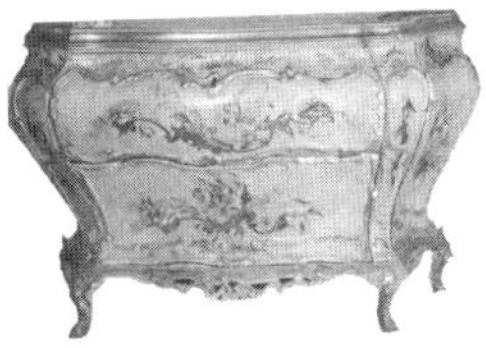 洛可可式	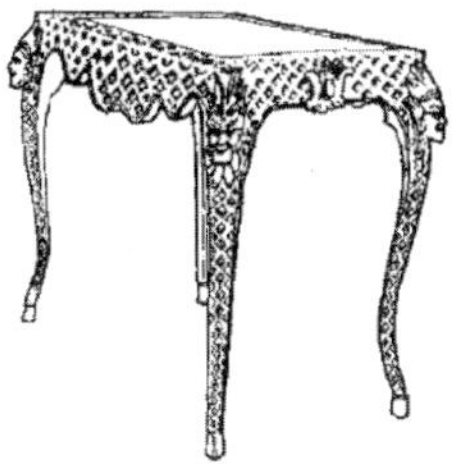 洛可可式桌

1）美国安娜女王式（见表 0-24）

风格特点：

① 椅子与英国本国的设计风格基本相同。

② 贮藏类家具中具有代表性的是高脚抽屉柜（Chest of Drawers），上部是多个抽屉组成的衣柜，下部是梳妆桌形式。

美国安娜女王式家具 表 0-24

家具名称	图 例		
柜	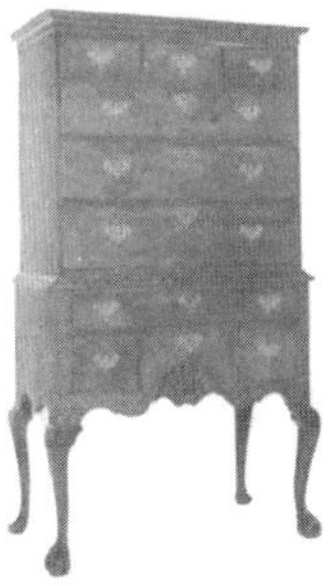 桃花芯木高脚柜	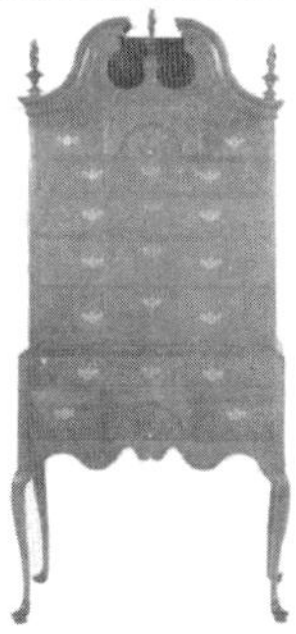 桃花芯木高脚柜	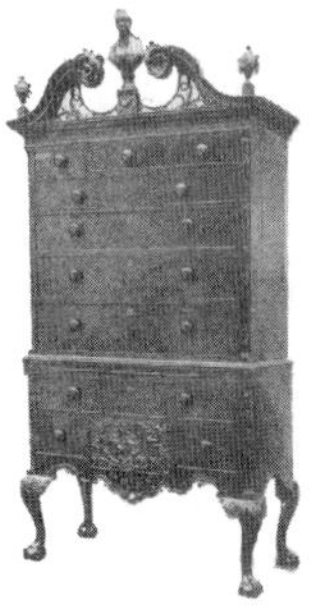 高脚柜

2）美国齐宾泰尔式（见表 0-25）

风格特点：

① 复杂的曲线较多。

② 椅背上搭脑常用弓状的波纹曲面。

③ 椅子前脚多用猫腿，腿端是爪抓球，后腿保持简洁。

美国齐宾泰尔式椅 表 0-25

家具名称	图 例
椅	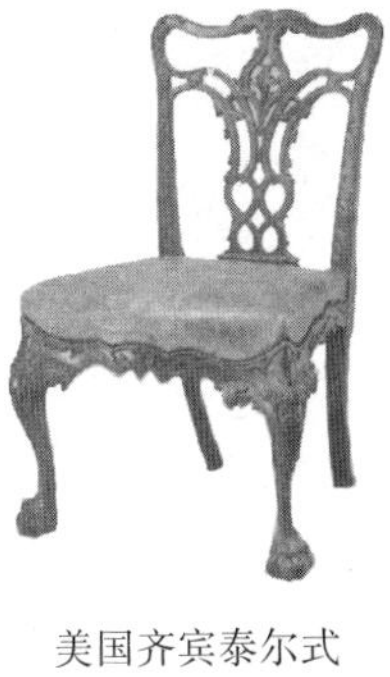 美国齐宾泰尔式

3）美国温莎椅（Windsor Chair）（见表 0-26）

风格特点：

① 椅腿和靠背均采用旋制杆件，四条腿用"H"形或牛角形的拉腿档连接，结合部位适当加粗，端部缩小。

② 木板坐面，被加工成马鞍形。

③ 椅腿、横档、背骨等所有部件和坐板直接连接。

④ 靠背的结构形式有梳背（Comb Back）、弓背（Bow Back）和环背（Hoop Back）。

美国温莎椅　　　　　　　　　　　　　　　　　　表 0-26

家具名称	图　例			
椅	环背温莎椅	环背温莎椅	梳背温莎椅	弓背透雕温莎椅

0.6.1.6　新古典主义风格家具

（1）法国新古典主义家具

1）路易十六式（见表 0-27）

风格特点：

① 重点采用古建筑形式，家具外框采用长方形，体积缩小。

② 以直线和矩形为造型基础，多采用嵌木细工、镶嵌、漆饰等装饰手法。

③ 腿部多用由上而下逐渐收缩的圆腿或方腿，表面平直或刻有凹槽。

④ 曲线少，直线多；旋涡表面少，平直表面多。

⑤ 最喜欢用胡桃木。以玫瑰花等作为装饰题材是从这个时期开始的。

路易十六式家具　　　　　　　　　　　　　　　　表 0-27

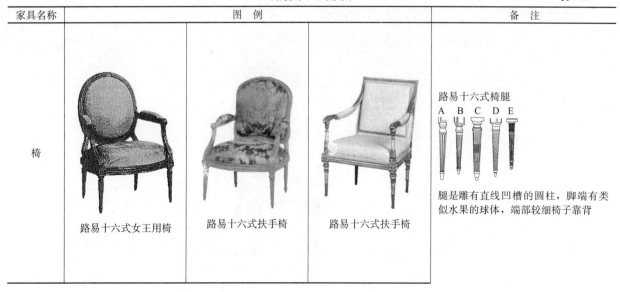

家具名称	图　例			备　注
椅	路易十六式女王用椅	路易十六式扶手椅	路易十六式扶手椅	路易十六式椅腿 A B C D E 腿是雕有直线凹槽的圆柱，脚端有类似水果的球体，端部较细椅子靠背

家具名称	图 例			备 注
椅	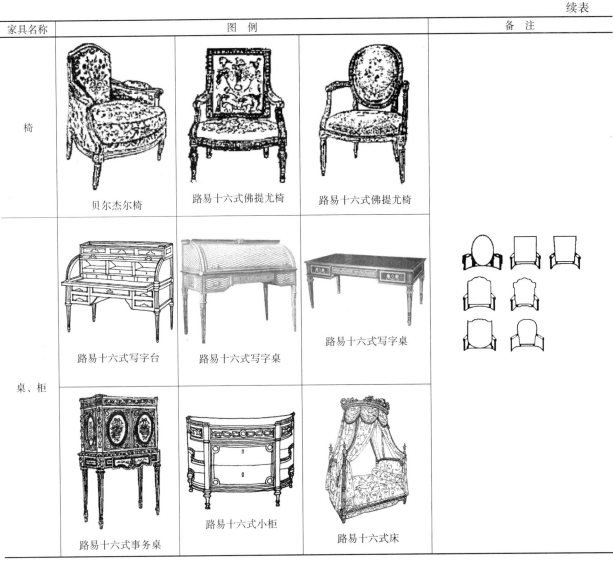			
	贝尔杰尔椅	路易十六式佛提尤椅	路易十六式佛提尤椅	
桌、柜	路易十六式写字台	路易十六式写字桌	路易十六式写字桌	
	路易十六式事务桌	路易十六式小柜	路易十六式床	

2）法国执政内阁式（见表 0-28）

风格特点：

① 摒弃了法国传统家具的特色，转向以古代希腊和罗马为背景的古典主义形式。

② 处于路易十六式向帝政式过渡的艺术阶段。

法国执政内阁式家具　　　　　　　　　　　　表 0-28

家具名称	图 例
椅	执政内阁式扶手椅　　　　　　执政内阁式扶手椅

3）法国帝政式家具（见表 0-29）

风格特点：

① 帝政式家具是一种完全对称的（多采用直角）几何体，形体厚重而结实，极力避免使用雕刻。

② 色彩特点是黑、金、红的调和，即家具用紫黑色的桃花芯木、金色的青铜镀金饰件和红色天鹅绒的靠背和坐面，并把装饰图案用金线绣在大红的绒料上。

法国帝政式家具

表 0-29

家具名称	图　例			
椅、凳、柜	法国帝政式拿破仑宝座	法国帝政式扶手椅	法国帝政式凳子	1809 年法国巴黎帝政式雕饰柜

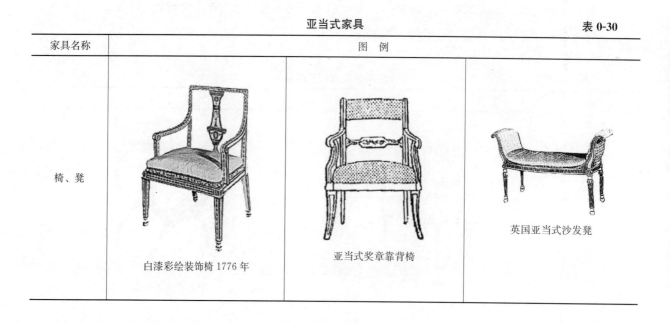

（2）英国新古典主义家具

1）亚当式家具（见表 0-30）

风格特点：

① 形式结构简单，造型比较规整、优美且带有古典式的朴素之美，重视装饰的新和美。

② 亚当式椅子的腿呈细条、尖形，很少使用拉腿档。

③ 桌子一般长而狭，装饰主要集中在望板上。

④ 柜类家具以古典建筑为蓝本，吸取门窗上的三角形或拱形檐板、古典建筑中的破山花。

亚当式家具

表 0-30

家具名称	图　例		
椅、凳	白漆彩绘装饰椅 1776 年	亚当式奖章靠背椅	英国亚当式沙发凳

家具名称	图 例
柜	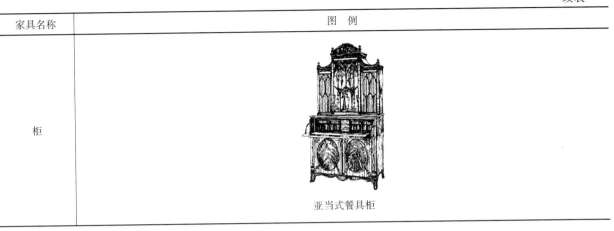 亚当式餐具柜

2) 赫普尔怀特式家具（见表 0-31）

风格特点：

① 造型精炼，装饰单纯，结构简单，比例优美，兼有古典式的华丽和路易十六式的纤巧。

② 椅腿以方尖脚为主，脚端用桃形脚或黄铜杯装饰，后腿多为方腿且向后弯曲呈军刀状。

③ 基本不采用雕刻，而采用镶木技术和涂饰。

赫普尔怀特式家具　　　　　　　　　　表 0-31

家具名称	图 例			备 注
椅、台	 赫普尔怀特式椅	赫普尔怀特式椅	 赫普尔怀特式椅	赫普尔怀特式椅背
	 赫普尔怀特式椅	赫普尔怀特式椅	 赫普尔怀特式餐具台	透雕镂空，很少有软靠垫；靠背一般都不与坐框直接相连

3) 谢拉顿式家具（见表 0-32）

风格特点：

① 轻便、朴素，以直线为主导地位，强调纵向线条。

② 喜欢用上粗下细的圆腿且家具腿的顶端常用箍或轮子。

③ 细长腿之间很少有拉档，注重家具的实用性。

谢拉顿式家具 表 0-32

家具名称	图 例		备 注
椅	谢拉顿式椅子	谢拉顿靠背椅	椅背 背板总安放在靠背下横档上，椅背中间靠板往往高于椅背上横档 脚部细部

（3）美国联邦式家具

1）美国联邦式家具（见表 0-33）

风格特点：在家具史上将美国独立后至 19 世纪上半期的家具称为联邦式（Federal Style）。

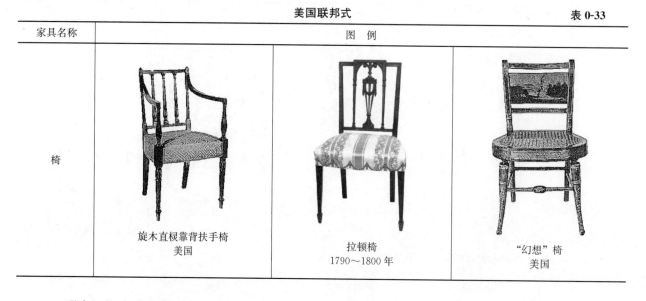

美国联邦式 表 0-33

家具名称	图 例		
椅	旋木直棍靠背扶手椅 美国	拉顿椅 1790～1800 年	"幻想"椅 美国

2）邓肯·怀夫式家具（见表 0-34）

风格特点：

① 早期是模仿赫普尔怀特式、谢拉顿式及亚当式家具，如竖琴图案。后期主要受法国执政内阁式和帝政式风格的影响。家具主要使用圣·多明各产的优质桃花芯木。

② 椅子有直腿、弯腿，通常在人们直接注视的地方饰有雕刻或凹槽；另外还有流畅曲线构成的人字形腿。

③ 椅背较矮，有卷曲形顶板，常使用藤靠背和交错式靠背板，主要代表是竖琴形靠背板。

④ 沙发采用古典的线条和雪橇前端式扶手。

⑤ 桌子支架大多为竖琴形或柱头形，有时采用三条腿，高级桌腿还常用黄铜包脚。

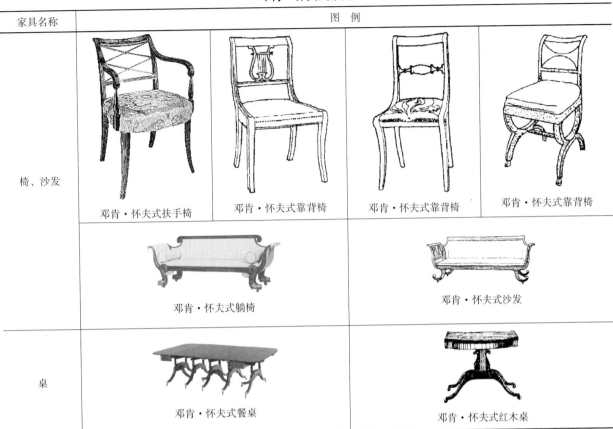

家具名称	图 例
椅、沙发	邓肯·怀夫式扶手椅　邓肯·怀夫式靠背椅　邓肯·怀夫式靠背椅　邓肯·怀夫式靠背椅 邓肯·怀夫式躺椅　　　　邓肯·怀夫式沙发
桌	邓肯·怀夫式餐桌　　　　邓肯·怀夫式红木桌

0.6.2　中国传统风格家具

0.6.2.1　席地而坐的前期家具

风格特征总述：由于席地而坐的生活习惯，这一时期的家具都很低矮，品种也很少。加之年代久远，遗存至今的只有为数很少的青铜或木髹漆家具。

（1）商周时期家具（见表 0-35）

风格特点：

多为青铜制品，造型古朴，纹饰拙犷、浑厚，常见的装饰纹样有饕餮纹、夔纹、蝉纹等。

商周时期家具　　　　　　　　　　　表 0-35

家具名称	图 例	备 注
俎、禁	铜俎 陕西　　　铜禁 陕西宝鸡台周墓　　　铜甗 安阳妇好墓	这一时期的装饰纹样主要有饕餮纹，夔纹，蝉纹 饕餮纹 夔纹 蝉纹

（2）春秋战国时期家具（见表 0-36）

风格特点：

1）髹漆彩绘为春秋战国时期家具的首要特色，为漆家具的兴起时期。

2）开始应用卯榫，为后世卯榫结构的大发展奠定了基础。

3）家具样式较前代更为丰富，除已有的俎、禁、床以外，还出现了几、屏风、衣架等。

春秋战国时期家具   表 0-36

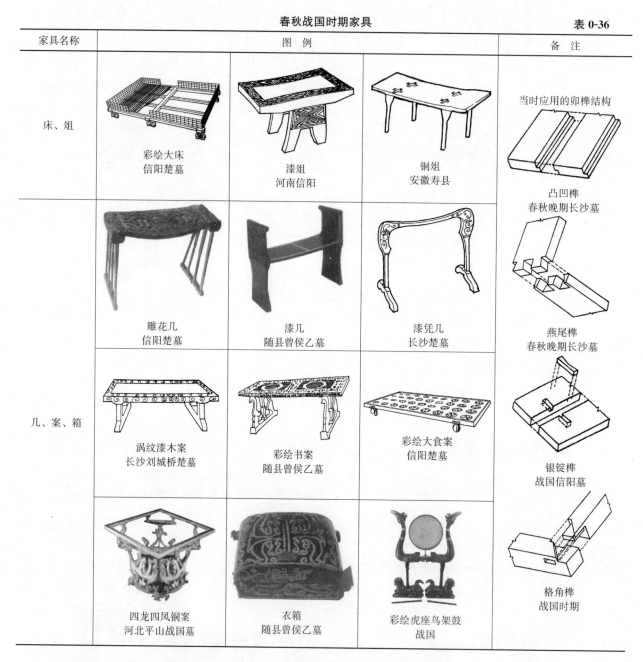

家具名称	图 例			备 注
床、俎	彩绘大床 信阳楚墓	漆俎 河南信阳	铜俎 安徽寿县	当时应用的卯榫结构 凸凹榫 春秋晚期长沙墓
几、案、箱	雕花几 信阳楚墓	漆几 随县曾侯乙墓	漆凭几 长沙楚墓	燕尾榫 春秋晚期长沙墓
	涡纹漆木案 长沙刘城桥楚墓	彩绘书案 随县曾侯乙墓	彩绘大食案 信阳楚墓	银锭榫 战国信阳墓
	四龙四凤铜案 河北平山战国墓	衣箱 随县曾侯乙墓	彩绘虎座鸟架鼓 战国	格角榫 战国时期

（3）秦汉时期家具（见表 0-37）

风格特点：

1）秦汉时期为我国低型家具的大发展时期。

2）漆家具走向兴盛，髹漆技术达到一个高峰时期，出现了多种装饰技法。

3）家具的品种已经发展到床、榻、几、案、屏风、柜、箱、衣架等。

4）胡床已经出现，高型家具出现了萌芽。

家具名称	图 例			
床、塌、席	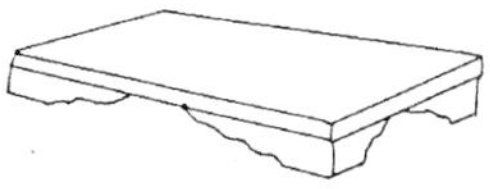 平台石床 河北望都二号汉墓	塌 河南郸城汉墓	 陶独坐小榻 南京	 独坐榻 成都东乡出土汉画像砖 《讲学图》
	 独坐榻 辽阳棒合子汉墓壁画	 连坐榻 江苏徐州茅村出土的 汉代画像石	 连坐榻 河南灵宝张湾汉墓出土的 六博陶俑	 双扇屏风榻 辽阳棒合子汉墓 壁画
	 独坐榻 河北望都县汉墓 壁画	 带屏风的榻和案 辽宁辽阳汉墓壁画	 方席 辽阳棒合子汉墓壁画	 莞席 湖南长沙马王堆汉墓 出土
几、案	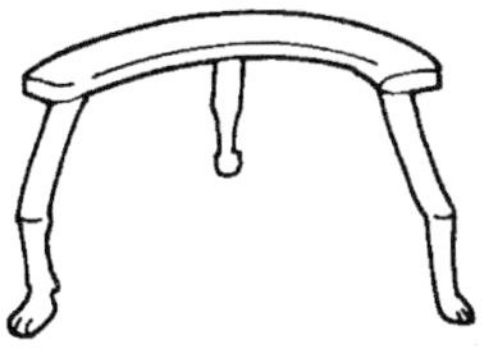 陶曲凭几	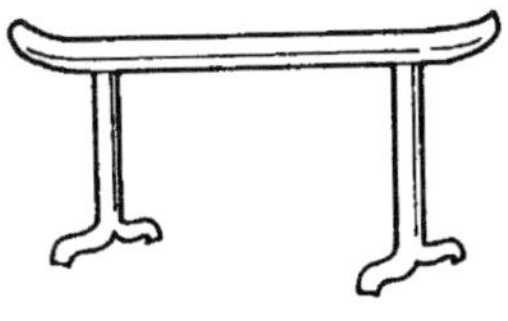 直凭几	 陶几 灵宝张湾汉墓	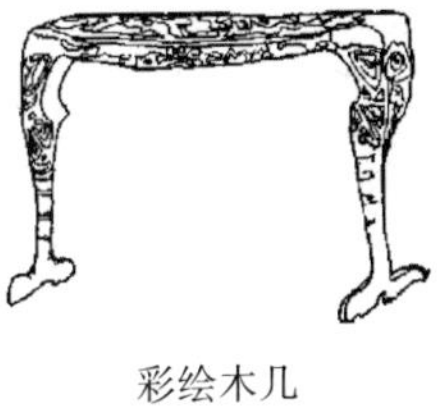 彩绘木几 长沙马王堆西汉墓
	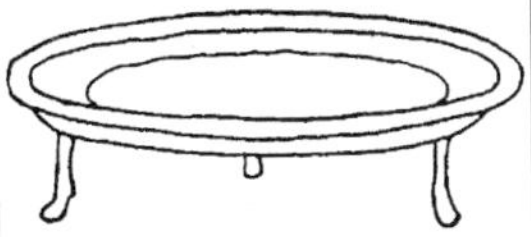 三足圆案 广州沙河汉墓	 漆案 湖南长沙马王堆汉墓	 陶案 河南辉县汉墓出土	铜案 云南昭通汉墓出土
	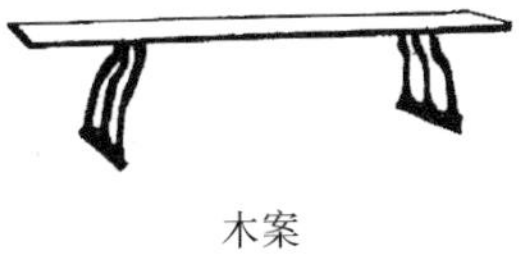 木案 甘肃武威汉墓	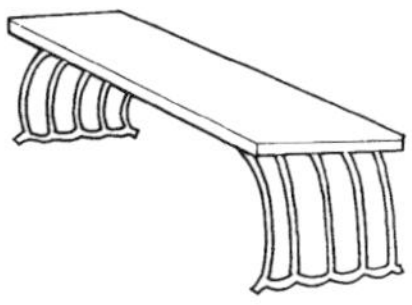 栅足书案 沂南汉墓	 曲足案 铜山洪楼村汉墓画像石	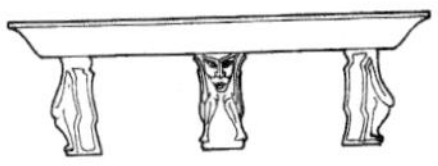 铜盘（食案） 广西合浦西汉木椁墓

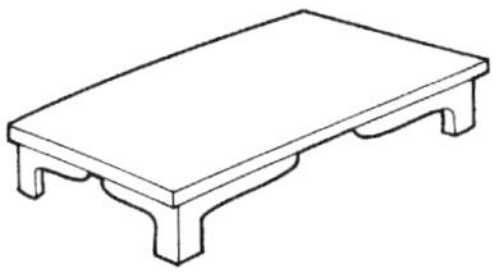

0 绪 论

41

家具名称	图 例

几、案

食案
南昌汉墓

陶食案
河南灵宝汉墓

铜祭案
云南江川汉墓出土

铜食案
云南昭通汉墓

漆案
江苏盱眙汉墓出土

石案
四川郫县汉墓出土

汉漆案
江苏连云港出土

矮屠案
汉代壁画

箱、橱、柜

盝顶式箱

绿釉陶橱

躺柜

绿釉陶柜
河南陕县汉墓

屏风、衣架

漆屏风 长沙马王堆一号汉墓

出土的汉代衣架 模型

透雕玉座屏
河北定县汉墓

彩绘木雕小座屏 战国

陶屏风
洛阳涧西汉墓

0.6.2.2 过渡时期的家具

风格特征总述：这一时期人们开始改变长期以来以跪坐为合仪的礼教观念，生活习惯的变化导致家具从矮向高发展，品种不断增加，造型和结构逐步完善，从而为后期家具木框架体系的最后形成奠定了基础。

（1）魏晋南北朝时期家具（见表0-38所示）

风格特点：

1）为我国高型家具的萌芽期。

家具名称	图　例			
高型坐具	胡床 北齐《校书图》	胡床 敦煌 257 窟	方凳 敦煌 257 窟北魏壁画	扶手椅 敦煌 285 窟西魏壁画
	座椅 敦煌 285 窟西魏壁画	藤墩 北周佛像	筌蹄 龙门莲花洞北魏菩萨像	筌蹄 敦煌 285 窟
床、榻	大榻 北齐《校书图》	屏风榻 山西大同北魏墓	四面屏风床 晋画《女史箴图》	床榻 龙门宾阳洞中之 维摩说法造像
几	高几	漆曲屏几 马鞍山朱然墓	弯曲屏几 南京象山晋墓	阴囊与凭几 南京象山晋墓

　　2）民族的融合和佛教的流行使汉代的胡床逐渐普及民间，并出现了各种形式的高型家具，如凳、筌蹄、椅子等。

　　3）矮型家具继承前代并有所发展，新的结构和装饰技法也随即出现。

　　(2) 隋唐五代时期家具（见表 0-39 所示）

风格特点：

1）为我国高型家具的形成期，高低型家具并行发展。

2）唐家具造型浑圆丰满，装饰清新华丽，形态上崇尚富丽华贵。

3）该时期高型家具的品种和类型已基本齐全，阵容初具规模。

4）五代家具风格为轻简、秀直，表现了家具体态的秀丽和装饰的简化。

家具名称	图　例			
凳、椅	方凳 卫贤高士图	扶手椅 敦煌196窟唐壁画	月牙凳 唐画《内人双陆图》	圈椅 杨耀据唐宫中图复原
	腰凳 唐《执扇仕女图》	直型靠背椅 顾闳中《韩熙载夜宴图》	唐三彩俑坐墩 西安王家坟出土	
桌、案	青瓷案 四川万县唐墓出土	案 《李翱药山问答图》	陶案 唐墓出土	书案 唐画《伏生授经图》　方桌 敦煌85窟壁画
床、榻	床 敦煌217唐代壁画	三彩陶榻 西安唐墓	床 唐画《习字图》	床 敦煌217窟唐代壁画 《得医图》
	案形结体床 五代《重屏会棋图》	壶门结体床 五代《重屏会棋图》	独坐小榻 敦煌	凹形屏风床 顾闳中《韩熙载夜宴图》
柜、屏风	三彩钱柜 西安唐墓	折扇屏风 五代《重屏会棋图》	屏风、案、桌、扶手椅 五代王齐翰《勘书图》	桌、靠背椅、凹形床 顾闳中《韩熙载夜宴图》

0.6.2.3　垂足而坐的后期家具

　　风格特征总述：这一时期是我国传统家具的框架结构体系完善和定型的时期。尤其是我国明代家具，对西方的巴洛克和洛可可家具产生极大的影响，在世界家具史中占有重要地位。

　　（1）宋代家具（见表 0-40）

风格特点：

1）梁柱式的框架结构代替了隋唐时期沿用的箱形壸门结构。

2）结构由繁杂趋向简化，造型日趋丰富、挺直、秀丽。

3）辽金少数民族家具走向高型化，漆饰趋于朴素高雅，不尚浓华。

宋代家具　　　　　　　　　　　　　　　　　　　　　　　　　　　表 0-40

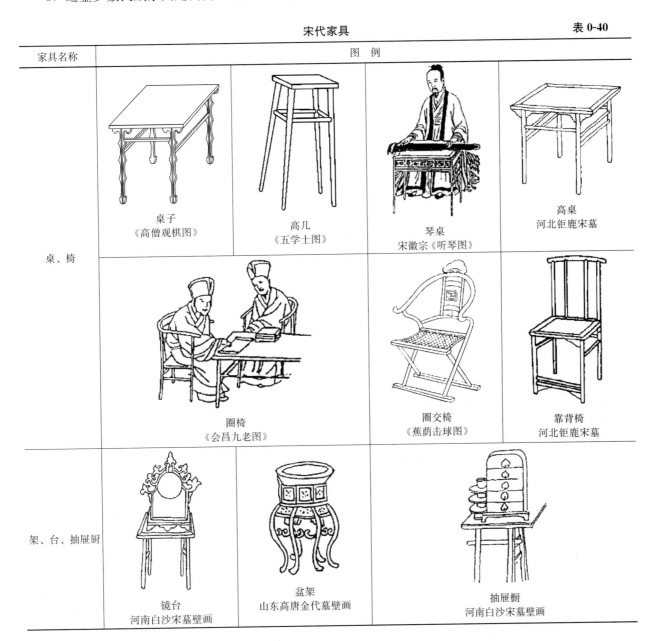

家具名称	图　例			
桌、椅	桌子 《高僧观棋图》	高几 《五学士图》	琴桌 宋徽宗《听琴图》	高桌 河北钜鹿宋墓
	圈椅 《会昌九老图》		圈交椅 《蕉荫击球图》	靠背椅 河北钜鹿宋墓
架、台、抽屉厨	镜台 河南白沙宋墓壁画	盆架 山东高唐金代墓壁画		抽屉橱 河南白沙宋墓壁画

　　（2）元代家具（见表 0-41）

风格特点：

1）元代历史较短，除抽屉桌是一种新兴家具外，其他家具均是沿袭前代。

2）出现的新结构是罗锅枨，中部高，两头低。

家具名称	图 例		备 注
桌、杌	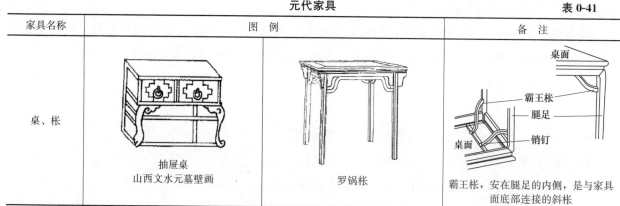抽屉桌 山西文水元墓壁画	罗锅杌	霸王杌，安在腿足的内侧，是与家具面底部连接的斜杌

（3）明式家具（见表 0-42）

风格特点：

1）用材讲究，质地优美。

2）造型简捷，比例适度，以线为主。

3）结构严谨，榫卯精密。

4）装饰适度，繁简相宜。

明式家具 表 0-42

家具名称	图 例			
椅、凳	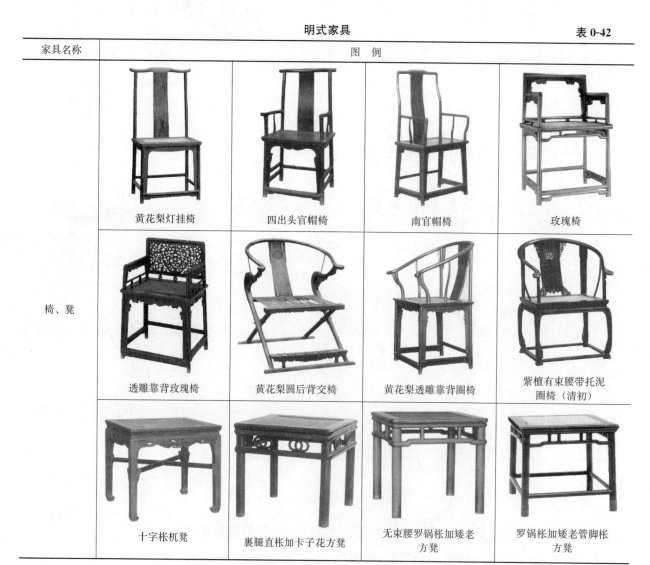黄花梨灯挂椅	四出头官帽椅	南官帽椅	玫瑰椅
	透雕靠背玫瑰椅	黄花梨圆后背交椅	黄花梨透雕靠背圈椅	紫檀有束腰带托泥圈椅（清初）
	十字杌机凳	裹腿直杌加卡子花方凳	无束腰罗锅杌加矮老方凳	罗锅杌加矮老管脚杌方凳

家具名称	图 例			
椅、凳	有束腰罗锅枨长方凳	三弯腿罗锅枨方凳	有束腰管脚枨方凳	三弯腿霸王枨机凳
	四开光镶弦纹坐墩	黄花梨四开光坐墩	明末清初紫檀直棍坐墩	交杌
几、案	黄花梨三足香几	黄花梨夹头榫翘头案	黄花梨无束腰方桌	黄花梨霸王枨条桌
柜、架	黄花梨品字栏杆架格	黄花梨圆角柜	黄花梨方角柜	明黄花梨万历柜
床、榻	紫檀曲尺式三屏风罗汉	黄花梨马蹄足榻	黄花梨带门围子架子床	黄花梨月洞式门罩架子床

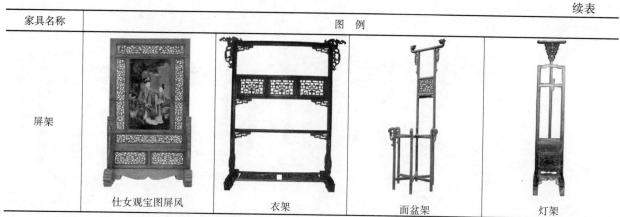

家具名称	图 例			
屏架	仕女观宝图屏风	衣架	面盆架	灯架

（4）清式家具（见表 0-43）

风格特点：

1) 用材多样，选材考究。

2) 品种丰富，式样多变。

3) 做工精细，追求奇巧。

4) 华丽厚重，雕饰繁琐。

清式家具 　　　　　　　　　　　　　　　　　　　　　　　　　　　表 0-43

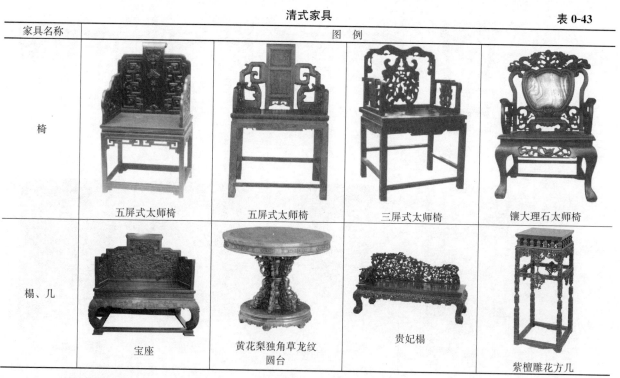

家具名称	图 例			
椅	五屏式太师椅	五屏式太师椅	三屏式太师椅	镶大理石太师椅
榻、几	宝座	黄花梨独角草龙纹圆台	贵妃榻	紫檀雕花方几

0.6.3 现代风格家具

0.6.3.1 现代家具的探索

（1）托耐特（Thonet）曲木家具（见表 0-44）

风格特点：

1) 运用曲木技术。

2) 曲线优雅自如，形体轻快纤巧，给人视觉上的轻巧感觉。

3) 解决了造型美、价格低、式样多、系列化等问题。

托耐特（Thonet）曲木家具 表 0-44

家具名称	图例			
椅	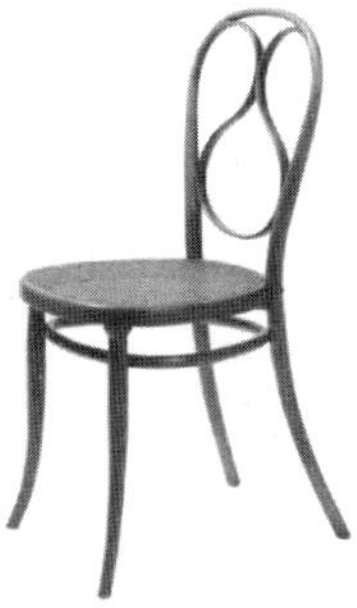 1号曲木椅	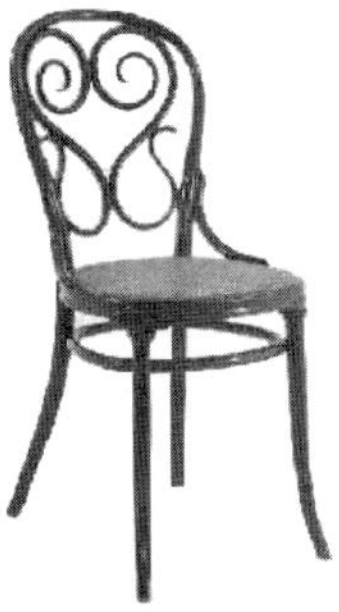 4号曲木椅	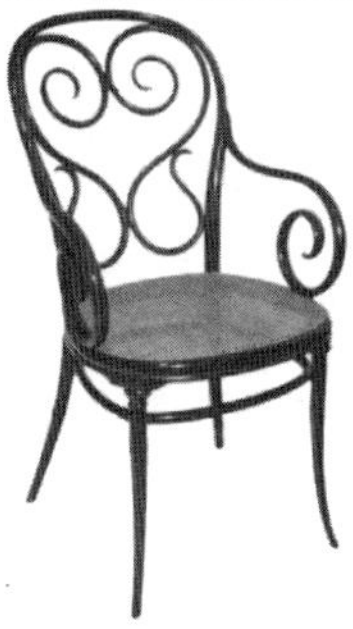 4号曲木扶手椅	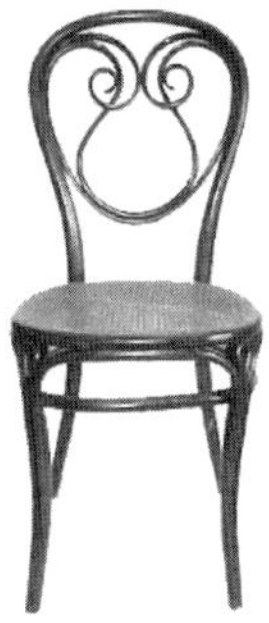 13号曲木椅
	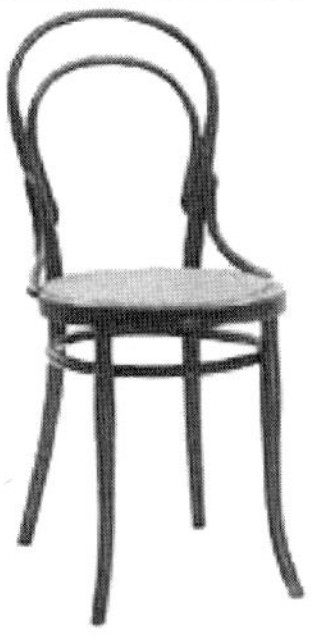 14号曲木椅	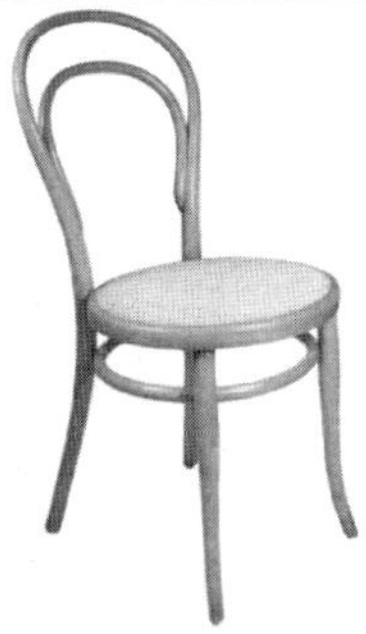 14号曲木椅	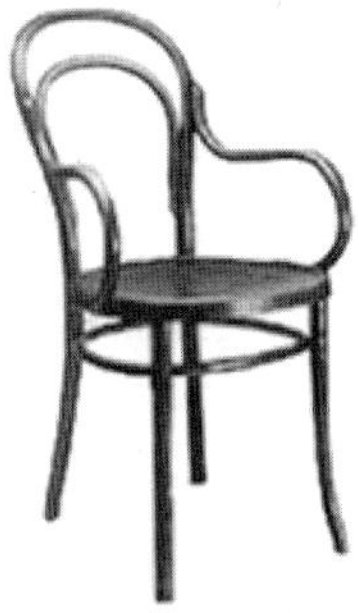 14号曲木扶手椅	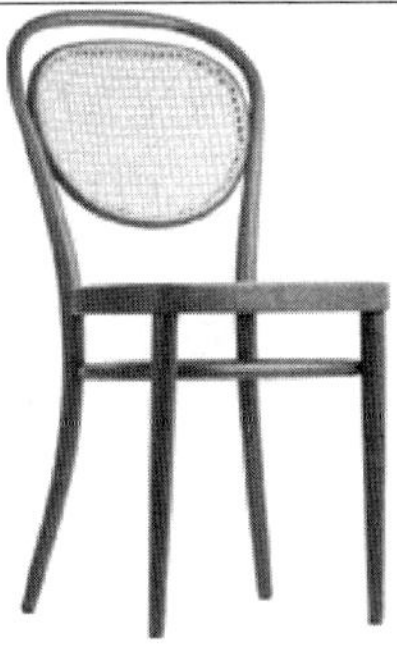 15号曲木椅
	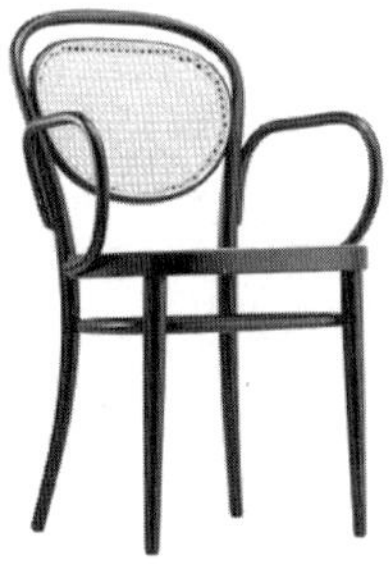 15号曲木扶手椅	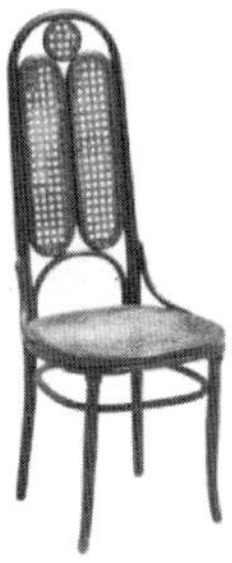 16号曲木椅	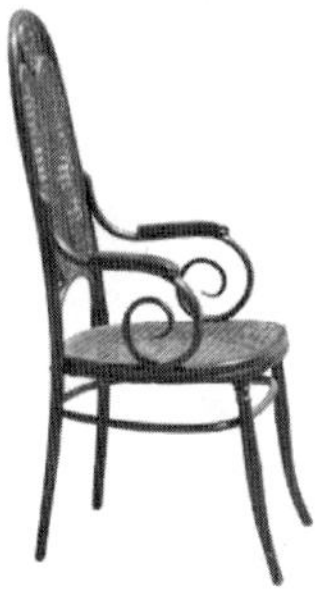 16号曲木扶手椅	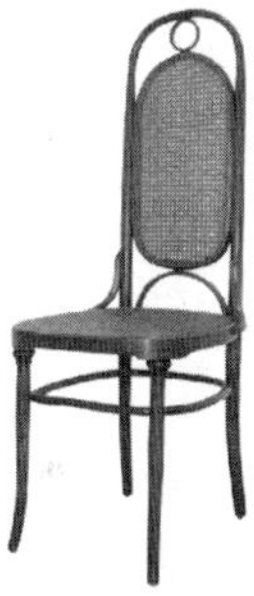 17号曲木椅
	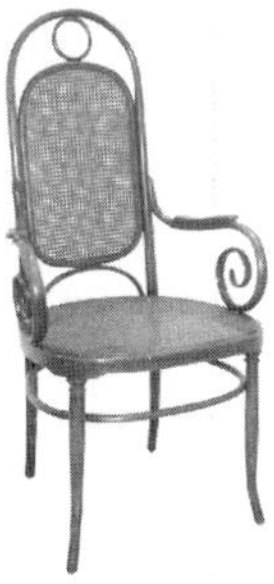 17号曲木扶手椅	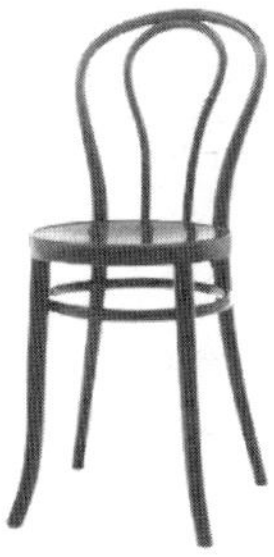 18号曲木椅	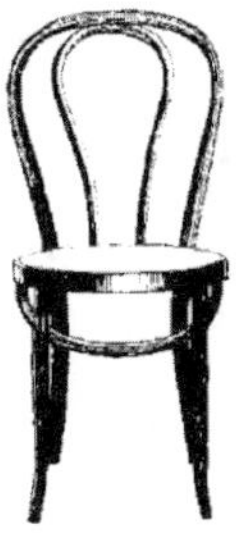 18号曲木椅	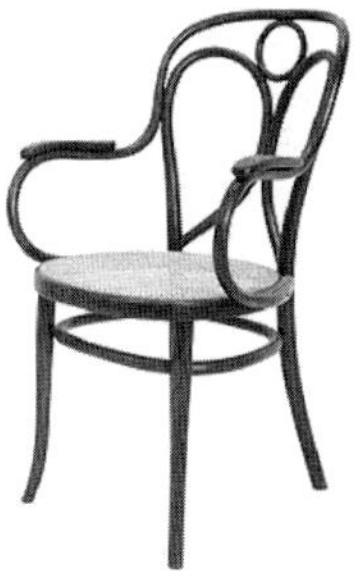 19号曲木扶手椅
	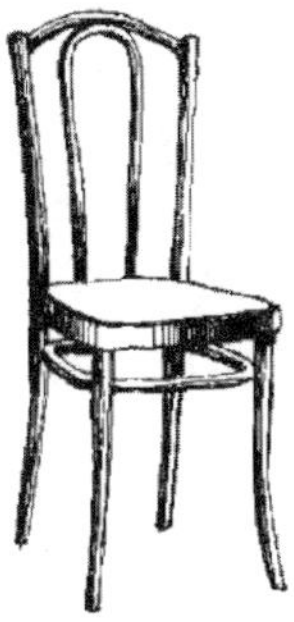 24号曲木椅	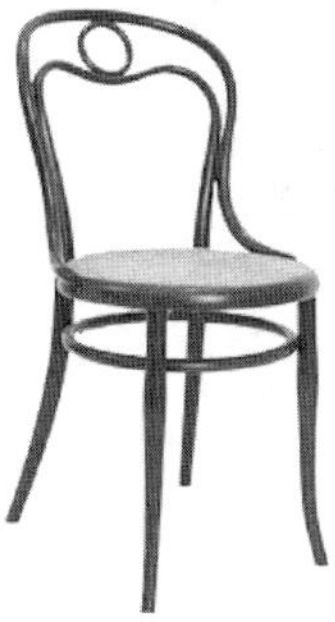 31号曲木椅	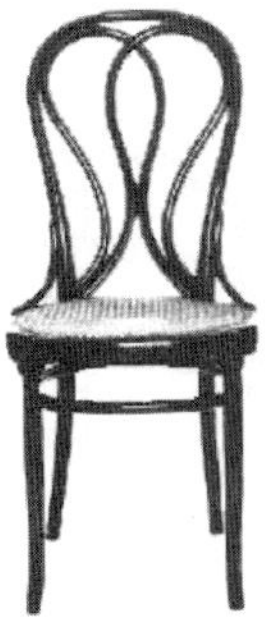 56号曲木椅	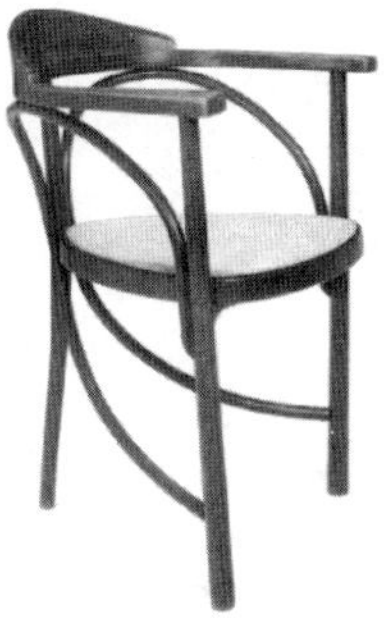 81号曲木扶手椅

家具名称	图 例			
椅	221号曲木椅	Bistro 椅	Boullee 椅	Chucho 椅
	Le corbusier 扶手椅	Le corbusier 扶手椅	Linea 椅	Melnikov 椅
	1号 Boppard 椅子	11号 Boppard 椅子	Simple 椅	列支敦士登宫椅 1843 年
	示范椅	薄板模压弯曲成型椅	1号曲木摇椅	7500号样板摇椅

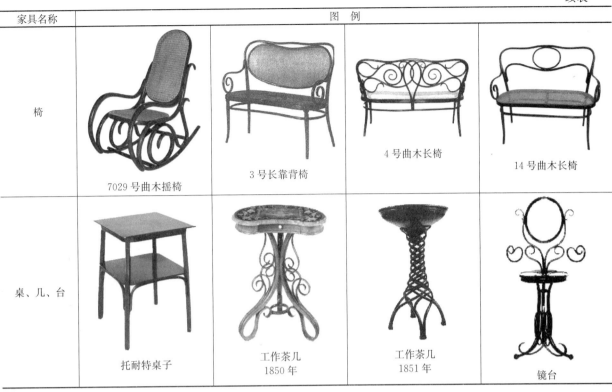

家具名称	图 例
椅	7029 号曲木摇椅 / 3 号长靠背椅 / 4 号曲木长椅 / 14 号曲木长椅
桌、几、台	托耐特桌子 / 工作茶几 1850 年 / 工作茶几 1851 年 / 镜台

（2）工艺美术运动（见表 0-45）

风格特点：

1）现代设计史上的第一次大规模的设计改革运动。

2）提出了"美与技术结合"的原则，主张美术家从事设计，反对"纯艺术"。

3）强调"师承自然"，"忠实于材料和适应使用目的"，从而创造出了一些朴素而实用的作品。

工艺美术运动时期的家具　　　　　　　　　　表 0-45

家具名称	图 例
椅	苏塞克斯椅 / 莫里斯椅 / 胡桃木藤座椅 / 斯蒂克利的长靠背椅
桌、柜	柜子（莫里斯）/ 桃花芯木橱柜 / 桃花芯木圆桌 / 戈德温的咖啡桌

（3）欧洲新艺术运动（见表 0-46～表 0-52）

风格特征总述：

1）抛弃旧有风格的元素，反对采用直线，反对对传统的模仿，主张摆脱工业化生产对艺术的束缚。

2）它不喜欢过分简洁，主张从自然界吸取设计要素，采用植物茎叶状的曲线形态作为家具设计的构图原理。

法国新艺术运动时期家具 表 0-46

家具名称	图 例			
椅、沙发	靠背椅 设计：Hector Guimard 吉马德	靠背椅 设计：Eugene Gailland 盖拉德	沙发椅 设计：艾多德·科罗纳	沙发 设计：Hector Guimard 吉马德
桌	小桌 设计：Louis Majorelle 梅杰列	雕刻桌 设计：Louis Majorelle 梅杰列	茶几 设计：皮艾尔·塞尔摩沙姆	写字桌 设计：Hector Guimard 吉马德
柜	餐具柜 设计：Eugene Gailland 盖拉德	餐具柜 设计：杰奎斯·格鲁伯	陈列柜 设计：Hector Guimard 吉马德	镶嵌家具 设计：Louis Majorelle 梅杰列

比利时新艺术运动时期家具

表 0-47

家具名称	图 例			
桌、椅	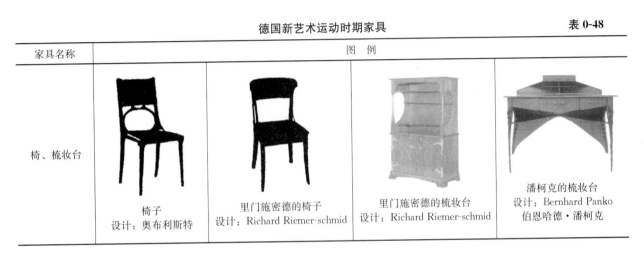 餐椅 设计：Henri Vande Velde 威尔德	紫檀扶手椅 设计：Henri Vande Velde 威尔德	小桌 设计：Victor Horta 霍塔	写字桌 设计：Guatave Serruier-Bovy 博维

德国新艺术运动时期家具

表 0-48

家具名称	图 例			
椅、梳妆台	椅子 设计：奥布利斯特	里门施密德的椅子 设计：Richard Riemer-schmid	里门施密德的梳妆台 设计：Richard Riemer-schmid	潘柯克的梳妆台 设计：Bernhard Panko 伯恩哈德·潘柯克

英国新艺术运动时期家具

表 0-49

家具名称	图例 麦金托什（Charles Rennie Mackintosh）			
椅	希尔（Hill）住宅椅	阿盖尔（Argyle）椅	阿盖尔（Argyle）扶手椅	大厅椅
	Ingram 椅	Ingram 高背椅	靠背椅	弯管椅

家具名称	图例 麦金托什（Charles Rennie Mackintosh）			
椅	D.S.3 椅	D.S.4 扶手椅	Willow 椅	Willow 2 椅
桌、柜	D.S.1 桌	G.S.A. 桌	D.S.5 餐具柜	办公桌

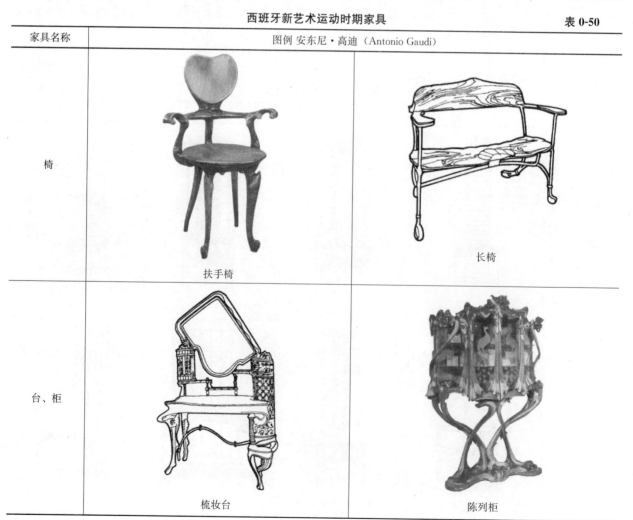

西班牙新艺术运动时期家具　　　　表 0-50

家具名称	图例 安东尼·高迪（Antonio Gaudi）	
椅	扶手椅	长椅
台、柜	梳妆台	陈列柜

家具设计资料集

54

家具名称	图 例			
椅、桌、柜	 双螺旋靠背椅 设计：Carlo Bugatti 布加地	 西西里车	 办公桌	 柜子 设计：Carlo Bugatti 布加地

家具名称	图例 霍夫曼（Josef Hoffman）			
椅	 322 号餐椅	 670 号椅	 椅子	 Fledermaus 椅
	 Armloffel 椅	 Hans Koller 安乐椅	 Alleegasse 扶手椅	 Cabinett 扶手椅
	 Kubus 扶手椅			

0 绪 论

55

家具名称	图例 霍夫曼（Josef Hoffman）		
桌	 Cabinett 桌	Nesting 桌	办公桌

（4）美国芝加哥学派（见表 0-53）

风格特点：

1）突出功能在建筑设计中的主要地位，明确提出形式随从功能的观点。

2）强调建筑艺术应反映新技术的特点，主张简洁的立面，以符合时代工业化的精神。

沙利文（Louis Henry Sullivan）最先提出"形式随从功能"（Form Follows Function）的口号，为功能主义开辟了道路。

美国芝加哥学派家具　　　　　　　　　　　　　　　　　　　　　　表 0-53

家具名称	图例 赖特（Frank Lloyd Wright）			
椅	靠背椅	Robie House1 号椅	Coonley 1 号椅	Coonley 2 号椅
	日本帝国饭店孔雀椅	Midway1 号椅	Midway2 号椅	高靠背办公椅

家具名称	图例 赖特（Frank Lloyd Wright）			
椅	Johnson Wax 椅	Johnson Wax2 号椅	桶状（Barrel）椅	Dana-Thomas 靠背扶手椅
桌	Helen 桌	Husser 方桌	Johnson Wax 写字桌	Meyer May 写字桌

0.6.3.2 现代家具的形成

（1）荷兰风格派家具（见表 0-54）

风格特点：

1）遵循绝对抽象的原则，认为艺术应完全消除与任何自然物体的联系。

2）在造型上主张以几何形体构成形式美，采用最简单的几何形体和最纯粹的色彩组成构图。

荷兰风格派家具 表 0-54

家具名称	图例 里特维尔德（Gerrit T. Rietveld）			
椅、柜	红蓝椅	Z 字椅	柏林椅	桌子
	Military 靠背椅	Hoge Stoel 高背椅	Kinder stoel 儿童椅	Crate 椅

家具名称	图例 里特维尔德（Gerrit T. Rietveld）		
椅、柜	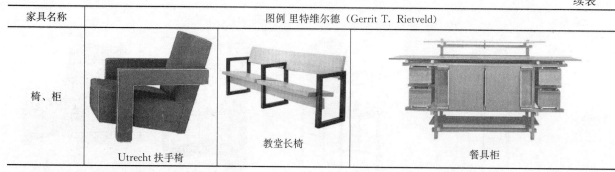 Utrecht 扶手椅	教堂长椅	餐具柜

（2）包豪斯学派家具（见表0-55）

风格特点：

1）艺术与技术的新统一。

2）设计的目的是人而不是产品。

3）设计必须遵循自然和客观的法则来进行。

包豪斯学派家具　　　　　　　　　　　　　　　　　　　　　　　　　　表 0-55

家具名称	图例 格罗皮乌斯（Walter Gropius）			
椅	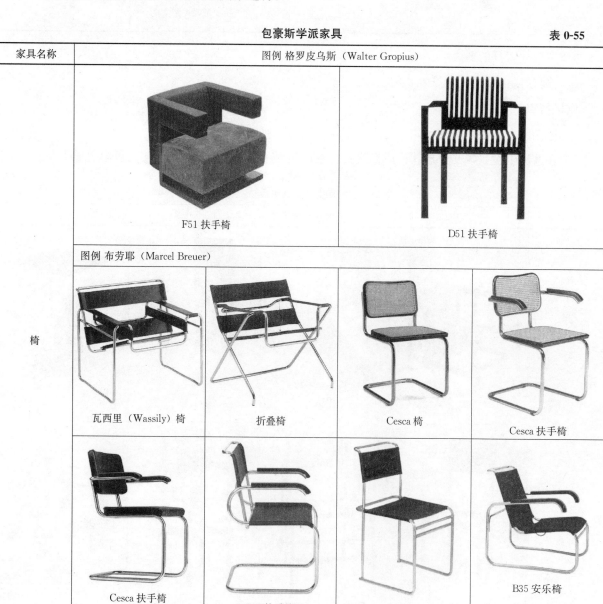 图例 格罗皮乌斯（Walter Gropius） F51 扶手椅　　　　　D51 扶手椅 图例 布劳耶（Marcel Breuer） 瓦西里（Wassily）椅　折叠椅　Cesca 椅　Cesca 扶手椅 Cesca 扶手椅　B55 扶手椅　B5 椅　B35 安乐椅			

家具名称	图例 格罗皮乌斯（Walter Gropius）			
椅				

F40 Cantilever 沙发　　扶手椅　　非洲椅　　安乐椅

安乐椅　　Reclining 躺椅

S285 桌　　书架　　茶车（Tea Cart）

桌、书架

Laccio 桌

B9 边桌

（3）国际式风格家具（见表0-56）

风格特点：

1）以功能作为形式设计的最高准则。

2）造型上以单纯的功能性线条作为主要构成要素，采用立方体、长方体和圆形等几何形体作为主要形式。

3）整体力求完美的比例和冷静的视觉效果，给人以完整、简洁而富有秩序的感觉。

家具名称	图例 密斯·凡·德·罗（Ludwig Mies van der Rohe）			
椅、凳	巴塞罗那椅（Barcelona）	巴塞罗那凳（Barcelona）	吐根哈特椅（Tugendhat）	布尔诺扶手椅（Brno）
	魏森霍夫椅（Weissenhof）	MR 椅	MR 躺椅	巴塞罗那沙发（Barcelona）
	Krefeld 安乐椅和脚凳		Four Seasons 吧凳	MR 桌

	图例 勒·柯布西耶（Le Corbusier）			
椅、沙发	牧童椅	LC1 扶手椅	LC2 扶手椅	LC2 脚凳
	LC5-F 沙发	LC7 扶手椅	LC9 凳	LC13 扶手椅

（4）法国艺术装饰风格家具（见表 0-57）

风格特点：

1）比较注重东方的、怪异的形式，受俄国芭蕾舞团的舞台、服装设计影响。

2）受现代主义影响，注重新材料运用。

3）设计上采用贵重的材料、豪华的纹样、特殊的装饰，将简练和装饰融为一体，强调豪华与夸张。

4）造型趋于简单的几何形，简单明快，对比强烈。

家具名称	图 例			
椅、桌、柜	光芒椅 设计：罗梭 (Clemente Rousseau)	木椅 设计：鲁格兰 (Pierre Legrain)	靠背椅 设计：沙里宁 (Eliel Saarinen)	靠背椅 设计：鲁格兰 (Pierre Legrain)
	靠背椅 设计：保罗·依利比 (Paul Iribe)	鲁尔曼靠背椅 设计：Emile-Jacques Ruhlmann	蛇椅 设计：格雷 (Eileen Gray)	蛋壳桌 设计：杜南德 (Jeans Dunand)
	折叠桌 设计：鲁格兰 (Pierre Legrain)	矮桌 设计：阿尔芒特·阿尔伯特·拉图	桌子 设计：鲁格兰 (Pierre Legrain)	桌子 设计：皮耶罗 (Pierre Chareau)
	写字桌 设计：René Herbst	鲁尔曼墙角柜 设计：Emile-Jacques Ruhlmann	首饰柜 设计：克莱门特·梅尔	柜子 设计：保罗·依利比 (Paul Iribe)

0 绪 论

61

0.6.3.3 现代家具的发展

在现代家具的发展时期，各个国家都涌现出了一大批优秀的设计师，本手册在此列举了若干具有代表性的设计师及其代表作品。同时，对设计师各自不同的设计风格给予了简要的概括，便于读者宏观把握。

此章节涉及的设计师有凯尔·克林特（Kaare Klint）（丹麦），汉斯·瓦格纳（Hans Wegner）（丹麦），阿诺·雅各布森（Arne Jacobsen）（丹麦），维纳·潘顿（Verner Panton）（丹麦），保尔·雅荷尔摩（Paul Kjaerholm）（丹麦），布鲁诺·马松（Bruno Mathsson）（瑞典），阿尔瓦·阿尔托（Alvar Aalto）（芬兰），约里奥·库卡波罗（Yrjö Kukkapuro）（芬兰），艾洛·阿尼奥（Eero Aarnio）（芬兰），汉诺·卡洪宁（Hannu kahonen）（芬兰），查尔斯·伊姆斯（Charles Eames）（美国），乔治·纳尔逊（George Nelson）（美国），埃罗·沙里宁（Eero Saarinen）（美国），喜多俊之（Toshiyuki Kita）（日本），柳宗理（Sori Yanagi）（日本）。

（1）凯尔·克林特（Kaare Klint）（见表 0-58）

风格特点：

1）以材料的天然质感为美。

2）传统的造型与现代的功能相结合。

3）基于人类工效学的现代功能设计。

4）以实用性为主导的设计理念。

凯尔·克林特（Kaare Klint）家具作品　　　　　表 0-58

家具名称	图　例			
椅、柜	 教堂椅	Faaborg 椅	Red 椅	Bergere 椅
	Propeller 凳	甲板椅	沙发	储物柜

（2）汉斯·瓦格纳（Hans Wegner）（见表 0-59）

风格特点：

1）造型洗练，来源于对传统形式的净化，并通过最舒适的形式表现。

2）重视木材的天然质感的展现。

3）摒弃非结构需要的一切装饰。

4）以使用者的功能需求为设计的出发点。

家具名称	图　例			
桌、椅	Y 形椅	CH-46 椅	CH-53 凳	单身汉椅
	公牛椅	CH-101 沙发	J16 摇椅	孔雀椅
	中国椅	中国椅	中国椅	PP 203 椅
	Bull 椅	PP 62 椅	古典椅	PP 58 椅
	折叠椅	PP 266 椅	CH-25 椅	Peters 桌

（3）阿诺·雅各布森（Arne Jacobsen）（见表 0-60）

风格特点：

1）充分运用新兴材料与新型技术，延展性材料的运用体现雕塑感。

2）造型中运用优美的曲线形式，改变功能主义的刻板。

阿诺·雅各布森（Arne Jacobsen）家具作品　　　　表 0-60

家具名称	图　例			
椅	3300 沙发	蛋椅	Ox 椅	天鹅椅
	Grand prix 椅子	四足蚁形椅	三足蚁形椅	The drop 椅
	海鸥椅	蛋形桌	The slug 椅	高背牛津椅

（4）维纳·潘顿（Verner Panton）（见表 0-61）

风格特点：

1）造型充分体现新材料与新技术的运用。

2）从坐具的原初功能出发，完全摒弃坐具的传统形式。

3）色彩大胆、鲜艳、明艳。

4）几何体的艺术切割营造坐具的雕塑感。

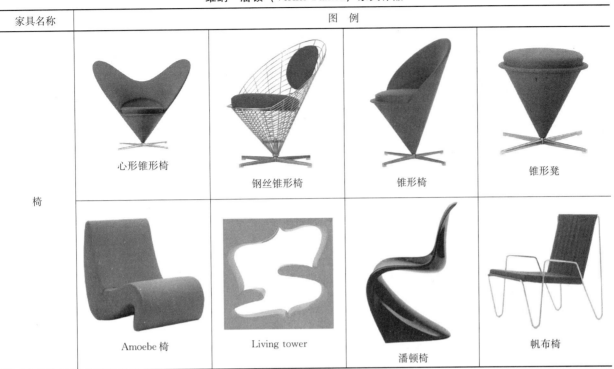

家具名称	图　例			
椅	心形锥形椅	钢丝锥形椅	锥形椅	锥形凳
	Amoebe 椅	Living tower	潘顿椅	帆布椅

（5）保尔·雅荷尔摩（Paul Kjaerholm）（见表 0-62）

风格特点：

1）以钢构架取代传统的实木构架。

2）严谨的唯美主义。

3）由材料和结构体现出的功能主义。

保尔·雅荷尔摩（Paul Kjaerholm）家具作品　　　　表 0-62

家具名称	图　例			
桌、椅	办公椅	靠背椅	沙发扶手椅	悬挑椅
	X 折叠凳	方桌	带软包圆凳	靠背扶手椅

家具名称	图 例			
桌、椅				
	靠背椅	靠背椅	靠背椅	PK 系列椅

（6）布鲁诺·马松（Bruno Mathsson）（见表 0-63）

风格特点：

1）弯曲木椅中的有机风格。

2）人体工学的优美展示。

3）现代设计观念下的传统创新。

布鲁诺·马松（Bruno Mathsson）家具作品　　　　表 0-63

家具名称	图 例			
椅、凳	休闲椅	多功能办公椅	办公椅	靠背椅
	可叠摞办公椅	休闲椅	Eva 休闲椅	办公椅
	凳	休闲躺椅和脚凳	办公椅	休闲躺椅

（7）阿尔瓦·阿尔托（Alvar Aalto）（见表 0-64）

风格特点：

1）依托于新技术，变木材为工业化的天然材料。

2）木材的革新使用达成了功能与形式的协调统一。

3）优美的曲线造型展现产品的人文情怀。

阿尔瓦·阿尔托（Alvar Aalto）家具作品　　　　表 0-64

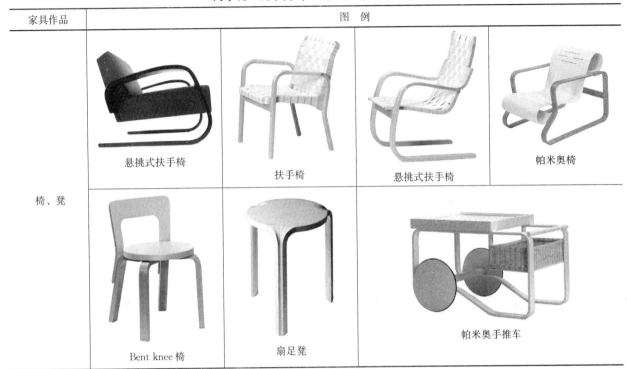

家具作品	图　例
椅、凳	悬挑式扶手椅　扶手椅　悬挑式扶手椅　帕米奥椅　Bent knee 椅　扇足凳　帕米奥手推车

（8）约里奥·库卡波罗（Yrjö Kukkapuro）（见表 0-65）

风格特点：

1）简洁纯粹的功能主义。

2）现代笔下的传统意味。

3）以材料特性为基础的设计演绎。

约里奥·库卡波罗（Yrjö Kukkapuro）家具作品　　　　表 0-65

家具名称	图　例
椅	卡路赛利椅　Remmi 椅和脚凳　Funktus 系列椅　Funktus 系列椅

家具名称	图 例			
椅	M5 多功能椅	Sirkus 系列椅	Funktus 观众席椅	A 系列椅
	Funktus 系列椅	Fysio 办公椅	Plaano 系列办公椅	方桌
约里奥·库卡波罗与方海的竹集成材家具	书柜	休闲沙发	龙椅	办公椅

（9）艾洛·阿尼奥（Eero Aarnio）（见表 0-66）

风格特点：

1）"以艺术为本"的浪漫主义。

2）色彩与材料的大胆运用引发了对传统家具的突破。

3）富含时代气息的玩味表现。

艾洛·阿尼奥（Eero Aarnio）家具作品　　　　　　　　　　　　表 0-66

家具名称	图 例			
桌、凳	Copacabane 桌子	蘑菇凳	Silver 系列椅	Sades 椅

家具名称	图 例			
桌、凳	 泡沫椅	 香皂椅	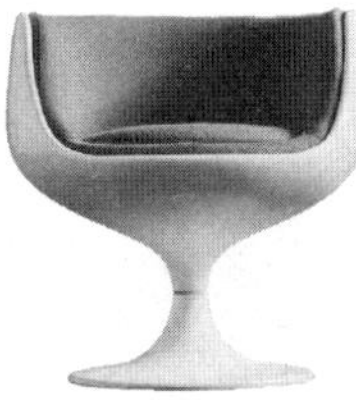 V.S.O.P椅	 球椅
桌、椅	 Forum椅	 办公椅	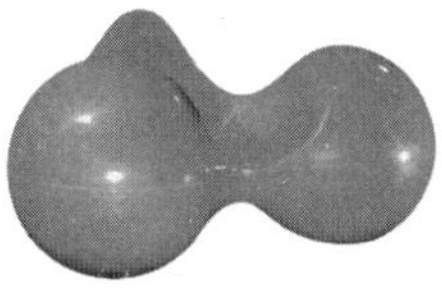 西红柿椅	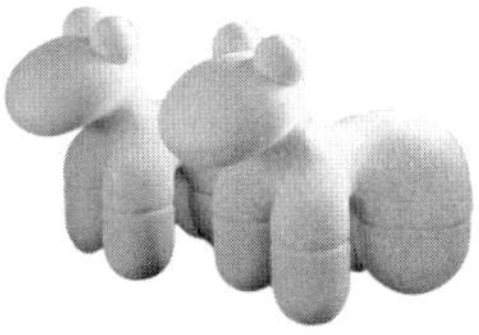 Pony椅
	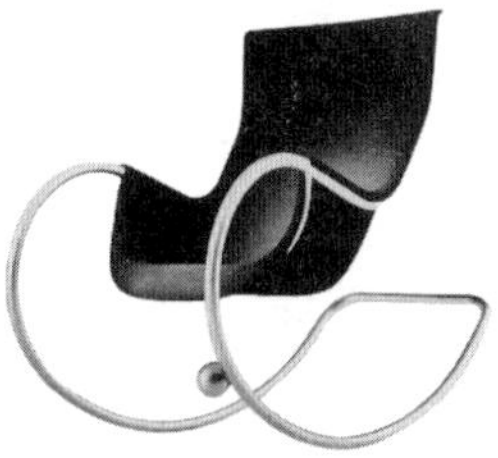 摇椅	 海豚桌	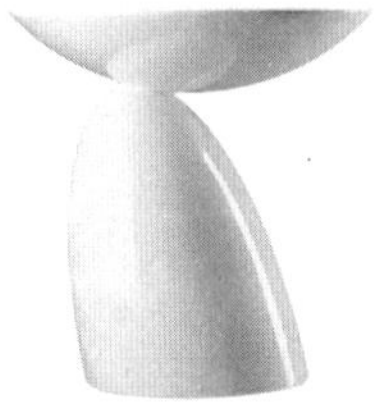 Parabola桌	 螺丝钉桌子

（10）汉诺·卡洪宁（Hannu kahonen）（见表 0-67）

风格特点：

1）质朴的家具功能，可拆装与便携的坦率表达。

2）家具构件的功能分解和集成。

3）简约线条体现出的合理的人体工学。

汉诺·卡洪宁（Hannu kahonen）家具作品　　　　　表 0-67

家具名称	图 例			
桌、椅	 Trice椅	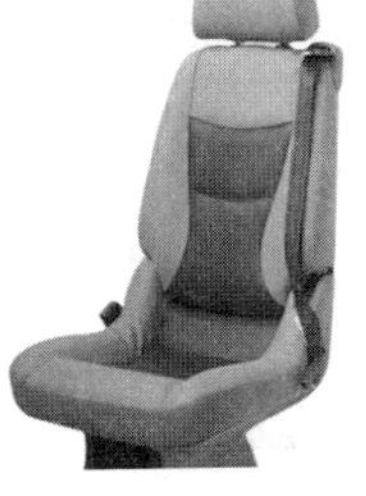 Istuinjarjestys座椅	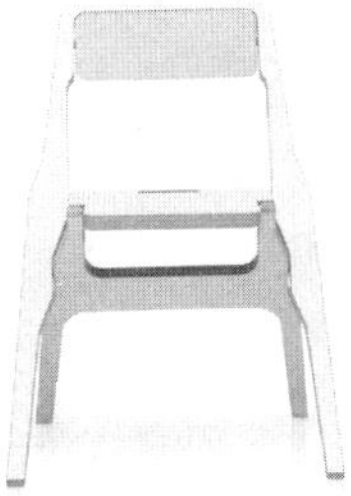 折叠椅	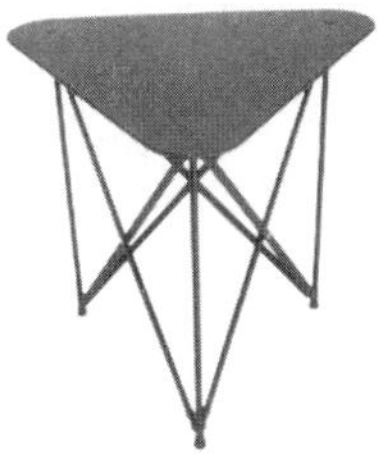 Trice桌

0 绪 论

69

家具名称	图 例
桌、椅	Fruit Box 椅　　　　Fruit Box 椅 折叠椅　Kapeneva 长凳　Tuotekortti 书架　Kapeneva 桌

（11）查尔斯·伊姆斯（Charles Eames）（见表 0-68）

风格特点：

1）开创性地运用了胶合板与玻璃纤维塑料的三维模压技术。

2）开创性地运用橡胶连接件与铁构件。

3）造型流畅、轻巧，具有空灵的雕塑感。

查尔斯·伊姆斯（Charles Eames）家具作品　　　　　　　表 0-68

家具名称	图 例
椅、凳	DSW 椅　LCM 椅　DCW 椅　DKR 椅 RAR 椅　伊姆斯躺椅　La Chaise 椅　儿童凳

（12）乔治·纳尔逊（George Nelson）（见表0-69）

风格特点：

1）设计中注重模数制系统的应用。

2）从具象的造型中进行几何化的提取。

3）色彩使用大胆、丰富。

乔治·纳尔逊（George Nelson）家具作品 表0-69

家具名称	图　例			
椅	袋鼠椅	Flatform 长凳	Pretzel 椅子	椰子椅
	CSS 综合贮藏系统	托盘桌	向日葵椅	

（13）埃罗·沙里宁（Eero Saarinen）（见表0-70）

风格特点：

1）新型材料的不断探索。

2）产品造型有强烈的雕塑感、视觉整体性。

3）以舒适为导向的形式设计。

埃罗·沙里宁（Eero Saarinen）家具作品 表0-70

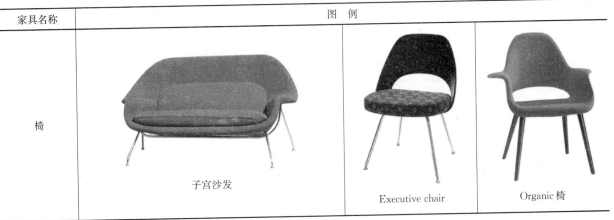

家具名称	图　例		
椅	子宫沙发	Executive chair	Organic 椅

家具名称	图 例			
椅	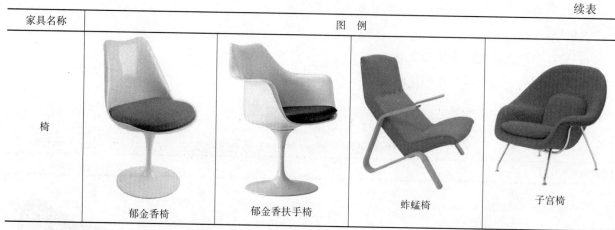			
	郁金香椅	郁金香扶手椅	蚱蜢椅	子宫椅

（14）喜多俊之（Toshiyuki Kita）（见表 0-71）

风格特点：

1）注重材质的天然表现。

2）造型具有软雕塑的特点，满足不同功能变换的需求。

3）造型活泼、可爱，带有童趣。

喜多俊之（Toshiyuki Kita）家具作品 表 0-71

家具名称	图 例			
椅	打盹椅			

（15）柳宗理（Sori Yanagi）（见表 0-72）

风格特点：

1）运用先进的成型技术。

2）造型来源于传统与潮流的融合。

3）功能性为主导的设计思想，摒弃一切繁琐装饰。

家具名称	图　例		
凳	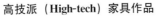 蝴蝶凳	大象凳	

0.6.3.4　现代家具的多元化

20 世纪 60 年代以后设计的特征走向了多元化，自 20 世纪 60 年代中期，兴起了一系列新艺术潮流，如高技派风格（High-tech），波普风格与欧普风格（Pop&Opt），后现代主义（Post-modernism），形形色色的设计风格和流派此起彼伏，令人目不暇接。

（1）高技派风格（High-tech）（见表 0-73）

风格特点：

1）以新材料与新技术为依托的设计思想。

2）造型简捷、材料现代化、构造精细、工艺精致。

3）强烈的象征工业时代的精神。

高技派（High-tech）家具作品　　　　　表 0-73

家具名称	图　例			
桌、椅				

设计者：
马里奥·博塔
（Mario Botta）

设计者：
马里奥·博塔
（Mario Botta）

设计者：
马里奥·博塔（Mario Botta）

设计者：
马里奥·博塔
（Mario Botta）

设计者：
马里奥·博塔
（Mario Botta）

设计者：
马里奥·博塔
（Mario Botta）

设计者：
仓俣史朗
（Shiro Kuramata）

设计者：
让·努维尔
（Jean Nouvel）

（2）波普风格与欧普风格（Pop&Opt）（见表0-74）

风格特点：

1）设计灵感取材于当代生活中的"低等艺术"。

2）造型另类个性。

3）色彩艳丽律动。

4）视觉冲击力强烈，符合大众的口味。

波普风格与欧普风格（Pop&Opt）家具作品　　　　　　　　　　表 0-74

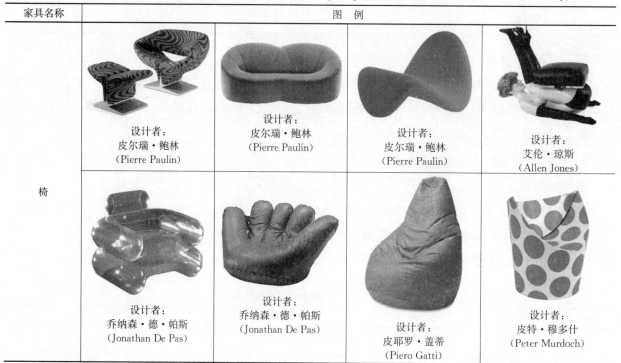

家具名称	图 例
椅	设计者：皮尔瑞·鲍林（Pierre Paulin）／设计者：皮尔瑞·鲍林（Pierre Paulin）／设计者：皮尔瑞·鲍林（Pierre Paulin）／设计者：艾伦·琼斯（Allen Jones）／设计者：乔纳森·德·帕斯（Jonathan De Pas）／设计者：乔纳森·德·帕斯（Jonathan De Pas）／设计者：皮耶罗·盖蒂（Piero Gatti）／设计者：皮特·穆多什（Peter Murdoch）

（3）后现代主义（Post-modernism）（见表0-75）

风格特点：

1）运用反常规的配色。

2）不拘泥于形式的吸收传统。

3）丰富的装饰。

4）力求满足功能需求的同时去满足人们心理上的需求。

后现代主义作品　　　　　　　　　　表 0-75

家具名称	图 例
椅	设计团队：孟菲斯（Memphis）／设计团队：孟菲斯（Memphis）／设计者：亚力山卓·曼蒂尼（Alessandro Mendini）／设计者：亚力山卓·曼蒂尼（Alessandro Mendini）

家具名称	图 例			
椅	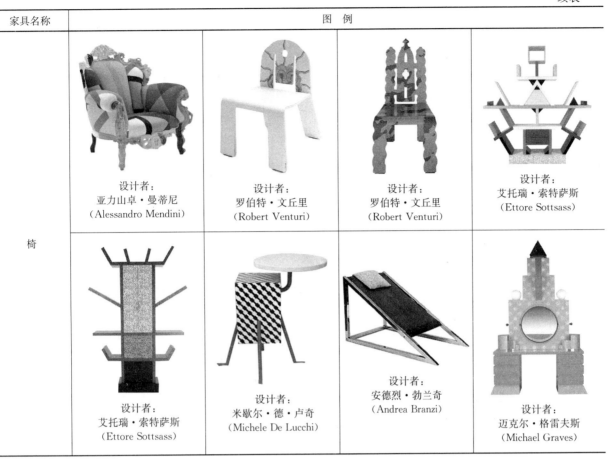			

设计者：
亚力山卓·曼蒂尼
（Alessandro Mendini）

设计者：
罗伯特·文丘里
（Robert Venturi）

设计者：
罗伯特·文丘里
（Robert Venturi）

设计者：
艾托瑞·索特萨斯
（Ettore Sottsass）

设计者：
艾托瑞·索特萨斯
（Ettore Sottsass）

设计者：
米歇尔·德·卢奇
（Michele De Lucchi）

设计者：
安德烈·勃兰奇
（Andrea Branzi）

设计者：
迈克尔·格雷夫斯
（Michael Graves）

（4）新中国主义（Neo-Chinesism）（见表 0-76）

风格特点：

1）中国本土设计师的民族文化自省。

2）针对中国传统家具的现代设计革新。

3）突破形式的泥淖，紧抓传统家具设计的精髓。

4）注重家具功能、结构和形式的一体化设计。

新中国主义作品　　　　　　　　　　　　　　　　表 0-76

家具名称	图 例	
椅、几、桌		

设计者：约里奥·库卡波罗
（Yrjö Kukkapuro）；方海

设计者：约里奥·库卡波罗
（Yrjö Kukkapuro）；方海

家具名称	图 例			

家具名称	图 例
椅、几、桌	设计者：约里奥·库卡波罗（Yrjö Kukkapuro）；方海 … 设计者：朱小杰 …

设计者：
约里奥·库卡波罗
（Yrjö Kukkapuro）；
方海

设计者：
约里奥·库卡波罗
（Yrjö Kukkapuro）；
方海

设计者：
约里奥·库卡波罗
（Yrjö Kukkapuro）；
方海

设计者：
约里奥·库卡波罗
（Yrjö Kukkapuro）；
方海

设计者：
约里奥·库卡波罗
（Yrjö Kukkapuro）；
方海

设计者：
约里奥·库卡波罗
（Yrjö Kukkapuro）；
方海

设计者：
约里奥·库卡波罗
（Yrjö Kukkapuro）；
方海

设计者：
约里奥·库卡波罗
（Yrjö Kukkapuro）；
方海

设计者：朱小杰

设计者：朱小杰

设计者：朱小杰

设计者：朱小杰

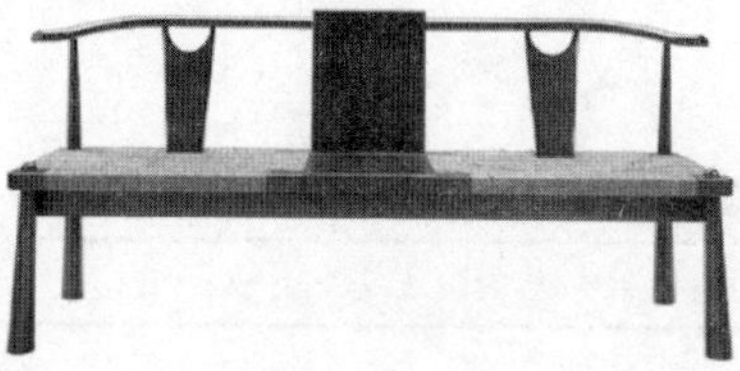

设计者：朱小杰

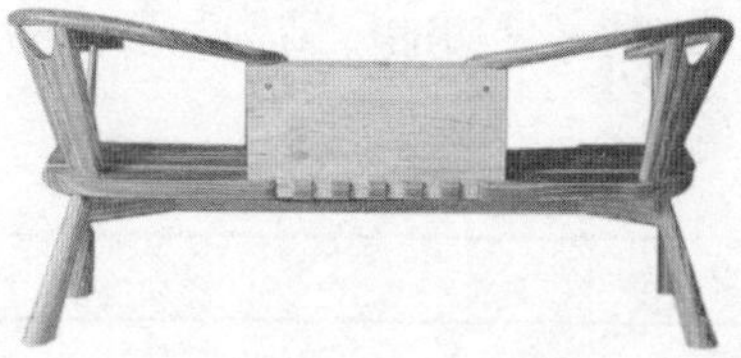

设计者：朱小杰

设计者：朱小杰

设计者：朱小杰

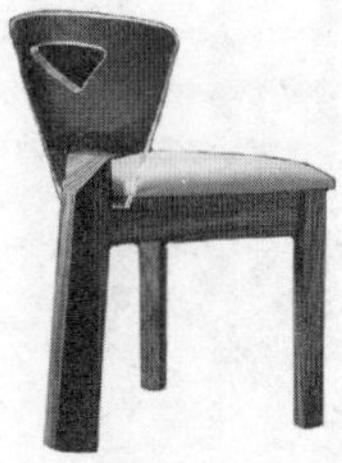

设计者：朱小杰

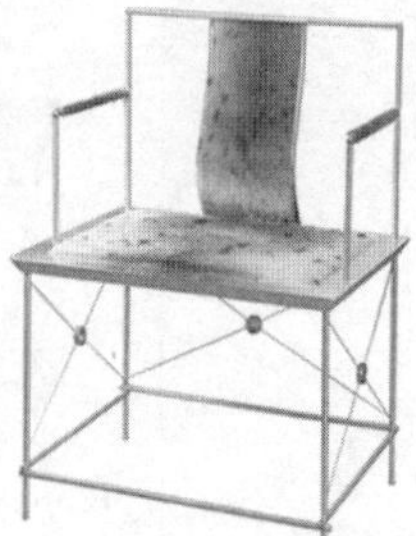

设计者：朱小杰

① 上卷
基础篇

1 家具的分类

1.1 按所用基材分类

家具按基材分类，见表 1.1-1 所列，包括：

（1）实木家具：主要由实木构成。

（2）木质家具：主要由实木与各种木质复合材料（如刨花板、纤维板、胶合板等）所构成。

（3）金属家具：主要结构由钢材、铸铁等黑色金属或铝合金材、铜材等有色金属构成。

（4）竹家具：主要由竹材制成的家具。

（5）藤家具：主要由藤条或藤织部件构成的家具。

（6）塑料家具：整体或主要部件用塑料，包括发泡塑料加工而成的家具。

（7）玻璃家具：以玻璃为主要构件的家具。

（8）石材家具：以大理石、花岗石或人造石材为主要构件的家具。

（9）软体家具：以框架与软体材料为主要构件的家具。

按所用基材分类　　　　　　　　　　　　　　　　　　　　表 1.1-1

基材类别	图　例			
木、竹、藤	实木家具	木质家具	竹家具	藤家具
金属、玻璃、石材	玻璃家具	石材家具	金属家具	
塑料	塑料家具	软体家具		

1.2 按基本功能分类

家具按基本功能分类，见表1.1-2所示。包括：

（1）支撑类家具：指直接支撑人体的家具，如床、椅、凳、沙发等。

（2）凭倚类家具：指使用时与人体直接接触的家具，如桌子、讲台等。

（3）收纳类家具：指收纳与管理物品的家具，如衣橱、书柜、支架等。

按基本功能分类　　　　　　　　　　　　　　　　　　　　　　　　表 1.1-2

功能类别	图　例		
支撑类	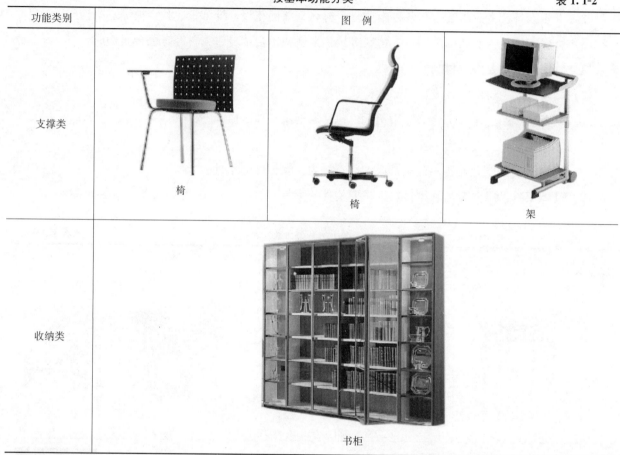椅	椅	架
收纳类	书柜		

1.3 按基本形式分类

家具按基本形式分类，见表1.1-3所示。包括：

按基本形式分类　　　　　　　　　　　　　　　　　　　　　　　　表 1.1-3

形式类别	图　例			
椅、榻	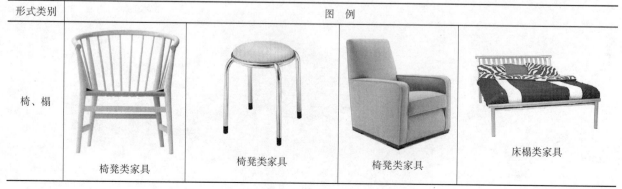椅凳类家具	椅凳类家具	椅凳类家具	床榻类家具

形式类别	图　例		
桌、柜	橱柜类家具	桌案类家具	其他类家具

(1) 椅凳类家具：指各种椅子、凳子、沙发等坐具。

(2) 桌案类家具：指各种桌子、条案，如写字台、会议桌、茶儿等。

(3) 橱柜类家具：指各种橱柜，如衣柜、餐具柜、橱柜、电视柜、文件柜等。

(4) 床榻类家具：各种床或供躺着休息的榻，如双人床、单人床、古家具中的榻等。

(5) 其他类家具：如衣帽架、花架、屏风等。

1.4　按使用场所分类

家具按使用场所分类，见表 1.1-4 所示。包括：

(1) 民用家具：供家庭用的家具，如卧室家具、餐厅家具、厨房家具、客厅家具、书房家具、儿童家具等。

(2) 办公家具：办公室用的家具，如办公桌、会议台、文件柜、办公转椅等。

(3) 特种家具：如商店家具、剧场与会堂家具、医院家具、学校家具、交通工具用家具等。

(4) 户外家具：如公园、泳池及花园用家具等。

按使用场所分类　　　　　　　　　　　　　　　　表 1.1-4

场所类别	图　例		
户内	民用家具	办公家具	特种家具

场所类别	图 例
室外	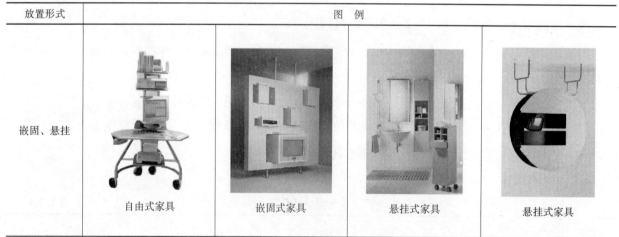 户外家具

1.5 按放置形式分类

家具按放置形式分类，见表 1.1-5 所示。包括：

（1）自由式家具：包括有脚轮与无脚轮的可以任意交换位置放置的家具。

（2）嵌固式家具：指固定或嵌入建筑物与交通工具内的家具，一旦固定，一般就不再变换位置。

（3）悬挂式家具：悬挂于墙壁之上，其中有些是可移动的，有些是固定的。

按放置形式分类 表 1.1-5

放置形式	图 例			
嵌固、悬挂	自由式家具	嵌固式家具	悬挂式家具	悬挂式家具

1.6 按结构形式分类

家具按结构形式分类，见表 1.1-6 所示。包括：

（1）固定装配式家具：零部件之间采用榫卯或其他固定形式结合，一次性装配而成。

（2）拆装式家具：零部件之间采用连接件连接并可多次拆装与安装。

（3）部件组合式家具：也称通用部件式家具，是将几种统一规格的通用部件，通过一定的装配结构而组成不同用途的家具。

（4）单体组合式家具：将制品分成若干个小单件，其中任何一个单体既可单独使用，又能将几个单体在高度、宽度和深度上相互结合而形成新的整体。

结构形式	图 例			
固定式、组合式				

（5）支架式家具：是将部件固定在金属或木制的支架上而构成的一类家具。

（6）折叠式家具：能折动使用并能叠放的家具。

（7）多用途家具：对家具上某些部件的位置稍加调整，就能变换用途的家具。

（8）曲木家具：是用实木弯曲或多层单板胶合弯曲而制成的家具。

（9）壳体式家具：又称薄壁型家具。其整体或零件是利用塑料、玻璃钢等原料一次模压成型或用单板胶合成型的家具。

（10）充气式家具：是用塑料薄膜制成袋状，充气后成型的家具。

（11）嵌套式家具：为节省占地面积而使用的可以子母形式嵌套收拢在一起，使用时可以展开的家具。

1.7 按系统性质分类

家具按系统性能分类，见表 1.1-7 所示。包括：

（1）系统家具（system）：起源于部件或单体组合式家具，家具系统由一组标准化的零部件构成。

系统性质	图 例		
系统、独立、辅助	系统家具	独立单体家具	辅助家具

（2）独立单体家具（free standing）：即传统单体家具，如一把椅子、一张办公桌等。

（3）辅助家具（accessories）：指一些配套性小型家具或接插件，主要用于功能延展或环境布置。

2 家具材料与结构

2.1 家具设计的选材准则

现代家具的选材越来越趋向于综合和多元化，材料选择的余地也越来越大。家具设计过程中应当根据设计目标、各种材料的属性以及可能的条件，进行科学和理性的分析与思考。

2.1.1 材料选用的方法与考虑因素

2.1.1.1 选择和使用方法

（1）分析法

根据家具产品的功能目标及其限制条件，同时考虑各种材料的属性进行综合分析，表1.2-1为分析法选材的例子。

分析法选材举例　　　　　　　　　　　　　　　　　　　表 1.2-1

产品种类	功能目标	限制条件	材料属性	选用材料
户外餐桌	承受动载荷	耐候性	力学强度大 不易腐蚀	木塑复合材料
柜类家具	承受静载荷	幅面尺寸大	力学强度适中 幅面尺寸稳定	人造板

（2）综合概括法

归纳业已存在的材料使用情况，分析其合理性与存在的问题并加以改进，表1.2-2展示了驾驭实木的若干方法。

实木驾驭的综合概括法　　　　　　　　　　　　　　　　表 1.2-2

方法列举	原　理	图　示	图片说明
采用线形构件	横纹理方向尺寸越小，木材湿胀干缩的绝对值越小		扶手与鹅脖连接处尺寸较小，湿胀干缩的绝对值小
采用开放式构件	横纹理方向尺寸越小，木材湿胀干缩的绝对值越小		凳面采用开放式结构，湿胀干缩对凳子结构影响很小
端头封闭	木材内部与外界的水分交换主要是通过纵向大毛细管进行的		搭脑两端上漆封闭，降低水分进入，减少湿胀干缩的影响

方法列举	原　理	图　示	图片说明
构件连接不在同一平面	避免可能出现的不良变化		箱盖与箱体开合处各起一条圆形截面的线，弱化湿胀干缩引起的视觉上的不良变化
采用柔性节点	给湿胀干缩留有缓冲，而不至于破坏框架结构		芯板穿带（榫头）与边框榫槽留有间隙，减少湿胀干缩对结构的影响

（3）类比、相似

根据目标使用要求的材料属性指标对候选材料进行逐项对比，扬长避短，对于不够理想的指标可以寻求创造性的使用方法来弥补。表 1.2-3 中展示了一个类比的例子。

类比、相似法举例　　　　　　　表 1.2-3

部件名称	选用材料	力学性能	稳定性	价格	重量	装饰性	备　注
桌面	实木拼板	相似	相似	按具体树种分	按具体树种分	相似	两者在大部分情况下属性指标类似，可以互换
	贴木皮人造板						
曲线椅腿	弯曲木	钢管优于弯曲木	钢管优于弯曲木	按具体树种分	按具体树种分	弯曲木高于钢管	以目标使用要求的侧重点来选择不同材料
	钢管						

（4）模仿与灵感

设计师应当善于观察、思考和捕捉稍纵即逝的信息元素，在日常生活、工作和娱乐的方方面面去感知、感悟，往往会有突发的灵感出现，甚至可能带来重大的设计变革。

2.1.1.2　综合考虑因素

（1）材料自身的特性

每一种材料均有其自身的特性，设计时要理解这些特性，进行科学合理的使用。表 1.2-4 中展示了材料自身特性的具体内容。

材料自身特性　　　　　　　表 1.2-4

考虑因素	考虑内容			
物理力学指标	密度	硬度	脆性	应力
表面性状	粗糙度	色泽	纹理	
加工特性	工艺流程	加工效果与成本	加工设备	
商品材料规格	幅面	厚度	计量单位	

（2）目标设计产品的形态要素

如线状、面状和体状家具产品就应当分别选用与其性状相适应的材料，其他材料也许可以使用，但可能效果没有这么理想或不经济等。表 1.2-5 中列举了不同部件形态可选用的材料。

（3）技术结构

不同的结构需要采用不同的材料，如对壳体式家具而言，塑料就是一种合适的材料。表 1.2-6 中列举了不同技术结构可选用的材料。

	不同部件形态可选用的材料	表 1.2-5
部件形态	选用材料	
线状	钢管、弯曲木、弯曲竹集成材	
面状	实木拼板、人造板、玻璃、石材、塑料	
体状	各种实体材料	

	不同技术结构可选用的材料	表 1.2-6
结　构	选用材料	
壳体架构	塑料、模压胶合板	
悬挑结构	钢管、模压胶合板、实木	

（4）用户特点

不同的使用场合和不同的客户群体对材料往往有着不同的要求。表 1.2-7 中列举了不同使用场合的家具对材料的不同要求。

	根据不同用户特点的选用材料	表 1.2-7
产品类型	对材料的要求	可选用的材料
户外家具	耐候性	金属、石材、塑料
公共家具	耐破坏性	金属、木塑复合材料

2.1.2　材料的物质性与非物质性

2.1.2.1　材料的物质层面

材料的物质层面主要是材性和工艺技术层面，需要考虑以下几个方面：

（1）物理力学特性

材料的物理力学性能有密度、硬度、脆性、应力等。不同的家具，以及同一个家具的不同部位对材料的力学性能要求都不相同，应用时可以从两个方面考虑：一是材料的多元化混合使用，二是单一材料的使用。

1）材料的多元化混合使用（图 1.2-1）

① 受力要求高的部位采用强度尺寸比高的材料。

② 与人体直接接触部分采用柔性材料。

2）单一材料的使用（图 1.2-2）

① 根据受力情况分析材料的尺寸。

② 在满足受力要求的最小尺寸基础上进行美学修缮。

图 1.2-1　材料的多元化混合使用

图 1.2-2　单一材料的使用

（2）生产加工工艺特性

材料的加工工艺特性有工艺流程、加工方法、加工手段和相应设备与设施，不同材料其加工手段、设备和程序完全不同。对于一家企业而言，通常不可能具备对所有材料加工的条件，如果选用的材料比较单一，可以考虑内部生产；如果所需的是多元材料，许多材料的构件需要进行外协生产，复杂度自然会增加。但对于产品线非常宽泛的家具系统而言，单一材料不是最好和最科学的选择。

2.1.2.2　材料的非物质层面

材料的非物质层面主要是精神和文化层面，需要考虑以下几个方面：

（1）设计语义学及其表现出的相应特性

材料的传统性、功能和形式的关联性、时代特性、环保特点等都具有语义学属性。

1）材料的传统性

"古典"的语义表达显然会用实木而不是玻璃、塑料甚至金属来实现，后者更适合表达现代。错位的表达，通常是为了呈现一种新的文化和时尚潮流，本质是现代或后现代的。古典元素的适度移植往往可以使现代感得到反衬，见表1.2-8所示。

材料传统性的语义学属性　　　　　　　　　　　　　　　　　　　　　表1.2-8

产品图片	语义解读
	材料：实木
	造型原型：圈椅
	分析：诠释传统属性
	材料：金属
	造型原型：官帽椅
	分析：官帽椅中古典元素的适度移植，配合金属材料的选用，使对比更加强烈而成为时尚

2）功能与形式的关联

尤其当此种功能本身与时代密不可分时，如电脑桌、电视柜等，这种语义和材料的语义交互作用产生视觉效率。表1.2-9展示了材料的语义和功能与形式的关联性。

材料的语义和功能与形式的关联性　　　　　　　　　　　　　　　　　表1.2-9

产品图片	语义解读
	功能：用于躺卧
	形式：折线形凭靠支撑——产生"休息"的语义
	材料：软垫、皮革、金属——产生"舒适"的语义
	分析：通过赋予躺椅以一种特定的形态，令人产生休息的感官体验和精神联想

3）时代特性

材料的语义与时代特性具体分析详见表1.2-10。

材料的语义与时代特性　　　　　　　　　　　　　　　　　　　　　表 1. 2-10

产品图片	语义解读
	材料：金属
	语义：现代感
	分析：运用金属材料，配合几何造型，充分展现出了"现代感"的语义学含义

4）环保特点

材料对环保语义表达作用具体分析详见表1.2-11。

材料对环保语义表达的作用　　　　　　　　　　　　　　　　　　表 1. 2-11

产品图片	语义解读
	材料：废旧纸板
	语义：环保
	分析：废旧纸板体现可持续发展的环保观念
	材料：汽水瓶
	语义：环保
	分析：废物利用，在视觉上传递强烈的环保表现力

（2）重要的象征意义

材料可以通过建筑范例、传播方式、新出现的技术等来传达某种象征意义，或宣告科学技术的进步，或宣告对环境友好；可以象征奢华，也可以象征简约；可以象征力量，也可以象征柔情和人性的关怀。表 1.2-12 列举了一种材料的象征意义。

材料的重要象征意义　　　　　　　　　　　　　　　　　　　　　表 1. 2-12

产品图片	分析
	材料：玻璃纤维增强塑料（玻璃钢）
	特征：有机的造型，椅脚与座架的统一性
	象征意义：象征着科学技术的进步，象征着柔情和人性关怀，象征着设计语言的进步

（3）感觉层面

材料可以传递感觉，如灯光的辅助、音响、触觉、气味等，设计师可以利用科学和美学的双重手段来驾驭材料的感觉。表 1.2-13 列出了如何利用材料的感觉层面。

材料在感觉层面的表达		表 1.2-13
产品图片	分析	
	材料：聚乙烯	
	手法：灯光的辅助	
	分析：透光材料聚乙烯配合灯光结合，运用了科学和美学的双重手段驾驭了材料的感觉层面	

（4）历史的、社会的、文化与亚文化的、经济的、环境方面的考虑

材料作为一种物质的载体，承载着历史、社会、文化和亚文化、经济和环境等各方面的信息，可以通过设计师的创造性劳动赋予其深刻的内涵，造福人类，同时也担负着历史与社会的责任。表 1.2-14 展示了材料在这方面的考虑。

选用材料时文化性、经济性方面的考虑		表 1.2-14
产品图片	分析	
	材料：玻璃纤维增强塑料（玻璃钢）	
	考虑因素：经济层面	
	分析：廉价的塑料便于工业化批量生产，质优价廉的座椅造福全社会	

2.2 具体材料的特性与家具结构

2.2.1 实木

2.2.1.1 实木材料的特性与家具结构

（1）实木材料的特性

1）家具传统用材，适合做线形零件。

2）质轻而强度高。

3）易于加工和涂饰。

4）热、电、声的传导性小。

5）天然的纹理和色泽。

6）吸湿性和变异性。

（2）实木家具的结合方法

实木家具都是由若干零部件按照一定的结合方式装配而成的，其常用的结合方式有榫结合、胶结合、木螺钉结合和连接件结合等（见表 1.2-15）。

（3）榫结合的分类与应用

从榫结合的方式来看，榫结合还有如下的分类，见表 1.2-16。

实木家具的结合方法　　　　　　　　　　　　　　　表 1.2-15

结合方式	特点	应用场合	类型	优点
榫结合	榫头嵌入榫眼或榫槽的结合，结合时通常都要施胶	无须拆卸部位的结合	直角榫、燕尾榫、插入榫、椭圆榫（见图 1.2-3 所示）	榫本身即是家具部件的连体，材质一致，结构稳定、牢固、实用、符合力学原理
胶结合	单纯用胶来粘合家具的零部件或整个制品的结合方式	① 短料接长、窄料拼宽、薄板加厚、空心板的覆面胶合、单板多层弯曲胶合；② 其他结合方法不能使用的场合，如薄木贴花和板式部件封边等表面装饰工艺		小材大用，劣材优用，节约木材，结构稳定，还可以提高和改善家具的装饰质量
木螺钉结合	通称为木螺钉，是一种金属制的简单的连接构件。这种结合不能多次拆装，否则会影响制品的强度	① 家具的桌面板、椅座板、柜面、柜顶板、脚架、塞角、抽屉滑道等零部件的固定；② 拆装式家具的背板固定；③ 拉手、门锁、碰珠以及金属连接件的安装	一字头、十字头、内六角等，其端头形式有平头和半圆头等（见图 1.2-4 所示）	操作简单、经济且易获得不同规格的标准螺钉
连接件结合	一种特制的并可多次拆装的构件。结构牢固可靠。能多次拆装，操作方便，不影响家具的功能与外观，具有一定的连接强度，能满足结构的需要	拆装式家具的主要结合方法，它广泛用于拆装椅和板式家具上	螺纹紧固式连接件	简化产品结构和生产过程，有利于产品的标准化和部件的通用化，有利于工业化生产。也给产品包装、运输和贮存带来方便

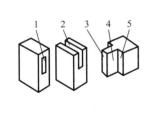

图 1.2-3　榫结合的名称及榫头的形状

1—榫眼；2—榫槽；3—榫端；4—榫颊；5—榫肩；

6—直角榫；7—燕尾榫；8—圆榫；9—椭圆榫

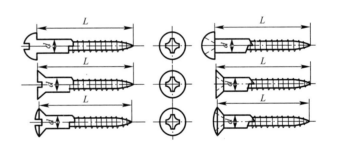

图 1.2-4　常见的木螺钉

榫结合的分类与应用　　　　　　　　　　　　　　　表 1.2-16

分类方式	类型	特点及应用场合	图示
以榫头的数目来分	单榫和双榫	用于一般框架的方材结合，如桌、椅、沙发框架的零件间结合等	
	多榫	用于箱框的板材结合，如衣箱与抽屉的角结合等	

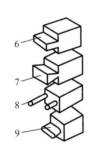

分类方式	类型	特点及应用场合	图示
以榫头的贯通和不贯通来分	明榫	用于受力大的结构和非透明装饰的制品，如沙发框架、床架、工作台等，还有故意暴露榫结构，证实产品为真实木制作	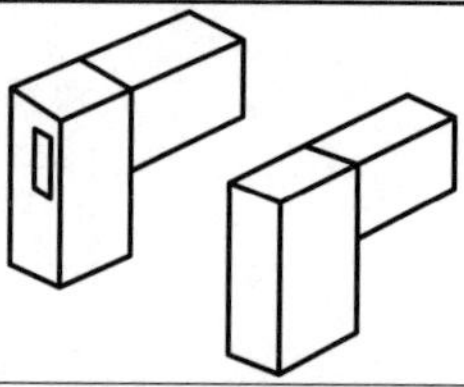
	暗榫	为了家具表面不外露榫头以增强美观	
以榫头能否看到来分	开口榫	优点是榫槽加工简单，但由于榫端和榫头的侧面显露在外表面，因而影响制品的美观	
	闭口榫	防止榫头移动，被广泛应用	
	半闭口榫	既可防止榫头的移动，又能增加胶合面积；一般应用于能被制品某一部分所掩盖的结合处以及制品的内部框架，如桌腿与上横档的结合部位，榫头的侧面就能够被桌面所掩盖而无损于外观	
以榫肩的切割形式来分	单面切肩榫	用于方材厚度尺寸小的场合	1 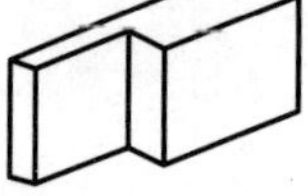
	双面切肩榫	最常用，应用广泛	2 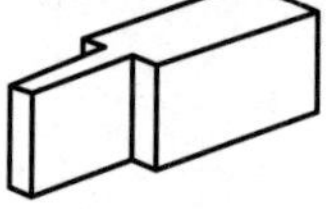
	三面切肩榫	常用于闭口榫结合	3 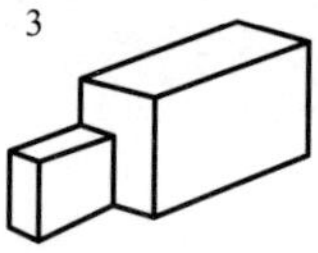
	四面切肩榫	用于木框中横档带有槽口的端部榫结合	4 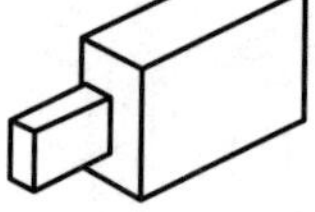
以榫与方材是否为一个整体来分	整体榫	整体榫是榫头和方材是一个整体，榫头由方材上开出	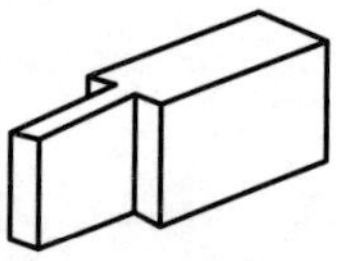
	插入榫	插入榫与方材不是一个整体，它是单独加工后再装入方材预制孔或槽中，如圆榫或片状榫，主要用于板式家具的定位与结合。为了提高结合强度和防止零件扭动，采用圆榫结合时需有两个以上的榫头	

相对于整体榫而言，插入榫可显著节约木材 5%～6%，还可以简化工艺过程，大幅度提高生产率，同时，插入榫结合也为家具部件化涂饰和机械化装配创造了有利的条件。虽然圆榫的结合强度比直角榫低，但多数榫的结合强度远远超过了可能产生的破坏应力，另外还可通过圆榫的数目来提高强度，所以一般情况下用圆榫均能满足使用要求。

为了提高胶合强度，圆榫表面常压成有贮胶的沟纹。根据沟纹形状，圆榫还可分为若干类型，如图 1.2-5 所示。

圆榫有三个直径，即外径、内径与节径，外径与内径的差为起伏线高度。圆榫有两个作用，一是定位，二是固定结合。当定位使用时以外径为依据；如果作为固定结合，则圆榫与圆孔之间的配合是以节径来计算的，因为外径太松、内径太紧。三个直径及其相互关系如图 1.2-6 所示。

1
2
3
4
5
6

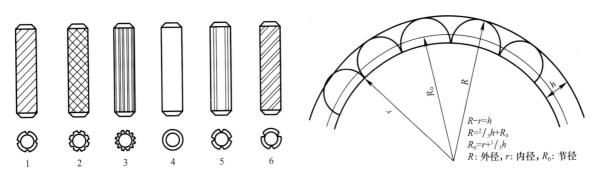

图 1.2-5　圆榫的形状

1—螺旋状压缩沟纹的圆榫；2—网纹状压缩沟纹的圆榫；
3—直线状压缩沟纹的圆榫；4—圆柱状压缩的圆榫；
5—开沟槽的圆榫；6—开螺旋沟槽的圆榫

R₀
R
h
r
R-r=h
R=²/₃h+R₀
R₀=r+¹/₃h
R: 外径，r: 内径，R₀: 节径

图 1.2-6　圆榫的三个半径

(4) 榫结合的技术要求

要保证家具结合强度，榫头与榫眼必须符合一定的要求。

为了提高直角榫的结合强度，应合理确定榫头的方向、尺寸及榫头与榫眼的配合公差（具体见表 1.2-17）。榫头与榫眼的尺寸定义如图 1.2-7 所示。

1) 直角榫

直角榫结合技术要求　　**表 1.2-17**

<table>
<tr><th>榫头</th><th>与榫眼对应关系</th><th colspan="3">尺寸</th><th>与榫眼配合公差</th><th>采用双榫条件</th></tr>
<tr><td>榫头的厚度 T</td><td>宽度 B</td><td colspan="3">T≈方材厚度或宽度的 0.4～0.5 倍，双榫总厚度也接近此数值</td><td>间隙配合 $T \leqslant B$
$B-T$≈0.1～0.2mm</td><td>零件断面超过 40mm×40mm 时</td></tr>
<tr><td>榫头的宽度 W</td><td>长度 F</td><td colspan="3">W≈方材零件断面边长的 0.5～1 倍，硬材为 0.5mm，软材以 1mm 为宜</td><td>过盈配合 $W>F$
$W-F$≈0.5～1.0mm</td><td>榫头宽度超过 60mm 时</td></tr>
<tr><td rowspan="2">榫头的长度 L</td><td rowspan="2">深度 D</td><td rowspan="2">L≈15～30mm</td><td>暗榫</td><td>$L \geqslant$ 榫眼零件宽度或厚度的 0.5 倍</td><td>间隙配合 $L<D$
$D-L$=2mm</td><td rowspan="2"></td></tr>
<tr><td>明榫</td><td>L=榫眼零件宽度或厚度</td><td></td></tr>
</table>

宽度W
厚度T
长度L
宽度B
长度F
宽度D

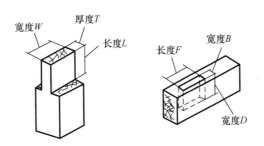

图 1.2-7　榫头与榫眼的尺寸定义

2）圆榫（见表 1.2-18）

材质	应是密度大，无节，无缺陷，纹理直，具有中等硬度和韧性的木材，适用树种有柞木、水曲柳、色木、桦木等
含水率	比家具用材低 2%～3%，通常在 5%～8%，应保持干燥状态，用塑料袋密封保存
直径	为板材厚度的 2/5～1/2，圆榫长度为直径的 3～4 倍较合适
胶合方式	圆榫涂胶强度较好，因圆榫沟纹能充满胶液而可使其榫头充分膨胀；圆孔涂胶强度要差一些，但易实现机械化施胶；榫头和榫孔两方面施胶时结合强度最佳
配合公差	采用过盈公差，按节径计，过盈量为 0.1～0.2mm 时强度最高，两个相连接的零件孔深之和应大于圆榫长度 1～2mm 左右

2.2.1.2 零部件的结构

（1）零件的结合

1）纵端面结合

纵端面之间的结合，是在用料很长，需将木材接长或圆弧弯曲结合时采用，以便节约木材，主要靠胶结合，具体结合方式见表 1.2 19。

零件纵端面结合 表 1.2-19

名　称	简　图	说　明
对接		① 此结合方式胶合时胶液渗入管孔较多，胶合强度不够； ② 一般只用于各种覆面板内框料或芯条料以及受压胶合材的中间层的结合
斜接		① 理论上，胶合面的长度为方材厚度的 10～15 倍时，胶合强度最佳； ② 实际生产中，胶合面长度一般为方材厚度的 8～10 倍，特殊情况下也可是方材厚度的 5 倍
齿接		① 三角形齿形榫不宜加工较长的榫，齿长主要为 4～8mm； ② 实际生产中一般常用梯形榫，齿长一般为齿距的 3～5 倍，齿距一般为 6～10mm； ③ 齿榫位置有侧面见齿和正面见齿两种形式
Z 形交叉对顶接		此结构表面美观，但加工要求高

名　称	简　图	说　明
倾斜圆榫对顶接		圆棒要长，才能保证抗压、抗弯强度
燕尾对顶接		此结构由于加工复杂，因而很少采用，但强度较高
楔丁对顶接		此结构加工略简单，在楔丁与胶粘剂配合下，强度也较高
楔丁榫槽交叉接		此结构强度较高，但加工较复杂
楔丁纵向接		此结构加工较复杂，配合要准确，能圆弧形结合和直向结合，适用于罗圈椅扶手、面框等的结合
圆弧纵向接		此结构适用圆弧形框架结构，如圆形包脚、圆桌复档等
圆弧高低纵向接		此结构适用于圆形面板框架内衬档的连接

2）侧面结合

侧面结合主要实现了横向窄料拼宽。包括指接材或窄料方材通过胶粘剂和加压胶合制成宽幅面的集成材部件，以及用窄的实木板材胶合拼成所需要宽度的板材。

为了尽量减少拼板的收缩和翘曲，单块木板的宽度有所限制，同一拼板中零件的树种和含水率应当一致，以保证形状稳定。具体结合方式见表1.2-20。

零件侧面结合 表 1.2-20

名　称	简　图	说　明
平拼		① 侧面刨平，涂上胶粘剂进行结合； ② 此方法加工简单，应用较广
斜口拼		① 把板面刨成倾斜面，以增加其胶着面，然后涂上胶粘剂结合； ② 这种结合方法适宜薄型板
人字槽拼接		此结合方法也可以增加胶着面，以提高拼接强度
裁口拼接		① 又称搭口拼接，高低缝结合，将板边裁去 1/2，涂上胶粘剂，相互结合； ② 此法加工略为复杂，耗料也较多
企口拼接		也叫做凹凸接，此法装配简单，材料消耗与裁口拼接相同，优点是拼接牢固，当胶缝裂开时，仍可掩盖住缝隙
双企口拼接		此法适于厚板的拼接
企口长短接		此法胶着面大，接合牢固，但加工复杂，适于厚板的拼接
齿形拼接		胶接面上有两个以上的小齿形，以增加胶着面，使拼接牢固。装配方便，拼接平整

名　称	简　图	说　明
燕尾榫拼接		此法强度大，结合牢固
斜榫拼接		此法强度大，结合牢固，但加工复杂
穿条平拼		此拼接加工简单，材料消耗与平接法基本相同，是拼接结构中较好的一种方法。常用胶合板的边条作为穿条嵌于槽中
燕尾穿条平拼		① 把双头燕尾条插入板材拼接面的燕尾槽内耳结合； ② 此法耗材与平接相同，而强度比平接大，但加工精度要求较高
穿条斜接		此法适于各种变形的拼接结构
穿带拼接		此法可防止拼板的翘曲
燕尾楔拼接		此法是将方木刨成燕尾形端面，贯穿于木板的燕尾槽中，有穿带接和吸盘形楔接两种。此法可防止拼板的翘曲
插入榫拼接		此种拼接，有方榫、圆榫等作辅助的结合，要求加工准确。方榫因加工复杂，很少采用。材料消耗与平接法类似
木销拼接		将木制的各种形状的销子，嵌入拼板背面的接缝处。一般是拼接厚板材时才采用此方法

名　　称	简　图	说　　明
螺钉拼接	明螺钉拼接 暗螺钉拼接	有明螺钉与暗螺钉两种： 前一种方法是在拼接的背面钻有螺钉孔，与胶料配合使用； 后一种方法较复杂，在拼接板的侧面开有一个钥匙形的槽孔，另一侧面上拧有螺钉，靠螺钉头与加胶料的槽孔粘合在一起； 明螺钉加工方便，强度大，所以应用较广
螺栓拼接		这是拼接大型板面的较坚固的方法，多用于实验桌、乒乓桌面板和钳工桌面板等

3）镶端结构

采用拼板结构时，如木材含水率发生变化，板材的变形是不可避免的。为了避免板端暴露于外部，防止和减少拼接板材发生翘曲等现象，常采用镶端法加以控制，在镶接时均需用胶料配合，见表1.2-21。

拼板镶端结构 表 1. 2-21

名　　称	简　图	说　　明
企口镶端接		用直角榫形式与镶端条结合，多用于绘图板、实木门板及工作台面板等
燕尾榫槽镶端接		用燕尾榫槽形式与镶端条结合，此法结构牢固
透榫镶端接		此法是企口镶端接的一种加固形式，强度大，但加工较为复杂
板条镶端接		用板条与胶、钉配合镶接，加工较简单，但防翘曲性不及其他镶端接
夹角镶端接		夹角镶端性质与企口镶端接相似，优点是表面不暴露镶条的端面而较美观，但加工较复杂
夹角透榫镶端接		是夹角镶端接的一种加固形式，结构牢固，为我国古代家具中常用的镶端结构形式，但加工较复杂

家具设计资料集

続表

名　称	简　图	说　明
嵌入镶端接		把嵌条镶入拼板端面的槽内，此法加工简单，但不及其他镶端美观
圆弧槽条镶端接		作用与嵌入镶端接相同，其优点是镶板不露端面，较为美观。板槽可用铣刀铣出
三角板条镶端接		将拼板的端面铣成V形槽，将三角板条镶入V形槽内结合
斜楔镶端接		将拼板的端面铣成斜面形，再用斜楔镶条结合，此法加工简单
薄板条镶端接		用薄板条镶端，是防止拼板翘曲的一种方法，但此法加工较复杂

（2）框架结构

1）木框结构

木框是框式家具的典型部件之一。最简单的木框是用纵、横各两根方材的榫结合而成。纵向方材称为"立边"，木框两端的横向方材称为"帽头"。加在框架中间再加方材，横向的称为"横档"（横撑），纵向的称"立档"（立撑）。有的木框内装有嵌板，称为木框嵌板结构，而有的木框中间无嵌板，是中空的。木框各部分的名称如图1.2-8所示。

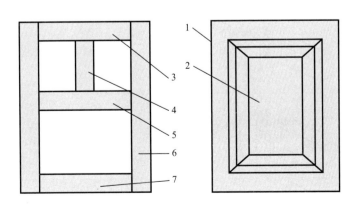

图 1.2-8　木框各部分的名称

1—木框；2—嵌板；3—上帽头；4—立档；

5—中横档；6—立边；7—下帽头

上卷　基础篇　2　家具材料与结构

99

① 木框角结合

A. 直角结合（见表 1.2-22）

木框直角结合 表 1.2-22

名　称	简　图	说　明
单面切肩榫	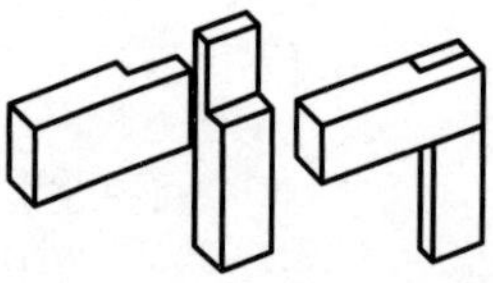	此法为直角结合时最简单的结构，一般用于家具部件的内部结构
开口贯通单榫	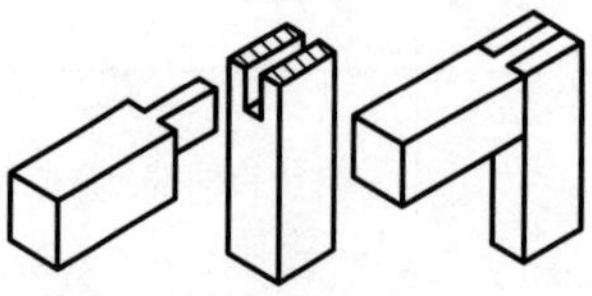	此结构应用于一般框架结构，或板材的内框结构
开口贯通双榫	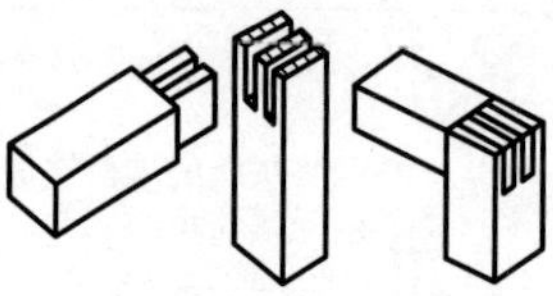	应用于较厚的框架方材，强度比单榫高
直角开口燕尾明接	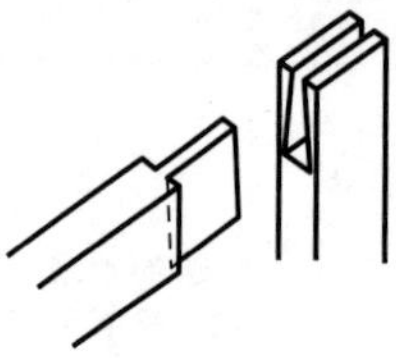	此结构工艺要求较高，但强度较大
串楔开口插入接	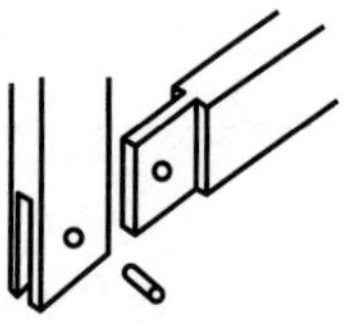	串楔可用圆棒、方木销、竹销等，目的是为加强插入榫的强度
带斜棱的开口贯通单榫	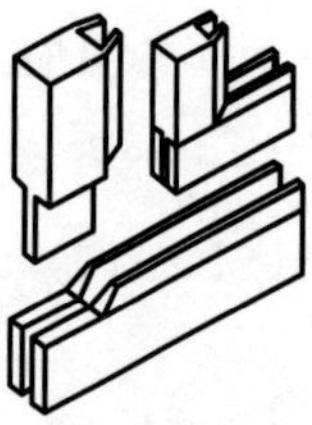	
开口不贯通单榫		此结构应用于一般框架结构，或板材的内框结构
开口不贯通双榫	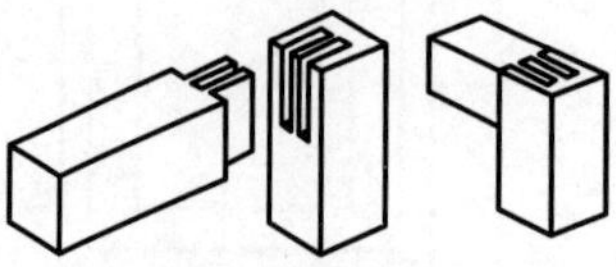	
开口不贯通燕尾榫	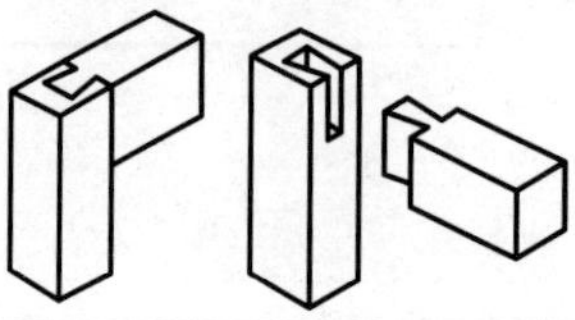	此结构多用于有盖板的梃和横撑的结合处

名　称	简　图	说　明
半开口贯通单榫		此结构在家具部件上用于较大的门和旁板框架上
斜角半闭口贯通榫		同上
半闭口双贯通榫		此结构用于家具部件较宽的框架冒头零件上，以增加强度
半开口不贯通单榫		此结构用于较大的框架的部件上
半开口不贯通双榫（横向）		此结构用于较厚的制榫木材，如家具的大型支架部件
闭口贯通榫		此结构大多用于框架部件上下冒头的榫结合
闭口不贯通单榫		此结构大多用于框架部件上下冒头的榫结合
闭口不贯通双榫		
闭口不贯通纵向双榫		此结构用于较宽的制榫木材，常用在大衣柜门框下的冒头上

名　称	简　图	说　明
包肩榫		用于倒圆角或平面角嵌板结构的框架部件上
圆榫		此结合强度不是很高

B. 斜角结合

　　这是将两根结合的方材端部榫肩切成 45° 的斜面或单肩切成 45° 的斜面后再进行结合的。可以避免直角结合的缺点，使不易装饰的方材端部不致外露，其结合方法见表 1.2-23。与直角结合相比，斜角结合的强度较小，加工较复杂，但能提高装饰质量。

木框斜角结合　　　　　　　　　　　　　　　　　　表 1.2-23

名　称	简　图	说　明
半夹角接		此结构主要靠胶粘剂，一般用于不重要的结构处
单肩斜角榫		直角嵌入结合，表面形成 45° 夹角，适用于强度要求不高的框架结构
夹角开口插入接		此结构表面美观，多用于门框类结构
单向夹角开口插入接		同上
夹角明燕尾插入接		此结构强度较大，多应用于强度要求较高的框架类结构

名　称	简　图	说　明
夹角多榫开口插入接		此结构强度较大，是中国古典家具中典型的框角结构
翘皮夹角贯通榫		此结构表面美观，结构牢固，用于门框等框架部件的结构上
夹角贯通榫		多用于门、门框等框架部件的结构上。明、清时代的家具应用较广
双肩斜角暗榫		适用于家具的框架部件结构
翘皮夹角榫		同上
交叉斜角暗榫		同上
二向斜角暗套榫		用于要求坚固的框架部件上
夹角平接		方框木材端部锯割成45°角，结合时为加强牢度，采用波纹钉连接加固
燕尾销夹角平接		用燕尾木销嵌入槽口，以增加强度，但加工精度要求高，故工艺较复杂

名　称	简　图	说　明
圆棒销夹角接		用圆木销结合，强度较高，但必须有专用设备
衬板夹角接		此结构大多和螺钉、圆钢钉并用
嵌入板楔夹角接		是衬板夹角接的变形，而工艺较美观
串条夹角接		在夹角的结合处，嵌入板条，以增加结合强度
暗串条夹角接		除增加强度外，也不破坏外表美观
板条嵌入夹角接		此结构加工简单、结合也较牢固
燕尾板条嵌入夹角接		此结构是板条嵌入夹角接的加固形式
暗圆嵌条夹角接		此结构不露嵌条，表面美观，嵌条有方形和圆形，但圆形利于机加工

② 木框中档结合

它包括各类框架的横档、立档、椅子和桌子的牵脚档等。其常用的结合方法见表1.2-24所示。

木框中档结合　　　　　　　　　　　　　　　　　　　　表1.2-24

名　称	简　图	说　明
丁字形嵌入接		此法为直角结合时最简单的结构，一般用于家具部件的内部结构
斜形嵌入接		同上
燕尾形嵌入接		燕尾形嵌入连接强度较高，但加工较为复杂，用途同上
单面燕尾形嵌入接		同上
半隐燕尾形嵌入接		同上
斜角燕尾形嵌入接		同上
十字形嵌入接		用于十字档结构
尖角嵌入接		此结构强度较弱，但外表面工艺性较强
尖平双嵌接		此结构比尖角嵌入接强度高，但加工较复杂

名　称	简　图	说　明
丁字开口插入接		此结构适用于家具支架结构
斜形开口插入接		同上
双燕尾形开口插入接		此结构是丁字开口插入接的变形，但结合强度较高
单肩贯通榫		此结构一般在制榫方材较薄时使用
双肩贯通榫		此结构是木家具支架结构中最常用的一种
楔丁双肩贯通榫		此结构是双肩贯通榫的加强，常用在椅、凳类家具的支架结构上
四肩贯通榫		此结构用于框架中的横撑
双贯通榫（纵向）		此结构用于较宽的制榫木材，同时增加了胶着面，以提高结构的强度
双贯通榫（横向）		此结构用于较厚的制榫木材

名　称	简　图	说　明
四贯通榫		此结构大多用于建筑木工及室内装修上
单肩不贯通榫		此结构一般是在制榫方材较薄时使用
双肩不贯通榫		此结构是木家具框架、支架结构最常用的一种
四肩不贯通榫		用于框架结构中的横撑
暗楔双肩不贯通榫		此结构只能一次性装配，结合强度高，但配合要准确，否则装配困难
三角插肩不贯通榫		用于线条贯通的框架部件上
包肩夹角不贯通榫		此结构在中国式、日本式家具中较多应用
双肩板榫		这是薄型板条的最简单的榫结合
圆棒暗榫		用于强度要求不高的拉档

名　称	简　图	说　明
双交叉串榫	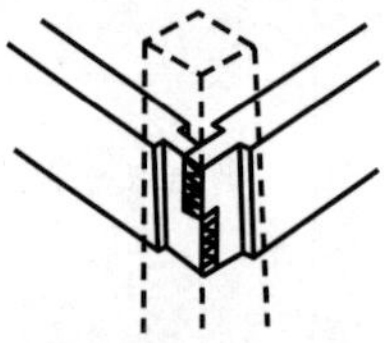	两个榫头交叉开口，插入榫孔，能保持较高的强度，多用于椅腿等部件的结构
三交叉串榫	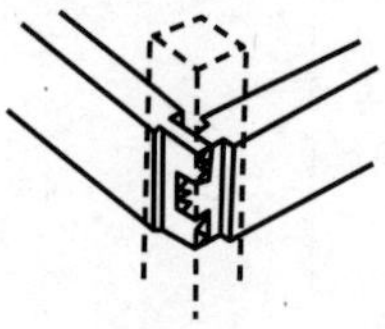	同上
十字双面插榫	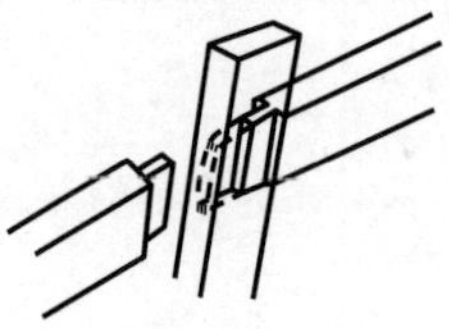	适用于多量竖向连接的结构

③ 木框嵌板结构

在安装木框的同时或在安装木框之后，将人造板或拼扳嵌入木框中间，起封闭与隔离作用，这种结构称为木框嵌板结构。

嵌板的装配方式有裁口法和槽榫法两类，见表 1.2-25。

木框镶板结构 表 1.2-25

名　称	图　例	备　注
裁口法	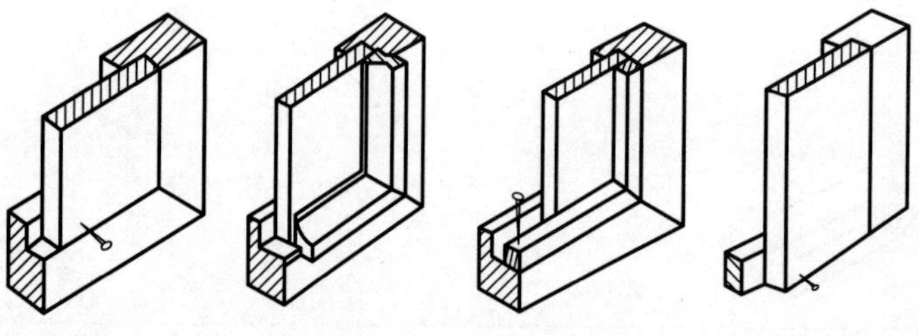	采用裁口法，嵌板装入后需用带型面的木条借助螺钉、圆钉固定之。这种结构装配简单、易于更换嵌板
槽榫法	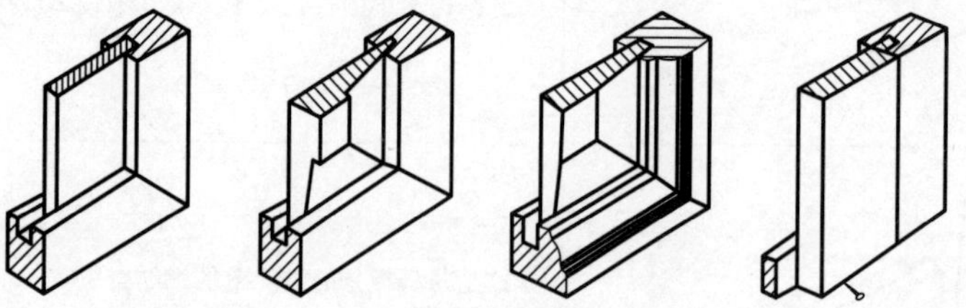	如果是槽榫法，更换嵌板时，则须先将木框拆散再重新安装

无论采用哪一种安装方法，在装入嵌板时，榫槽内部不应施胶。同时需预先留有拼板自由收缩和膨胀的空隙（图 1.2-9），以便当拼板收缩时不致破坏脱落，拼板膨胀时不致破坏木框结构。木框内的嵌板，不但可以是嵌装拼板和人造板，而且可以嵌装玻璃或镜子，如书柜的玻璃门、衣柜的镜子门等，如图 1.2-10 所示。

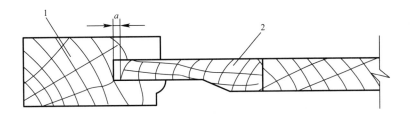

图 1.2-9　嵌板结构的预留空隙

1—木框方材；2—嵌板；*a*—空隙

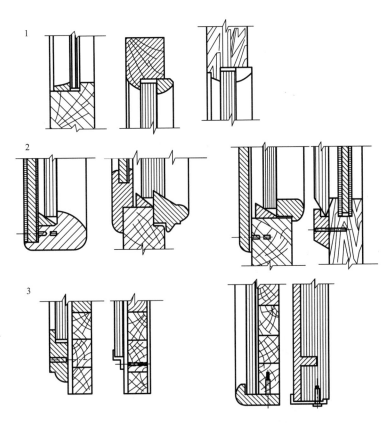

图 1.2-10　玻璃及镜子的安装方法

1—玻璃装在木框的铲口内；2—镜子装在木框内；3—镜子或玻璃装在板件上

④ 三向结合结构

A. 综角结合

此种结构的特点是不露木材的端部，表面美观、工艺性强，是我国古代家具和现代高级家具上常用的结构工艺，见表 1.2-26。

三向综角结合　　　　　　　　　　　　　　　　　表 1.2-26

名　称	简　图	说　明
方榫平接		此结构是在竖向方材端部制两个榫，紧扣另外两方材的孔内，形成三向连接

名　称	简　图	说　明
单榫综角接		在竖向木材端部制一个榫，插入两方材结合处孔内。此结构拉力强度较弱，但外表美观
L形综角接		在竖向木材端部制一个L形榫，插入两个方材结合处的L形孔内。此结构强度较单榫综角接强，外表美观
双榫综角接		此结构强度较高，外表美观，是常用的传统榫结构形式
插入综角接		同上
传统综角榫接		此结构三个方材的结合极为合理，好似连环套，三面牵制，是中国传统家具用结构中较为著名的工艺结构
长短榫综角接		用于传统结构桌、台的三向结合
抱肩榫接		用于混圆三向结合
挂榫接		此结构因工艺复杂，在一般情况下不常使用

B. 普通三向结合

此种结构用于桌、椅类家具的支架三向结合，是现代家具常用的工艺结构，见表1.2-27所示。

名　称	简　图	说　明
闭口不贯通榫三向接		适用于支架类部件、脚与望板的结合
不贯通榫三向接		用于支架类部件、脚与拉档的结合
闭口不贯通双榫三向接		适用于桌类的支架部件的三向结合
半闭口不贯通双榫三向接		同上
斜角交叉榫三向接		适用于斜角脚望板与脚的结合

2）箱框结构

箱框是由四块以上的板件按一定的结合方式围合而成。板件宽度或箱框高度一般大于 100mm。箱框的结构主要在于箱框的角部结合和中板结合，见表 1.2-28、表 1.2-29。

箱框的角部结合　　　　　　　　　　　　　　表 1. 2-28

名　称	简　图	说　明
钉接合		把两块板的两端制成直角，用圆钢钉、木螺钉结合。此结构工艺简单，强度低，外观也不美
剜钉接		板材一端剜成缺槽，然后用圆钢钉或木螺钉结合。它的性能与钉结合相似
燕尾形钉接		结构适用于抽屉面板与屉墙板的结合。包角后板与侧板的结合等

名　称	简　图	说　明
邦档夹角接		用于箱体、包角结构。表面美观
邦档半夹角接		同上
圆棒榫接		用于普通箱框结构
圆棒榫半夹角接		此结构用于箱体结构，但加工精度要求较高
圆棒榫夹角接		此结构必须用专用机床加工，配合要准确
楔块嵌入夹角接		用于一般箱体结构
燕尾楔嵌入夹角接		同上
三角楔活络接		此结构可以活络拆装，用于要求拆装的箱框结构
半圆楔活络接		用半圆形坡度楔丁，插入板孔，以加固。可以拆装
夹角企口接		用于箱体、包角结构。表面美观

名　称	简　图	说　明
榫槽嵌入接		适用于实木抽屉面板与抽屉旁板相结合
半夹角榫槽接		用于箱体结构
直角多榫接		用于箱体结合及抽屉旁板与抽屉后板结合
直角斜形多榫接		用于较重载荷的箱体结构
齿形直角榫接		此结构适宜于机械加工，用于普通箱框体结构
全暗直角多榫接		用于要求较高的箱框结构
单面夹角明多榫接		用于高级家具抽屉的屉旁板与屉后板之结合，以及其他的箱框结构
燕尾形多榫接		用于箱体结构及屉旁板与屉后板结合，强度高
半隐燕尾形多榫接		用于抽屉面板与抽屉旁板结合，强度高
全隐燕尾形多榫接		用于要求较高的箱体类家具。工艺复杂，强度较高，表面美观

名　称	简　图	说　明
燕尾圆口接		此结构适宜于机械加工，用于普通箱框体结构
半暗机制燕尾接		此结构以燕尾形端铣刀加工，用于抽屉面板与抽屉旁板的结合
夹角燕尾多榫接		用于高级家具抽屉的屉旁板与屉后板之结合，以及其他的箱框结构

箱框的中板结合　　　　　　　　　　　　　　　　　　　　　表 1.2-29

名　称	简　图	说　明
插入接		板材平面开槽，板材插入槽内。旁侧可用木螺钉加固，但外观不甚美观
包肩插入接		适用于箱类家具的分隔板
双肩插入接		同上
单向燕尾串榫接		同上
包肩燕尾榫接		同上

名 称	简 图	说 明
丁字多榫接		用于箱框结构中的栏板
楔丁多榫接		结构牢固，但加工较复杂。适用于要求坚固而用厚板材制成的箱框类结构

3）脚架结构

脚架是由脚和望板构成的框架，用于支撑家具主体的部件，如图 1.2-11 所示。

脚架常用的结构形式有亮脚结构和包脚结构两大类，前者有可见的脚，给人以轻松活泼之感，后者是由板材构成的箱框结构形式，具有外形清晰、安定稳重的特点。

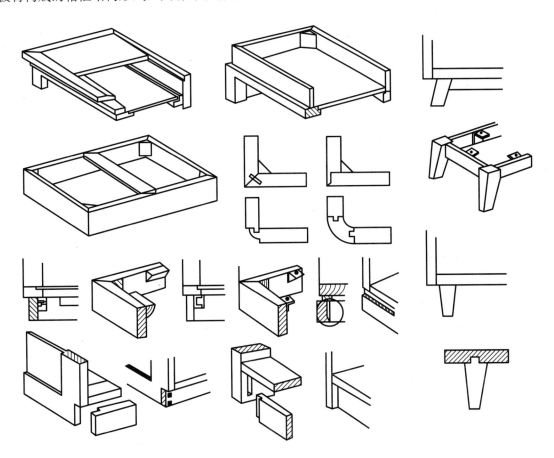

图 1.2-11　各种形式的脚架结构

2.2.1.3　框式家具的结构

家具的主要部件由框架或木框嵌板结构所构成的家具称为框式家具。框式家具以实木为基材，主要部件为框架或木框嵌板，嵌板主要起分隔作用而不承重。一般而言，椅类、床类、凭倚类家具以框式结构为主。

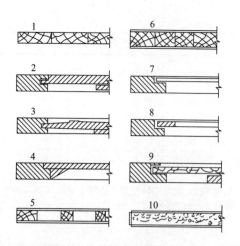

图 1.2-12　面板结构的构成方式

1—实木拼板面；2、3—实木嵌板面；4—实木镶板面；
5—空芯板面；6—细木工板面；7—玻璃芯面；
8—织物芯面；9—大理石芯面；10—刨花板面

（1）凭倚类家具的结构

1）面板

① 面板结构的构成方式，如图 1.2-12 所示。

② 辅助面板的构成方式，如图 1.2-13 所示。

③ 面板的结构要求：

A. 表面平整；

B. 具有良好的工艺性；

C. 具有足够的强度；

D. 具有高质量牢固的封边。

2）支架

① 框架式支架

A. 构成零件：桌腿、望板、竖档、横档，加固件。

B. 构成方式：榫连接、钉连接。

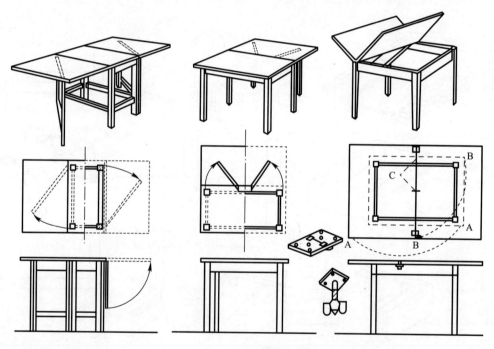

图 1.2-13　辅助面板的构成方式

图 1.2-14 展示了方桌的框架式支架，图 1.2-15 展示了圆桌的框架式支架。

② 板架式支架

A. 构成零件：人造板件、胶合成型板件。

B. 构成方式：连接件结合、钉结合。

图 1.2-16 展示了板式支架。

③ 金属支架

金属支架比较简洁，有独腿支架、双腿、三腿或多腿等结构形式，如图 1.2-17 所示。

④ 塑料支架

塑料支架如图 1.2-18 所示。

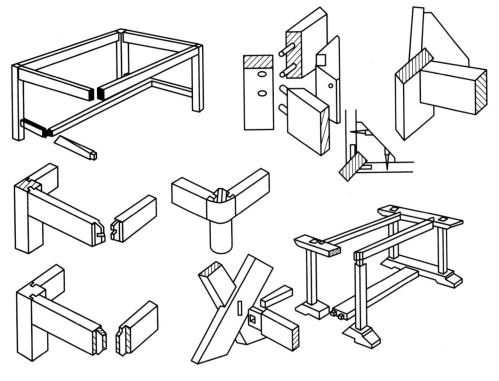

图 1.2-14　方桌支架的构造形式（四腿）

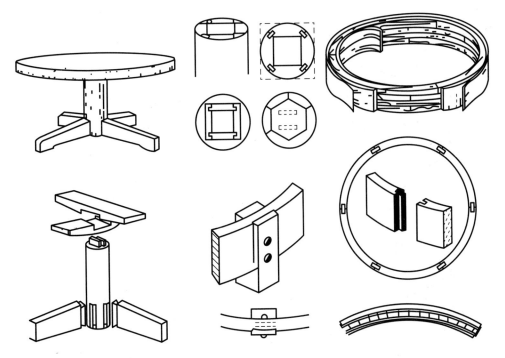

图 1.2-15　圆桌支架的构造形式（独腿）

3）附加柜体

① 按柜体结构分：框式结构柜体，板式结构柜体。

② 按是否带脚架分：带脚架式柜体，不带脚架式柜体。

③ 按柜体与面板的连接形式分：整体式柜体，拆装式柜体。

4）面板与支架的连接

① 面板与支架连接要求：

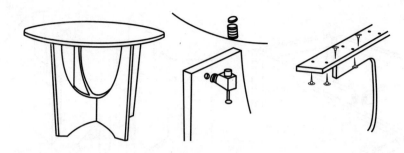

图 1.2-16　板式支架

图 1.2-17　金属支架

图 1.2-18　塑料支架

A. 五金连接件、榫头等不得影响板面美观；

B. 具有足够的连接强度。

② 面板与支架连接形式，如图 1.2-19 所示。

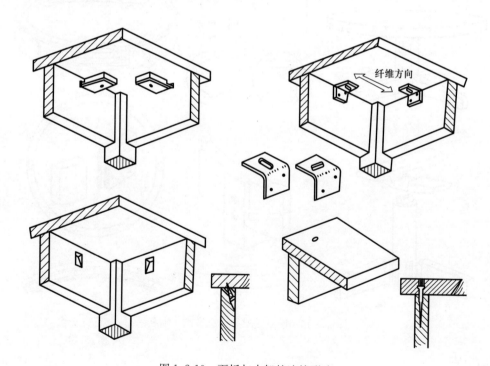

图 1.2-19　面板与支架的连接形式

（2）椅类家具的结构

1）椅类家具构成零部件

①支架；②座面；③靠背板；④扶手。

2）支架与座板、靠背的连接方式

①固定式结构。椅靠背用木方条或板条直接与两后腿用榫结合连接。座面与支架采用螺钉吊面法固定。见表1.2-30。

固定式结构 表 1.2-30

固定结构图片	图片释义
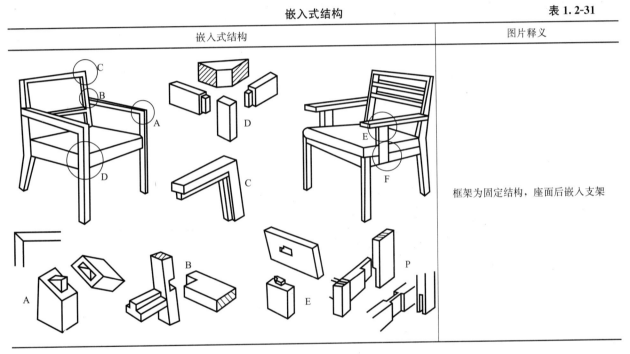	靠背与后腿用榫结合连接； 座面与支架直接采用螺钉吊面法固定； 椅腿与望板用塞角加固

② 嵌入式结构。将椅子分成几部分，单独组装后再组成制品，见表1.2-31。

嵌入式结构 表 1.2-31

嵌入式结构	图片释义
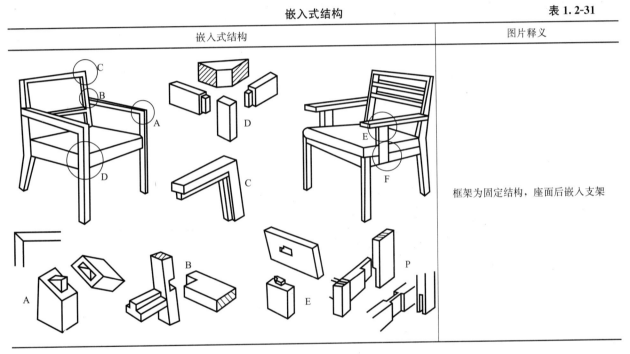	框架为固定结构，座面后嵌入支架

③ 拆装式结构。支架与坐垫、靠背等零部件采用金属连接件结合，可以先涂饰后组装，也可以组装后再涂饰，见表1.2-32。

拆装式结构 表 1.2-32

拆装式结构	图片释义
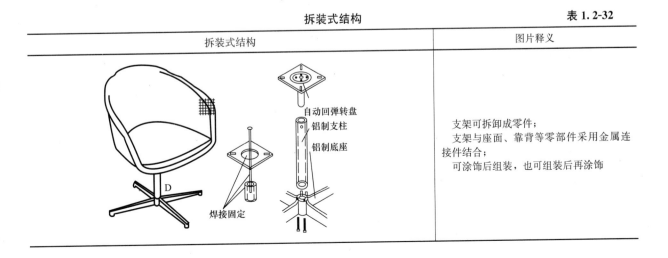	支架可拆卸成零件； 支架与座面、靠背等零部件采用金属连接件结合； 可涂饰后组装，也可组装后再涂饰

（3）床类家具的结构

1）床类家具的结构分类

① 框式结构。

② 板式结构。

③ 拉伸式结构。

④ 折叠式结构。

⑤ 组合式结构。

2）床类家具的零部件及其结合方式

床由床头（屏）、床梃与铺板所构成，表1.2-33列举了床类家具的零部件之间的结合方式。

零部件之间的结合方式 表 1.2-33

连接方式	释义
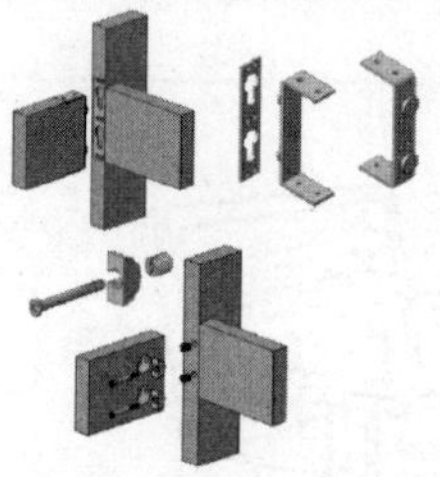	床屏与床梃采用插接式、螺钉螺母式，实现拆装式结构
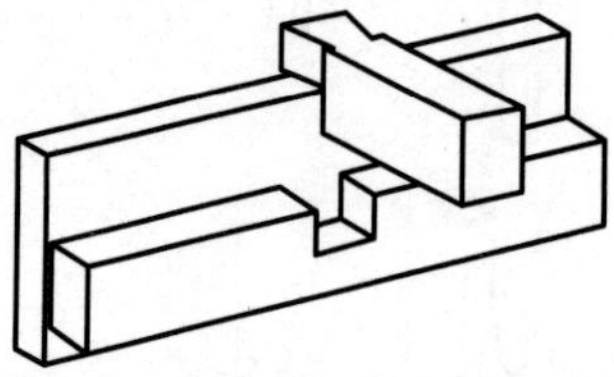	拉档与床梃采用燕尾形式的榫结合，实现拆装式结构
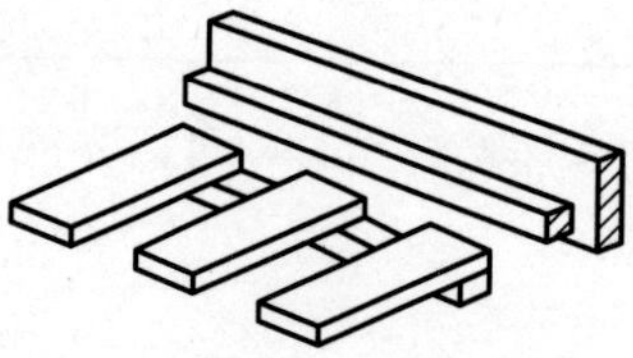	铺板与床梃采用直接放置式结合

2.2.2 人造板

2.2.2.1 人造板材料的特性与家具结构

（1）人造板材料的特性

1）适合制作板状零件；

2）良好的尺寸稳定性；

3）表面质量好，易于涂饰；

4）幅面大，可按需要加工生产。

表1.2-34展示了实心板的特性，表1.2-35展示了空心板的特性。

材料名称	材料图片	材料特性
刨花板		幅面尺寸大，表面平整，结构均匀，长宽同性，无生长缺陷，不需干燥，隔声隔热性能好，平面抗拉强度低，厚度膨胀率大，边部易脱落，不宜开榫，握钉力差，切削加工性能差
中密度纤维板		幅面尺寸大，结构均匀，强度高，尺寸稳定变形小，易于切削加工，板边坚固，表面平整，便于直接胶合饰面材料与涂饰涂料
细木工板		幅面尺寸大，结构尺寸稳定，不易开裂变形，板面纹理美观，横向强度高，板材刚度大，加工性能好，强度和握钉力高
多层胶合板		幅面大，厚度小，密度小，板面纹理美观，表面平整，不易翘曲变形，强度高，内部力学性能均匀

材料名称	材料图片	材料特性
木条空心板		
纸质蜂窝板		① 空心板由木框或木框内空心填料、覆面材料构成，幅面与板边强度按照需求不同，选择不同的木框、木框空心填料、覆面材料； ② 幅面与板边装饰按照需求不同，选择不同的覆面材料
网格空心板		
发泡塑料板		

（2）板式家具的用材

板式家具主要以人造板为基材，制造板式部件的材料可分为实心板和空心板两大类。

1）实心板件

实心板件用材见表1.2-36。

实心板件的用材 表1.2-36

实心板材		用 材
实心覆面板件	实心基材	刨花板、中密度纤维板、多层胶合板、单板层积材、细木工板、碎料模压制品
	贴面材料	① 木质贴面材料：天然薄木、人造薄木、单板； ② 纸质贴面材料：印刷装饰纸、合成树脂浸渍纸、合成树脂装饰板（防火板）； ③ 塑料贴面材料：聚氯乙烯（PVC）薄膜、奥克赛薄膜； ④ 其他贴面材料：纺织物、合成革、金属箔

2）空心板件

实心板件用材见表1.2-37。

空心板材的用材 表1.2-37

空心板材		用 材
轻质芯层材料 （空心芯板）	周边木框	实木板、刨花板、中密度纤维板、多层胶合板、集成材、层积材
	空心填料	木条栅状、板条格状、薄板网状、薄板波状、纸质蜂窝状
覆面材料		胶合板、中密度纤维板、硬质纤维板、刨花板、装饰板、单板、薄木

（3）板式家具的结构特点

板式家具的结构包括板式部件本身的结构和板式部件之间的连接结构，其主要特点如下：

1）节约木材，有利于保护生态环境。

2）结构稳定，不易变形。

3）自动化高效生产可以做到高产量，从而增加利润。

4）加工精度由高性能的机械来保证，从而可生产出满足消费者要求的高品质的产品。

5）家具制造无需依靠传统的熟练木工。

6）预先进行的生产设计可减少材料和劳动力消耗。

7）便于质量监控。

8）使用定厚工业板件，可减少厚度上的尺寸误差。

9）便于搬运。

10）便于自装配（RTA）工作的实现。

2.2.2.2 "32mm系统"结构设计

（1）"32mm系统"概述

失去了卯榫结构支撑的板式构件需要采用插入榫与现代家具五金的连接。插入榫与家具五金均需在板式构件上制造接口，最容易制造的接口是槽口，但更具加工效率的是圆孔。槽口可用普通锯片开出，圆孔可通过打眼实现，一件家具需要制造大量接口，所以采用圆孔更为多见，加工圆孔时排钻起着重要作用。

要获得良好的连接，对材料、连接件及接口加工工具等都需要综合考虑，"32mm 系统"就此在实践中诞生，并已成为世界板式家具的通用体系，现代板式家具结构设计被要求按"32mm 系统"规范执行。

1）什么是"32mm 系统"

"32mm 系统"是以 32mm 为模数的，制有标准"接口"的家具结构与制造体系。这个制造体系以标准化零部件为基本单元，可以组装成采用圆榫胶接的固定式家具，或采用各类现代五金件连接的拆装式家具。

"32mm 系统"要求零部件上的孔间距为 32mm 的整倍数，即应使其"接口"都处在 32mm 方格网的交点上，至少应保证平面直角坐标中有一维方向满足此要求，以保证实现模数化并可用排钻一次打出，这样可提高效率并确保打眼精度。由于造型设计的需要或零部件交叉关系的限制，有时在某一方向上难以使孔间距实现 32mm 整数倍时，允许从实际出发进行非标设计，因为多排钻的某一排钻头间距是固定在 32mm 上的，而排际之间的距离是可无级调整的。

对于这种部件加接口的家具结构形式，国际上出现了一些相关的专用名词，表明了相关的概念，如 KD（Knock Down）家具。来源于欧美超市货架上可拼装的散件物品；RTA（Ready to Assemble）家具，即准备好去组装，也可称作备组装或待装家具；DIY（Do it Yourself），即由你自己来做，称作自装配家具。这些名词术语反映了现代板式家具的一个共同特征，那就是基于"32mm 系统"的、以零部件为产品的可拆装家具。

2）为什么要以 32mm 为模数

① 能一次钻出多个安装孔的加工工具，是靠齿轮啮合传动的排钻设备，齿轮间合理的轴间距不应小于 30mm，如果小于这个距离，那么齿轮装置的寿命将受到明显的影响。

② 欧洲人长期习惯使用英制为尺寸量度，对英制的尺度非常熟悉。若选 lin（25.4mm）作为轴间距则显然与齿间距要求产生矛盾，而下一个习惯使用的英制尺度是 1.25in（25.4＋6.35＝31.75mm），取整数即为 32mm。

③ 与 30mm 相比较，32mm 是一个可作完全整数倍数的数值，即它可以不断被 2 整除（32 为 2 的 5 次方）。这样的数值，具有很强的灵活性和适应性。

④ 值得强调的是，以 32mm 作为孔间距模数并不表示家具外形尺寸是 32mm 的倍数。因此与我国建筑行业推行的 30cm 模数并不矛盾。

3）"32mm 系统"的标准与规范

"32mm 系统"以旁板为核心。旁板是家具中最主要的骨架部件，板式家具尤其是柜类家具中几乎所有的零部件都要与旁板发生关系，如顶（面）板要连接左右旁板，底板安装在旁板上，搁板要搁在旁板上，背板插或钉在旁板后侧，门铰的一边要与旁板相连，抽屉的导轨要装在旁板上等。因此，"32mm 系统"中最重要的钻孔设计与加工也都集中在旁板上，旁板上的加工位置确定以后，其他部件的相对位置也就基本确定了。

旁板前后两侧各设有一根钻孔轴线，轴线按 32mm 的间隙等分，每个等分点都可以用来预钻安装孔。预钻孔可分为结构孔与系统孔，结构孔主要用于连接水平结构板；系统孔用于铰链底座、抽屉滑道、搁板等的安装。由于安装孔一次钻出供多种用途，所以必须首先对它们进行标准化、系统化与通用化处理。

国际上对"32mm系统"有如下基本规范：

① 所有旁板上的预钻孔（包括结构孔与系统孔）都应处在间距为32mm的方格网坐标点上。一般情况下，结构孔设在水平坐标上，系统孔设在垂直坐标上。

② 通用系统孔的轴线分别设在旁板的前后两侧，一般资料介绍，以前侧轴线（最前边系统孔中心线）为基准轴线，但实际情况是由于背板的装配关系，将后侧的轴线作为基准更合理，而前侧所用的杯形门铰是三维可调的。若采用盖门，则前侧轴线到旁板前边的距离应为37mm（或28mm），若采用嵌门，则应为37mm或28mm加上门厚。前后侧轴线之间及其他辅助线之间均应保持32mm整数倍的距离。

③ 通用系统孔的标准孔径一般规定为5mm，孔深规定为13mm。

④ 当系统孔用作结构孔时，其孔径按结构配件的要求而定，一般常用的孔径为5mm、8mm、10mm、15mm、25mm等。

有了以上这些规定，就使得设备、刀具、五金件及家具的生产、供应商都有了一个共同遵照的接口标准，对孔的加工与家具的装配而言，也就变得十分简便、灵活了，如图1.2-20所示。

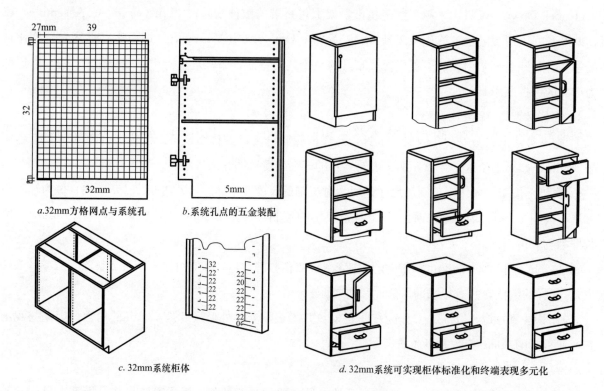

a.32mm方格网点与系统孔　　b.系统孔点的五金装配

c.32mm系统柜体　　　　　d.32mm系统可实现柜体标准化和终端表现多元化

图1.2-20 "32mm系统"基本规范

（2）"32mm系统"家具设计示例

以一橱柜实例对"32mm系统"家具的设计步骤与结构细节的处理进行示范，以便提供一条可操作的设计途径。在这一实例中，我们将同时考虑标准化问题，旨在以最少的零件数量来满足各种功能需要，从而在设计阶段就为生产系统的高质高效操作奠定基础。

必须强调的是，对"32mm系统"来讲，生产前应对每个零件作标准、细致的设计。

1）产品外形

拟作结构设计示范的产品外形如图1.2-21所示，尺寸为760mm（H）×800mm（W）×400mm

（D），精确尺寸可按 32mm 系统要求进行微调。图 1.2-21 还显示了标准柜体可以根据需要，在不拆开柜体的情况下任意装卸门、抽屉或作开架使用。

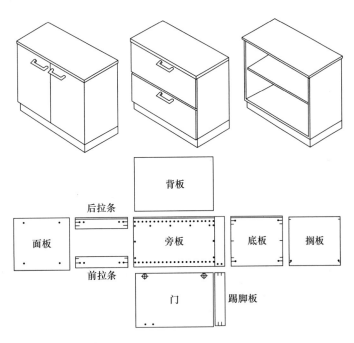

图 1.2-21　产品外形与展开

2）结构分解

标准柜可以分成柜体、底架（脚架）及后加面板三大部分。柜体由左右旁板、顶底板及背板五个部件构成；底架可分成前后望板、左右侧望板和两根拉档等六个零件；面板为一整板。这里将面板与脚架分离出柜体，其目的在于当使用中需多个柜子并排放置时，可以换上宽度为柜宽整数倍的面板与脚架，以取得整体效果，增加客户在视觉上的选择余地。门、搁板、抽屉可作为供选用的标准构件。

设所用材料均为已饰面人造板，面板厚 25mm，旁板、顶底板厚度均为 18mm，脚架高 80mm。

3）柜体设计

根据"32mm 系统"家具以旁板为核心的准则，首先需要确定旁板尺寸，并以此来修整柜子的功能尺寸。

$$旁板高度（长度）＝柜高－脚架高－面板厚度＝760－80－25＝655（mm）$$

若所用偏心连接件，要求旁板上第一个系统孔及最后一个孔离上、下边缘的距离均为 7mm，而第一个孔与最后一个孔间距应为 32mm 的整数倍，则旁板长度应满足下式：

$$32n＋7×2＝655（mm）$$

此时，应将 655mm 修整为 654mm，才能得到整数 n（$n＝20$），这样可将柜高修整为 759mm，或柜高不变，而脚架高改为 81mm。

同时，盖门结构要求前后系统孔离边缘距离为 37mm，按柜深 400mm 功能要求，可将旁板宽度尺寸修整为：

$$32×10＋37×2＝394（mm）$$

旁板零件图如图 1.2-22 所示，这一设计可使左右旁板互相通用，即图中左旁板倒过来就可成为右旁板，无需作任何变化。搁板、门、抽屉滑道均可装于系统孔及水平预钻孔中，无需另外再钻孔。

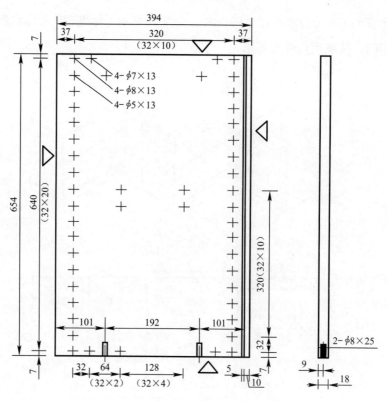

图 1.2-22　旁板零件图

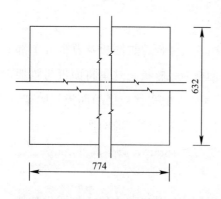

图 1.2-23　底板零件图

以旁板为依据，并考虑柜宽应为 800mm，则底板的设计如图 1.2-23所示。顶板可与底板通用。背板用三夹板制作．规格为 774mm×632mm×3mm 嵌槽安装（图 1.2-24）。这样，柜体简化为三种标准部件，即旁板（2块）、顶底板（2块）、背板（1块）。从省料考虑，顶板也可用前后拉条（档）来代替（图 1.2-25），拉档边缘（尺寸37mm）的一边与旁板外边齐平。32mm 的边缘距离可在打眼时两块同时加工，提高生产效率。

零件图中显示的结合方式是圆榫定位，Φ15×12 偏心连接件结合，可拆装。△ 表示该切割边缘需封边处理，一般原则是凡装配后暴露在外的边缘均需封边。配料时裁板尺寸应扣除封边条厚度，如用 0.5mm 封边条，则两对面均封边的 654mm×394mm×18mm 的旁板，其裁板尺寸为 653mm×393mm×18mm。

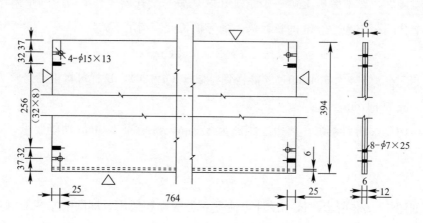

图 1.2-24　背板零件图

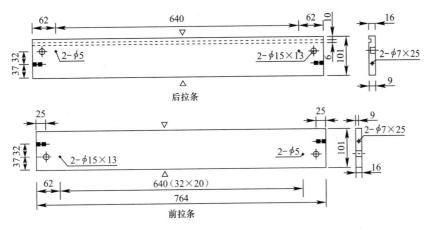

图 1.2-25　前后拉条（挡）零件图

4）脚架设计

脚架（图 1.2-26）装有调高脚，可对柜体进行水平调校，并可以对柜高进行微调。侧望板上的垂直孔可以在安放柜体时用圆榫或金属销进行定位。脚架长度可按 800mm 的倍数设计成系列，供家具排放时选用，即单柜用 800mm 的脚架，双柜用 1600mm 的脚架，三柜用 2400mm 的脚架。一般常见的柜子还可不设脚架，而是将旁板直接落地，只配前望板即可。这种做法可省去几根条状构件，但缺点是左右旁板不能通用，而且当多个柜子平行放置时缺乏整体感。

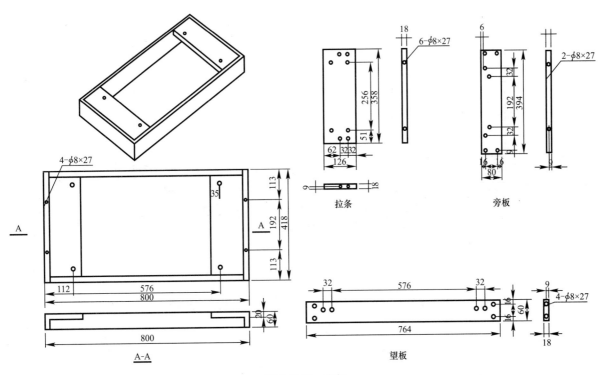

图 1.2-26　脚架

5）面板

面板（图 1.2-27）上的 4 个 $\Phi 5 \times 13$ 小孔可用螺钉同柜体连接，钻有预钻孔的设计可以使安装快捷，减少对熟练木工的依赖，并能保证安装精度。面板也可按 800mm、1600mm、2400mm 设计成系列，线型、颜色均可任意挑选。

6）搁板

搁板（图 1.2-28）可在旁板系统孔中装上搁板销后搁置到柜中，并可上下调节。搁板长度比顶底板小 1mm，为的是取搁轻便，但若小得过多时，则容易产生晃动。

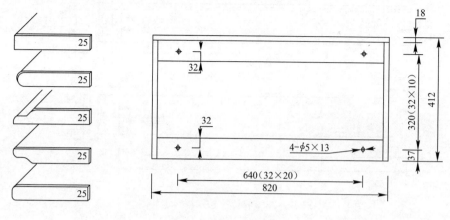

图 1.2-27　面板

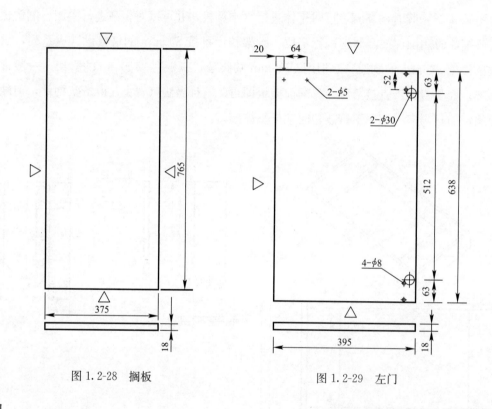

图 1.2-28　搁板

图 1.2-29　左门

7）门

门（图 1.2-29）出于拉手及可能存在的装饰纹理方向的关系，左右不能通用，但其前期制作则可以通用。

8）抽屉

抽屉（图 1.2-30）采用托底式滑道，抽框与抽面的尺寸设计能使抽屉装入柜体时保证精密配合，无需另调。抽屉内框也可改用钢抽，抽面不变。

在上述标准化橱柜基础上，还可进行高度系列设计，此时水平构件依然通用。若再适当增加高度方向的构件系列，则可以形成功能强大的橱柜系统，不但可以将设计人员从繁重的重复设计中解放出来，同时也可以在满足客户千变万化要求的同时始终有节奏地均衡生产，为解决小批量、多品种的市场需求与现代工业化生产高质高效之间的矛盾提供设计与技术支持，这就是"32mm 系统"的精髓与魅力所在。若对门、抽面等迎面构件进行造型变化，则还可生产出各种风格的橱柜，而内部结构依然可以不变，充分体现出该系统的灵活性。

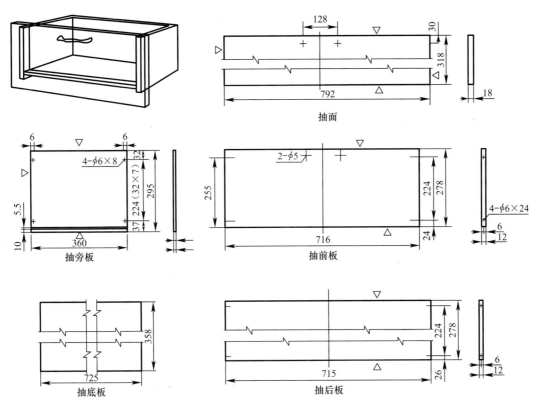

图 1.2-30　抽屉

2.2.2.3　家具五金的应用

随着现代家具五金工业体系的形成，国际标准化组织于 1987 年颁布了 ISO8554、ISO8555 家具五金分类标准，将家具五金分为九类：锁、连接件、铰链、滑道、位置保持装置、高度调整装置、支承件、拉手、脚轮。

（1）家具常用五金

1）锁

锁主要用于门和抽屉。图 1.2-31 是不同种类的锁。图 1.2-32 是一个单锁的相关安装信息与技术参数，此单锁的接口是门或者抽屉面上打上圆形通孔，由锁体、锁圈、定位角构成。图 1.2-33 是一个连锁的相关安装信息与技术参数，由传动杆、传动杆引导块、锁销、锁体构成。此连锁锁头安装与单锁无异，只是有一通长的锁杆嵌在旁板所开的专用槽口内，与每个抽屉配上相应的挂钩装置。

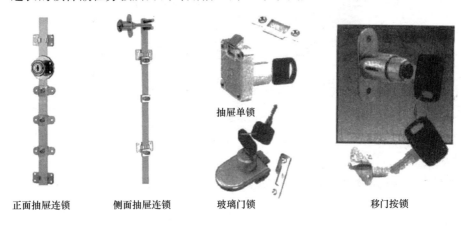

正面抽屉连锁　　侧面抽屉连锁　　玻璃门锁　　移门按锁

图 1.2-31　各种类型的锁

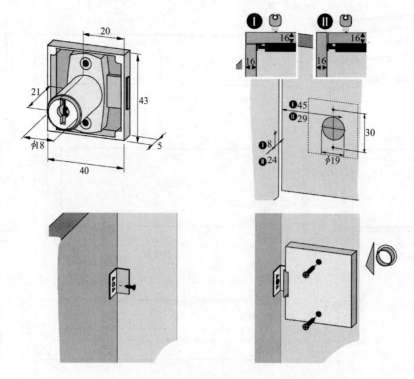

图 1.2-32　普通单锁的相关安装信息与技术参数

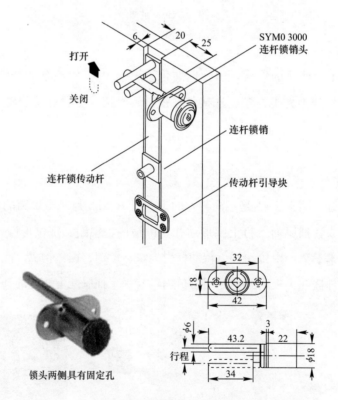

图 1.2-33　正面抽屉连锁的相关安装信息与技术参数

2）结构连接件

固定式装配结构一般用带胶的圆榫连接，拆装式结构中最常用的是各种连接件，这两种都称为结构连接件。

① 材料及表面处理。

常用材料有钢、锌合金、工程塑料。表面处理为镀锌、抛光、镀镍、镀铜、仿古铜、镀铬、氧化处理。图 1.2-34 展示了一种一字形偏心连接件的材料及表面处理。

偏心体　　　　　　吊紧螺钉　　　　　预埋螺母
材料：锌合金　　　材料：钢　　　　　材料：工程塑料
表面处理：镀镍　　表面处理：镀锌

图 1.2-34　一字形偏心连接件的材料及表面处理

② 品种分类。

结构连接件可分为"一次性固定"及"可拆装"两大类。图 1.2-35 展示了两种一次性固定结构连接件。可拆装式连接件的分类见表 1.2-38。

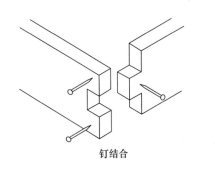

钉结合　　　　　　　　木螺钉结合

图 1.2-35　一次性固定结构连接件

可拆装式结构连接件分类　　　　　　　　　　　　　　　　表 1.2-38

按家具所用基材分类	按木家具的类别分类
实木家具拆装连接件	柜类家具拆装连接件
板式家具拆装连接件	桌类家具拆装连接件
金属家具拆装连接件	椅类家具拆装连接件
其他家具拆装连接件	床类家具拆装连接件
	附墙家具拆装连接件

③ 结构特点。

"钻孔安装"使一大部分拆装连接件具有圆柱形外形的结构特点，也有一部分装在隐蔽部位的拆装连接件不受此限制。拆装连接件一般由 1～3 个部件配成一副，其中比例最大的是由两个部件配成一副的拆装连接件，称作"子母件"。子件多为螺钉或螺杆，但带有与母件相配合的各种结构形式的螺杆头。母件多为圆柱体并带有可与子件杆头相配合的"腹腔"，子母件多处在被连接部件的一方。如图 1.2-36 所示，子件首先在甲部件上固紧，然后穿过乙部件进入母体的"腹腔"，再将母体或母体腹腔内的部件转动一个角度，两者的配合便进入扣紧状态，

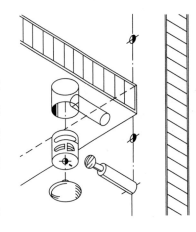

图 1.2-36　偏心连接件结构示意图

从而实现了部件之间的连接，也称为偏心连接件。

图 1.2-37 展示了母件对子件采用自上而下插接的方式并依靠斜面构件获得扣紧配合。

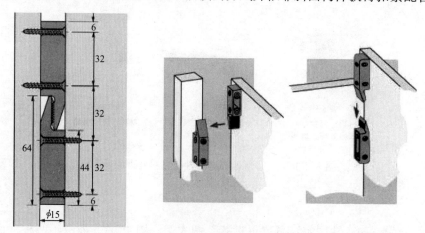

图 1.2-37　插接式连接件结构示意图

④ 连接方式。

子件：可以通过螺钉（自身结构或另配）与部件，也可以借助于预埋螺母来连接。前者常以 M6 螺钉与 φ5 预钻孔直接配合，后者常用 M10 预埋螺母。

母件：根据其功能、结构、形状不同而异，可以是自身在部件预钻孔内活嵌、孔嵌或另通过螺钉与部件相连接。

新的结构特点引起新的连接方式，表 1.2-39 中展示了不同连接件的连接方式。

不同连接件的连接方式表　　　　　　　　　　表 1.2-39

连接件	连接方式
一字形偏心连接件	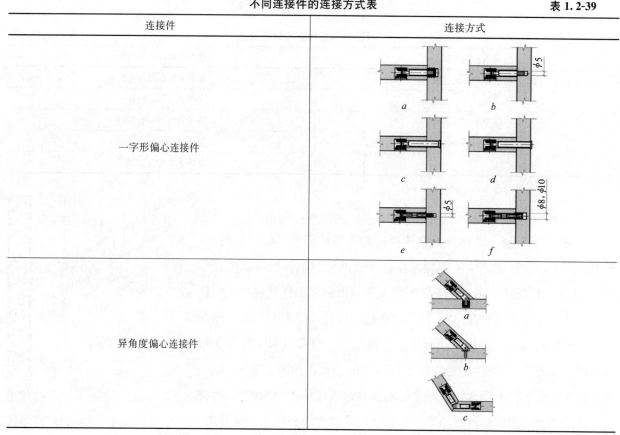
异角度偏心连接件	

连接件	连接方式
直角形偏心连接件	
插接式连接件	
外露直角式连接件	（直径1mm的纤维板运输费钉或木螺钉）
背板连接件	
螺钉连接件	

连接件	连接方式
万能连接件	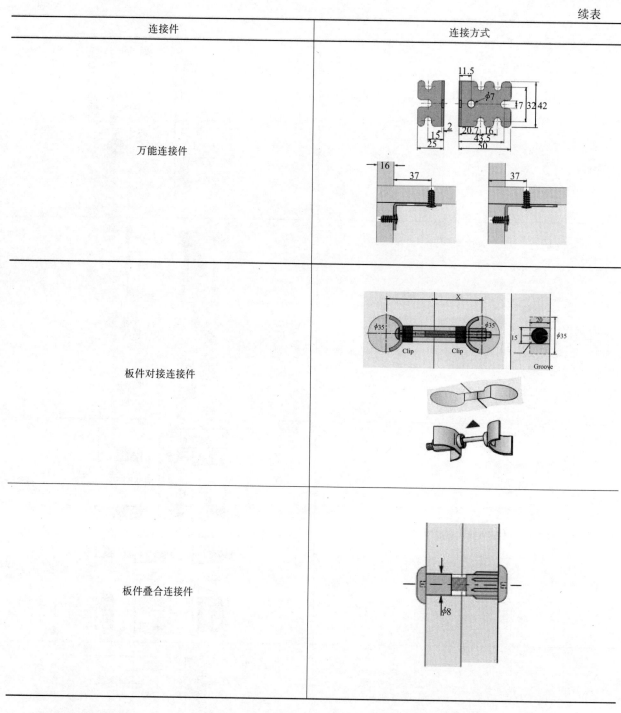
板件对接连接件	
板件叠合连接件	

⑤ 技术规范与标准。

拆装连接件品种结构繁多，新品还在不断地研发，但绝大多数以钻孔安装为主，并且其安装孔径已被规范在如下系列中：

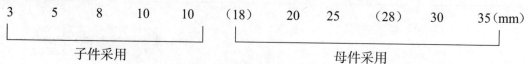

3   5   8   10   10   （18）   20   25   （28）   30   35（mm）

子件采用   母件采用

目前，国内企业用的最多的是偏心连接件。表 1.2-40 中展示了偏心连接件的相关技术规范与标准。为了增强对安装工具的适应性，连接母件上与工具的接口最好选择"三用型"，即可用"一字"、"十字"与"内六角"三种工具中的任一种来进行操作。

偏心连接件安装孔位图	D_p 常用值	S_p 常用值	P_s 常用值
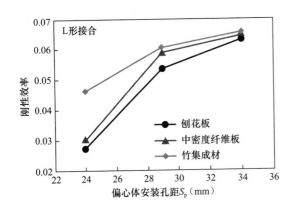	25mm	24mm	0.5 板厚
	15mm	34mm	取一固定值
	12mm		
	10mm		

图 1.2-38 中展示了偏心体安装孔距 S_p 与结合强度的关系。图 1.2-39 中展示了预埋螺母 D_n/D_m 与结合强度的关系。

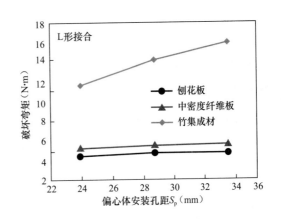

图 1.2-38　偏心体安装孔距 S_p 与结合强度的关系

3）铰链

铰链是重要的功能五金之一，是指被连接部件能产生相对转动的五金连接件。大概有合页铰链、杯状暗铰链等。

① 材料及表面处理。

表 1.2-41 展示了铰链的材料及表面处理。

② 品种分类。

主要有几下几种形式的铰链：合页式铰链、杯状暗铰链和隐藏式铰链。表 1.2-42 展示了杯状暗铰链的几种分类方式。

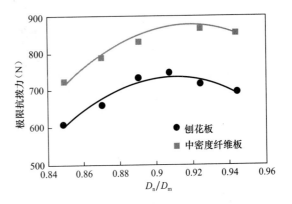

图 1.2-39　预埋螺母 D_n/D_m 与结合强度的关系

③ 结构特点。

杯状暗铰链的铰接形式一般为单四连杆机构，能使开启角度达到 130°，当要求更大的开启角时，采用双四连杆机构。

为实现门的自弹与自闭，一般附带弹簧机构。弹簧的结构形式包括：圈簧、片簧、弓簧和反舌簧。

铰链的材料及表面处理　　　　　　　　　　　　　　表 1.2-41

铰链构造	材料	表面处理
铰杯	锌合金压铸	镀镍
	钢板冲压	镀镍
	不锈钢冲压	
	尼龙	
铰臂	锌合金压铸	镀镍
	钢板冲压	镀镍
	不锈钢冲压	
	尼龙	
底座	锌合金压铸	镀银
	尼龙	

杯状暗铰链的分类　　　　　　　　　　　　　　表 1.2-42

按连接部件的材料分	按连接部件的角度分	按门的最大开启角度分	按底座的位置微调能力分	按装卸的方便度分
木质材料门暗铰链	直角形暗铰链	小角度型（95°左右）暗铰链	不可调型暗铰链	普通型铰链
玻璃门暗铰链	锐角形暗铰链	中角度型（110°左右）暗铰链	单向可调型暗铰链	快装型铰链
铝合金门暗铰链	平行形暗铰链	大角度型（125°左右）暗铰链	多向可调型暗铰链	
	钝角形暗铰链	超大角度型（160°左右）暗铰链		

　　杯状暗铰链的弹性机构，有的要求在开启角达到45°以上时能在空间定位，有的要求在任何开启角度位置定位，有的要求在低于一定角度时缓冲闭合。

　　④ 连接方式。

　　表 1.2-43 中展示了铰链的连接方式。

铰链的连接方式　　　　　　　　　　　　　　表 1.2-43

铰链名称	铰链图片	铰链连接方式
直角形全盖杯状暗铰链		
直角形半盖杯状暗铰链		

铰链名称	铰链图片	铰链连接方式
直角形嵌入杯状暗铰链		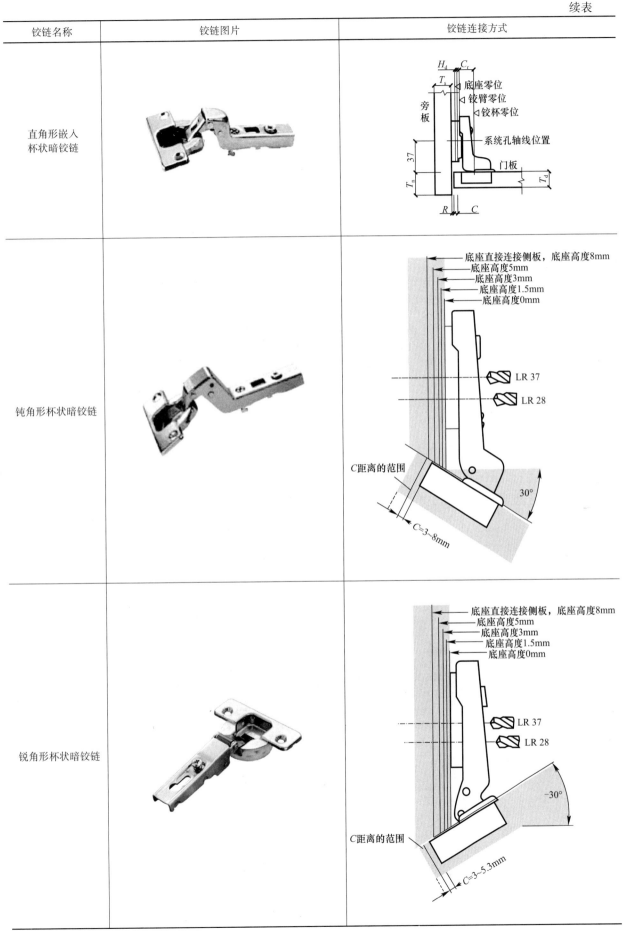
钝角形杯状暗铰链		
锐角形杯状暗铰链		

铰链名称	铰链图片	铰链连接方式
平行形杯状暗铰链		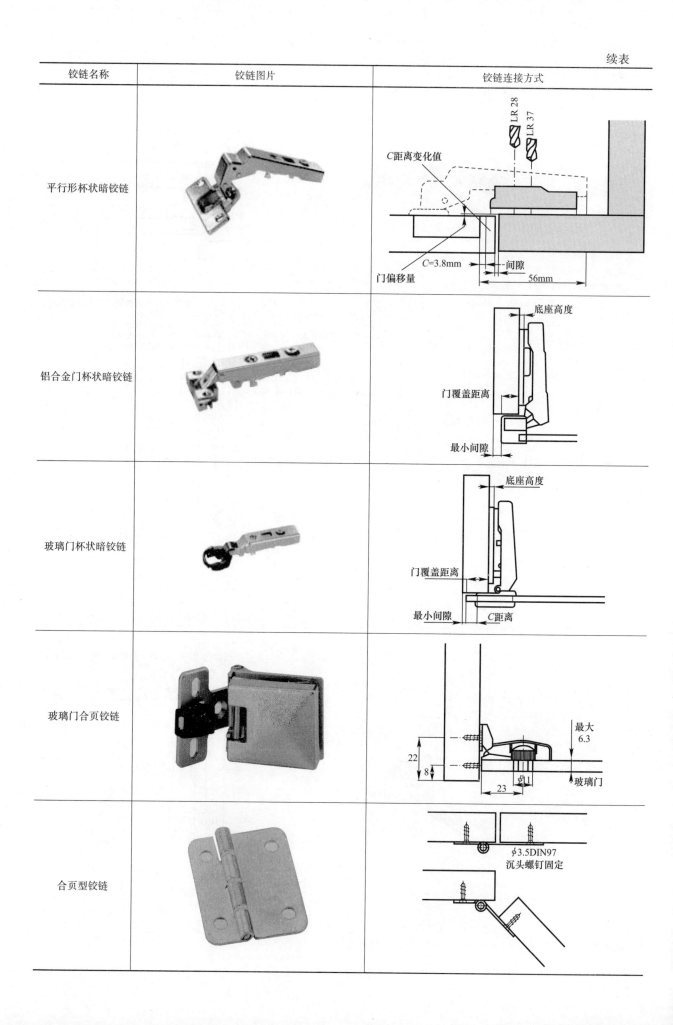
铝合金门杯状暗铰链		
玻璃门杯状暗铰链		
玻璃门合页铰链		
合页型铰链		

家具设计资料集

138

铰链名称	铰链图片	铰链连接方式
下翻门铰链		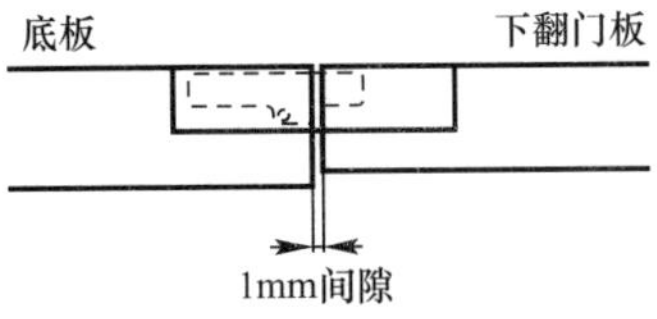
双杯单轴暗铰链		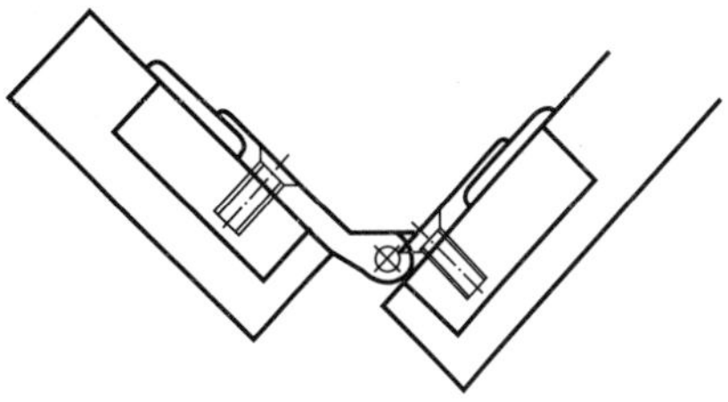
专用工夹模具		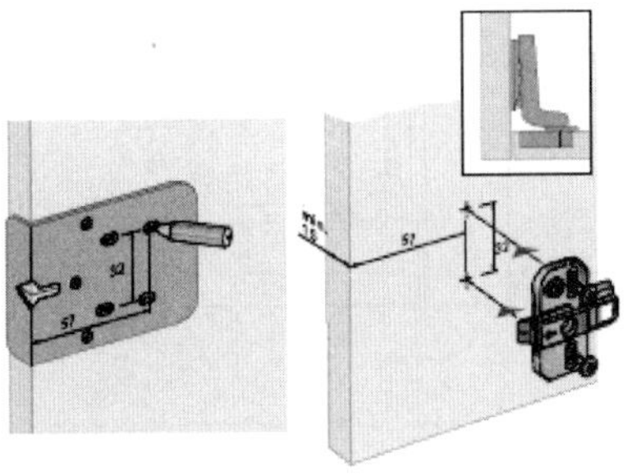

⑤ 技术规范与标准。

五金制造厂向用户提供以下相关的技术规范指导：

A. 给出参量定义；

B. 给出参量关系值表；

C. 给出相应的坐标曲线；

D. 门打开后其内面超出旁板内面的距离；

E. 门打开后铰臂最高点超过旁板内面的距离。

图 1.2-40 展示了铰链的三种基本安装方式，表 1.2-44 展示了各种参量的定义，表 1.2-45 展示了铰链三维调节方式。

铰链底座的安装尺寸以"32mm 系统"为主要依据，如图 1.2-41 所示。铰杯的安装尺寸没有固定规范，常用尺寸见表 1.2-46。

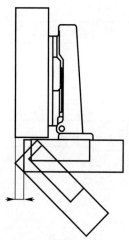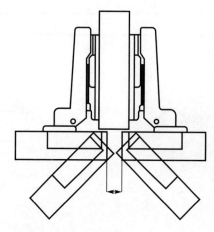

全盖
门全部覆盖住柜侧板，两者之间有一个间隙，以便门可全的打开

半盖
两扇门区用一个侧板，它们之间有一个所要求的最小总间隙。每扇门的覆盖距离相应的减少，需要采用铰臂弯典的铰链

插入
门位于柜内，在柜侧板旁。它也需要一个间隙，以便门可以安全地打开。需要采用铰臂非常弯曲的铰链

图 1.2-40　铰链三种安装方式

各种参量的定义　　　　　　　　　　　　　　　　　　　　　　表 1.2-44

参量图示	参量定义
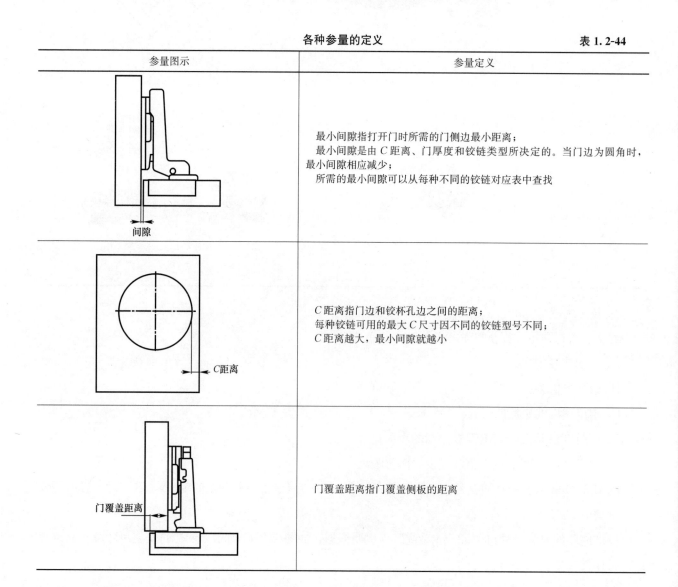	最小间隙指打开门时所需的门侧边最小距离； 最小间隙是由 C 距离、门厚度和铰链类型所决定的。当门边为圆角时，最小间隙相应减少； 所需的最小间隙可以从每种不同的铰链对应表中查找
	C 距离指门边和铰杯孔边之间的距离； 每种铰链可用的最大 C 尺寸因不同的铰链型号不同； C 距离越大，最小间隙就越小
	门覆盖距离指门覆盖侧板的距离

参量图示	参量定义
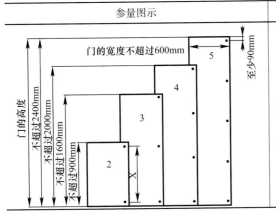	每扇门所需的铰链数：门的宽度，门的高度和门的材料质量是每扇门所需的铰链数的决定因素。在实际操作中，出现的各种因素由于情况的不同而不同。 左图中所列明的铰链数只能作为参考数据，在情况不明的时候，建议做一个实验。出于稳定性方面考虑，铰链之间的距离应尽量大一些

铰链三维调节方式　　　　　　　　　　　　　　表 1.2-45

调节方式	调节图例
门覆盖距离调节	
深度调节	
高度调节	

4）滑动装置

滑动装置也是一种重要的功能五金，最典型的滑动装置是抽屉导轨，此外还有移门滑道、电视、餐台面用的圆盘转动装置以及卷帘门用的环形底路等，特殊场合还用到铰链与滑道的联合装置，如电视柜内藏门机构。

① 材料及表面处理。

钢板成型，环氧树脂涂覆，镀锌，ABS 工程塑料。

② 品种分类。

有各种不同长度、承载量、抽伸量的规格品种，分为经济型、普通型和专用型等。其中专用型产品有如下分类：

A. 用于打字机或电唱机的抽盒（或抽板）。

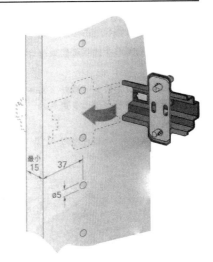

图 1.2-41　铰链底座的安装尺寸

铰杯安装示意图	各距离常用尺寸（mm）						
	S_c	D_c	d_c	C	P_c	T_c	t_c
	42	26	5	3	5.5	11.5	11
	48	35		4		12.5	
	52			4.5		14	
				5			
				6			

B. 用于带电视机转盘的滑道组件。

C. 可将柜门藏入柜旁两侧的铰链—滑道组件。

D. 用于墙挂式抽柜的。

E. 用于塑料抽盒的。

F. 用于抽板的。

G. 用于带抽面、抽板的。

H. 藏书用滑道系统。

I. 厨房用滑道系统。

J. 办公柜滑道系统。

③ 结构特点。

主要由尼龙滑轮及滑轨构成。结构形式因满抽或半抽以及不同安装位置而异。传统的安装位置在抽屉旁两侧中间（中嵌式），现在已开发出多种安装结构的产品。如：

A. 托底安装式。

B. 在底部两侧安装式。

C. 在底部中间安装式（简易、单轨）。

D. 可在传统的木条或抽屉下面的隔板（搁板）上滑行。

④ 连接方式。

一般滑道为两片分体式，与旁板相接的部分有三种类型的孔眼，分别为用于配合自攻螺钉、欧式螺钉的孔及便于调节上下位置的"1"字形孔。对现场安装的用户，可配套专用工夹模具，以实现快速准确的钻孔和安装。表 1.2-47 中展示了不同滑动装置的连接方式。

⑤ 技术规范与标准。

一般均采用公制，也有采用英制的产品。大多数两侧安装的产品已将抽屉旁与柜旁之间的留空距离规范为 12.5mm（0.5in），如图 1.2-42 所示 C_w 值一般规范在 12.5mm（0.5in）。

滑道名称	滑道图片	滑道连接方式
托底单行程 滚轮式滑道		
托底双行程 滚轮式滑道		
侧装单程双列 滚珠式滑道		
侧装双程双列 滚珠式滑道		

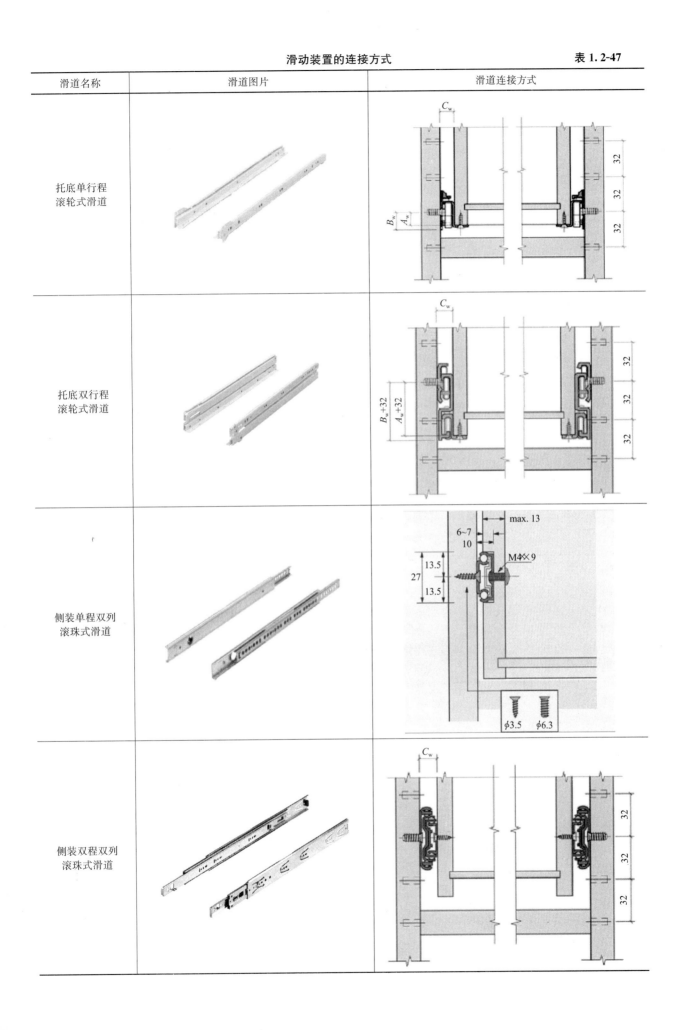

上卷　基础篇　　2　家具材料与结构

143

滑道名称	滑道图片	滑道连接方式
托底四列滚珠式滑道		
水平移动门滑道		
全拉出式电视机滑道		
键盘托架		

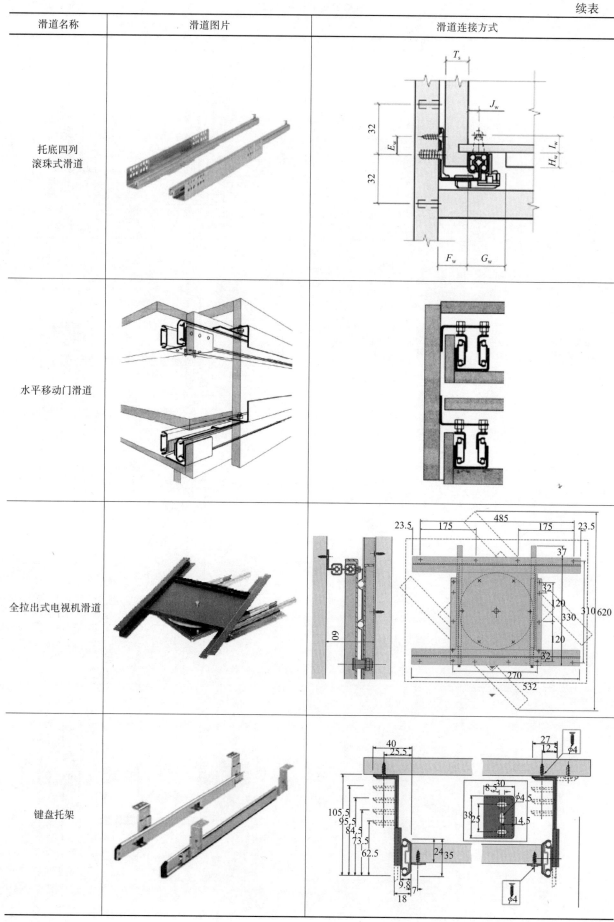

滑道名称	滑道图片	滑道连接方式
内藏门滑道	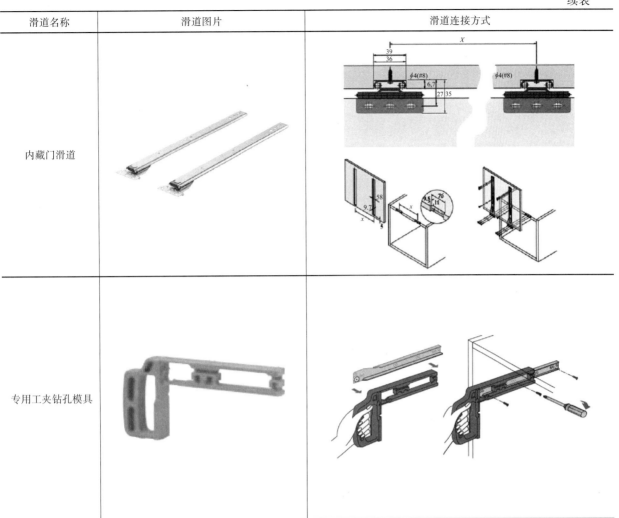	
专用工夹钻孔模具		

如图 1.2-43 所示，为适应中心线上第一安装孔距前段 28mm 或 37mm 的"32mm 系列"尺寸规范，都采用并列双孔的设计，使第一孔适合 28mm 靠边距的系统孔安装用，间距 9mm 处的第二孔适合 37mm 靠边距的系统孔安装用，且该孔离导轨端部为 35mm，与旁板上的 37mm 有着 2mm 的安全距离而不至于使导轨头冒出旁板边缘。

5）位置保持装置

位置保持装置主要用于活动构件的定位，如门用磁碰、翻门用牵筋等。表 1.2-48 中展示了几种位置保持装置的连接图。

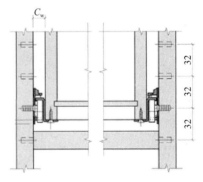

图 1.2-42　滚轮式滑道的正面安装图

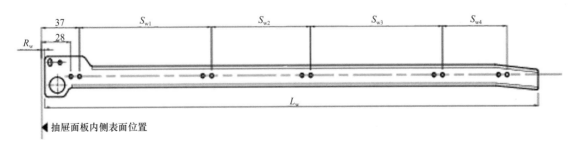

图 1.2-43　滚轮式滑道的侧面安装孔位图

位置保持装置的连接方式 表 1. 2-48

装置名称	装置图片	装置构造及连接方式
翻门支撑杆	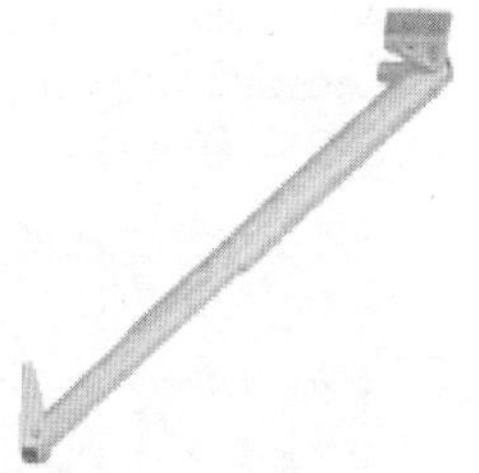	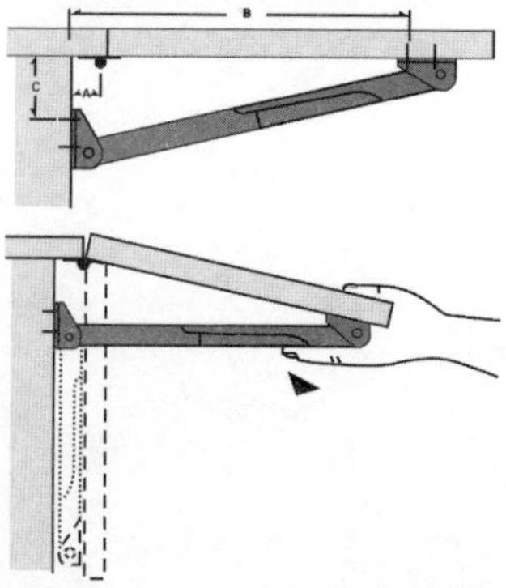
单舌磁碰	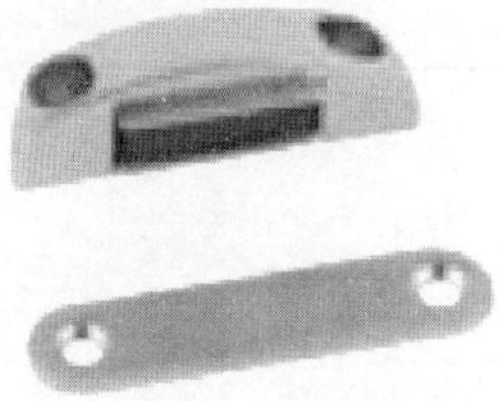	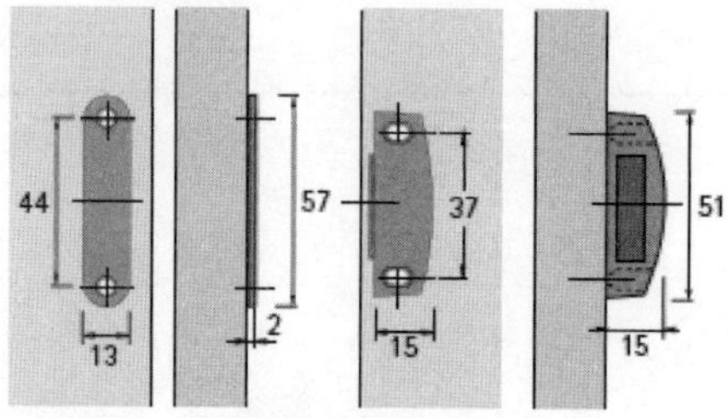
双舌磁碰	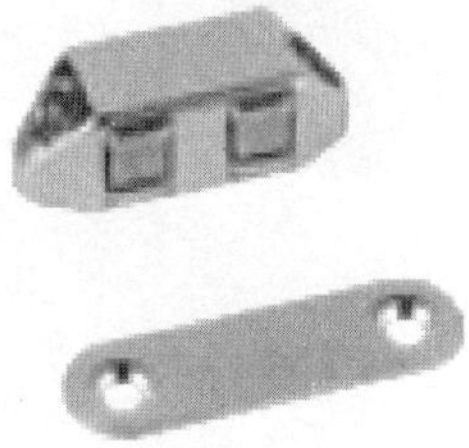	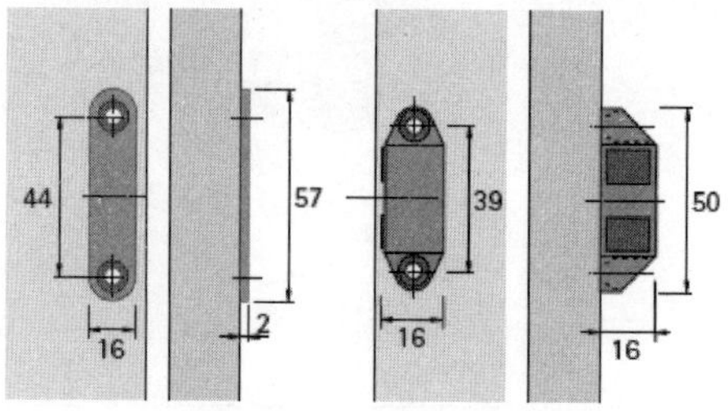
嵌入式碰轧	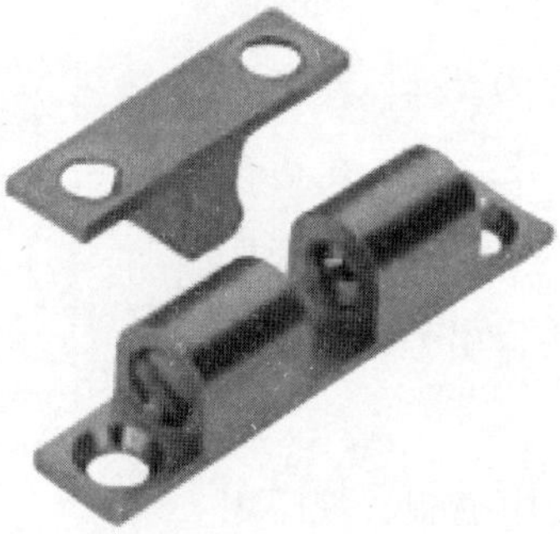	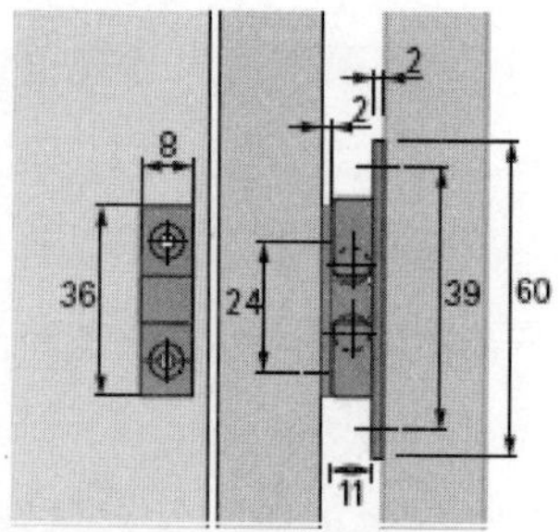
拍门器	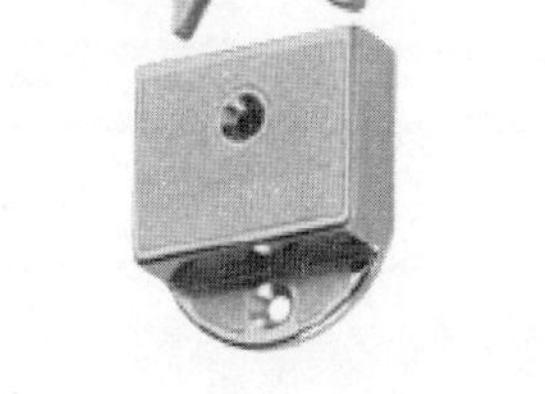	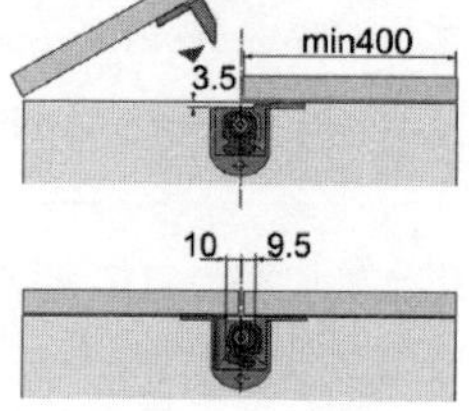

6) 高度调整装置

高度调整装置主要用于家具的高度与水平调校。表1.2-49中展示了各种高度调整装置。

高度调整装置的连接方式　　　　　　　　表1.2-49

装置名称	装置图片	装置构造及连接方式
床支撑架	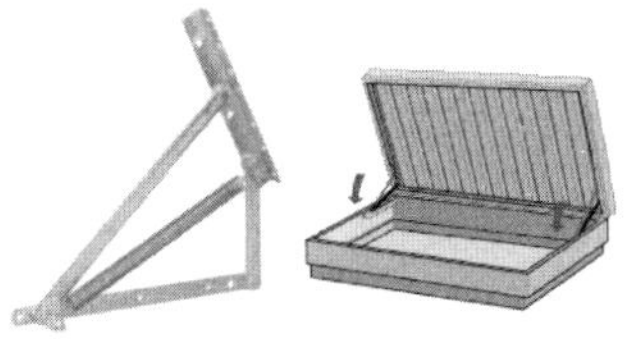	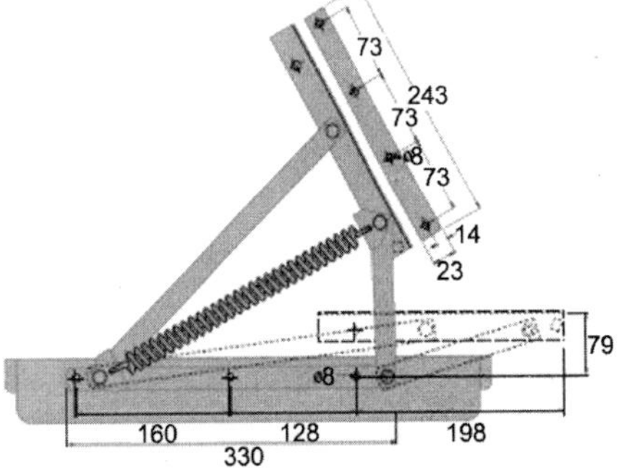
调高脚	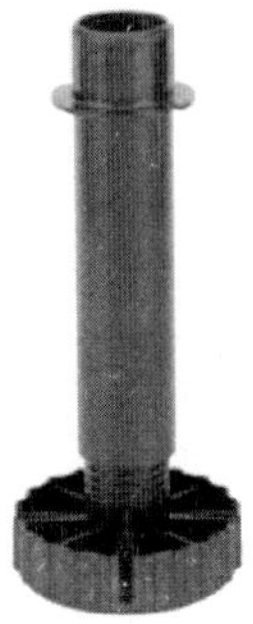	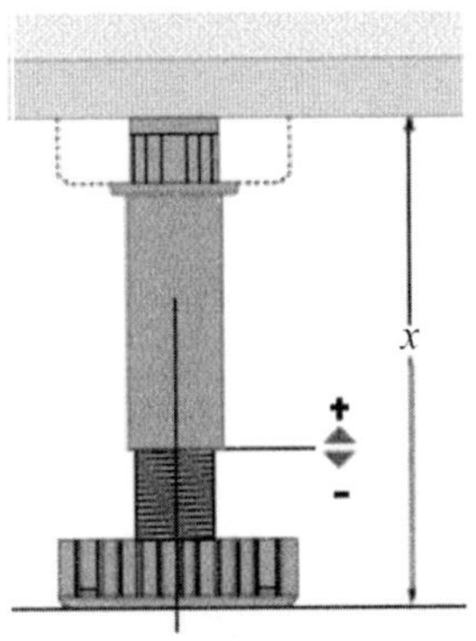
搁板高度调节装置	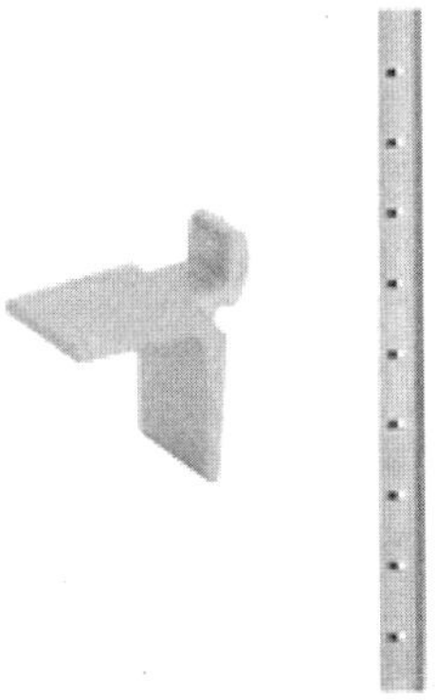	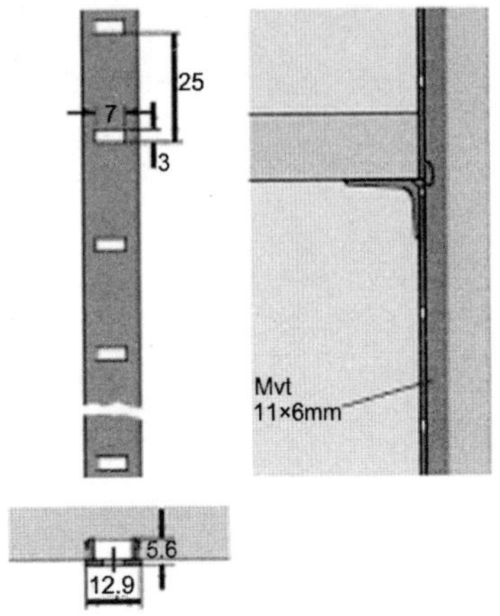

7) 支承件

支承件主要用于支承柜体或家具构件。表1.2-50中展示了不同的支承件。

8) 拉手、挖手

拉手与挖手也具有功能性，但由于其一般都安装在外表面，在造型设计中起着重要的点缀作用，所以常归入装饰五金大类中。

支承件名称	支承件图片	支承件构造及连接方式
简易支承件 1		
简易支承件 2		
平面接触支承件 1		
平面接触支承件 2		
紧固式支承件		
吸盘式支承件		

支承件名称	支承件图片	支承件构造及连接方式
弹性加紧支承件	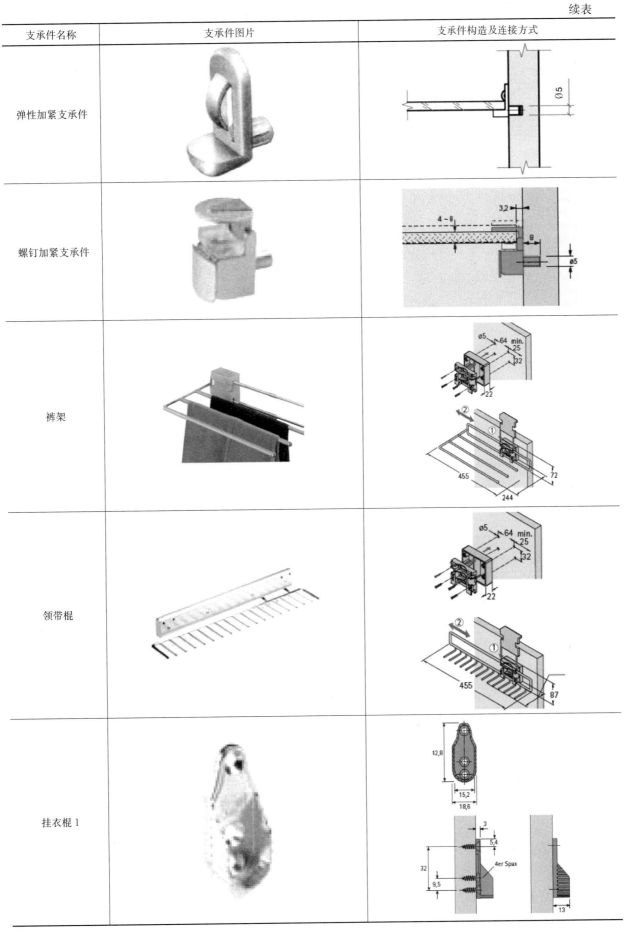	
螺钉加紧支承件		
裤架		
领带棍		
挂衣棍 1		

支承件名称	支承件图片	支承件构造及连接方式
挂衣棍 2		
挂衣棍 3		

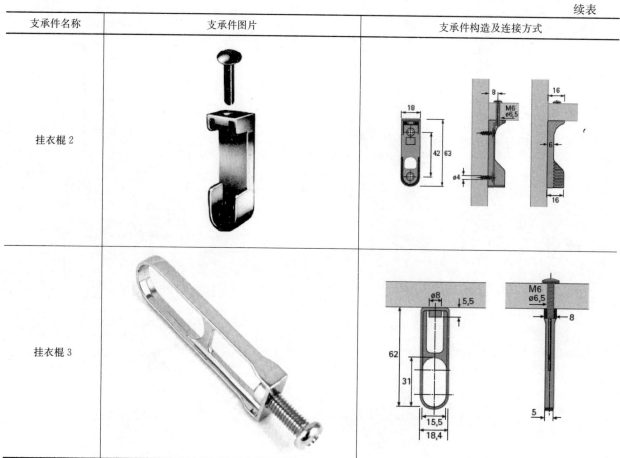

① 材料及表面处理（表 1.2-51）。

材料及表面处理　　　　　　　　　　　　　　　表 1.2-51

材　料	表面处理
钢	静电喷涂
不锈钢	浸塑
精炼锌合金	树脂粉末喷涂
电解铝	镀镍
铸铁	镀铬
尼龙	保护涂层
塑料	镀金
树脂浇注	镀钛
大理石	镀银
花岗石	仿古铜
瓷器	仿金
实木	金银色系真空镀膜
木塑复合材	

② 用色。

欧洲厂商习惯使用黄、米色、红、深红、勃艮第、红、白、黑、深蓝、深绿、深橄榄色、烟色、木本色等。

③ 品种分类。

一般按照材料分类，有的再以造型特点和用途作细分，重视工业设计，紧跟设计潮流。

④ 结构特点。

有整体式和组合式两种。后者在塑料、尼龙类拉手中多见。

⑤ 连接方式。

主要采用机螺钉或自攻螺钉连接。金属类拉手以 M4 机螺钉连接为主，尼龙类拉手配 $\phi4$ 自攻螺钉，塑料类拉手配 $\phi3.5$ 自攻螺钉或嵌铜螺母配 M4 机螺钉。实木类拉手以嵌铜螺母配 M4 机螺钉为主。现已重视采用专用螺钉以提高安装速度和连接强度。具体安装连接图见表 1.2-52。

拉手、挖手的连接示意图   表 1.2-52

拉手名称	拉手图片	拉手安装连接图
拉手 1		
拉手 2		
挖手 1		
挖手 2		

拉手名称	拉手图片	拉手安装连接图
挖手 3		
挖手 4		

⑥ 技术规范与标准。

孔距标准都符合"32mm 系统"要求，包括整模数或半模数。

9）脚轮、脚座

脚轮与脚座通常用于柜与桌的底部，前者用于移动式家具，详见表 1.2-53，后者用于位置相对固定的场合，详见图 1.2-44。

脚轮零部件 表 1.2-53

脚轮零部件名称	零部件图示
脚轮支座	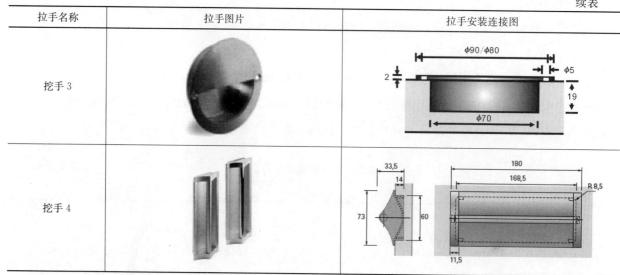
脚轮轮子	

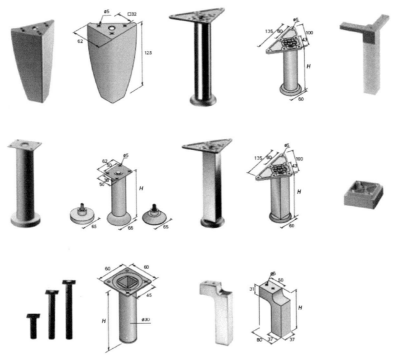

图 1.2-44　脚座

上述五金中，除脚轮、脚座及非圆形挖手等部分"终端连接"配件外，在各类"构成连接"配件中，都有符合"32mm系统"安装要求的产品可供选用。

在"32mm系统"中，配件与板的结合接口有三个要素，即孔、塞孔螺母（或嵌装件）及紧固螺钉。常用的螺钉有自攻螺钉，另一种来自于欧洲的螺钉已开始在国内生产与使用，那就是前面提到的欧式螺钉，为平头，可拧于 $\phi5$ 的系统孔中，使用这种螺钉的优越性是安装便捷，定位准确。许多企业花在装门与抽屉上的时间过多，而且还需熟练木工才可，精度又不能充分保证，更难实现自装配化，其根本原因是紧固螺钉没有预先定位。其中有设计因素，如设计师没能给出完整的零部件图；也有加工的因素，即无预钻孔，只得靠安装工人自己调配，补充打眼。其实这个问题不难解决，即使用自攻螺钉也应钻上预钻孔，如 $\phi3\times3$，这样位置就确定了。自攻螺丝可拧在此孔中，位置不会轻易偏转，还可在 $\phi5$ 孔中埋上尼龙膨胀管，螺丝拧在膨胀管内。用模板安装也是有效方法之一，但模板本身精度必须有足够的保证，同时操作必须规范。

关于各种五金接口的具体式样与尺寸，可参阅有关手册及五金商所提供的产品样本及说明，事实上每个五金供应商都会给出详尽的尺寸参数和相关安装示意图。

（2）家具五金的发展趋势

1）总的趋势

① 以工业设计理论为指导。

在此方向上强调功能、造型、工艺技术、内在品质和工效的完美统一。产品不仅给人以视觉上的美感，同时也能通过触觉强烈地感受到产品的精致、灵巧，充分体现出产品的加工美，甚至可当作艺术品加以陈设。

② 功能与使用。

功能完备，使用方便。

③ 强调个性。

强调造型设计的风格和个性特点，充分反映时代特征和现代人多层次的精神内涵。

④ 应用高新技术。

将高新工艺技术注入到产品中去，以追求创新和高品质，生产中采用零疵点（Zero Defect）的生产控制程序。

⑤ 提高工效。

将提高工效的设计推向"热点"，把时间设计到产品中去。提倡只要一次动作，就能到位。

⑥ 标准化。

开发出标准化、系列化、通用化五金件。

2）典型家具五金的发展方向

① 拉手。

造型及用色强调个性化设计。表面处理趋向高贵，如以镀金、镀钛来强调质感，以及在金属拉手的捏手部位包覆氯丁橡胶，同时致力于高技术产品的开发。

② 暗铰链。

在增大开启角的难题得到解决后，开始致力于铰臂与底座之间实现快速拆装的设计研究，如按扣式铰链等。

③ 滑道。

向安装简便、美观耐用、使用舒适、功能延伸等方向进行。

④ 拆装连接件。

减少母件直径，对传统偏心结构加以变革，使其自锁性能更理想，更不易松动。

⑤ 其他。

在设计概念和手法上向广度与深度发展，填补结构设计上的空白。

2.2.3　竹藤材料

2.2.3.1　竹藤材料的特性

（1）感觉特性：本色自然、纹理优美、凉爽宜人、细腻淡雅，是现代最受欢迎的生态材料之一。

（2）力学特性：密实、坚固、轻巧和柔韧，竹材纵向抗压、抗拉强度大，刚度大。

（3）加工特性：竹材强度密度均优于一般木材，适合于作为结构材使用。可塑性强，易弯曲成型。家具上多用竹集成材。

2.2.3.2　竹家具的骨架

骨架竹竿的处理工艺包括弯曲成型、相并加固和端头连接三个部分。

（1）弯曲成型

竹竿的弯曲成型有烧弯和锯口弯两种方法。

烧弯是利用竹竿的物理性能，用炉火加温，使竹竿变软并加外力使之弯曲，然后用冷水冷却定型。用蒸汽对竹竿进行加温，也可以使竹竿变软而作弯曲处理，如图1.2-45所示。

锯口弯是对不易烧弯的大径竹竿进行弯曲的处理方法。即用手锯将竹竿锯成需要的角度缺口，使竹竿弯折，多处弯折便成折线弯曲，如图1.2-46所示。

（2）相并加固

先用篾刀将相并竹竿的接触面修削平整，使相并的竹竿贴合紧密，然后用手钻钻孔，钻透两个竹竿的竹壁，取竹钉楔入孔内使之固定即可。竹竿相并的工艺程序是："先修再并后锯头"，如图 1.2-47 所示。

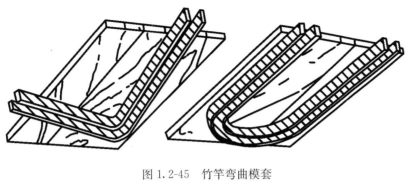

图 1.2-45　竹竿弯曲模套

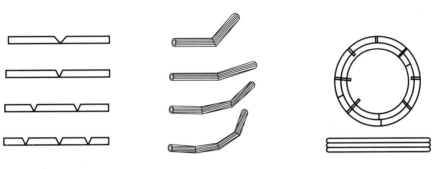

图 1.2-46　锯口弯　　　　　　图 1.2-47　相加并联

（3）端头连接

将待连接的两个竹竿端头的断面修削平整，另选一截直径与端头空腔内径相等的竹竿作销，销的两头分别插入两个待连接的竹竿端头的空腔内，使之吻合后，再钻两个不同斜向的孔，然后楔入竹钉固定，如图 1.2-48 所示。

2.2.3.3　竹条板面

用多根竹条并联起来组成一定宽度的面称为竹条板面，选用的竹条宽度一般在 7～20mm，过宽显得粗糙，过窄不够结实。竹条端头的榫有插榫头和尖角头两种。

竹条板面类型详见表 1.2-54。

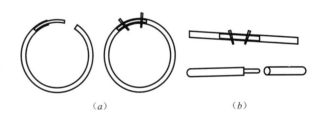

图 1.2-48　竹竿端头连接

（a）弯曲端头连接；（b）直向端头连接

竹条板面类型　　　　　　　　　　　　　　　表 1.2-54

竹条板面名称	操作方式	图示
孔固板面	竹条端头是插榫头或尖角头，固面竹竿内侧相应地钻间距相等的孔，将竹条端头插入孔内	（a）竹条插榫头固板面　　（b）竹条尖角头榫固板面

竹条板面名称	操作方式	图示
槽固板面	竹条密排，端头不作特殊处理、固面竹竿内侧开有一道条形榫槽。一般用于低档的或小面积的板面	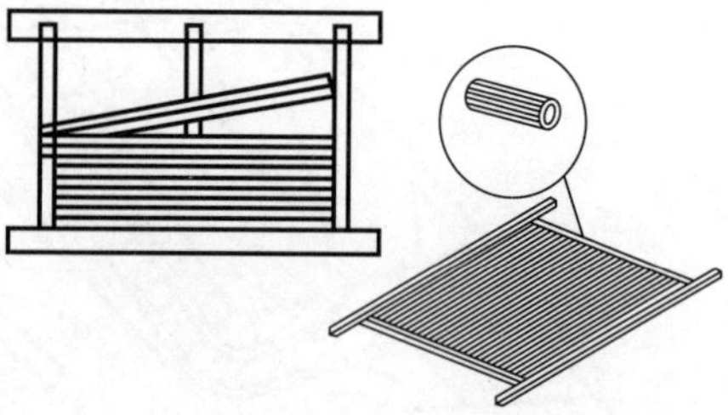
压头板面	固面竹竿是上下相并的两根，因没有开孔槽，安装板面的架子十分牢固，加上一根固面竹竿内侧有细长的弯竹衬作压条，外观整齐、干净	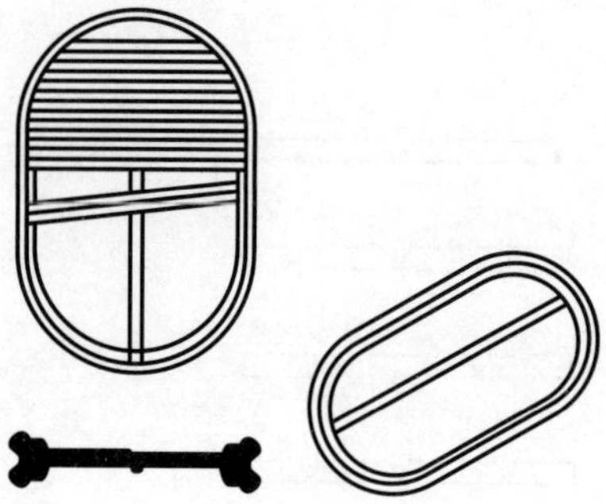
钻孔穿线板面	这是穿线（竹条中段固定）与插榫（竹条端头固定）相结合的处理方法	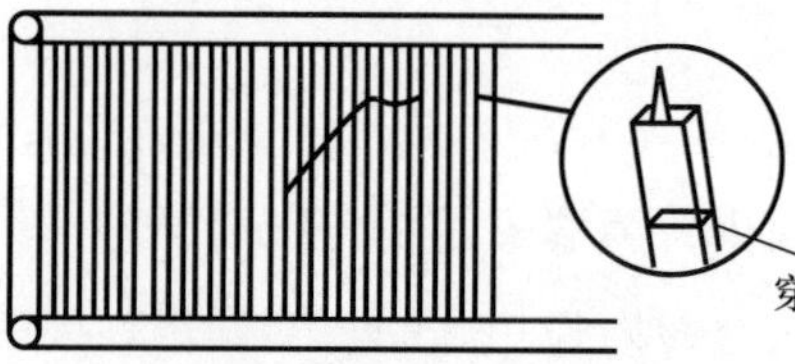 穿线的钻孔
裂缝穿线板面	取用扁薄软韧的竹篾片穿过锯口翘成的裂缝，竹条端头固定在固面竹竿上，且必须疏排，以便于串篾与缠固竹衬，使裂缝闭合	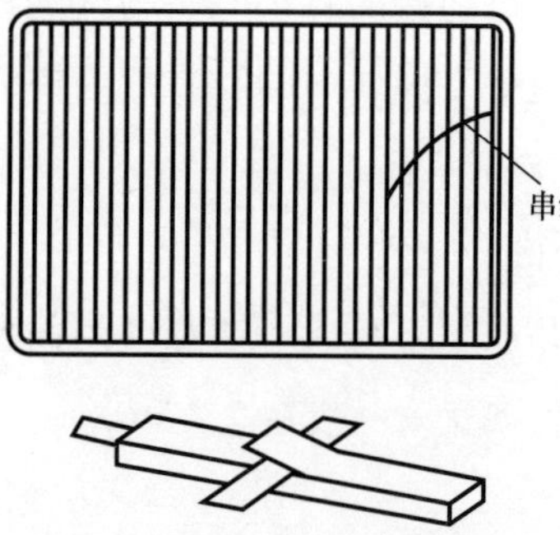 串线
压藤板面	取藤条置于板面上，与下面的竹衬相结合，再用藤皮或蜡篾穿过竹条的间隙，将藤条与竹衬缠扎在一起，使竹条固定	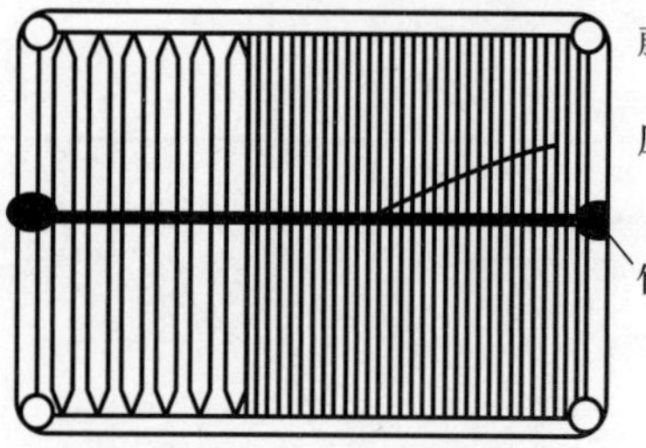 藤或篾 压藤 竹衬

2.2.3.4　榫和竹钉

竹家具各组成部分的结合靠"榫"，骨架竹竿上的榫叫做包榫，竹衬上的榫叫做插榫，使榫与竹竿结合的是竹钉（竹销）。

(1) 包榫

剜口作榫，挖有剜口的竹竿称为围子竹竿，见表1.2-55。

包榫类型 表 1.2-55

图示

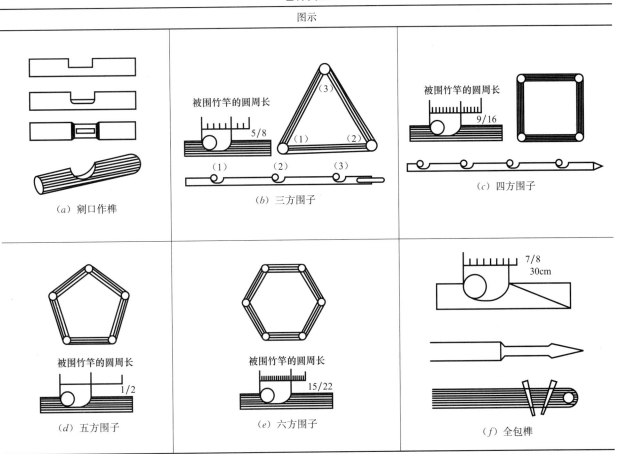

(a) 剜口作榫　　(b) 三方围子　　(c) 四方围子

(d) 五方围子　　(e) 六方围子　　(f) 全包榫

(2) 插榫

插榫的竹衬有时只在一端作榫杆，另一端作鱼口，各类插榫见表1.2-56。

插榫类型 表 1.2-56

图示

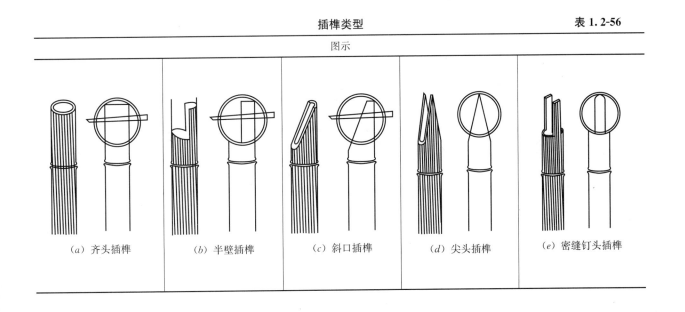

(a) 齐头插榫　　(b) 半壁插榫　　(c) 斜口插榫　　(d) 尖头插榫　　(e) 密缝钉头插榫

（3）竹钉

制作竹钉的材料必须选竹壁较厚的干竹。竹钉上端较粗，呈四棱柱形，下端圆而渐细尖，呈圆锥形，如图 1.2-49 所示。

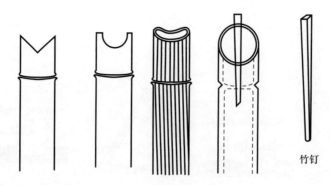

竹钉

图 1.2-49　鱼口及竹钉

2.2.3.5　藤家具的骨架

藤家具多数用竹竿作骨架，也有用藤杆的，藤骨架的制作有两个步骤，即加热弯曲成型和构件的连接。

（1）弯曲成型

弯曲成型以前，首先要将不规则弯扭的原藤矫直，将藤材用煤油喷灯加热，使其变软，再用矫正棒成型。用同样的方法可将直藤弯曲成特定的形状。为了使几个构件的弯曲形状基本一致，可以先在一块板上画出所需的弯曲形状，沿线钉上一排圆钉，作为简易的靠模，这是十分有效的（图 1.2-50）。

制作圆圈形的构件时，也需用同样的方法做出靠模。藤条不需要经火烤，可直接弯成环状嵌入靠模之内，两端削成斜面，用钉钉合（图 1.2-51）。

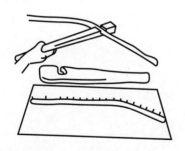

图 1.2-50　藤杆矫正及弯曲

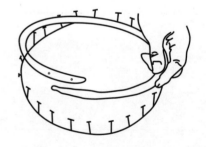

图 1.2-51　圆环弯曲

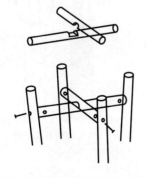

图 1.2-52　骨架丁字及十字连接

（2）构件的连接

因骨架的各连接处都是用藤皮包扎加固的，故在制作骨架时只需用圆钉固定即可。

构件呈丁字形连接时，横杆近端头处要预先打一小孔，以供固定藤皮之用。

当构件作十字连接时，在两条藤杆的结合处各锯一缺口，使缺口吻合，加钉，如图 1.2-52 所示。

2.2.3.6　藤皮的扎绕

藤皮的扎绕详见表 1.2-57。

藤皮的扎绕形式 **表 1.2-57**

藤皮扎绕的方法	操作方式	图示
素绕法	（1）藤皮与需要扎绕的藤芯相平行，在端头钉一只 3/8″钉； （2）在钉处将藤皮折成三角形，使与藤芯相垂直，并依次缠绕； （3）收尾时仍将藤皮折角，从末两圈下穿出，并用小钉固定	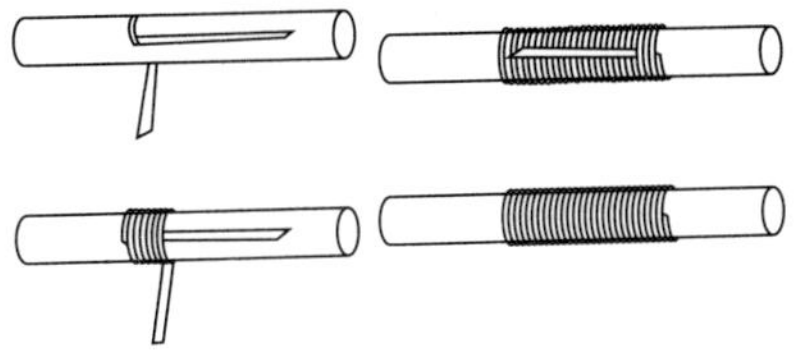
藤皮的接头方法	当绕扎的藤皮不够长时，先将另一藤皮的端头平贴在芯杆上，并压上几圈，使其固定。待端头固定后，折 90°把原藤皮的末端扎紧即成	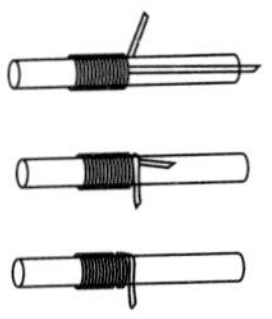
棱形扎绕法	棱形扎绕法是素绕法的一种变体，它既能保证使用强度，又具有很强的装饰性（见右图 *a*、图 *b*、图 *c*）	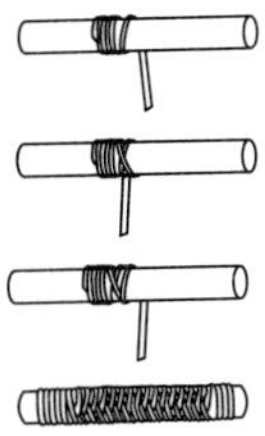 （*a*）素棱绕法 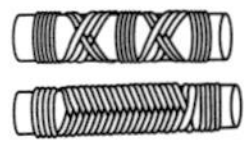 （*b*）蛇腹棱绕法 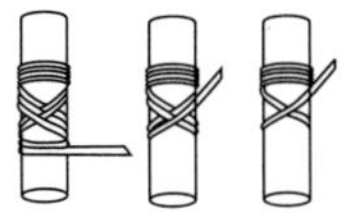 （*c*）间棱绕法
丁字结合的绕法	在横杆上钻小孔，藤皮通过小孔将结合处扎牢	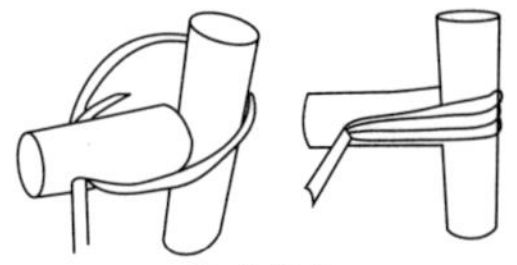 钻孔扎绕
	横杆上不钻孔，先用小钉把包裹在结合处的藤皮固定，再用素棱法把横杆上的端头和钉包住	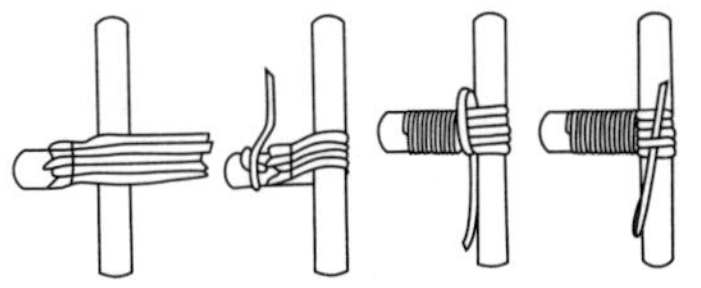 用钉子固定
丁字角结合的绕法	先用钉固定封头藤条，然后再用素绕法包住横杆上的钉和端头	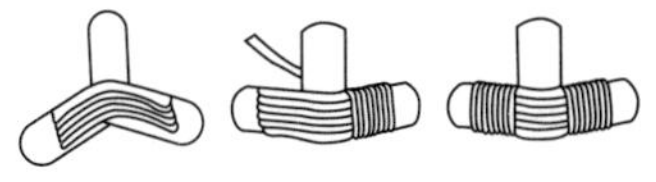
十字结合的绕法	沿十字对角线方向依次缠绕（见右图 *a*） 对角和平行方向结合的缠绕法，可获得很好的强度（见右图 *b*）	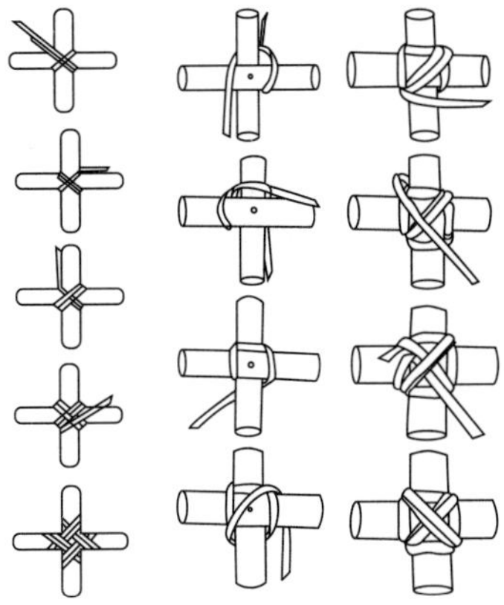 （*a*）　（*b*）

藤皮扎绕的方法	操作方式	图示
斜撑结合的绕法	先将根部扎紧，再穿入分叉处绕扎	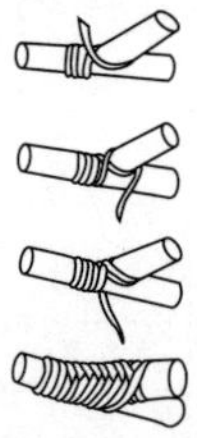
U字结合的绕法	先从中间开始，定位好以后再朝两边延伸	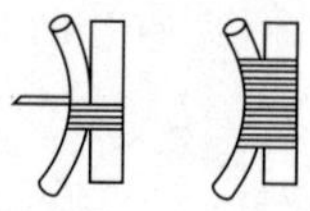
L字结合的绕法	从任意一边开始扎起，将角部包扎满	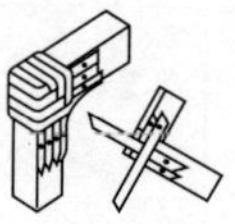

2.2.3.7 藤皮的编织

藤面是用藤皮编织的，几种常用编法见表1.2-58。

藤皮的编织形式　　　　　　　　　　　　　表 1.2-58

藤皮编织方法	操作方式	图示
挑一压一编织法	竖条与横条之间压住一根，再从下面穿过一根，如此间隔着编织	
方孔编织法	径向藤皮按一定间距疏排，然后使横向藤皮作挑一压一编织，其间距与径向相同	
挑三压三编织法	径向藤皮密排，横向藤皮作挑三压三密编	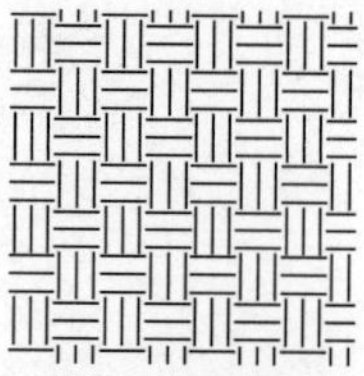
回字编织法	回字编织和人字编织一样，也是挑二压二编法的一种变化，关键是在织面正中的三条径向和一条横向的藤条上，从中心开花，构成回字形	
六边形编织法	以六条藤皮为一组，分为三向，两两平行，以挑一压一编织为基础，即可构成六边形编织	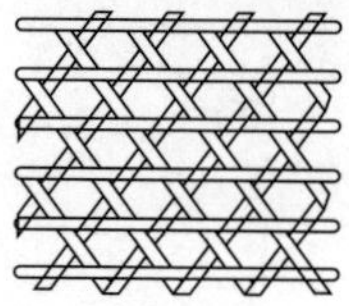

藤皮编织方法	操作方式	图示
八角形编织法（胡椒眼）	以八条藤皮为一组，分为四向，两两平行。在径向和横向各加一条，是六边形编织的一种变体	

2.2.3.8 藤芯的编织

藤芯是藤条剥去皮后的芯材，是藤家具上广泛应用的材料。在目前的生产中，也有采用成本低的柳条来代替藤芯的。几种常用编织方法见表1.2-59。

藤芯的编织形式 表 1. 2-59

藤芯编织方法	操作方式	图 示
挑一压一编织法	由于藤芯是圆形的，应注意使径向藤芯保持在一条直线上。改变径向和横向藤芯的排列数量可变化出多种式样	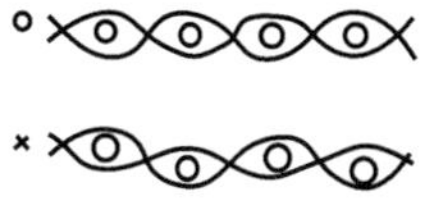 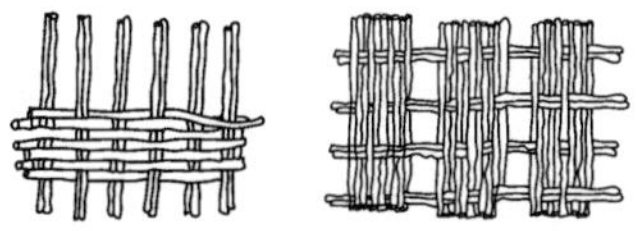
绳编法	径向藤芯以双股按一定间距疏排，横向藤芯以二根为一组，一挑一压，上下交错。可变化为采用双股芯、三根芯。绳编法可以密编，也可以疏编	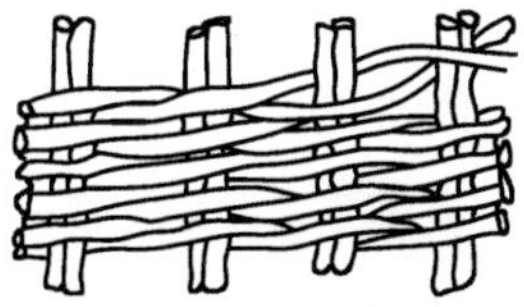 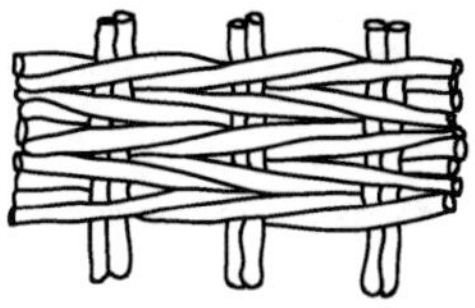 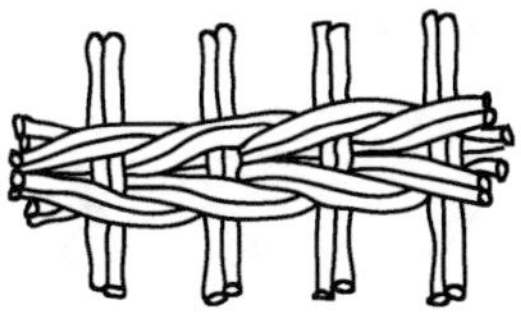 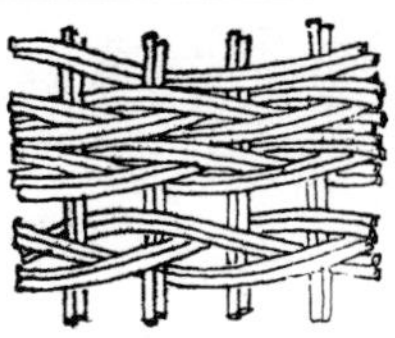 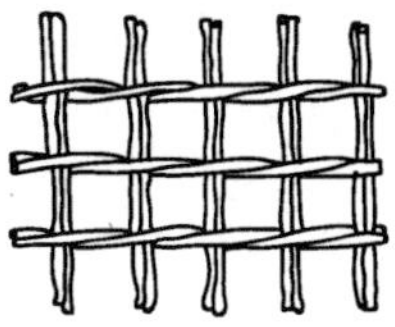

藤芯编织方法	操作方式	图　示
边缘的编法	藤芯编织的收边有两类。 （1）直接用径向藤芯做边，如图 *a*、图 *b*，图 *a* 是双重绳边缘的编法，这种编法收口强度高，边缘突起有主体感，较常用；图 *b* 是带花边缘的编法，制作十分简单 （2）是用藤杆和藤皮做成边缘，如图 *c*，先将边缘处的径向藤芯修齐（一长一短）。长的芯折成 90°，用藤皮将其与藤杆绕扎成边缘	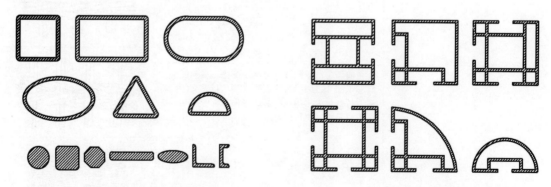

2.2.4　金属

2.2.4.1　金属材料的特性及断面形状

（1）材料特性

对于金属家具，我们所关注的是金属材料的力学性能和加工性能。

1）力学性能：具有较好的强度、硬度、塑性、韧性、耐磨性、抗冲击性。

2）加工性能：热膨胀处理性、铸造性、锻压性、焊接性、切削加工性。

（2）金属家具材料及断面形状

1）金属家具的常用材料有普通钢材、不锈钢、铝合金等。

2）金属家具的断面形状，如图 1.2-53、图 1.2-54 所示。

图 1.2-53　金属家具常用材料断面之一　　　　图 1.2-54　金属家具常用材料断面之二

2.2.4.2　金属家具的结合形式

（1）零件结合

在金属家具中，将两个以上零件连接在一起的方法有：焊接、铆接、螺栓与螺钉连接、咬缝连接四种方法。

1）焊接

焊接在金属家具中应用极广泛，焊接方法详见表 1.2-60。图 1.2-55～图 1.2-57 分别展示出了金属薄板对接气焊接口形式、金属钢管气焊接口形式、点焊接口形式。

焊接方法及应用方式 　　　　　　　　　　　　　　表 1.2-60

焊接方法	应用方式
气焊	焊接薄钢板、薄壁钢管、低熔点金属
电焊	焊接厚度大于 3mm 的高熔点金属
点焊	焊接薄板结构
缝焊	焊接薄板机构和封闭容器
高频焊	焊接钢管
闪光对焊	焊接小零件
CO_2 气体保护焊	焊接薄壁高熔点金属

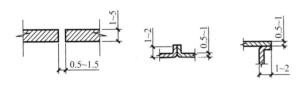

图 1.2-55　金属薄板对接气焊接口形式　　　　图 1.2-56　金属钢管气焊接口形式

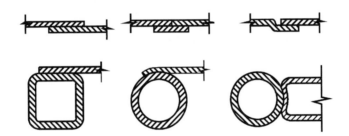

图 1.2-57　点焊接口形式

2）铆接

铆接按结合形式分为固定铆接，活动铆接；按铆钉种类分的铆接类型及应用方式详见表 1.2-61。

铆接类型及应用方式 　　　　　　　　　　　　　　表 1.2-61

铆接类型			应用方式
抽芯铆钉铆接	击芯铆钉铆接	空心铆钉铆接	此三种铆接类型用于结合强度要求不太高的金属薄板结合
抽芯铆钉	击芯铆钉	空心铆钉	
平肩铆钉铆接		沉头铆钉铆接	此两种铆接类型的结合强度要高于以上三种铆钉结合
平肩铆钉		沉头铆钉	

3）螺栓与螺钉连接

螺栓连接见图 1.2-58，螺钉连接如图 1.2-59 所示。

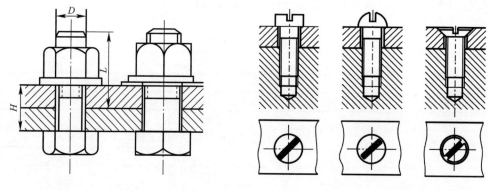

| 图 1.2-58　螺栓连接 | 图 1.2-59　螺钉连接 |

4）咬缝连接

咬缝连接工艺在金属家具中被广泛采用，就结构来说，有挂扣、单扣、双扣等；从形式上，有站缝、卧缝；就位置分有纵扣和横扣。具体咬缝连接类型见表 1.2-62。

咬缝连接类型　　　　　　　　　　　　　　　　　　表 1.2-62

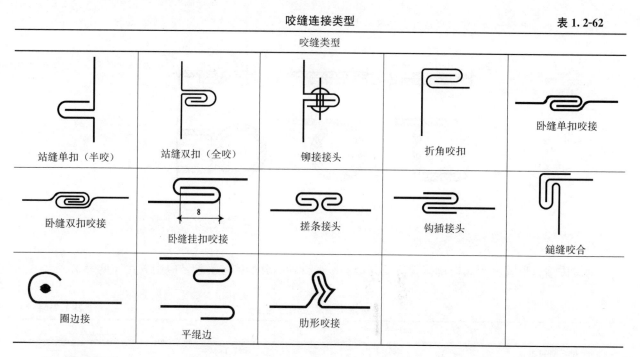

咬缝类型

站缝单扣（半咬）	站缝双扣（全咬）	铆接接头	折角咬扣	卧缝单扣咬接
卧缝双扣咬接	卧缝挂扣咬接	搓条接头	钩插接头	锤缝咬合
圈边接	平绳边	肋形咬接		

（2）装配接合

部件装配结构可采用螺纹连接、插接及用型材连接件等。

1）螺纹连接

螺纹连接是金属家具中应用最多的一种结合方式，螺纹连接既可以用于零件间的结合，又可用于零件位置的调节。按结合件特征分的螺纹连接有螺钉螺母连接和管螺纹连接。图 1.2-60 为螺纹连接，其中图 a 和图 c 为螺钉螺母连接，图 b 为管螺纹连接。

2）插接

插接是通过插接头将两个或多个零件连接在一起，接头与零件间一般采用过盈配合，常见的圆管插接头见表 1.2-63，图 1.2-61 为金属家具方管插接的几种插接方式。

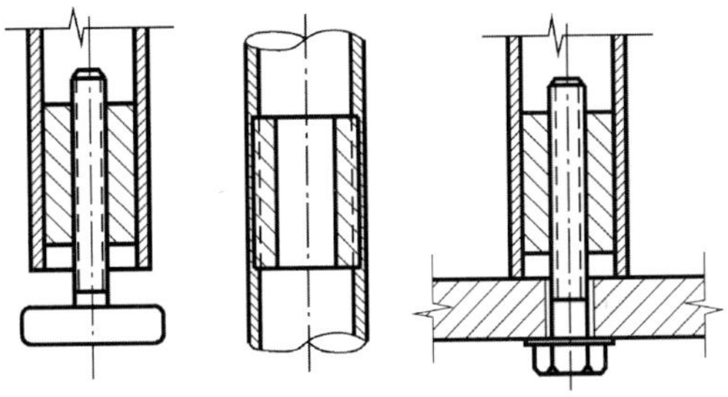

(a)　(b)　(c)

图 1.2-60　螺纹连接

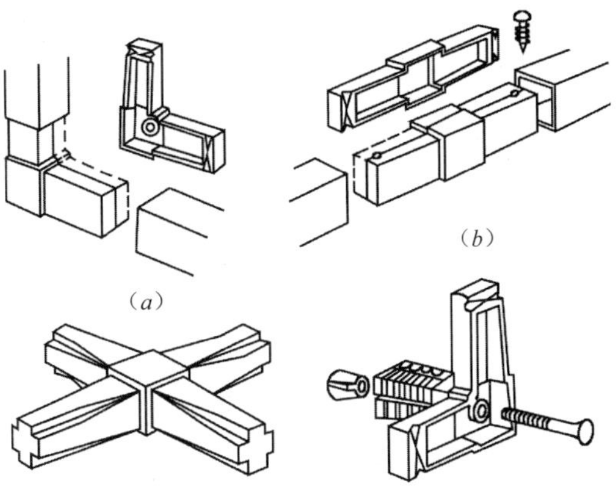

(a)　(b)　(c)　(d)

图 1.2-61　方管插接

(a) 直角二向；(b) 直二向；(c) 平四向；(d) 金属与塑料插接

圆管插接头的常见类型　　表 1.2-63

接头类型	一字形	L 形	T 形	十字形	空间三通	空间五通	空间六通
图示	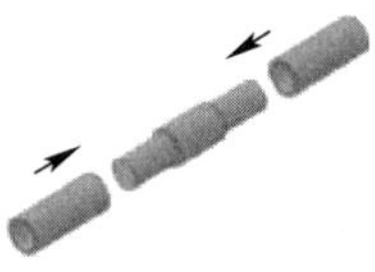	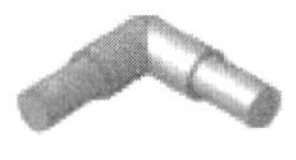	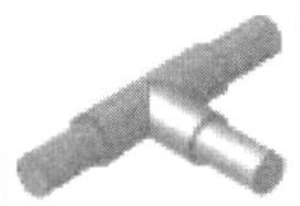	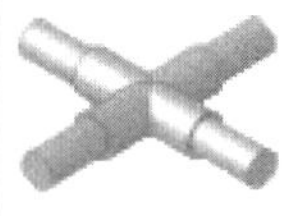	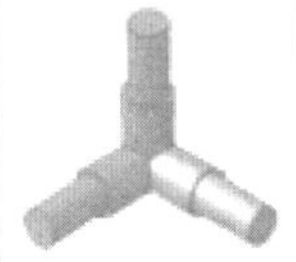	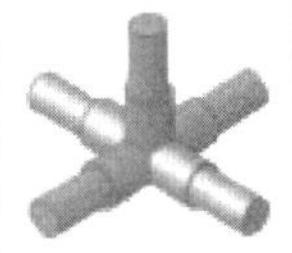	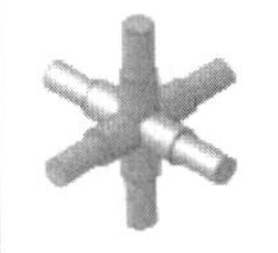

3）用型材连接件连接

型材连接件在金属家具中应用广泛，现以一组屏风型材连接件为例说明（见表 1.2-64）。

屏风用型材连接件　　表 1.2-64

型材类型	顶侧接头	小直通接头	L 形接头	顶侧落差接头	L 形落差接头	十字对高落差接头
图示	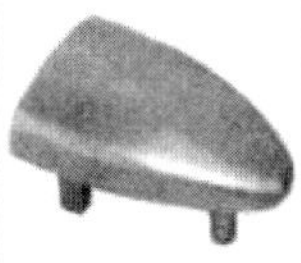	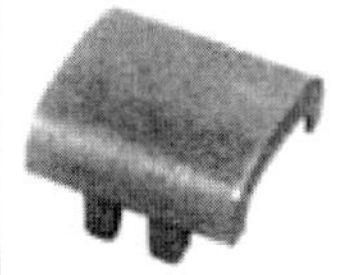	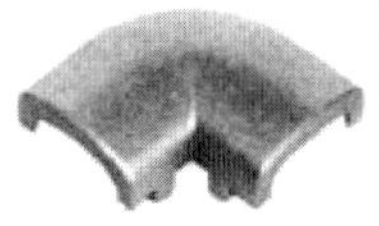	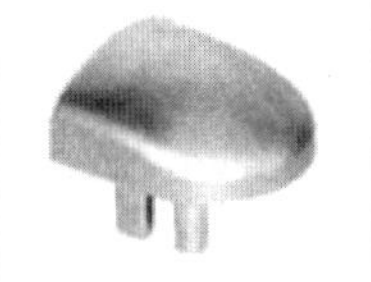	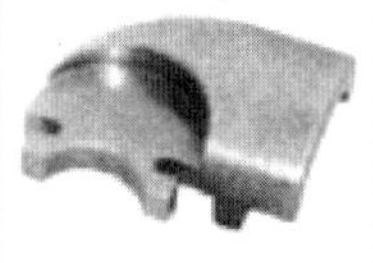	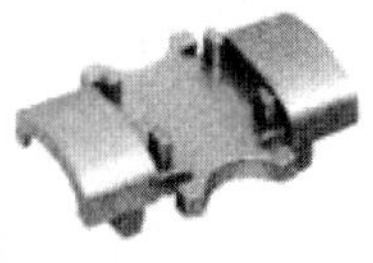

2.2.4.3　金属家具的折叠结构

能折动或叠放的家具，称为折叠式家具。常用于桌、椅类，主要特点是使用后或存放时可以折叠起来，便于携带、存放与运输，所以折叠式家具适用于经常需要交换使用场地的公共场所，如餐厅、会场等。

（1）折动式家具（折动点示意）

1）用料：主要采用实木与金属制作，尤以实木为多。

2）设计要求：既要有结构的灵活折动功能，又要保证家具的主要尺度，如椅子座高、椅夹角等。

3）结构要求：折动结构都有两条或多条折动连接线，在每条折动线上可设置不同距离、不同数量的折动点，但必须使各个折动点之间的距离总和与这条线的长度相等，这样才能折得动，合得拢，如图 1.2-62 所示。

（2）叠积式家具

数件相同形式的家具，通过叠积，不仅节省了占地面积，还方便了搬运。越合理的叠积（层叠）式家具，叠积的件数则越多。

   1）叠积式家具类型：柜类、桌台类、床类和椅类，最常见的是椅类。

   2）叠积结构：在脚架及脚架与背板空间中的位置上来考虑"叠"的方式，如图 1.2-63 所示。

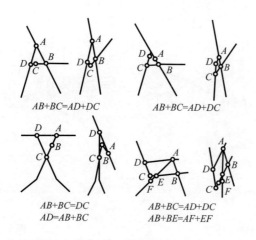

$$AB+BC=AD+DC$$

$$AB+BC=AD+DC$$

$$AB+BC=DC$$
$$AD=AB+BC$$

$$AB+BC=AD+DC$$
$$AB+BE=AF+EF$$

图 1.2-62　折动点示意

图 1.2-63　叠积式家具

2.2.5　塑料

2.2.5.1　塑料的特性

   1）大多数塑料质轻且坚固，化学性能稳定，不会锈蚀。

   2）耐冲击性好。

   3）具有较好的透明性和耐磨耗性。

   4）绝缘性好，导热性低。

   5）一般成型性、着色性好，加工成本低。

   6）部分耐高温，大部分塑料耐热性差，热膨胀率大，易燃烧。

   7）尺寸稳定性差，容易变形。

   8）多数塑料耐低温性差，低温下变脆。

   9）容易老化。

   10）某些塑料易溶于溶剂。

   表 1.2-65 为常用塑料的特性与用途。

常用塑料的特性与用途　　　　　　　　　　　　　　　　　　　　表 1.2-65

缩　写	中文学名	特　性	用　途
PE	聚乙烯	易燃，可续燃	HDPE：盆杯，灯罩，玩具盒/管道，圆珠笔芯/撕裂包装膜/家装涂料 LDPE：薄膜，垃圾袋 LDPE/MDPE/HDPE：渔网，纱窗，缆绳
PP	聚丙烯	稳定，耐热性突出	餐具，水桶，热水瓶壳，文具盒，仪器盒
PS	聚苯乙烯	透明，不耐晒，70～115℃可软化	光学仪器，化工、日用品（皂盒尺子梳子） 透明或茶色橱门 通用级 PS 可做家具把手（很脆） 橡胶改性 HIPS 用作办公设备的壳体材料 PS 发泡板用作快餐盒面碗托盘

缩　写	中文学名	特　性	用　途
PVC	聚氯乙烯	不耐寒，不耐老化	软质 PVC：雨衣，窗帘，桌布，胶鞋，人造革 硬质 PVC：珠光制品，管材，皂盒，梳子，尺子，洗衣板，文具盒 PVC 发泡板：国外较多用于家具
ABS	工程塑料	可在−40～100℃环境下使用，紫外线下可降解	户外一次性花盆 壳体材料：电话，洗衣机，玩具，厨房用品 机械配件：齿轮，轴承，把手，管材 汽车配件：方向盘，仪表盘，手柄，扶手
PMMA	有机玻璃	透明可低温使用，耐126℃高温，耐候	建筑：采光体，屋顶，楼梯，室内墙壁，幼儿园玻璃 光学工业：透镜医用导光管透镜 卫生洁具：浴缸，洗脸盆，化妆台 文具：笔杆，丁字尺，三角尺，伞柄
CN	硝酸纤维塑料		乒乓球，眼镜框，玩具，梳子，皂盒，三角尺，乐器外壳
PF	酚醛塑料	不导电，耐沸水	家具开关，开关盒，各种零部件
UF /MF	氨基塑料	瓷性光泽，装饰效果佳，耐热	家具挂饰，把手，旋钮，装饰贴面，办公用品（笔筒、砚台）

2.2.5.2　塑料制件结构的设计

（1）壁厚

壁厚就是塑料制品的厚度，表 1.2-66 列举了常用塑料制件的壁厚范围。

壁厚太厚，浪费原料，增加塑料制品成本，注射过程中在模内延长冷却或固化时间，易产生凹陷、缩孔、夹心等质量上的缺陷。

壁厚太薄，熔融塑料在模腔内的流动阻力就越大，造成制件成型困难。壁厚应该均匀，壁与壁连接处厚度不应相差太大，尽量用圆弧连接，避免开裂。

常用塑料制件的壁厚范围　　　　　　　　　　　表 1.2-66

塑料名称	制件壁厚范围（mm）	塑料名称	制件壁厚范围（mm）
聚乙烯	0.9～4.0	有机玻璃	1.5～5.0
聚丙烯	0.6～3.5	聚氯乙烯（硬）	1.5～5.0
聚酰胺（尼龙）	0.6～3.0	聚碳酸酯	1.5～5.0
聚苯乙烯	1.0～4.0	ABS	1.5～4.5

（2）斜度

所有塑料制品都是经模塑成型的，由于塑料冷却时的收缩，有时塑料制件紧扣在凸模或型芯上，不易取下。为便于脱模，设计时塑料制品与脱模方向平行的表面应具有合理的斜度（表1.2-67）。

塑料制品脱模斜度的参考值（α）　　　　　　　表 1.2-67

塑料名称	型腔	成型空芯	塑料名称	型腔	成型空芯
聚酰胺（尼龙）			有机玻璃	$35'\sim1°30'$	$30'\sim1°$
通用	$20'\sim40'$	$25'\sim40'$	聚苯乙烯	$35'\sim1°30'$	$30'\sim1°$
增强	$20'\sim50'$	$20'\sim40'$	聚碳酸酯	$35'\sim1°$	$30'\sim50'$
聚乙烯	$20'\sim45'$	$25'\sim45'$	ABS	$40'\sim1°20'$	$35'\sim1°$

塑制件的斜度取决于塑件的形状、壁厚和塑料的收缩率。斜度过小则脱模困难，会造成塑件表面损伤或破裂；斜度过大影响塑件的尺寸精度，达不到设计要求。

在许可范围内，斜度应设计得稍大些，一般取 $30'\sim1°30'$，成型空芯越长或型腔越深，斜度应取偏小值，反之可选偏大值，图 1.2-64 为斜度的 α 值。

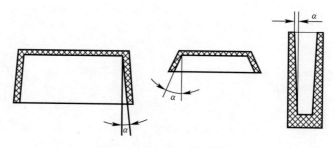

图 1.2-64　塑料制品斜度

（3）加强筋

有些塑料制品较大，由于壁厚的限制而达不到强度要求，必须在制品的反面设置加强筋。加强筋的作用是在不增加塑件厚度的基础上增强其机械强度，并防止塑件翘曲。表 1.2-68 列举了加强筋的各个参数设置。

加强筋　　　　　　　　　　　　　　　　　　　表 1.2-68

加强筋各尺寸关系		
高度 h	$h\approx3S$	
脱模斜度 α	$\alpha=2°\sim5°$	
厚度 b	$b=1/2R$，	

注：加强筋和塑件壁的连接处及端部都应以圆弧 R 相连，防止应力集中影响塑件质量。

（4）支承面

当塑料制件需要由基面作支承面时，由于在实际生产中制造一个相当平整的表面很不容易，故多采用凸边（如图 1.2-65b）的形式来代替整体支承表面（如图 1.2-65a），相对比较理想。

（5）圆角

塑制件的内、外表面及转角处都应以圆弧过渡，避免锐角和直角。圆角有利于物料充模，而且也有利于熔融塑料在模内的流动和塑料件的脱模，并增加强度，如图 1.2-66 所示。

（6）孔

塑制件上各种形状的孔（如通孔、盲孔、螺纹孔等），应尽可能开设在不减弱塑制件机械强度的部位。相邻两孔之间和孔与边缘之间的距离通常不应小于孔的直径，并应尽可能使壁厚厚一些。

（7）螺纹

设计塑制件上的内、外螺纹时，必须注意不影响塑制件的脱模和降低塑制件的使用寿命。制作螺纹成型孔的直径一般不得小于 2mm，螺距也不宜太小，如图 1.2-67 所示。

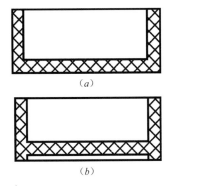

图 1.2-65　支承面

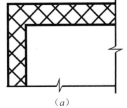

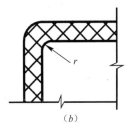

图 1.2-66　圆角

(a) 不正常；(b) 正确

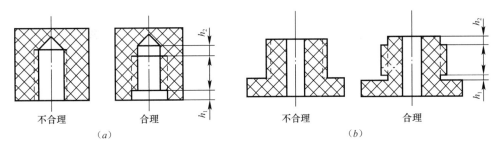

不合理　　　合理　　　　　不合理　　　合理

(a)　　　　　　　　　　　　(b)

图 1.2-67　螺纹

(a) 内螺纹设计；(b) 外螺纹设计

（8）嵌件

有时因连接上的需要，在塑制件上必须镶嵌连接件（如螺母等）。为了使嵌件在塑料内牢固而不致脱落，嵌件的表面必须加工成沟槽、滚花或制成特殊形状（图 1.2-68）。

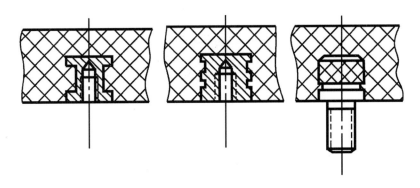

图 1.2-68　嵌件

金属嵌件周围的塑料壁厚取决于塑料的种类、收缩率、塑料与嵌件金属的膨胀系数之差，以及板件形状等因素，金属嵌件周围的塑制件壁越厚，塑制件破裂的可能性就越小，壁厚要求见表 1.2-69。

金属嵌件周围塑料的最小壁厚　　　　　　　　　　　表 1.2-69

塑料名称	钢制嵌件直径 D（mm）	
	1.5～13	16～25
尼龙 66	0.5D	0.3D
聚乙烯	0.4D	0.25D
聚丙烯	0.5D	0.25D
聚氯乙烯	0.75D	0.5D

塑料名称	钢制嵌件直径 D（mm）	
	1.5~13	16~25
聚苯乙烯	1.5D	1.3D
聚碳酸酯	1D	0.8D
聚甲基丙烯酸酯	0.75D	0.6D
ABS	0.8D	0.6D

2.2.5.3　塑料家具的结合方法

（1）胶结合

用聚氨酯、环氧树脂等高强度胶粘剂涂于结合面上，将两个零件胶合在一起的方法。

（2）螺纹结合

螺纹连接是塑料家具中常用的方法，可分为直接螺纹结合、间接螺纹结合、自攻螺纹结合三种，见表1.2-70。

螺纹结合　　　　　　　　　　　　　　　　　　　　　　表 1.2-70

结合方式	释义	图片	备注
直接螺纹结合	在塑料零件上直接加工出螺纹	 外螺纹 内螺纹	① 设计外螺纹时，螺纹不要延伸到支承面的相连处，以免端面螺纹的脱落，即：要求 E >0.2mm，F>0.5mm； ② 设计内螺纹时应在螺纹孔口留一个台阶形的孔穴，螺纹不可延伸到孔底，即：要求 M >0.2mm，N>0.5mm
间接螺纹结合	通过金属螺杆（螺钉）与螺母来紧固塑料零件	 螺杆、螺钉结合 内嵌螺钉　　内嵌螺母	螺杆（螺钉）可以是独立或者内嵌
自攻螺纹结合	通过自攻螺钉拧入被结合的零件的光孔内，自攻螺钉的齿尖扎入光孔壁，实现紧固结合	 结合前　　　　结合后	

（3）卡式结合

用带有倒刺的零件沿箭头方向压入另一个零件，借助塑料的弹性，倒刺滑入凹口内，完成结合，如图 1.2-69 所示。

（4）插入式结合

金属管插入塑料零件的预留孔内，金属管与塑料零件上的孔之间采用过盈配合，以便获得较大的握紧力，如图 1.2-70 所示。

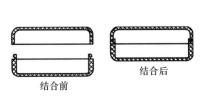

图 1.2-69 卡式结合

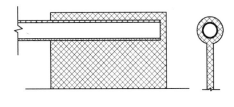

图 1.2-70 插入式结合

（5）热熔结合

如图 1.2-71 所示。

（6）金属铆钉结合

如图 1.2-72 所示。

（7）热铆结合

如图 1.2-73 所示。

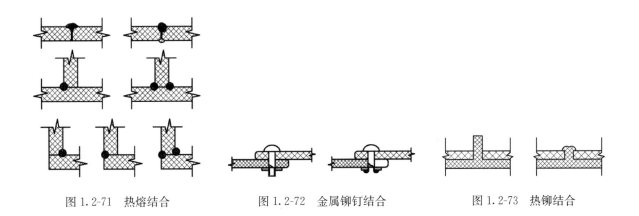

图 1.2-71 热熔结合　　　　图 1.2-72 金属铆钉结合　　　　图 1.2-73 热铆结合

2.2.6 软体家具材料

2.2.6.1 软体家具材料的特性

凡坐、卧类家具与人体接触的部位由软体材料（软质材料）所构成的家具称为软体家具。软体家具分为两大类，一类是有骨架软体材料家具，一类是无骨架软体材料家具。

软体家具材料主要包括：框架材料（木材、木质复合材料、金属等）、弹簧、软垫物、钉、绳、底带、底布及面料、胶粘剂、五金连接件。其中弹簧、软垫物、面料等材料的特性是软体家具区别于其他家具的独有特性。表 1.2-71 展示了软体家具相关材料的特性。

材料名称		材料特性
弹簧	螺旋弹簧	稳定性好，结构紧凑，防共振能力强，弹力优质
	蛇形弹簧	可根据不同的要求选择不同的直径与幅面，稳定性较高，有良好的弹性
	连续型钢丝弹簧	（1）连续绕制不间断，无打结，钢丝没有损伤和应力集中，耐久性较好； （2）连续型钢丝弹簧交叉排列，增大了弹簧的覆盖率，增强承托力，提高舒适度； （3）弹性均匀，不易局部塌陷； （4）钢丝利用率高，成本降低
软垫物	泡沫塑料	（1）有足够的强度、弹性和浮力； （2）使用方便，其厚度、宽度、长度可以随意裁取； （3）质轻、绝热、隔热、绝缘、耐腐蚀
	棕丝及其相类似的软垫物	（1）密度均匀，弹性适中； （2）透气、透水性能较好； （3）不生虫，无毒； （4）吸收声波，坐卧回弹无声； （5）隔热及绝热性能； （6）具有良好的亲油拒水性能
	棉花	（1）质地柔软、滑润、耐磨； （2）有良好的弹性
面料	布料	（1）纯棉布料手感柔软，弹性较差，具有一定的吸湿性和良好的保温性能，抗碱性强，抗酸性弱，易受微生物的侵蚀，易生霉变质； （2）涤纶布料使用性能优良，品种与规格选择性较大，与其他材料的匹配性好，可以满足不同性能和风格的要求，染色性能比较差，具有优良的加工性能； （3）丙纶布料质地轻，耐磨以及有良好的强度、耐化学和生物性，而且价格比较低，缺点是染色难，耐光性差，易老化； （4）锦纶布料强度大，耐磨性好
	皮革	（1）真皮中牛皮坚韧、光洁细腻、纹理清晰，羊皮柔软细洁、强度稍逊、皮张窄小，猪皮皮质粗糙、光泽度差； （2）人造革可以根据不同强度、耐磨度、耐寒度和色彩、光泽、花纹图案等要求加工制成，花色品种繁多，防水性能好，边幅整齐，利用率高，价格相对便宜
	再生皮	（1）皮张边缘整齐、利用率高、价格便宜； （2）皮身较厚，强度较差

2.2.6.2 有骨架软体材料家具

有骨架软体材料是指家具的形体及力学支承依赖硬质材料，如木材、木质材料、金属、塑料等来实现。

（1）支架结构

有骨架软体材料家具的支架有木制、钢制和塑料制以及钢木组合等，见表1.2-72。

（2）软体结构

由于用材不同，软体的结构和制作方法也不同。

1）薄型软体结构

这种结构也叫做半软体，如用藤面、绳面、布面、皮革面、塑料编织网、棕绷面及人造革面等材料制作的家具，也有用薄层海绵的。

这些半软体材料有的直接编织在座框上，有的缝挂在座框上，有的单独编织在木框上再嵌入座框内，如图1.2-74所示。

支架结构	图片	图片释义
木制支架		① 木制支架主要采用榫结合、螺钉结合、圆钉结合、连接件结合； ② 木制支架最好采用坚固的木材制作； ③ 除外露在外的构件之外，其他构件的加工精度要求不高
钢制支架		钢制支架主要采用焊接，结构精炼简洁
塑料支架		塑料支架主要采用整体成型的方式进行构建
钢木结合支架		钢木结合中钢部件之间的连接与钢支架相似。钢部件与木部件连接方式有螺钉连接，塑料连接件连接等

图 1.2-74　薄型软体结构

2）厚型软体结构

通常称为软垫，由底胎（或绷带）、泡沫塑料（或乳胶）与面料构成，另有弹簧结构的厚型垫面，如图 1.2-75 所示。

图 1.2-75　厚型软体结构

2.2.6.3　无骨架软体材料家具

无骨架软体材料家具是指完全由柔软材料构成的家具，如由布袋与弹性颗粒材料构成的布袋家具，更多的是充气家具。

（1）充气家具

充气家具有独特的结构形式，其主要构件是由各种气囊组成的。其主要特点可自行充气组装成各种充气家具，携带或存放都很方便，多用于旅游家具，如各种海滩躺椅、水上用椅、各种轻便沙发椅和旅行用桌等，如图 1.2-76 所示。

（2）布袋家具

布袋家具主要是由覆面材料和内部填料组成。其主要特点是可以随人的坐姿改变自身的形状，具有灵活多变的装饰能力，视觉表现力比较强，如图 1.2-77 所示。

图 1.2-76 充气式家具

图 1.2-77 布袋式家具

2.2.7 其他

除了以上材料用于现代家具设计之外，还有玻璃家具、石材家具等。但是许多家具往往不是一种材料构成的，而是由两种或两种以上材料复合构成。家具设计往往是多种材料的综合运用。当设计师了解了各种材料的结构特性以及材料本身在家具中所起的作用后，参考相关工艺，将最合适的材料运用在最恰当的位置，便能实现功能、感性与结构的完美统一，从而成就成功的家具设计。

3 人体工程学与家具功能

3.1 人体参数与家具尺度

3.1.1 人体参数

人体参数是家具功能设计的基本依据，它包括人体基本尺度、人体基本动作尺度、人体尺寸略算值。

3.1.1.1 人体基本尺度

（1）人体的结构尺寸

1）人体的主要尺寸（见表1.3-1）

人体主要尺寸 mm   表 1.3-1

百分位数 测量项目	男（18～60岁）							女（18～55岁）						
	1	5	10	50	90	95	99	1	5	10	50	90	95	99
身高	1543	1583	1604	1678	1754	1775	1814	1449	1484	1503	1570	1640	1659	1697
上臂长	279	289	294	313	333	338	349	252	262	267	284	303	308	319
前臂长	206	216	220	237	253	258	268	185	193	198	213	229	234	242
大腿长	413	428	436	465	496	505	523	387	402	410	438	467	476	494
小腿长	324	338	344	369	396	403	419	300	313	319	344	370	376	390

人体的主要尺寸包括身高、上臂长、前臂长、大腿长、小腿长共5项人体主要尺寸数据，如图1.3-1所示。

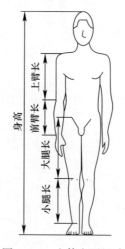

图 1.3-1　人体主要尺寸

2）立姿人体尺寸（见表1.3-2）

立姿人体尺寸 mm   表 1.3-2

百分位数 测量项目	男（18～60岁）							女（18～55岁）						
	1	5	10	50	90	95	99	1	5	10	50	90	95	99
眼高	1436	1474	1495	1568	1643	1664	1705	1337	1371	1338	1454	1522	1541	1579
肩高	1244	1281	1299	1367	1435	1455	1494	1166	1195	1211	1271	1333	1350	1385
肘高	925	954	968	1024	1079	1096	1128	873	899	913	960	1009	1023	1050

测量项目＼百分位数	男（18～60岁）							女（18～55岁）						
	1	5	10	50	90	95	99	1	5	10	50	90	95	99
手功能高	656	680	693	741	787	801	828	630	650	662	704	746	757	778
会阴高	701	728	741	790	840	856	887	648	673	686	732	779	792	819
胫骨点高	394	409	417	444	472	481	498	363	377	384	410	437	444	459

立姿人体尺寸包括眼高、肩高、肘高、手功能高、会阴高、胫骨点高 6 项（图 1.3-2）。

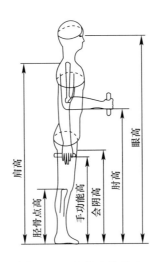

图 1.3-2　立姿人体尺寸

3）坐姿人体尺寸（见表 1.3-3）

坐姿人体尺寸 mm　　　　　　　　　表 1.3-3

测量项目＼百分位数	男（18～60岁）							女（18～55岁）						
	1	5	10	50	90	95	99	1	5	10	50	90	95	99
坐高	836	858	870	908	947	958	979	789	890	819	855	891	901	920
坐姿颈椎点高	599	615	624	657	691	701	719	563	579	587	617	648	657	675
坐姿眼高	729	749	761	798	836	847	868	678	695	704	739	773	783	803
坐姿肩高	539	557	566	598	631	641	659	504	518	526	556	585	594	609
坐姿肘高	214	228	235	263	291	298	312	201	215	223	251	277	284	299
坐姿大腿厚	103	112	116	130	146	151	160	107	113	117	130	146	151	160
坐姿膝高	441	456	464	493	525	532	549	410	424	431	458	485	493	507
小腿加足高	372	383	389	413	439	448	463	331	342	350	382	399	405	417
坐深	407	421	429	457	486	494	510	388	401	408	433	461	469	485
臀膝距	499	515	524	554	585	595	613	481	495	502	529	561	560	587
坐姿下肢长	892	921	937	992	1046	1063	1096	826	851	865	912	960	975	1005

坐姿人体尺寸包括坐高、坐姿颈椎点高、坐姿眼高、坐姿肩高、坐姿肘高、坐姿大腿厚、坐姿膝高、小腿加足高、坐深、臀膝距、坐姿下肢长共 11 项（图 1.3-3）。

4）人体水平尺寸（见表 1.3-4）

人体水平尺寸包括胸宽、胸厚、肩宽、最大肩宽、臀宽、坐姿臀宽、坐姿两肘间宽、胸围、腰围、臀围共 10 项（图 1.3-4）。

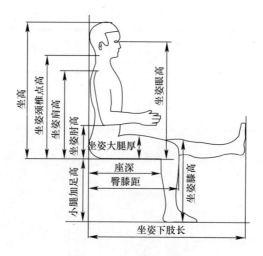

图 1.3-3　坐姿人体尺寸

人体水平尺寸 mm　　　　　　　　　　　　　　　　　　　　　　　　　　　表 1.3-4

百分位数 测量项目	男（18～60 岁）							女（18～55 岁）						
	1	5	10	50	90	95	99	1	5	10	50	90	95	99
胸宽	242	253	259	280	307	315	331	219	233	239	260	289	299	319
胸厚	176	186	191	212	237	245	261	159	170	176	199	230	239	260
肩宽	330	344	351	375	397	403	415	304	320	328	351	371	377	387
最大肩宽	383	398	405	431	460	469	486	347	363	371	397	428	438	458
臀宽	273	282	288	306	327	334	346	275	290	296	317	340	346	360
坐姿臀宽	284	295	300	321	347	355	369	295	310	318	344	374	382	400
坐姿两肘间宽	353	371	381	422	473	489	518	326	348	360	404	460	478	509
胸围	762	791	806	867	944	970	1018	717	745	760	825	919	949	1055
腰围	620	650	665	735	859	895	960	622	659	680	772	904	950	1025
臀围	780	805	820	875	948	970	1009	795	824	840	900	975	1000	1044

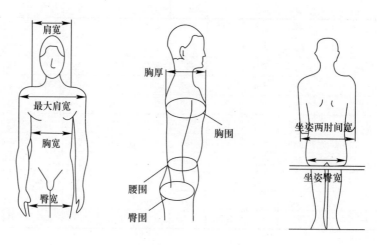

图 1.3-4　人体水平尺寸

（2）不同姿势下的人体功能尺寸

1）立姿人体功能尺寸

立姿人体尺寸测量项目（图 1.3-5）：中指指尖点上举高、双臂功能上举高、两臂展开宽、两臂功能展开宽、两肘展开宽、立姿腹厚。

2）坐姿人体功能尺寸

坐姿人体尺寸测量项目（图 1.3-6）：前臂加手前伸长、前臂加手功能前伸长、上肢前伸长、上肢功能前伸长、坐姿中指指尖点上举高。

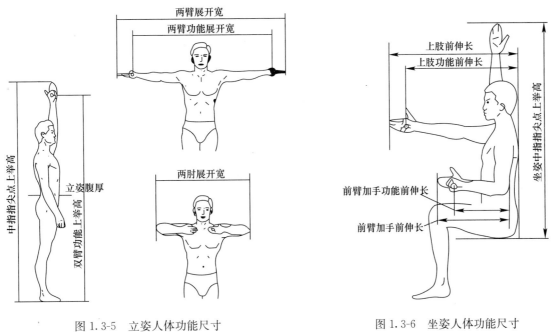

图 1.3-5　立姿人体功能尺寸

图 1.3-6　坐姿人体功能尺寸

3）跪姿、俯卧姿、爬姿人体功能尺寸

跪姿、俯卧姿、爬姿人体尺寸测量项目（图 1.3-7）：跪姿体长、跪姿体高、俯卧姿体长、俯卧姿体高、爬姿体长、爬姿体高。

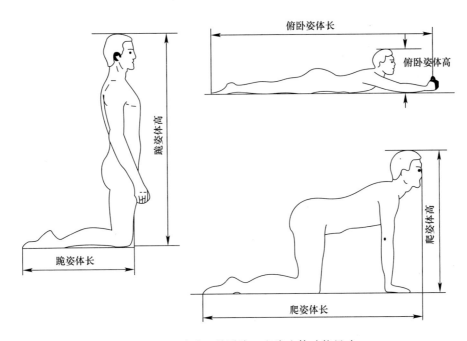

图 1.3-7　跪姿、俯卧姿、爬姿人体功能尺寸

不同姿势下的具体功能尺寸数值见表 1.3-5。

百分位数 测量项目	男（18～60岁）			女（18～55岁）		
	5	50	95	5	50	95
立姿中指指尖点上举高	1971	2108	2245	1845	1968	2089
立姿双臂功能上举高	1869	2003	2138	1741	1860	1976
立姿两臂展开宽	1579	1691	1802	1457	1559	1659
立姿两臂功能展开宽	1374	1483	1593	1248	1344	1438
立姿两肘展开宽	816	875	936	756	811	869
坐姿前臂加手前伸长	416	447	478	383	413	442
坐姿前臂手功能前伸长	310	343	376	277	306	333
坐姿上肢前伸长	777	834	892	712	764	818
坐姿上肢功能前伸长	673	730	789	607	657	707
坐姿中指指尖点上举高	1249	1339	1426	1173	1251	1328
跪姿体长	592	626	661	553	587	624
跪姿体高	1190	1260	1330	1137	1196	1258
俯卧体长	2000	2127	2257	1867	1982	2102
俯卧体高	364	372	383	359	369	384
爬姿体长	1247	1315	1384	1183	1239	1296
爬姿体高	761	798	836	694	738	783

（3）与年龄、地域相关的人体静态尺寸

1）不同年龄儿童的身高

根据国家卫生部儿童研究所的统计，将一个月到七岁的儿童按性别进行统计分类，详见表 1.3-6。

不同年龄儿童的生长统计表　　　　　　　　表 1.3-6

月（年）龄组	男		女	
	均值（cm）	标准差（cm）	均值（cm）	标准差（cm）
出生	50.6	1.87	50.0	1.80
1月	56.5	2.42	55.5	2.36
2月	69.6	2.56	58.4	2.50
3月	62.3	2.53	60.9	2.43
4月	64.4	2.47	62.9	2.41
5月	65.9	2.61	64.5	2.46
6月	68.1	2.65	66.7	2.78
8月	70.6	2.70	69.0	2.76
10月	72.9	2.81	71.4	2.67
12月	75.6	3.06	74.1	2.95
15月	78.3	3.22	76.9	3.16
18月	80.7	3.28	79.4	3.26
21月	83	3.55	81.7	3.50
24月	86.5	3.76	85.3	3.53
2岁半	90.4	3.80	89.3	3.89
3岁	93.8	3.97	92.8	3.90
3岁半	97.2	4.29	96.3	4.11
4岁	100.8	4.49	100.1	4.34
4岁半	103.9	4.46	103.1	4.36
5岁	107.2	4.55	106.5	4.39
5岁半	110.1	4.62	109.2	4.50
6岁	114.7	4.85	113.9	4.91
7岁	120.6	5.22	119.3	5.34

2）不同地域的人体身高、体重

由于我国地域辽阔，不同地区的人体尺寸差异较大，将我国人口分为六个区域，具体分类和数据见表 1.3-7。

我国六个区域的人体身高、体重的平均值和标准差 表 1.3-7

项目		东北、华北区		西北区		东南区		华中区		华南区		西南区	
		均值	标准差	均值	标准差	均值	标准差	均值	标准差	均值	标准差	均值	标准差
身高（mm）	男	1693	56.6	1684	53.7	1686	55.2	1669	56.3	1650	57.1	1647	56.7
	女	1586	51.8	1575	51.9	1575	50.8	1560	50.7	1549	49.7	1546	53.9
体重（kg）	男	64	8.2	60	7.6	59	7.7	57	6.9	56	6.9	55	6.8
	女	55	7.7	52	7.1	51	7.2	50	6.8	49	6.5	50	6.9

3.1.1.2 人体基本动作尺度

人体基本动作尺度是反映人体在使用家具时所占的空间尺度，它是在人体基本尺度的基础上，当人体活动时所占有的这一尺度。图 1.3-8～图 1.3-11 分别表示了人的立姿活动空间、坐姿活动空间、单腿跪姿活动空间和仰卧活动空间。图 1.3-12 为人的几种基本动作尺度。

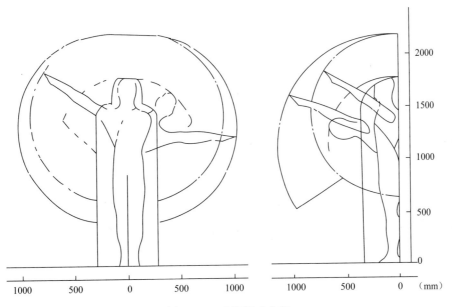

图 1.3-8 立姿活动空间

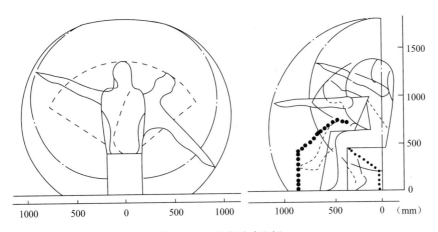

图 1.3-9 坐姿活动空间

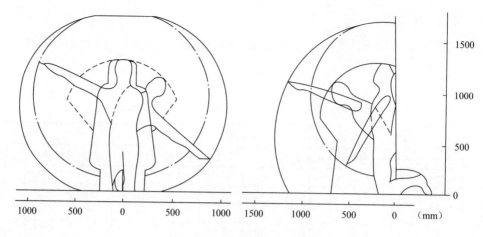

图 1.3-10　单腿跪姿活动空间

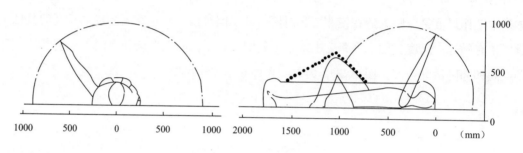

图 1.3-11　仰卧活动空间

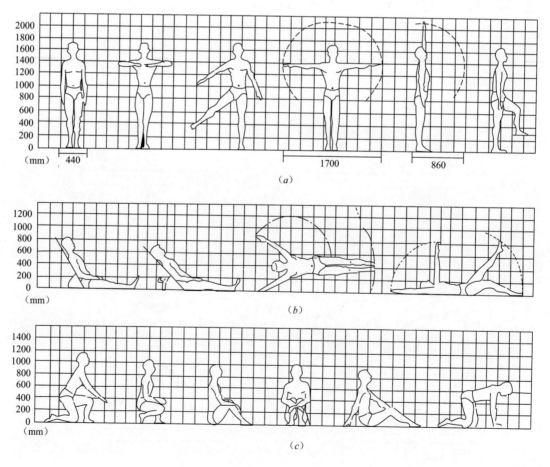

图 1.3-12　人的基本动作尺度（一）

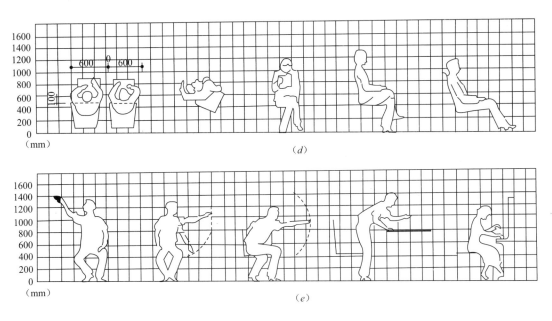

(d)

(e)

图 1.3-12 人的基本动作尺度（二）

3.1.1.3 人体尺寸略算值

人体尺寸略算值见表 1.3-8。

常用的人体尺寸略算值　　　　　　　表 1.3-8

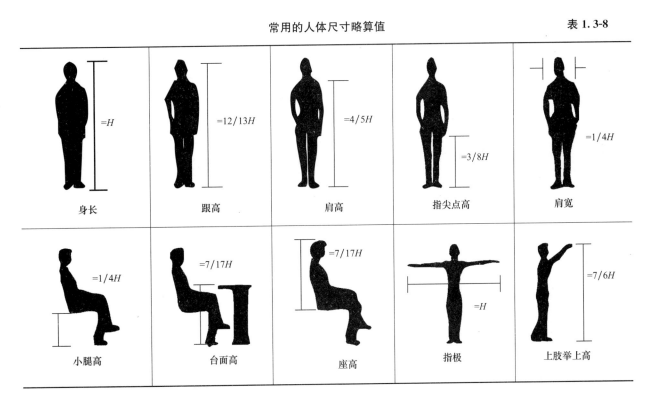

3.1.2 家具的基本功能要求与尺度

3.1.2.1 椅的基本功能要求与尺度

（1）座高（座前高）

根据座面高度与体压分布关系（图 1.3-13）及座面高度与腰肌活动度的关系（图 1.3-14），椅座高应小于坐者小腿腘窝到地面的垂直距离，以使小腿有一定的活动余地（图 1.3-15）。具体参数见表 1.3-9。

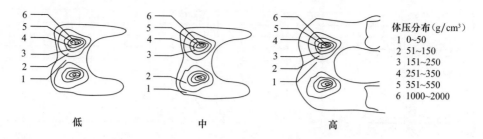

体压分布(g/cm³)
1 0~50
2 51~150
3 151~250
4 251~350
5 351~550
6 1000~2000

低　　　　　中　　　　　高

图 1.3-13　座面高与体压分布关系

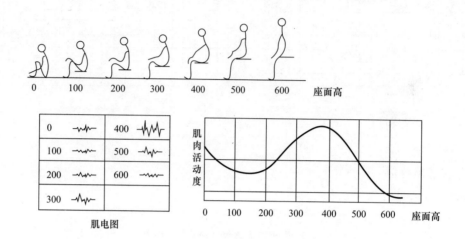

图 1.3-14　座面高度与腰肌活动度的关系

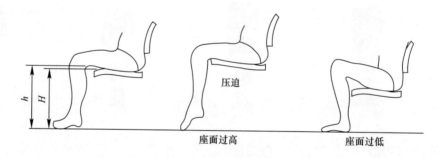

图 1.3-15　座高（H）与腘窝高（h）的关系

座高（座前高）相关参数　　　　　　　　　　　　　　　　表 1.3-9

适宜的座高：椅座高＝(小腿腘窝高)＋(25~35mm 鞋跟高)－(10~20mm 适当余量)

推荐座高尺寸：一般座高为 400~440mm，尺寸级差 $\Delta S=20$mm；
　　　　　　　若座高可调，座高范围为 380mm~520mm

休息椅	360~450mm	
工作椅	420~500mm	最好高度可调，调节方式可以是无级的或间隔 20mm 为一档的有级调节，调节范围通常为工作台面下方 24~30cm 之间，当作业要求座高较高时，应配置一个可调式踏板搁脚
沙发	330~380mm（不包括材料的弹性余量）	若采用较厚的软质材料，以弹性下沉的极限为尺度准则

家具设计资料集

184

（2）座宽

座宽是指座面前沿的水平宽度，若座面为梯形，座面宽则分为前沿的座前宽和后沿的座后宽。椅座的宽度（前、后宽）应当能使臀部得到全部的支持，并有一定的宽裕，使人能随时调整其坐姿，如图1.3-16所示，具体参数见表1.3-10。

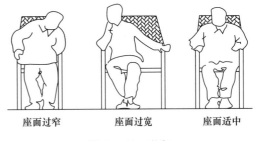

座面过窄　　座面过宽　　座面适中

图 1.3-16　座宽

座宽参数　　　　　　　　　　　　　表 1.3-10

适宜的座宽：Ⅰ．座宽＝坐姿臀宽＋衣服厚度＋活动余量（适用于无扶手座椅） Ⅱ．座宽＝肩宽＋衣服厚度＋活动余量（适用于成排相邻放置的座椅和扶手椅）		
推荐座宽尺寸：一般座椅的座宽范围为460～500mm		
扶手椅	＞460mm	上限尺寸兼顾功能和造型的需要，不宜过宽
靠背椅	＞380mm	上限尺寸兼顾功能和造型的需要，不宜过宽
长方凳	320～380mm	
正方凳	260～300mm	尺寸级差 $\Delta s=20$mm
长凳（凳长 L）	900～1050mm	尺寸级差 $\Delta s=50$mm

（3）座深

座深是指座面前沿中点至座面与背面相交线的距离。正确的座深应使臀部得到全面的支撑，腰部得到靠背的支持，座面前缘与小腿间留有适当距离，以保证小腿可自由活动。若座深过大时，此时背部支撑点悬空，使靠背失去作用，同时膝窝处受压；若座面过浅，则大腿前沿软组织受压，使大腿久坐而麻木，如图1.3-17所示，具体参数见表1.3-11。

背部悬空　　　　　膝窝受压　　　　　适中

图 1.3-17　座深

座深参数　　　　　　　　　　　　　表 1.3-11

适宜的座深：座深＝臀部到膝窝长度＋衣服厚度－60mm（间隙）		
推荐座深尺寸：一般座椅的座深范围为380～430mm		
一般扶手靠背椅	400～440mm	
无扶手靠背椅	340～420mm	
折叠椅	340～400mm	
长凳	120～150mm	尺寸级差 $\Delta S=10$mm
长方凳	240～280mm	座宽与座深比为1.3～1.4
正方凳	260～300mm	
圆凳	直径为260～300mm	尺寸级差 $\Delta S=20$mm
休息椅	400～550mm	若座深可调，调节方式可以是无级或间隔10mm为一档的有级调节
工作椅	340～450mm	若座深可调，调节方式可以是无级或间隔10mm为一档的有级调节

（4）座面曲度

座面曲度直接影响体压的分布，从而引起坐感的变化（图1.3-18）。设计时应尽量使腿部的受压降至最低限度。椅座面宜多选用半软稍硬的材料，座面前后也可略成微曲形或平坦形，以利于肌肉的松弛和便于起坐动作。

（5）座斜度和背斜度

座斜度（α），又称为座倾角，是指座面与水平面之间的夹角。背斜度（β）是指背面与水平面之间的夹角，如图1.3-19所示。座斜度α和背斜度β互为关联，而背斜角β主要取决于椅子的功能要求。一般工作用椅，座斜度与背斜度较小，休息用椅则较大。而且休息程度越高，其座斜度和背斜度也越大，具体参数见表1.3-12。

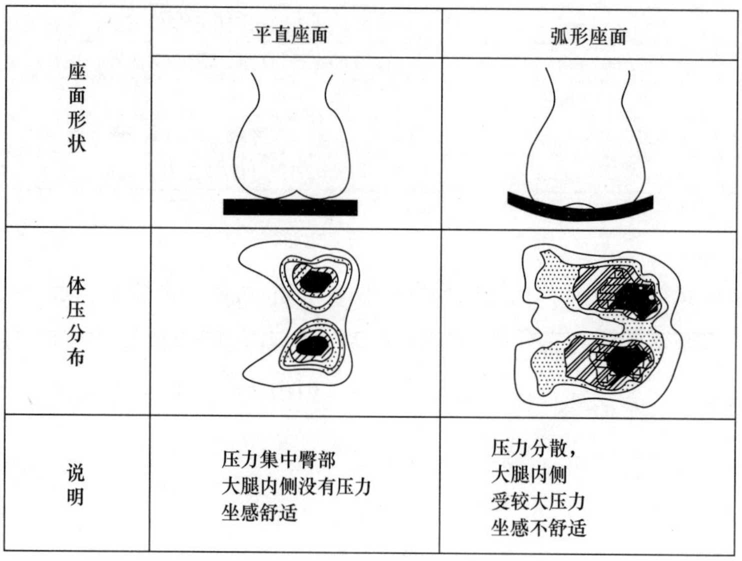

座面形状	平直座面	弧形座面
体压分布		
说明	压力集中臀部 大腿内侧没有压力 坐感舒适	压力分散， 大腿内侧 受较大压力 坐感不舒适

图1.3-18　座面曲度与体压分布

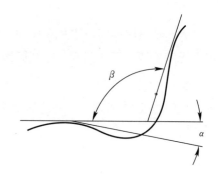

图1.3-19　座斜度（α）和背斜角（β）

座斜度和背斜度参数　　　　　　　　　　　　　　　　　表1.3-12

推荐座斜度和背斜度：
座斜度（α）：一般座椅为1°～4°，折椅为3°～5°，角度级差 $\Delta A = 1°$
背斜度（β）：$\beta \geqslant 90°$，通常范围为95°～120°，角度级差 $\Delta A = 1°$

	工作用椅	轻工作用椅	轻休息用椅	休息用椅	带枕躺椅
座斜度（α）	0°～5°	5°	5°～10°	10°～15°	15°～23°
背斜度（β）	100°	105°	110°	110°～115°	115°～123°

（6）椅靠背

椅靠背必须使躯干得到充分的支持，同时应不妨碍手臂的活动，所以通常椅靠背略向后倾，使人体的腰椎得到舒适的支撑面，靠背的高度除休息椅外，一般上沿不宜高于肩胛骨，以肩胛的内角距不到椅背为宜。对于专供操作的工作座椅，靠背高度低于腰椎骨上沿，支撑点位于上腰凹部为合适。

靠背设计的关键尺度：背高、腰靠高、肩靠高、头靠高、背宽、靠背倾斜角度（背斜角）。表1.3-13可以作为设计时的参考。

		椅靠背参数		表 1.3-13

	计算公式	推荐尺寸	备　注
背高	Ⅰ．坐高＝坐姿肩胛骨下角高－背斜调节量＋衣服厚度－适当余量（10～20mm）（适用于一般座椅的高靠背设计）Ⅱ．坐高＝坐姿腰椎点高－背斜调节量＋衣服厚度－适当余量（10～20mm）（专供操作的工作用椅的矮靠背设计）	最大高度480～630mm	靠背的尺寸主要与臀部底面到肩部的高度和肩宽有关，确定高度时还必须计入座椅的有效厚度
背宽	背宽＝肩宽＋衣服厚度＋活动余量（100～200mm）	最大宽度350～480mm	① 背宽宜大不宜小，一般最小不小于两肩峰之间的水平间距；② 在工作椅设计中，背宽不能过大，避免阻碍手臂的自由活动
腰靠高	腰靠高＝坐姿腰椎点高－背斜调节量＋衣服厚度	工作座椅165～210mm，一般座椅185～250mm	① 托腰部的接触面宜宽不宜窄；② 通常腰靠处设置软硬度适宜的靠垫
肩靠高	肩靠高＝坐姿肩峰高－背斜调节量＋衣服厚度－适当余量（10～20mm）		肩靠支撑点一般在肩峰的下部，即肩胛的下角处为宜。这样有利于肩靠托住身体的重量
头靠高	Ⅰ．坐高＝坐姿头后点高－背斜调节量＋衣服厚度Ⅱ．坐高＝坐姿颈椎点高－背斜调节量＋衣服厚度		① 头（颈）靠应该托住头部；② 一般情况下，头和颈部支撑合为一体

我们在进行座椅设计时，必须根据具体的设计需要来选择恰当的支撑点和支撑形式。研究表明，图 1.3-20 及表 1.3-14 所示为最佳支撑条件。

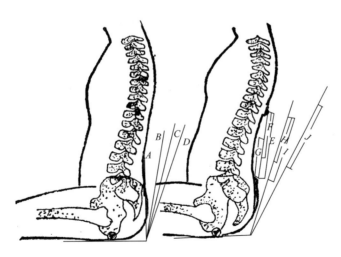

图 1.3-20　椅靠背支撑位置与角度

		椅靠背支撑位置与角度				表 1.3-14

支撑点	部　位	上体角度（°）	上　部		下　部	
			支撑点高度（cm）	支撑面角度（°）	支撑点高度（cm）	支撑面角度（°）
一个支撑点	A	90	25	90	—	—
	B	100	31	98	—	—
	C	105	31	104	—	—
	D	110	31	105	—	—

支撑点	部 位	上体角度 (°)	上 部		下 部	
			支撑点高度（cm）	支撑面角度（°）	支撑点高度（cm）	支撑面角度（°）
两个支撑点	E	100	40	95	19	100
	F	100	40	98	25	94
	G	100	31	105	19	94
	H	110	40	110	25	104
	I	110	40	104	19	105
	J	120	50	94	25	129

通过图表我们可以看出，背斜角的大小与支撑点的高度以及支撑面的大小是紧密相关的。另外，图表中的支承条件对座椅的设计具有一定的指导意义。例如，当我们设计倾角为110°的休息椅时，可以选用表1.3-14中的双支撑点Ⅰ的组合条件，并可根据上下支承的中心高度及支承面斜度连接成一条靠背曲线。

（7）弹性

弹性是人对材料坐压的软硬程度，或材料被人坐压时的返回度。坐垫、靠背、扶手垫等因支撑部位不同，压力分布与体表感觉均存在着差异，因而对弹性的要求也各不相同。一般规律总结如下：

1）软垫的软硬度应适宜，避免过软或过硬。若过软，则腹部受压迫，同时大腿软组织受压，使人感到不适，起立也会感到困难。

2）支撑点部位弹性较周围区域硬度要稍大。

3）一般座椅靠背应比坐垫柔软，靠背腰托宜稍硬。

4）座椅的用途不同，使用人群不同，弹性也有所不同。

5）在设计实务中，可以通过简单试验的弹性层下沉量作为软垫设计的基本参考依据（表1.3-15）。

弹性层下沉量参数 表1.3-15

合适的坐面下沉度		合适的靠背弹性压缩度	
		上半部	托腰部
小型沙发	70mm 左右	30～45mm	小于 35mm
中大型沙发	80～120mm 左右		

（8）扶手

座椅设置扶手，可减轻两肩、背部和上肢肌肉的疲劳，增加舒适感。设计扶手时还要注意材料的触感，弹性处理不宜过软，也不宜采用导热性强的金属材料，并应避免见棱见角的处理。

扶手设计的关键尺度：扶手高度、扶手内宽（扶手间距）和扶手斜角。

扶手的高度必须合适（图1.3-21），具体参数见表1.3-16。

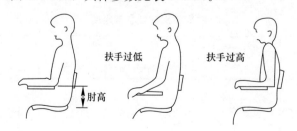

图1.3-21 扶手

参 数	计算公式	推荐尺寸	备 注
扶手高度	扶手高＝坐姿肘高－背斜调节量＋衣服厚度	250mm 左右	人体自然屈臂的肘高与坐面的距离，设计时应减去坐面下沉度为宜
扶手内宽（扶手间距）	Ⅰ．扶手内宽＝坐姿两肘间宽－两肘宽＋适当余量（适用于一般的座椅） Ⅱ．扶手内宽＝肩宽＋衣服厚度＋适当余量（适用于有扶手的连排座椅）	一般 520～560mm 坐前沿宽＞380mm 尺寸级差＝10mm 扶手内宽＞460mm 尺寸级差＝10mm 对于沙发等休息用椅扶手内宽＞480mm	两臂自然屈伸的扶手间距净宽应略大于肩宽
扶手斜角		±10°～±20°	扶手随坐面与靠背的夹角变化而略有倾斜

3.1.2.2 床的基本功能要求与尺度

床的基本功能要求是使人躺在床上能舒适地睡眠休息，以消除每天的疲劳。因此，设计床类家具时，必须着重考虑床与人体的关系，着眼于床的尺度与弹性结构，使床具备支撑人体卧姿处于最佳状态的条件，使人得到舒适的休息。

（1）床宽

床的宽窄直接影响人的舒适入睡，如图 1.3-22、图 1.3-23 所示。睡眠深度与床宽有着密切的关系。床宽的最小宽度为 700mm，如果低于这个数值，睡觉深度就会明显减少，影响睡眠质量，使人不能进入熟睡状态。

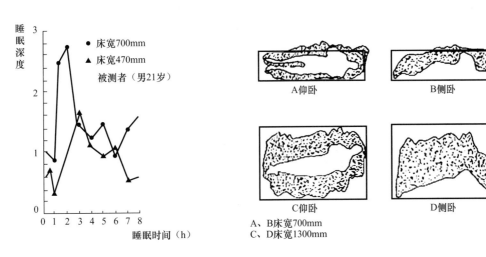

图 1.3-22 床宽与睡眠深度   图 1.3-23 床宽与睡眠时的翻身面积

人处于将要入睡的状态时床宽需要约 500mm，由于熟睡后需要频繁的翻身，而比较窄的床使人们的翻身频率减少而导致人们的睡眠质量下降，不能进入熟睡状态。日本学者通过摄像机对睡眠的动作进行调查研究发现，无论是软床还是硬床，翻身所需要的床宽约为肩宽的 2.5～3.0 倍，具体参数见表 1.3-17 所示。

适宜的床宽	床宽＝(2.5～3)W 其中，W 为肩宽（男性肩宽一般为 430mm，女性为 410mm）
推荐床宽尺寸	最低限＝500mm，建议≥700mm，通常单人床宽度以不少于 800mm 为宜

（2）床长

床的长度是指床框架内的净尺寸（图1.3-24）。床的长度对人的睡眠质量影响很大。不应该只考虑人在站立时的尺寸，还应该考虑人在睡眠时枕头所占的空间，人在伸胳膊伸腿时所占据的空间，具体参数见表1.3-18所示。

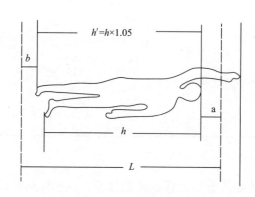

图1.3-24　床长

床的参数		表1.3-18
适宜的床长（L）	$L=h\times1.05+a+b$ 式中　　　 h——人体身高； 　　　 $h'(h\times1.05)$——在脚尖伸展时，头顶到脚尖的长度； 　　　　 a——人在卧姿时为了保持舒适，留出一定的枕头空间，人头顶到床头边的距离一般 $a=100mm$； 　　　　 b——脚尖伸展时，脚尖到床尾的距离，一般 $b=50mm$	
推荐床长尺寸	根据国家标准GB 3328—82规定，成人用床床面净长为1920mm，宾馆的公共用床，一般不设床架，使得身高特别高的客人可以加脚凳使用	

（3）床高

现代的床除了用于睡眠休息，有时还具有坐具的功能。所以床的高度应该与座椅的高度一致，可以参照椅子的座高尺寸来确定。这一尺寸对穿衣、脱鞋等一系列与床发生关系的动作而言也是合适的，具体参数见表1.3-19所示，表1.3-20～表1.3-22为各类床的常用规格。

床的参数	表1.3-19
适宜的床高	床高与座椅高一致
推荐床高尺寸	床　高：400～600mm 双层床：底床铺面离地面高度不大于420mm，层间高不小于950mm，两层床之间的空间最好控制在1500mm左右

双人床常用规格（mm）			表1.3-20
	床　长	床　宽	床　高
大	2000	1500	480
中	1920	1350	440
小	1850	1250	420

单人床常用规格（mm）　　　　　　　　　　　　　　　　　　表 1.3-21

	床　长	床　宽	床　高
大	2000	1000	480
中	1920	900	440
小	1850	800	420

儿童床常用规格（mm）　　　　　　　　　　　　　　　　　　表 1.3-22

	床长	床宽	床面高	栏杆高		床长	床宽	床面高	栏杆高
托儿所小班	900	550	600	1000	幼儿园小班	1200	600	220	400
托儿所中班	1050	550	400	900	幼儿园中班	1250	650	250	450
托儿所大班	1100	600	400	900	幼儿园大班	1350	700	300	500

双层床的设计还存在层间高的问题，层间高必须保证下铺使用者在就寝和起床时有足够的动作空间，但又不能过高，过高了会造成上下床的不便和上层空间的不足（图 1.3-25）。

（4）床的垫性

床的垫性对人的睡眠质量有很大影响。床面应当软硬适中，过硬或过软的材料都会影响睡眠质量和休息程度。卧时的体压分布（图 1.3-26）是影响卧感的主要因素。合理的体压分布应当是人体感觉迟钝的部位承受的压力较大，较敏感的人体部位受力较小。

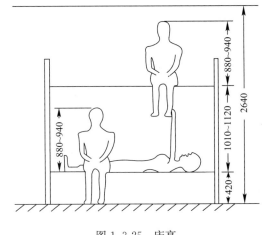

图 1.3-25　床高

对床垫的软硬程度来说，如果支撑人体的垫子很软时，背部的接触面积大，使腹部相对上浮，造成身体呈 W 形，使脊柱的椎间盘内压力增大，难于翻身、排汗等，结果使人难以入睡。如果床垫太硬，背部的接触面积减小，局部压力增大，造成局部血液循环不畅，背部肌肉收缩增强，也会使人不舒适（图 1.3-27）。

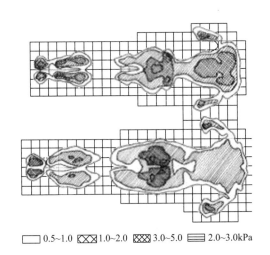

0.5~1.0　1.0~2.0　3.0~5.0　2.0~3.0kPa

图 1.3-26　人体睡眠时体压分布图

垫性好
（垫柔软度适中）

垫性不好
（垫过于柔软）

图 1.3-27　床板软硬对人体姿势的影响

人在睡眠时身体并非一直处于静态，而是经常辗转反侧。因此还应考虑到翻身的幅度、次数，以及床垫的软硬和翻身的幅度关系等（图 1.3-28）。

图 1.3-28　人体睡眠时的各种姿势

床垫的构造：床垫的缓冲性以三层为好（表 1.3-23）。但实际中也不一定按以上图的顺序排列 A、B、C 三层，只要床垫含有 A、B、C 三要素的功能，使软硬协调就可以了。

床垫的构造　　　　　　　　　　　　　　表 1.3-23

床垫的分层	图　示
A 层是与身体接触的部分，必须是柔软的	A 层软 B 层硬 C 层软
B 层是相当硬的，以保证人体水平移动	
C 层要求受到冲击时起柔和的缓冲作用	

3.1.2.3　桌的基本功能要求与尺度

（1）桌高

1）站姿作业的桌面高度

设计站立用桌的高度，是根据站着情况下，手臂自由垂下时，与肘高相应的高度来确定，具体参数见表 1.3-24 所示。

桌高参数　　　　　　　　　　　　　　表 1.3-24

站姿作业的最佳桌面高度＝最佳工作面的高度－工作物件的高度
（采用大尺寸人的参数作为设计依据，小尺寸的人可以通过使用垫板，脚踏或调节桌面的高度来改变工作面的高度）

工作面高度参考数值：
站姿作业的最佳工作面高度为肘高以下 5～10cm；
男性：平均肘高为 105cm，最佳工作面高度为 95～100cm；
女性：平均肘高为 98cm，最佳工作面高度为 88～93cm

类型	站姿作业的桌面高度参考值（mm）
用力工作	760～800
平面阅读、试验台	850～920
不用力工作	900～1000
平面书写、讲台、柜台、账台	900～1000

工作的性质会影响作业面的高度，从而也影响到桌面高度的设计，如图 1.3-29 和表 1.3-25 所示。

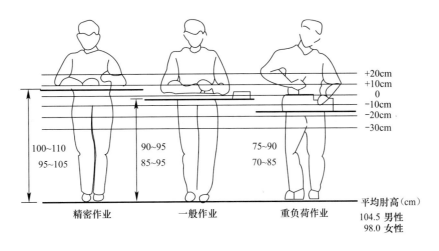

图 1.3-29 作业性质与工作台高度

作业性质与工作台高度　　　　　　　　　　　　　　　　　表 1.3-25

类　型	作业面高度（cm）	备　注
精密作业	上升到肘高以上 5～10	适应眼睛的观察距离
工作台	降到肘高以下 10～15	台面放置工具、材料
重负荷作业	降到肘高以下 15～40	需要借助身体的重量

2）坐姿作业的桌面高度

桌子过高或过低都会引起肌肉紧张，因此桌面应与椅坐高保持一定的尺度配合关系，具体参数见表 1.3-26，图 1.3-30 为桌高与椅坐高的关系，图 1.3-31 为桌子和坐具高度的不匹配对人的影响。

坐姿作业的桌面高度参数　　　　　　　　　　　　　　　　表 1.3-26

坐姿作业的桌面高度（H1）＝坐高（H）＋桌椅高差（H2），其中 H2 约 1/3 坐高（H3）（如图 1.3-30）
桌椅高差＝250～320mm，一般选 300mm，差值过大或过小都不合理（见图 1.3-31）

坐姿作业的桌面高度
国家标准 GB/T 3326—97 规定桌面高为：
H1＝680～760mm，级差 ΔS＝20mm，即桌面高度可以分别为 700mm、720mm、740mm、760mm 等规格

类　型	坐姿作业的作业面高度
精密、近距离观察	男性：900～1100mm；女性：800～1000mm
读写	男性：740～780mm；女性：700～740mm
打字、手工施力	男性：680mm；女性：650mm

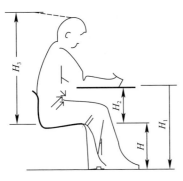

图 1.3-30 桌高与椅坐高的关系

图 1.3-31 桌子和坐具高度的不匹配

（a）差值过小；（b）差值过大

办公室工作，由于受到视距和手的较精密工作（如书写、打字等）要求，一般办公桌的高度都要在肘高以上。此外，还应保证办公人员有足够的腿部活动空间，腿能适当移动或交叉对血液循环是有利的，因而抽屉应在办公人员的两边，而不应在桌子中间，以免影响腿的活动，图1.3-32是办公桌的设计参考图。

有研究发现，适度倾斜的台面更适合阅读、写作这一类工作，当台面的倾斜角在12°～24°之间时，人的姿势较自然，躯干的移动幅度小，与水平作业面相比，疲劳与不适应感会减少。但是放东西就难了，这一点在设计时应予以考虑。

从适应性的角度而言，可调工作台是理想的人体工程学的设计。在轻负荷作业条件下，不同身高的人采用的调节高度如图1.3-33所示。如果操作人员是坐着工作的，可直接用于调节座椅的高度。如果操作人员是站立工作的，可在脚下设置不同高度的脚踏板或铺设不同张数的地毯，以调节高度。一般采用大尺寸的人的参数作为设计的依据。

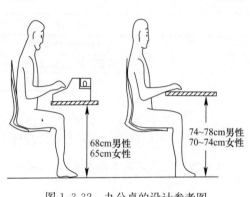

图1.3-32　办公桌的设计参考图

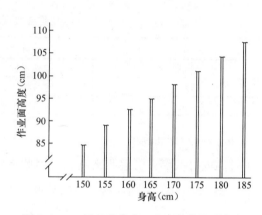

图1.3-33　轻负荷作业，身高与作业面高度

此外，桌子的高度还与桌子的用途以及室内其他家具的协调有关。一般工作用桌的桌高大于休闲用桌的高度，如图1.3-34所示。

3）交替式作业的桌面高度

坐立交替式作业是指工作者在作业区内，既可以坐着也可以站立。重要的和需要经常予以注意的视觉工作，必须设计在舒适的视线范围内，从而避免由于头的姿势不自然而引起的颈部肌肉疼痛。另外，坐立交替作业设计还很适合频繁坐立的工作。图1.3-35所示是一个坐立交替作业的设计。

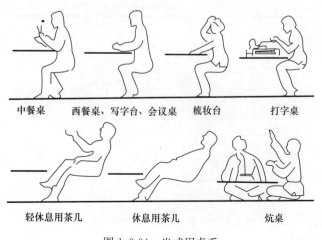

图1.3-34　坐式用桌系

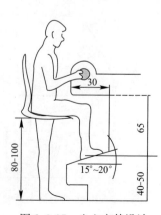

图1.3-35　坐立交替设计

（2）桌面尺寸

桌面的宽度和深度是根据手的活动范围、人的视野以及桌面上需要放置的物品的类型和方式来确定的。图 1.3-36 为坐姿时手的活动范围，手的活动范围受人体姿势的影响，人体站姿和坐姿时手的活动范围是不同的，如图 1.3-37 和图 1.3-38 所示。对于手在写字台上的活动范围如图 1.3-39 所示，表 1.3-27 为桌面尺寸具体参数。

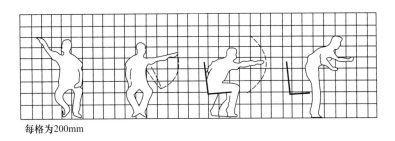

每格为200mm

图 1.3-36　坐姿时手的活动范围

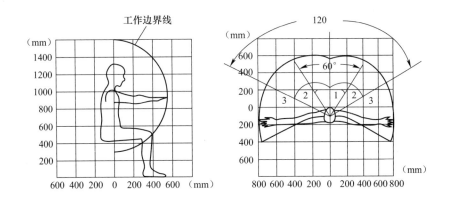

图 1.3-37　坐姿作业空间尺寸

1—人体上肢活动范围的最佳区域；2—人体上肢活动范围中容易达到的区域；

3—人体上肢活动的范围中能够达到的最大区域

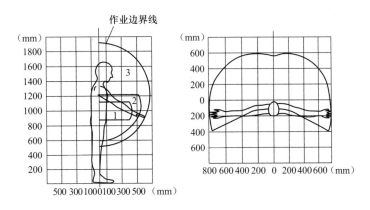

图 1.3-38　站姿作业空间尺寸

1—人体上肢活动范围的最佳区域；2—人体上肢活动范围中容易达到的区域；

3—人体上肢活动的范围中能够达到的最大区域

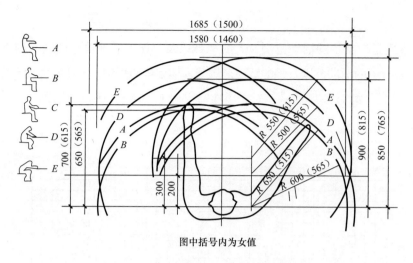

图中括号内为女值

图 1.3-39　写字台手的活动范围

桌面尺寸参数（mm）（参考国家标准 GB/T 3326—97 规定）　　　　　表 1.3-27

	桌面宽	桌面深	备　注
双柜写字台	1200～1400	600～1200	宽度级差 $\Delta B=100$； 深度级差 $\Delta T=50$； 宽深比 $B/T=1.8\sim2$
单柜及单层写字台	900～1500	500～750	

　　餐桌及会议桌的桌面尺寸以人均占周边长为准则进行计算，一般人均占有周边长为 550～580mm，较舒适的长度为 600～750mm。常见的餐桌尺寸如图 1.3-40、表 1.3-28 和表 1.3-29 所示。

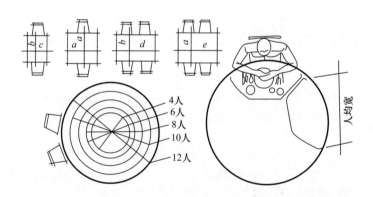

图 1.3-40　餐桌表面尺寸

方桌、长方桌尺寸参考表（mm）　　　　　表 1.3-28

类　型	a	b	c	d	e
进餐	850～1000	800～850	650	≥1300	1400～1500
小吃	750～800	700	600	1000～1200	1400～1500

注：表中的尺寸代号参照图 1.3-39。

圆桌尺寸参考表（mm）　　　　　表 1.3-29

人　数	4	6	8	10	12
规　格（ϕ）	750～900	900～1100	1100～1300	1300～1500	1500～1800

表 1.3-30 和表 1.3-31 是其他桌类家具的一些尺寸参照。表 1.3-30 中，对会议桌的宽度未加规定，主要根据参加会议的人数、规模，以及会议室的室内空间尺寸而定。一般人均占有桌面的宽度 600mm 为宜。每一个组合单体的长度以不超过 320mm 为宜。

会议桌、梳妆台、打字台尺寸参考表（mm） 表 1.3-30

	会议桌			梳妆台			打字台		
	宽	深	高	宽	深	高	宽	深	高
大		1400	750	1200	600	700			
中		1000	750	800	500	700	1150	600	600
小		600	750	700	400	700			

茶几、炕桌尺寸参考表（mm） 表 1.3-31

	长茶几（轻休息）			茶几（休息用）			炕桌		
	宽	深	高	宽	深	高	宽	深	高
大	1100	550	500	650	460	580	1000	600	350
中	1000	500	450	600	420	550	850	600	320
小	900	450	450	560	400	500	800	600	320

（3）桌面下的空隙

1）容腿空间

桌面下的空隙高度应高于双腿交叉时的膝高，并使膝部有一定的活动余地。通常桌面至抽屉底的距离（h）不超过桌椅高度差（H）的 1/2，一般取 $h = 120 \sim 160mm$，抽屉下沿至椅座面距离 $h_1 \geqslant 180mm$，如图 1.3-41，具体参数见表 1.3-32 所示。

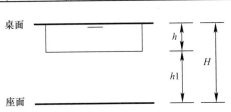

图 1.3-41 容腿空间

容腿空间具体参数 表 1.3-32

	容腿空间推荐尺度	
国家标准 GB/T 3326—97 规定为：	容膝空间高（抽屉底至地面的高度）	≥580mm
	容膝空间净高（人处于坐姿时，大腿上沿至地面的高度）	>520mm
	腿与桌面下抽屉的高度	不超过差值（抽屉底到座面的距离）的 1/2

图 1.3-42 正面置下肢空间

通常为了保证双腿的自由活动和伸展，对桌下空间的宽度和深度也有要求，一般深度≥600mm，宽度（A）≥520mm，如图 1.3-42 所示。

2）容足空间

立式用台桌的下部，均无需留出容腿空间，通常作为收藏物品的柜体形式处理，但会设有容足空间，容足空间推荐尺度：高度通常为 80mm，深度以 50~100mm 为宜，如图 1.3-43 所示。

（4）视觉与桌面

桌面一般不宜采用鲜明色，因为色彩悦目会分散视力，而且过于光亮的桌面，当光照亮时易产生眩光，使视觉疲劳。

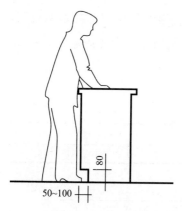

图 1.3-43　容足空间

人在使用桌子时，视点与桌（台）面之间要有合适的视距，以获取舒适的视野。对于阅览桌、绘图桌、课桌的桌面，可以设计成约 15°的斜坡，使人能够获取舒适的视线，同时姿势较自然，躯干的移动幅度小，与水平作业面相比，疲劳与不适应感会减少。但倾斜桌面上不宜陈放物品，所以设计时要考虑实际使用要求。

3.1.2.4　柜的基本功能要求与尺度

柜类家具的基本功能要求是满足对物品的收纳和管理，此外还要使人的视觉能与柜类家具的尺度和室内空间具有良好协调的比例关系。

柜类家具中柜高、柜深、柜宽的设计依据，首先是与人体的尺度和动作的关系；其次是柜类家具设计所遵循的六大原则；最后，根据设计依据与原则，列出了常用柜类家具的功能尺寸以及国家的有关标准。

（1）柜类家具的尺度与人体尺度和动作的关系

1）柜高

柜类家具的高度常按人体身高、两手方便到达的高度和两眼较好的视域，以及建筑物层高来确定。

① 隔板高度与人体动作范围。

为了正确地确定柜体及隔板的高度和合理分配空间，首先必须了解人体所能及的动作范围。就我国成年妇女为例，其动作活动范围如图 1.3-44 及表 1.3-33 所示。

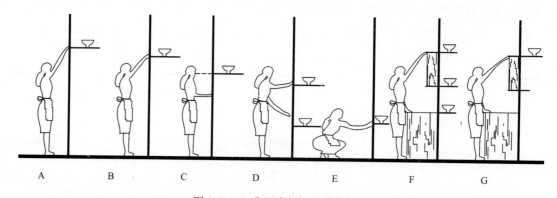

图 1.3-44　我国成年妇女动作尺度

我国成年妇女动作尺度　　　　　　　　　　　　　　　　表 1.3-33

	高度（mm）	应用
A	2000	经常存取与偶然存取的分界线
B	1800	经常伸臂使用的挂衣棒或搁板的高度
C	1500	直视的高度分界线
D	600～1200	舒适地存取物品的范围
E	600	经常存取的下限高度
F	1950	有炊事案桌的经常存取的上限高度
G	1700	有炊事案桌的搁板上限或吊柜顶面

根据以上动作分析可知，如果要适应妇女使用，柜的高度不宜超过 1.9m。如超过 1.9m，则要使用凳子来增加高度，否则就无法使用了。

② 储存区域划分（图 1.3-45）。

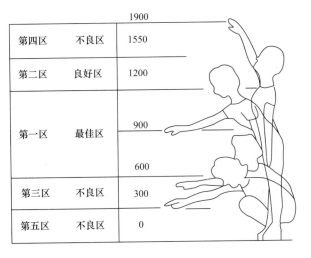

第四区	不良区	1550				1900
第二区	良好区	1200				
第一区	最佳区	900				
		600				
第三区	不良区	300				
第五区	不良区	0				

图 1.3-45　存储区域的划分

表 1.3-34 根据上述原则提出了高度分区建议，可供各种柜类设计时参考。

柜类家具高度分区　　　　　　　　　表 1.3-34

贮存区划分						门的形式	标高（mm）
被褥类	衣服类	餐具食品	书籍文具	观赏类	音响类	开门、拉门向上翻门	2400
备用品	稀用品	保存食品备用餐具	稀用品	稀用品		不宜抽屉	2200
							2000
备用品	换季用品	换季用品	库存品	贵重品	稀用品	适宜开门拉门	1800
客用	枕头	帽子	罐头	中小型物品		扩音机	1600
				观赏品	音箱	适宜拉门卷门	1400
被褥毯子	被褥睡衣	常用衣服挂放衣服	中小瓶类调味品 餐具 熟食品	常用书籍			1200
				小型观赏品	收录机 音箱 电视机	适宜开门翻门	1000
				文具			800
							600
	折叠存放衣服鞋类	大瓶罐炊具食品	大尺寸文具合订书刊	稀用品	音箱	适宜开门拉门	400
							200
脚　座							0

2）柜深

柜类家具深度的决定因素：人体活动空间尺度，物品尺寸，存放方式，视量，出材率。

① 柜类产品深度与人体的关系。

物品的贮藏整理与人体尺寸（特别是视点与上肢），及使用状态中的体位有着密切关系。不同的动作，如前俯、低蹲（图 1.3-46），翘足立、正立（图 1.3-47），单膝跪、直身跪（图 1.3-48），躬腰、半蹲（图 1.3-49）等，有不同的空间范围。

② 柜类产品深度与人的视线范围。

在确定柜类产品的深度时，要考虑人的视线范围。由于人的视线范围与搁板的间隔距离有关，搁板之间的距离越大，能见度越好，但空间浪费较多；搁板之间距离越小，则能见度越差。在设计时可参考图 1.3-50 所示的方法，根据实际情况进行检验，尽可能改善能见度的条件。

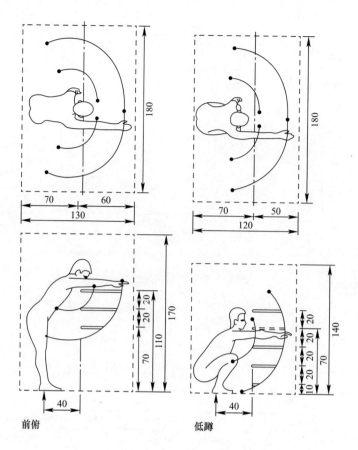

图 1.3-46　前俯、低蹲

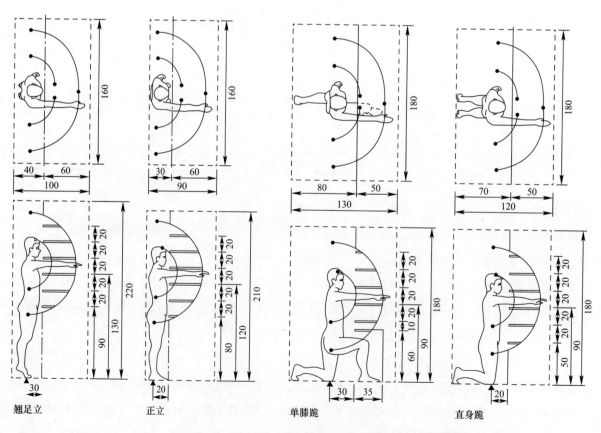

图 1.3-47　翘足立、正立　　　　　　　　　图 1.3-48　单膝跪、直身跪

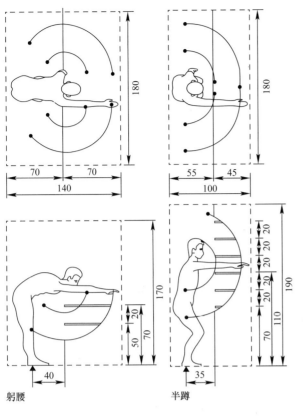

图 1.3-49　躬腰、半蹲

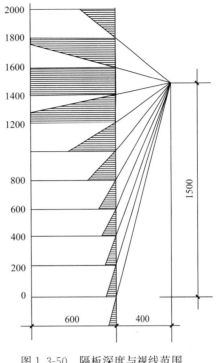

图 1.3-50　隔板深度与视线范围

3）柜宽

柜类家具宽度的决定因素：物品尺寸、存放方式、存放量，搁板承重，出材率。

橱、柜、架等贮存性家具的宽度和深度，是由室内空间、存放物的种类、数量和存放方式，以及人造板的合理裁锯等因素来确定。在很大程度上取决于人造板材的合理裁割与设计系列化的问题。设计时除考虑上述因素外，从建筑的整体来看，还须考虑柜类体量在室内的影响和室内之间要取得较好的视感。

（2）柜类家具功能设计原则

1）人体操作活动的可能范围

人们日常生活用品的存放和整理，应依据人体操作活动的可能范围，并结合物品使用的繁简程度去考虑它存放的位置。

家具与人体的尺度关系是以人站立时，手臂的上下动作为幅度的。按方便的程度来说，可分为最佳幅度和一般可达权限。通常认为在以肩为轴，上肢为半径的范围内存放物品最方便，使用次数也最多，又是人的视线最易看到的视域。

2）物品使用的繁简程度

根据物品使用的频率，常用的物品存放在取用方便的区域，而不常用的东西则可以放在手所能达到的位置，力求有条不紊，分类存放，同时还必须按物品的使用性质、存放习惯和收藏形式安排得井然有序，各得其所。如柜高：

① 柜高的 650～1800mm 区段是人们取放物品最佳范围，宜放置使用频率高的物品。

② 柜高的 650mm 以下区段，因取放物品需屈膝弯腰，宜放较沉重物品。

③ 1800mm 以上因要借助梯子取放物品，只放换季的东西和使用频率不高的物品。

3）物品的尺度、存放方式、存放量

柜内分隔所形成的空间，要与存放物品的尺寸相吻合，并略加余量，以便物品顺利放进和取出。为了使贮存空间适合于某些物品的贮存，就必须了解和掌握各类物品的不同规格尺寸及其尺寸范围。例如：①书柜应分32开本和16开本的不同空间，既节省容积，又便于取用；

②衣柜的空间自然应分挂短衣和长衣两类。

柜类家具内部的贮存空间对同一物品可以有不同的存贮方式，只要掌握了物品的尺寸、贮存方式以及存放量，便可以确定柜体的内部空间尺寸。根据内部空间尺寸，加上结构板件的厚度，便是产品的外形尺寸，再根据有关尺寸标准和材料的规格尺寸，便可以设计出柜类产品的最终外形尺寸。

4）板材的性能

橱柜设计要涉及一个承重问题，这关系到制作柜橱时所用材料的选择和结构、工艺的设计。

一般制作柜类家具所用的主要材料如下：

① 适用于家具外部的材料：质地较硬、纹理美观的木材，如枹木、水曲柳、榆木、桦木、色木、榉木、柚木、柳桉、楸木等。

② 用于内部的材料：材质较松软、材色和纹理不显著的木材，如红松、杉木等。

③ 目前还大量使用胶合板、纤维板、各式贴面板等。制作抽屉、门扇等的材料也采用了各种各样新材料来替代过去单一木材的状况。

5）板材的合理利用、标准化

橱、柜、架等贮存性家具的尺寸除了上述因素外，在很大程度上取决于人造板材的合理裁割与设计系列化的问题，柜类家具是最容易实现标准化的家具类型。

① 目前市场常用的板材尺寸为1220mm×2440mm，通过对家具板材进行合理的裁割，提高板材的利用率。

② 采用"32mm系统"，可以实现家具的系列化、标准化，具有互换性强、生产效率高的特点。

③ 互换性强的特点满足了不同用户对于柜类家具的不同使用要求，如用户可以根据自己的需要规划柜内隔板、抽屉等的数量和位置。

6）良好的视觉感受

设计时除考虑上述因素外，从整体环境来看，还须考虑柜类体量对室内的影响，要在室内取得较好的视感。从单体家具看，过大的柜体与人的情感较疏远，在视觉上恰似一道墙，体验不到它给我们使用上带来的亲切感。单体家具要通过对造型要素点、线、面、体，色彩以及不同质感的材料的合理运用，设计出具有良好视觉感受的柜类家具。

（3）柜类家具的功能尺寸

1）主要功能尺寸

① 在高度上可分为三个部分：

由地面至500mm高的空间内，用来放置具有时间性和季节性的大型用品。

由500～1800mm高的空间内，一般都放置常用的和美观整齐的物体。

由1800～2400mm高的空间内，放置冬夏季衣服及不常用的物品等。

② 在深度方面可分为四个部分：

深度160mm：放置书籍、酒具、银器、茶具、衬衣、袜等。

深度 280mm：放置期刊、唱片机、收音机、电话机、食用器皿等。

深度 450mm：放置打字机、大件衣服、被褥等。

深度 600mm：适于衣柜、各种物品的贮藏柜等。

对于衣柜、书柜、橱柜三种柜类内部空间的划分及尺寸如图 1.3-51 所示，物品存放方式见表 1.3-35。

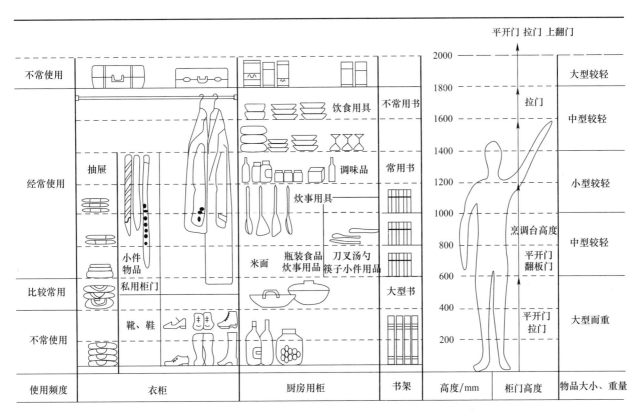

图 1.3-51 常见柜类内部空间划分

柜类家具物品存放方式 表 1.3-35

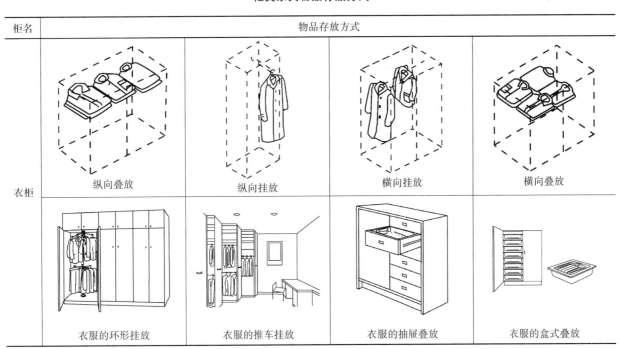

柜名	物品存放方式	
衣柜	衣服的隔板叠放	鞋靴的柜式存放

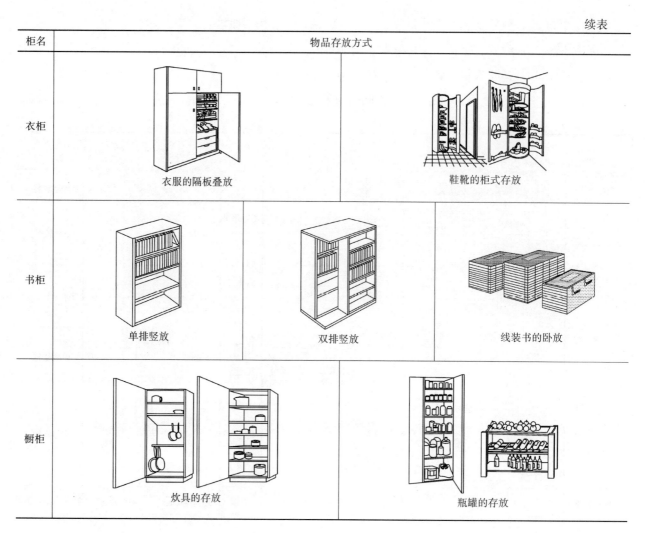

	书柜		
书柜	单排竖放	双排竖放	线装书的卧放
橱柜	炊具的存放	瓶罐的存放	

衣柜、书柜、文件柜的功能尺寸在下面"国家标准对柜类尺寸的限制"中有列出，现代社会中橱柜渐渐得到人们的重视，一套组合橱柜主要由吊柜、底柜及高柜组成，各部分功能尺寸见表 1.3-36。

橱柜功能尺寸   表 1.3-36

类　别	限制内容	尺寸范围（mm）	备　注
吊柜	吊柜底部离地面的高度	≥1300	吊柜的布置应不影响台面的操作、方便取放吊柜中物品、有效的储存空间以及操作时的视线
	吊柜底距操作台面净高	500～700	方便取放吊柜中物品，同时操作台面上可能放置电器、厨房用具、大的餐具等，需考虑其尺寸
吊柜	宽度		应尽量考虑与地柜的上下对位，以增加厨房的整体感
	门宽	≤400	避免碰头
	深度	<400，多采用 250～350	避免碰头或影响操作，同时兼顾储存量
低柜	高度	700～900	
	深度	>450	
高柜	高度	≥1300	与吊柜平齐
	宽度	柜门≤600	
	深度	>450	与低柜采用同一深度

电视柜的高低要适合人们看电视时视线的最佳角度，其厚度不仅要能放置下电视，还必须留出有助于电视散热的空间。

2）国家标准对柜类家具尺寸的限制

根据物品尺寸及物品存放方式所确定的柜体的内部尺寸及外部尺寸。国家标准 GB 3327—82 对柜类家具某些尺寸的限制见表 1.3-37。

国家标准对柜类家具尺寸的限制　　　　　　　　　　　　表 1.3-37

类　别	限制内容	尺寸范围（mm）	级差（mm）
衣柜	宽	＞500	50
	挂衣棒下沿至底板表面的距离	＞850（挂短衣） ＞1350（挂长衣） ＞450（叠衣）	
	顶层抽屉上沿离地面	＜1250	
	底层抽屉下沿离地面	＞60	
	抽屉深	400～550	
书柜	宽	750～900	50
	深	300～400	10
	高	1200～1800	50
	层高	＞220	
文件柜	宽	900～1050	50
	深	400～450	10
	高	1800	

3）部分家具部件尺寸的定位（表 1.3-38）

部分家具部件尺寸的定位　　　　　　　　　　　　表 1.3-38

3.2　家具功能设计

家具功能设计包括三个层次的设计，即家具环境使用功能及其对家具的分工、单件家具的基本使用功能和细微功能的延展（功能细节）。人体工程学不作为功能的一个层次，而是必须贯穿在设计的全过程中。

3.2.1 家具环境功能

3.2.1.1 概述

家具环境功能是对特定使用环境功能的整体满足设计，是对使用功能的整体设计，属于大功能设计的范畴，具体涉及生活与工作状态所要求的整体功能在各家具中的分配，追求弹性设计，关注新的家具品种的诞生。

家具首先是为室内外环境而配置，不同的环境都是为了响应人类某种不同的需要，这些需要与人的生活、工作、娱乐和社会活动的形态息息相关。随着人类文明的不断进步，其行为也在发生变化。

传统的功能重心会发生转移，传统意义上的家具功能和形态也在发生着微妙的变化。单件家具所承担的功能任务不是僵化的，家具与家具间的功能分工可以重新界定，新的家具品种和多功能家具也将随之被设计出来。

家具对环境的响应不仅仅在物质层面，还要考虑精神层面和其他非物质层面。不同的使用场合和不同的消费者需要不同的氛围和格调，或端庄严肃或休闲随意，或现代纯净或古典豪华，或追求都市精致生活或喜欢带有自然和乡土气息，或豪华或简约。家具设计必须与这些环境情绪的诉求相匹配。

3.2.1.2 家具使用环境分析描述工具

（1）动态行为描绘工具——情节串联图板（Storyboard）

用草图将某一时间段内目标客户群可能出现的活动情况作情节串联，进行可视化表现，从中了解目标客户群的年龄、职业、教育水平、经济条件、消费习惯、生活习惯等，进而明确购买者的生活风格潮流与生活意图。图 1.3-52 是一个示例，演绎了一次厨房家具的体验过程。

stefano，Gaggenau团体的一员，从互联网上了解到Eminlia Romagna的主厨将会来到他所在城市的展示间里，并参与他所关注的活动：他想学习意大利饺子的烹饪方法。

星期六，他同其他人一道去了Gaggenau的展示间做意大利水饺，同他们一起的还有从波伦亚来的在厨，他带来了"Gag-genau美食粗选"和"Gaggenau 新斛美食选集"中的产品。

主厨教给 Gaggenau 团体的成员怎样用他当地特色的配料烹饪 wniliaromagna 的特色菜品。

在他们烹饪结束以后，大家一起进餐，共饮主厨挑选的特色酒水，通过这种方式他们进行了社交同时他通过这个机会认识了 Francesca，他们决定这周再见面。

stefano上网订了两个人的位置，决定了他们将要烹饪的菜谱，并为厨房里的服务和产品付了款。

他根据米兰主厨给的配料为 Francesca 作了一餐美食，他们一道用米兰特色的配料作了一道特色菜。

在准备好了晚餐之后，Francesca 和 Ftefano 在一起进餐，他们更深入的了解了彼此。

为了避免忘记菜谱，Stefano 把它们收集在了 20 flavours gaggenau 文件夹里。在他不去展示厅时候，他能够在网上查看主厨的烹饪过程。

图 1.3-52　一次厨房家具的体验过程

（2）家具使用状态设想描绘工具——场景图（Scenario）

场景图即家具在某一功能空间中的使用场景图片，通过将家具的间接和直接使用状态进行可视化表达，从中了解家具是如何被使用的——即家具所承担的功能任务，如图 1.3-53 和图 1.3-54 所示。

图 1.3-53　厨房操作场景

图 1.3-54　卧室生活场景

场景图是获取信息的有效路径，其作用如下：

1）通过对使用者及其可能使用行为的细化分析，研究用户日常的生活状态。

2）了解家具的使用环境、使用方式及用途，明确目标客户群的需求内容，得出消费者最关注的主要因素，确定功能与价值评估指标。

3）将必要与可能的行为描述出来，提取对设计有关的影像资料和关键词，将其作为设计依据并转化为可操作的设计条件和概念。

3.2.1.3　住宅家具环境功能

（1）人的生活形态变化

住宅家具的设计首先取决于人的生活形态。生活形态是动态变化的，有纵向、横向和深度方向的三维变化，见表 1.3-39。

生活形态的变化　　　　　　　　　　　　　　　　　　表 1.3-39

变化方向	表现形式
纵　向	历史沿革，伴随着人类文明的发展而变化
横　向	同一历史时期中，由于不同国家、民族、地域、职业、建筑情况、经济条件以及人类个体间的各种差异而产生的变化
深度方向	同一个时空下，随着生活形态的临时变化而对家具产生适应变化的要求

在具体设计时，设计师应根据市场与企业的实际情况，寻求共性需求与个性差异的最佳平衡点，赋予功能上的弹性来满足可能出现的新变化。

家庭住宅内所用的家具，按照传统生活模式与建筑物内部格局，可以分成若干个功能空间。现实的居住空间通常由以下几个部分组成：

1）公共空间：客厅（起居室）、餐厅、家庭活动中心等。

2）私密空间：书房（收藏室）、卧室、卫生间等。

3）操作空间：厨房、家庭实用空间（熨洗衣服）等。

4）特殊空间：子女房等。

各空间的功能构成可以分成主要功能（也可称为核心功能）、次要功能和辅助功能三种类型，见表 1.3-40。

空间的功能构成

表 1.3-40

类　型	释　义	特　点	备　注
主要功能	空间的基本功能，即必要功能	传统的核心功能，可变性不大	三大功能的划分依据是使用者的需求强度：①需求最强的，反应空间根本属性的为主要功能；②需求最弱，起到辅助作用，并在一定程度上反映潮流信号的为辅助功能；③中间的为次要功能　强度是相对的，需求也非静态，而是一个动态的过程
次要功能	个性化需求所要求的功能响应，属于非必要功能	有时变化较快而强烈，甚至有可能取代传统核心功能而成为一种必需	
辅助功能		有时变化缓慢而不易察觉或由于生活状态与思维的惯性作用而未予特别的关注	

在限定空间内，主要功能对于人们特定的使用需求而言是必不可少的，反映空间的根本属性，通常较为稳定。相比之下，次要功能和辅助功能则具有更大的可变性，两者之间也没有很清晰的界定，完全清晰的界定也没有意义。辅助功能是为家具的未来发展留有接口。随需求特征的不同，次要功能和辅助功能处于一种动态的变化中，其影响因子有：

1）家庭属性、结构。

2）家庭成员的社会与经济特点。

3）社会生活潮流与走向等。

基本功能、辅助功能和次要功能共同构成了一个空间的功能体系，生活方式的改变在居住空间内的体现就是空间功能体系的变化。生活的共性需求决定着空间的基本功能，而个性差异导致了空间次要功能和辅助功能的差异化，对其深入研究有助于拓展人们的设计思路。

随着社会文明的发展，功能体系处于一个动态的变化中，原来的次要功能和辅助功能可能转变为基本功能，而新的基本功能也会衍生出新的次要功能和辅助功能与之相适应。次要功能和辅助功能是为了更好地完善整体功能需求，利用三种功能对整体需求作分层次的界定，最终以家具作为载体来承担不同层次的需求，从而要求新的家具系统与之相适应，或产生新的家具品种，或在原有家具的基础上作出新的设计。次要功能、辅助功能和主要功能之间是否有附属关系，不作为考虑的重点，我们追求的是对整体需求的响应。

对功能的划分不是目的，只是手段，提供相对量化的分析方法。环境功能的整体思想是对使用者在生活状态中的整体需求的满足，家具设计不是孤立地玩造型，提倡全局的眼光，以环境功能为考虑的出发点。

（2）公共空间

1）基本功能

满足家庭成员聚集生活的需要，例如客厅用于家人聚合、接待客人；餐厅用于家庭成员聚餐等，这就需要相应的家具与之适应，见表 1.3-41。

传统公共空间的基本功能与家具设置

表 1.3-41

功能空间	基本功能		设计响应
客厅	满足家庭成员聚集生活的需要	休息，沟通聊天	沙发，茶几
餐厅		饮食	餐桌，餐椅

看电视原为一种辅助功能,没有它家庭成员照样可以聚合与接待访客,随着电视的普及,看电视这种功能已经成为客厅的必需,这是人类科技与文化的强大作用深深地改变了我们的生活。

看电视这一功能的地位得到提升后,相应的衍生出了新的家具类型,如电视柜,原有的家具(如沙发)也随之做了适应性调整,所有这些变化是以使用者的生活形态及诉求为根本出发点,用不同的家具或同一件家具来承载其功能需求,如图 1.3-55、图 1.3-56 所示。

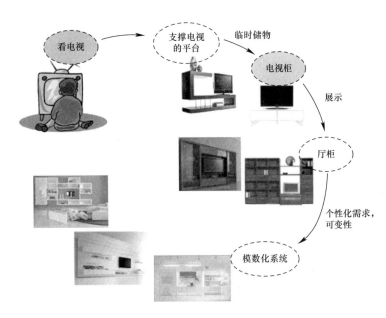

图 1.3-55 "看电视"这一功能带来的家具演变

图 1.3-56 "看电视"这一功能给沙发设计带来的演变

2)次要功能和辅助功能

与看电视相比较而言,上网、阅读、健身等就没有如此普及和必需,仍为一种次要功能,甚至是辅助功能。包括品茗等在内,具体在餐厅还是在客厅进行,没有定论,但至少这些需求给设计师们发出了信号,对这些辅助功能和次要功能的思考,可以获得意想不到的设计效果,图 1.3-57 列举了一些设计实例,图 1.3-58 列举了台球这一休闲功能在不同功能空间不同的设计响应。

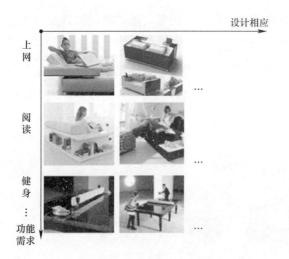

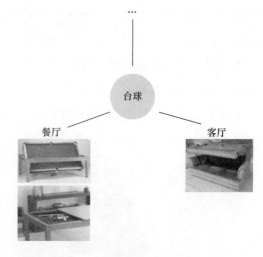

图 1.3-57　基于次要功能和辅助功能响应的设计实例　　　　图 1.3-58　台球休闲功能的设计响应

在这里需要强调的是一种发散性思维，不同的环境需要家具在整体功能的响应上有所作为，这是家具创新设计时首要的思维途径。图 1.3-59 是客厅家具及其环境效果，图 1.3-60 是餐厅家具及其环境效果。

图 1.3-59　客厅家具及其环境效果　　　　　　图 1.3-60　餐厅家具及其环境效果

（3）私密空间

1）卧室

图 1.3-61 为卧房家具及其环境效果。

图 1.3-61　卧房家具及其环境效果

对于传统的卧室而言：

① 主要功能是睡眠。

② 次要功能是衣物和床上用品的收纳与管理。

③ 辅助功能是梳妆、更衣、小歇、私密性交流、阅读等，并还可以延伸，见表 1.3-42 所示。

卧室的功能需求与设计的响应　　　　　　　　　　　　　表 1.3-42

功能类型		设计响应
主要功能	睡眠	床
次要功能	衣物和床上用品的收纳与管理	衣柜，斗柜等
辅助功能	梳妆、更衣、小歇、私密性交流、阅读等	梳妆台，休闲椅，衣帽架，床头柜等

单件家具承载的功能需求不是单一的，也不应该是单一的，家具归根到底是为了满足使用者的各种需求。了解使用者在各个功能空间中可能的行为习惯与使用方式，就可以打破固有思维模式，在原有家具基础上有所作为，甚至设计出新的家具品种。

例如，衣柜不完全是衣物管理与收纳的载体，同样可以作为展示的媒介，如图 1.3-62 所示，加一面镜子，即可满足整体试衣的需求，如图 1.3-63 所示。床头的设计也可以丰富起来，临时置物的需求可以响应，如图 1.3-64（a）所示，加上光源，可以满足阅读的需求，如图 1.3-64（b）所示。

（a）

（b）

图 1.3-62　衣柜　　　　　　　图 1.3-63　衣柜　　　　　　　图 1.3-64　床头

睡眠作为核心功能是无可替代的，其他的功能均可以向别的功能空间迁移，如步入式衣帽间的出现，便是将衣柜从卧室中剥离出来，独立成一个单独的功能空间。这不仅为衣物的不断增加提供了合理的收纳，同时可以让使用者享受试衣的过程，而不必拘泥于卧室小小的空间，图 1.3-65 为一步入式衣帽间设计。

图 1.3-65　步入式衣帽间设计

但这种迁移并非随心所欲的，一旦迁移就可能会带来不便。但是将所有功能都纳入卧室也不会显得便利，功能边界在哪？梳妆到底是在卧室还是在卫生间更好？不少人喜欢睡前看电视，甚至卧室的电视比客厅还重要，各人的生活习惯不同，完全清晰地界定是困难的，也无必要。

思考的方法在于将睡前、睡中和睡后的必要与可能的行为进行描述并予以一一响应，更重要的是此种响应往往不具普遍性，要把目标客户群范围收拢才更具备针对性，更有商业价值。一条重要的原则是在尊重传统生活习性的基础上进行科学创新。

2）卫生间

排泄与洗漱是卫生间的两大核心功能，但如果不考虑整个居室的清洁工作显然会非常糟糕，洗澡是个人身体卫生的基本需求，但随着生活质量的提高，洗澡被赋予更多的含义，如图 1.3-66 所示。休闲对于卫生间来说，其功能需求已经日显突出，如图 1.3-67 所示。相应的也就需要卫生间家具来予以响应，如置物型柜类家具。

图 1.3-66　卫生间

图 1.3-67　卫生间家具及其环境效果

3）书房

书房的传统功能已经发生了巨大的变化，并且还将继续变化，电子化和网络已经并将继续改变传统的书房，如图 1.3-68 所示。

图 1.3-68　书房家具及其环境效果

书房的功能已经不仅仅局限于个人的办公学习，这里同样可能作为接待室和休息室。对于书桌和书柜也提出了新的要求。书柜不仅解决了书籍的收纳问题，同样兼备展示的功能，半开放式或开放式书柜应运而生，如图1.3-69、图1.3-70所示。如何解决不断增加的藏书量，模数化书柜便很好地解决了这个问题，如图1.3-71所示。

图1.3-69　半开放式书柜

图1.3-70　开放式书柜

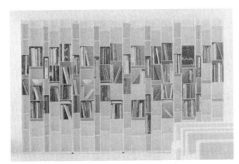
图1.3-71　模数化书柜

（4）操作空间

　　厨房是典型的家具操作空间，系统性极强，不仅在功能上必须综合考虑，还必须对饮食文化、烹饪设备设施以及不同人种的生活风格等进行深入的观察和研究。

　　厨房系统家具的设计，应当首先从以下五个步骤来生成概念，然后进行深度的细节设计，见表1.3-43。

厨房系统家具的概念生成程序　　　　　　　　　　　　　　　　表1.3-43

步　骤	内　容	图　示
1）前期研究	研究所需要采集和输入的与概念设计相关的内容，需要有影像和文字解释	

步　骤	内　容	图　示
2）绘制场景地图	按照厨房作业的流程绘制或拍摄场景，并予以诠释	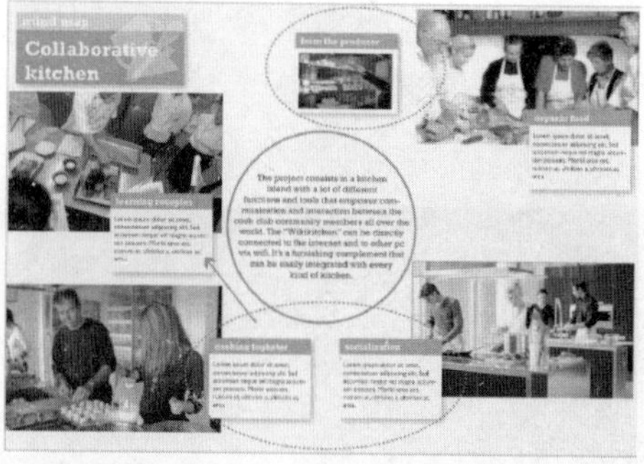
3）描述生活风格	对用户日常生活状态进行观察、研究，提取对设计有关的影像资料和关键词	
4）概念生成	根据目标客户群明确和隐含的需求，创造性地生成并选择有价值的概念，建立情绪模板（Moodboard）	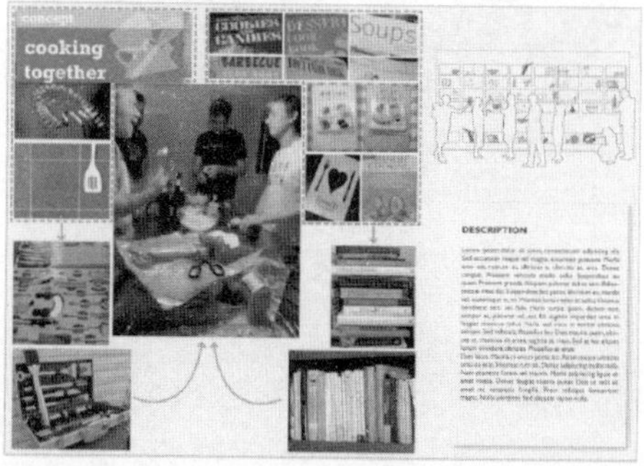
5）概念的可视化	对选取的概念进行可视化表达，表现手段可以是影像和产品使用情节串联板（Story-board）等	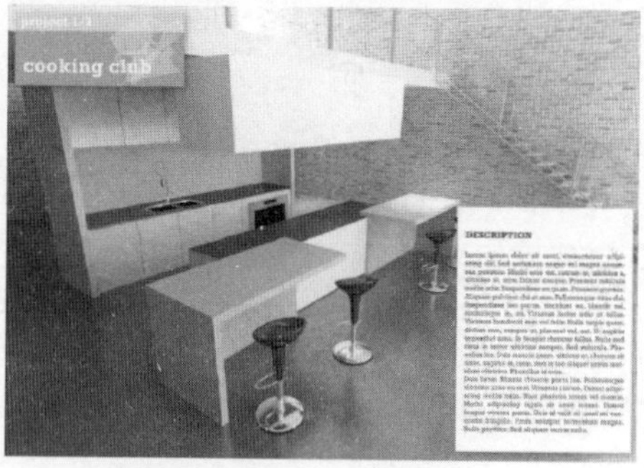

最终的产品及其环境如图 1.3-72 所示。

（5）特殊空间

家庭特殊空间，如子女房等。

家具在子女的生活中扮演着越来越重要的角色，对于子女房的家具来说，面临两大特点，一是年龄跨度大，二是功能综合和复杂。

1）年龄跨度

对于经济条件相对较好的家庭，子女房的家具更换可以相对频繁，因此可以将年龄细分化，即：可针对婴儿、儿童、少年和青年分别进行设计，满足不同年龄子女的需求，设计目标清晰和统一。

对于经济基础相对薄弱的家庭来说，设计时就应当更多地考虑对各年龄段子女的适应性和通用性，通常应当设计得比较成人化，也就是说家具几乎可以用到结婚前。

图 1.3-72　最终的厨房家具及其环境效果

2）功能的综合响应

子女房具有相对独立的空间，不仅要考虑子女的休闲与睡眠，还要考虑其学习、娱乐和其他有关活动，在家具和室内陈设上予以合理响应。尤其要注意小孩探索外部世界和身心发育的自然特性。图1.3-73是儿童在家庭中的生活场景，图1.3-74（a）和图1.3-74（b）是可供儿童涂鸦的家具设计。

图 1.3-73　儿童在家庭中的生活场景

（a）　　　　　　　　　　　（b）

图 1.3-74　可供儿童涂鸦的家具设计

3.2.1.4 办公家具环境功能

办公家具环境功能同样是对特定使用环境功能的整体满足设计，对象是直接或间接与办公相关的环境功能系统，涉及工作形态所要求的整体功能在各家具中的分配，寻求弹性及新的家具品种的诞生。

公司规模与性质不同，办公程序与模式也不完全相同，但总体上办公环境功能系统可以分为前台接待区、行政办公区、员工办公区、公共工作区和休闲区。每个特定的使用环境中行为状态和工作形态是不一样的，需要不同的整体功能设计，以不同类型的家具作为承担具体功能的载体，在这一过程中实现合理化的家具配置与再设计。

（1）前台接待区

设置前台是一家公司规范化运作的首要标志，前台家具在设置时不仅要明白为什么设置，更应当知道如何发挥它的作用。

前台接待区通常分为接待和等候两部分，整体功能的满足设计见表1.3-44，其中设计依据根源于对工作形态的关注分析及对使用者行为状态的观察。

前台接待区的环境功能设计　　　　　　　　　　　　　　　　表 1.3-44

功能属性	设计依据	设计响应	
接待	纯粹的接待 （由礼仪小姐执行）	接待台	
	接待＋正常的办公 （由职业秘书或普通文员执行）	接待台	
		椅	灵活的，富有弹性的，适应工作人员不同的姿势
		柜	1）有常用物品，如电话簿，时刻表的存放空间 2）临时物件存放空间：临时性决定了开放性的设计更合适，门及抽屉尽量少用，也不必上锁
等候	来访者物质性需求的满足	沙发，茶几，茶水柜等	
	对来访者的人性化关怀	书报架，烟灰缸等	

（2）行政办公区

行政办公区主要是中高层管理者的办公空间，其整体功能设计中存在共性的部分，也存在差异化的部分。

1）共性部分

① 更加强调空间的领域感与私密性。

② 家具的配置，室内的陈设布置更加注重个性化的选择，用来强调个人与众不同的身份。

③ 房间的功能进一步加强。

④ 空间和家具的尺度感更加明显，衬托管理者的威严和魄力。

2）差异化部分

同一家企业中，中层和高层管理者之间，随着地位的上升，其功能需求也是递增的，地位越高，精神需求也越突出；不同性质企业的相同级别管理层之间也因为工作形态的差异化而产生不同的需求，从而导致对家具配置及设计有不同的要求，如图1.3-75所示。如普通企事业单位的高层管理者依然比较青睐于厚重、深色的班台，而服务性公司及国际性公司的高层管理者则更加注重产品的设计感，而不是材料本身的价值。

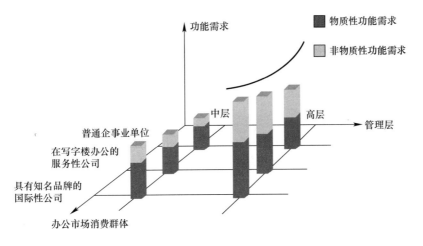

图 1.3-75　行政办公区的差异化体现

行政办公区的功能需求同样可以分为三类：主要功能是办公，次要功能是接待，辅助功能是休闲、娱乐，具体见表 1.3-45。

行政办公区的功能需求　　　　　　　　　　　　　　　　表 1. 3-45

功能类型		设计响应
主要功能	办公	办公桌（大班台）、大班椅、文件柜、书柜、保险柜等
次要功能	接待	沙发、茶几、小型会议桌，衣帽架（衣橱）、简式吧台等
辅助功能	休闲，娱乐	健身设施、棋室、书画室、卫生间等

① 中层管理人员房间布置。

私人办公室的功能受到空间面积大小的影响，在面积有限的情况下，功能势必只能满足最基本的办公功能，家具的布置只能是一些办公家具，如办公桌、办公椅、文件柜等。

通常面积在 14m² 以内的私人办公室就不设置接待会客区域了，当办公室的面积在 14m² 以上的时候，可以适当地考虑空间的会客接待功能，布置的家具可以增多，但接待功能不是很强，表 1.3-46 展示了典型的中层管理人员整体的功能需求及相应的家具配置，仅供参考。

中层管理人员整体的功能需求及相应的家具配置参考　　　　　表 1. 3-46

配置区域	区域图片	配置标准
大型汽车企业中层领导办公室		a）班台：2800mm×1000mm×760mm（1张）； b）文件柜：3000mm×420mm×2000mm（1个）； c）中班椅/班前椅：1张/2张； d）沙发：三人位（1张）/单人位（2张）； e）茶几：长茶几（1张）/方茶几（1张）； f）洽谈桌：1800mm×900mm×760mm； g）洽谈椅：6张

配置区域	区域图片	配置标准
大型传媒企业中层领导办公室（中层正职为单人，副职为2-3人）		a) 班台：2000mm×1000mm×760mm； b) 文件柜：2200mm×420mm×2000mm； c) 班台：1600mm×800mm×760mm； d) 文件柜：900mm×420mm×2000mm； e) 中班椅/班前椅：1张/2张； f) 沙发：三人位（1张）/单人位（2张）； g) 茶几：长茶几（1张）/方茶几（1张）
大型钢铁企业中层领导办公室		a) 班台：2000mm×1000mm×760mm（1张）； b) 文件柜：2000mm×420mm×2000mm（1个）； c) 中班椅/班前椅：1张/2张； d) 沙发：单人位（2张）； e) 茶几：方茶几（1张）；

② 高层管理人员房间布置。

一般而言，随着地位的上升，房间的面积也在不断地增大，随着管理人员工作形态的变化，功能需求也在不断地完善。对于高层管理人员而言，工作性质相对独立，互动性少，具有高度的私密性与固定感，办公空间更多的是个人身份的彰显，需要响应其精神需求。除了关注高品质的产品本身之外，办公环境情绪也是他们关注的重点，如图 1.3-76 所示，而这主要通过软性装饰来实现。表 1.3-47 展示了典型的高层管理人员整体的功能需求及相应的家具配置，仅供参考。

(a)　　　　　　　　　　　　　　　　(b)

图 1.3-76　高层管理人员办公区环境功能设计

配置区域	区域图片	配置标准
大型汽车企业高层领导办公室（董事长/总经理办公室）		a）班台：4200mm×1250mm×760mm（1张）； b）文件柜：5400mm×420mm×2200mm（1个）； c）大班椅/班前椅：1张/2张； d）沙发：三人位（1张）/单人位（4张） e）茶几：大方茶几（1张）/方茶几（1张）； f）会议桌：7200mm×2400mm×760mm（1张）； g）会议椅：19把； h）休息室：标配； i）秘书室：标配
大型汽车企业高层领导办公室（副总经理办公室）		a）班台：3200mm×1000mm×760mm（1张）； b）文件柜：3600mm×420mm×2200mm（1个）； c）大班椅/班前椅：1张/2张； d）沙发：三人位（1张）/单人位（2张）； e）茶几：长茶几（1张）/方茶几（2张）； f）休息室：标配； g）秘书室：标配
大型传媒企业高层领导办公室（正职台领导）		a）班台：2800mm×1100mm×760mm（1张）； b）文件柜：5800mm×450mm×2200mm（1个）； c）大班椅/班前椅：1张/2张； d）沙发：三人位（1张）/单人位（1张）； e）茶几：大方茶几（1张）/方茶几（1张）； f）洽谈桌：1800mm×900mm×760mm； g）洽谈椅：4张； h）会议桌：4800mm×2000mm×760mm（1张） i）会议椅：13把； j）休息室：标配
大型传媒企业高层领导办公室（副职台领导）		a）班台：2400mm×1000mm×760mm（1张）； b）文件柜：5800mm×450mm×2200mm（1个）； c）大班椅/班前椅：1张/2张； d）沙发：三人位（1张）/单人位（2张）； e）茶几：长茶几（1张）/方茶几（2张）； f）休息室：标配

配置区域	区域图片	配置标准
大型钢铁企业高层领导办公室（董事长/总经理办公室）	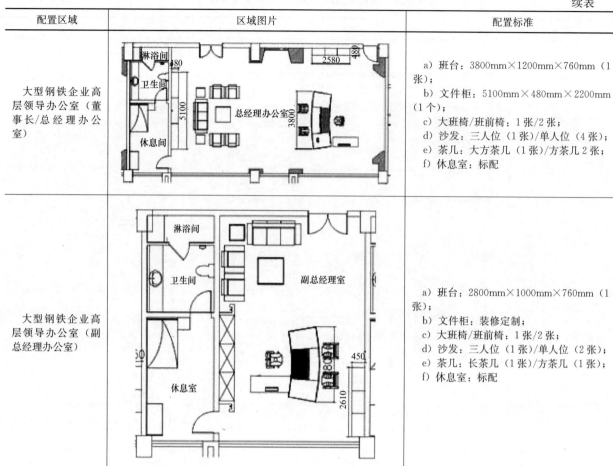	a）班台：3800mm×1200mm×760mm（1张）； b）文件柜：5100mm×480mm×2200mm（1个）； c）大班椅/班前椅：1张/2张； d）沙发：三人位（1张）/单人位（4张）； e）茶几：大方茶几（1张）/方茶几2张； f）休息室：标配
大型钢铁企业高层领导办公室（副总经理办公室）		a）班台：2800mm×1000mm×760mm（1张）； b）文件柜：装修定制； c）大班椅/班前椅：1张/2张； d）沙发：三人位（1张）/单人位（2张）； e）茶几：长茶几（1张）/方茶几（1张）； f）休息室：标配

（3）员工办公区

员工办公区主要是公司普通员工所占有的工作环境，通常是一个大的空间，然后作空间的虚实分隔。员工办公空间在功能需求上存在共性的地方，一般而言，普通的工作活动以及要求可以描述如下。

1）独立工作

① 对根据工作流程传递出来的文件进行处理，继续传递或加以操作。

② 资料存储：储存永久性文件和参考资料；储存经常取存的资料；工作面上需要存储少量备用的资料。

2）与同事沟通交流

3）工作集中处理，多人或团队协作

相应的基本家具配置也就出来了，需要办公桌、办公椅、文件柜、屏风、隔断和简单的讨论桌等，但到此还是远远不够的。下面以工作中的资料存储功能需求为例，具体演绎其与家具配置之间微妙的关系，见表1.3-48。

资料储存功能的整体满足设计　　　　　　　　　　　表1.3-48

资料储存的类型	资料性质	功能满足路径	设计响应
永久性文件和参考资料	流动性较差； 固定性较强； 更多的是保存价值； 数量可能很多	文件柜：高柜	位置：利用高柜的顶部和底部，操作者不常涉及的活动范围来储存； 结构：封闭式结构，带门或抽屉，有利于保持资料的整洁； 材料：耐久性材料

资料储存的类型	资料性质	功能满足路径	设计响应
经常取存的资料	流动性很强； 固定性较差； 更多的是现用价值； 数量可能不多，但总量具有不确定性； 具有共享的属性	文件柜：高柜	位置：利用高柜的中间位置，操作者方便取拿的活动范围； 结构：半开放式结构，或开放式设计，通常不带门或抽屉，可能会带玻璃门板； 材料：耐磨性材料
		桌边柜	开放式设计
		文件柜：矮柜	
工作面上需要存储少量备用的资料	流动性一般； 更多的是不确定性，临时性； 数量很少	办公桌附柜	弹性设计
		抽屉	
		工作面上独立出小块的空间	

上面介绍的只是作为员工办公区最基本的功能需求。而员工办公区的整体功能需求又由于不同的企业属性带来的具体不同的工作形态上的差异化，从而导致办公家具的差异化设计需求。

一般可以把员工办公区分为财务室、采购部、业务部、设计部和工程技术等内部运作部等，这是总体罗列，每个企业根据自身情况，从而确定设置多少。工作属性与办公运作程序的差异化，使得特定使用环境功能的整体满足设计存在差异，见表1.3-49。

员工办公区不同部门整体设计的差异化表现及相关的设计响应　　　表 1.3-49

办公空间	工作形态	差异化设计响应
财务室	相对独立的空间； 私密性要求较高； 大量资料储存的空间	封闭独立的办公空间； 家具材料的选择不宜过于通透； 家具有灵活强大的收纳能力； 家具细节设计的强化，给使用者带来便捷、舒适、方便的体验
采购部	重复性规律性的工作； 需要样本展示空间； 储存的弹性需求	家具可选择通透性材料； 柜类家具标准化、模块化设计
业务部	工作性质相对灵活	对家具的组合性要求较高，弹性设计； 小型洽谈桌满足工作需求
工程技术等内部运作部门	流水线式办公形态； 工作中有一环一环的紧密联系； 分工明确，工作类型专门化； 互动性不高	满足个人办公与临时交流的需求，家具的弹性设计； 半封闭或封闭的办公空间； 屏风、隔断的设计； 家具舒适性要求较高，满足长期固定的办公需求
设计部	小范围族群； 枝叶式办公形态； 有一定的灵活性； 个人办公与团队交流的互动	开放式办公空间； 组合式家具设计； 小型会议桌； 工作站、屏风

根据工作形态的要求，员工办公区的空间处理方式可以分为开放式、半开放式和封闭式三种，见表1.3-50。表1.3-51展示了典型的开放式员工办公区的整体功能需求及相应的家具配置。

空间处理方式	图 例	备 注
开放式	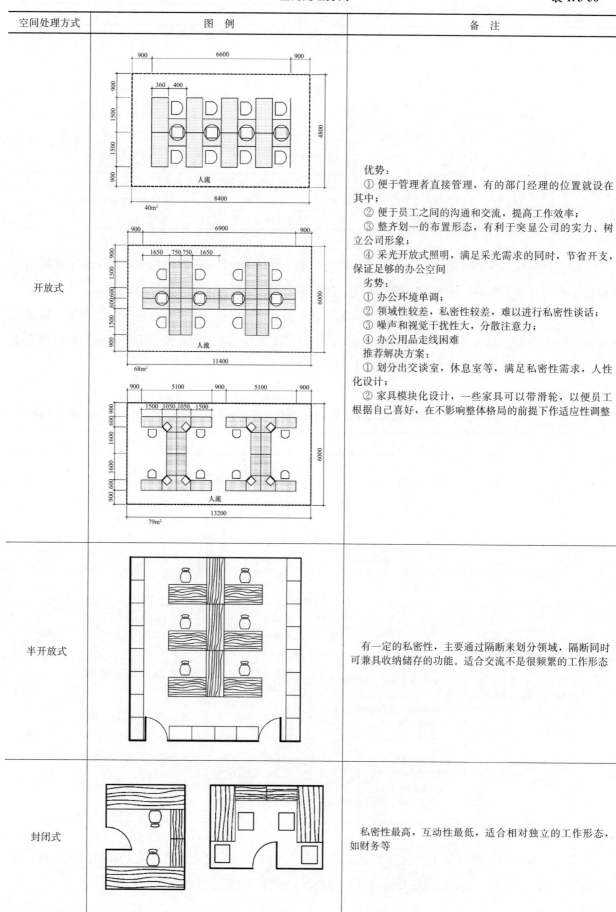	优势： ① 便于管理者直接管理，有的部门经理的位置就设在其中； ② 便于员工之间的沟通和交流，提高工作效率； ③ 整齐划一的布置形态，有利于突显公司的实力、树立公司形象； ④ 采光开放式照明，满足采光需求的同时，节省开支，保证足够的办公空间 劣势： ① 办公环境单调； ② 领域性较差，私密性较差，难以进行私密性谈话； ③ 噪声和视觉干扰性大，分散注意力； ④ 办公用品走线困难 推荐解决方案： ① 划分出交谈室，休息室等，满足私密性需求，人性化设计； ② 家具模块化设计，一些家具可以带滑轮，以便员工根据自己喜好，在不影响整体格局的前提下作适应性调整
半开放式		有一定的私密性，主要通过隔断来划分领域，隔断同时可兼具收纳储存的功能。适合交流不是很频繁的工作形态
封闭式		私密性最高，互动性最低，适合相对独立的工作形态，如财务等

典型的开放式员工办公区的整体功能需求及相应的家具配置参考　　　　表 1.3-51

配置区域	区域图片	配置标准
大型汽车企业开放办公区		① 屏风卡位 1800mm×1800mm×1200mm（内含主机架/推拉固定柜/三抽活动柜/键盘架/职员椅）； ② 文件柜：矮柜高柜根据空间配置
大型传媒企业开放办公区		① 屏风卡位 1500mm×1500mm×1200mm/1800mm×1800mm×1400mm（内含主机架/推拉固定柜/三抽活动柜/键盘架/职员椅）； ② 文件柜：矮柜高柜根据空间配置
大型钢铁企业开放办公区		① 屏风卡位 1600mm×1600mm×1200mm（内含主机架/推拉固定柜/三抽活动柜/键盘架/职员椅）； ② 文件柜：矮柜高柜根据空间配置

（4）公共工作区

公共工作区有洽谈室、大小会议室、培训室、资料室和图书阅览室等。一般公共工作区稍离工作区，避免客户干扰公司的正常业务，也有利于商业保密。

企业在开发这一类家具时，往往考虑得比较粗浅，如只开发洽谈台或会议台本身，然后随便配上一些椅子，这样无论是实际使用功能还是整体视觉效果都得不到保障。所以同样要对特定使用环境所要求的功能，根据生活及工作形态做整体满足设计，见表 1.3-52。

公共工作区整体设计的差异化表现及相关的设计响应　　　　表 1.3-52

工作区类型	工作形态	差异化设计响应
会议室	内部人员交流，沟通，工作汇报； 接待来宾； 相对围合封闭的空间； 可能需要多媒体等硬件的辅助； 展示成果	家具组合性强； 家具标准化设计； 讲台、黑白板、茶水柜等的设置； 简单的置物，临时储存的细节处理
洽谈室	与外来人员会谈； 工作性质相对灵活	家具的弹性化设计； 矮柜响应临时储物需求
培训室	资料存放； 人员培训； 相对围合的空间	家具的组合性； 柜类家具的设计满足存储需求
图书阅览室	书籍的收纳，管理； 书籍的借阅	收纳类家具的设计响应； 可考虑自然采光较差的位置

当然，结合具体的需求，每个工作区还可作深入细分或者功能组合，从而实现工作区的重组，产生多功能工作区，这也是有效利用空间的手段。表 1.3-53 展示了部分公共工作区的整体功能需求及相应的家具配置。

部分公共工作区的整体功能需求及相应的家具配置参考　　　　　　　　　表 1.3-53

配置区域	区域图片	配置标准
普通楼层会议室		① 会议台：4500mm×1800mm×760mm； ② 会议椅：中班椅； ③ 会议桌上配有投影仪等
会议中心会议室		① 会议台：7600mm×2400mm×760mm； ② 会议椅：中班椅； ③ 会议桌上配有话筒/投影仪/强弱电插座等
大型高端会议室		① 会议台：3400mm×3400mm×760mm（条桌：1700mm×600mm×760mm）； ② 会议椅：大班椅＋列席椅； ③ 会议桌配有升降器/多功能信息插座/话筒/投影仪
多功能厅		① 培训桌：1800mm×450mm×760mm； ② 会议椅：培训椅； ③ 培训室配有投影仪等

配置区域	区域图片	配置标准
楼层接待室	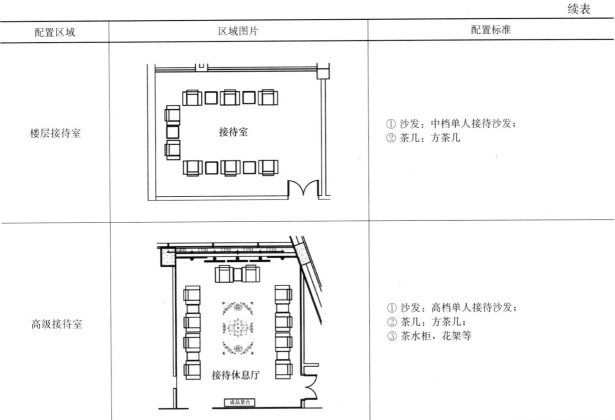	① 沙发：中档单人接待沙发； ② 茶几：方茶几
高级接待室		① 沙发：高档单人接待沙发； ② 茶几：方茶几； ③ 茶水柜，花架等

　　会议室在现代办公空间中具备举足轻重的地位，在现代公务或商务活动中，召开各种会议是必不可少的。下面以会议室为例，做一个具体的分析，见表 1.3-54、表 1.3-55。

会议室的环境功能设计　　　　　　　　　　　　　　　　　表 1.3-54

类 型	功能需求	设计响应
普通会议室	中小型会议室；满足会议的基本要求	适宜的温度，足够的采光与照明，较好的隔声与吸声处理；会议桌，会议椅，茶水柜，讲台，黑白板等
多功能会议室	大型会议室；接待外来团队，公司内部董事会议；兼作教学、培训、学术讨论功能	更多更先进的会议辅助设备；设置小型接待室，作为交谈或非正式事务及等待的空间

会议桌的设计　　　　　　　　　　　　　　　　　表 1.3-55

会议桌的造型	图 示	特 点
方形桌		优点： 亲和，平等，紧凑 缺点： ① 无法体现尊卑； ② 房间中有一面墙作为多媒体放映墙时，不适合采用； ③ 对房间形状有要求。 推荐使用空间：小型会议室

会议桌的造型	图　示	特　点
圆形桌		优点： 亲和，平等，紧凑 缺点： ① 无法体现尊卑； ② 房间中有一面墙作为多媒体放映墙时，不适合采用； ③ 对房间形状有要求。 推荐使用空间：小型会议室
矩形桌		
船形桌		① 体现尊卑等级，适用于较重要及正式的场合； ② 为其他就座者提供更好的可视性，对房间有一面放映墙或者有人作报告的情况更为适用； ③ 便于桌子周围人流活动
椭圆形桌		

（5）休闲区

为了营造一个轻松、愉快的办公氛围，有条件的公司开始重视到人性化的一面了，如茶水间里除了饮水机之外还配有简易厨具等。在活动场所还可以配备健身器械及娱乐设施等，如图1.3-77、图1.3-78所示。

图1.3-77 休闲区（一）

图1.3-78 休闲区（二）

3.2.1.5 其他家具环境功能

其他家具包括商业、文化娱乐与特殊空间的家具，这些空间具体见表1.3-56所示。

各空间的组成 表1.3-56

空间类型	内容	
商业空间	餐饮	饭店、酒吧、茶社、零售
	金融机构	商店、银行、证券交易中心
	宾馆与其他服务场所	洗浴中心、理发店等
文化娱乐空间	剧场、博物馆、练歌房、歌舞厅、棋牌室、保龄球馆、桌球室、健身房和高尔夫俱乐部等	
特殊空间	文教、展示、医疗和户外空间等	

这些场所和空间各有其非常专业和个性化的特点，而且也一直在发展中，家具设计必须配合建筑和室内设计行业进行深入细致的研究，遵循具体问题具体分析的原则来进行设计。

目前，这些空间的家具多数是按照工程项目的方式实现定制，以满足不同用户和不同场合的特殊需要，有明确的客户（经营者）对象可以进行点对点讨论，其市场风险是很低的，往往先确定项目后再进行设计，如果不满意还可以修改，直到满意为止，目标的满足度可以得到较大程度的实现。

但是，对于同一种服务类型的空间而言，其服务形态通常还是高度相似的，因此其中的核心类家具同样拥有功能的一致性，家具作为一种工业产品依然可以在深入研究的基础上开发定型产品，使家具设计和制造得更加成熟和精致，供货也可以更加迅捷。

定制不是没有优势，但如果能够在生产系统实现标准化，而在终端表现上可以多元化，那么，其优势还表现在：

1）对整个社会来说，可以最大限度地降低资源消耗；

2）对家具企业而言，会有更好的经济回报；

3）对于终端客户来说，可以享受到更好更成熟的功能；

4）对于服务业的经营者而言，可以减少开支而得到更好的产品与服务。

3.2.2 基本使用功能

单件家具的功能根据其属性可以分为主要功能、次要功能和辅助功能。其中主要功能即家具的基本使用功能，次要功能和辅助功能可以列入细微功能延展（功能细节）的范畴。

3.2.2.1　单件家具的基本使用功能

（1）支撑类家具

支撑类家具主要包括凳、椅子、沙发和床，基本使用功能是单件家具的核心功能。

1）凳的基本使用功能（见表1.3-57）

凳的功能与形态关系　　　　　　表1.3-57

使用的必备条件	动态参数	主要因素	图　例
提供"坐"的面	使用者的身材和人数	凳面的尺寸	
在适合坐姿的高度处可以保持	不同的使用场合	凳面的高度及保持方式（支撑，悬吊，嵌固）	
坐面应当舒适	表面使用的材料	压缩和弹性指数	

2）椅子的基本使用功能（见表1.3-58）

椅子的功能与形态关系　　　　　　表1.3-58

使用的必备条件	动态参数	主要因素	图　例
提供"坐"的面	使用者的身材和人数	椅面的尺寸	
在适合坐姿的高度处可以保持	不同的使用场合	椅面的高度及保持的方式（支撑，悬吊，嵌固）	
坐面应当舒适	表面使用的材料	压缩和弹性指数	

使用的必备条件	动态参数	主要因素	图 例
可以倚靠	使用者的坐姿	靠背的尺寸，扶手的尺寸	
可以躺	使用者的姿势，身材	坐面的尺寸，坐面和靠背的夹角，材料	

　　椅子是凳子设计的延续。从本质上来看，椅子就是在凳子上附加靠背（靠背椅）或再加上扶手（扶手椅）。当然，这些附加部件既可以是独立的，也可以与凳子（或椅子）的腿和坐面连成一体。

　　椅子在满足了凳子所具备的支撑功能之外，又增加了凭倚的功能。

　　当给椅子或凳子表面装上软垫或覆盖柔软的接触表面时，便形成了新的家具类型—沙发，这是从广义的角度对沙发的解释。沙发的本质属性和椅凳类家具是同出一辙的，所以其和椅凳类家具之间难免会存有交叉的部分，但其自身又具备另外的一些属性，从而在功能要求上又提出了新的需求。图 1.3-79 演绎了从普通椅凳类家具向沙发的过渡过程。

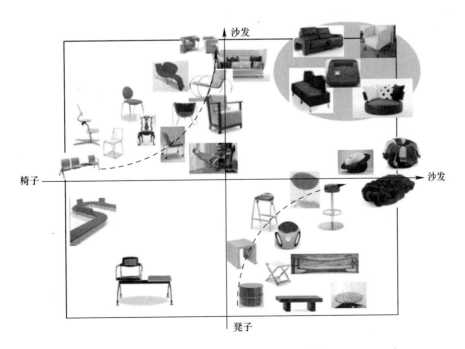

图 1.3-79　普通椅凳向沙发的过渡

3) 沙发的基本使用功能（见表 1.3-59）

沙发的功能与形态关系   表 1.3-59

使用的必备条件	动态参数	主要因素	图　例
满足坐姿	使用者的身材和人数	坐面的尺寸	
接触面要舒适	表面使用的材料	压缩和弹性指数	
应当结实	使用状态	面料的质量，沙发的内部结构，五金的质量	

4) 床的基本使用功能（见表 1.3-60）

床的功能与形态关系   表 1.3-60

使用的必备条件	动态参数	主要因素	图　例
供平卧的一个面	使用者身材大小	平卧面的尺寸	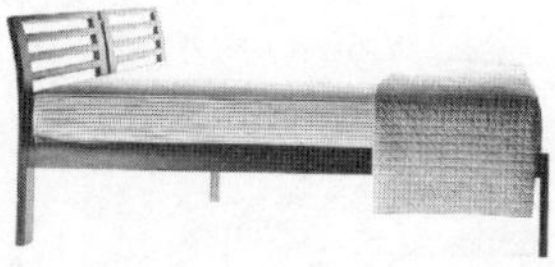
卧面应当舒适	表面使用的材料	压缩和弹性指数	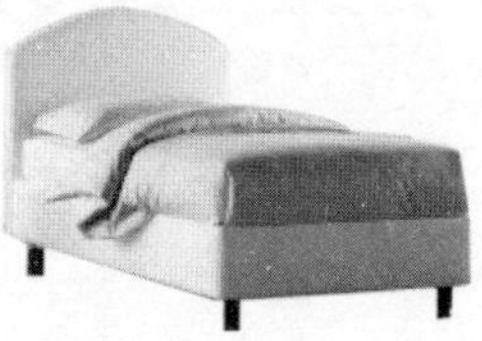
应当结实	装载的类型和体量	材料的物理力学性能	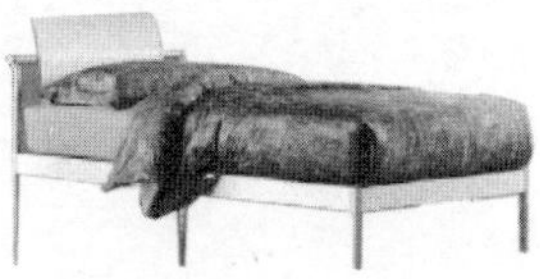

（2）凭倚类家具

凭倚类家具以主要功能空间的主体家具为对象，包括餐厅的餐桌、客厅的茶几、卧室的梳妆台、办公空间的办公桌和公共空间的特殊桌等类。

1）餐桌的基本使用功能（见表1.3-61）

餐桌的功能与形态关系   表1.3-61

使用的必备条件	动态参数	主要因素	图　例
提供支撑的面	使用者的人数	餐桌的幅面尺寸	
在适合的高度处可以保持	不同的使用场合	餐桌的高度及保持方式（支撑，悬吊，嵌固）	

2）茶几（边几）的基本使用功能（见表1.3-62）

茶几（边几）的功能与形态关系   表1.3-62

使用的必备条件	动态参数	主要因素	图　例
提供支撑面	使用状态	面板的幅面尺寸	
在适合高度处可以保持	使用模式	茶几的高度及保持的方式（以支撑为主）	

3）梳妆台的基本使用功能（见表1.3-63）

梳妆台的功能与形态关系   表1.3-63

使用的必备条件	动态参数	主要因素	图　例
提供支持面	使用状态	面板的幅面尺寸	

使用的必备条件	动态参数	主要因素	图 例
在适合高度处可以保持	使用模式	梳妆台的高度及保持方式（支撑，嵌固）	
有镜子	使用者的身材及使用模式	镜子的尺寸及位置	

4）办公桌的基本使用功能（见表 1.3-64）

办公桌的功能与形态关系　　　　　　　　　　　　　　　　表 1.3-64

使用的必备条件	动态参数	主要因素	图 例
提供支撑面	使用者的数量	台面的幅面尺寸	
在适合高度处可以保持	使用者的行为模式	台面的高度及保持方法（支撑，嵌固）	

5）特殊桌（课桌、接待台、讲台等）的基本使用功能（见表 1.3-65）。

特殊桌的功能与形态关系　　　　　　　　　　　　　　　　表 1.3-65

使用的必备条件	动态参数	主要因素	图 例
提供支撑面	使用状态，置放物的数量与尺寸	桌面的幅面尺寸	

使用的必备条件	动态参数	主要因素	图 例
在适合高度处可以保持	使用者的身材大小，保持方式，作业属性	桌面的高度	

（3）收纳类家具

收纳类家具以主要功能空间的主体家具为对象，包括卧室的衣柜，书房的书柜，餐厅的餐边柜，客厅的厅柜，厨房的橱柜和办公空间的文件柜等。

1）衣柜的基本使用功能（见表1.3-66）

衣柜的功能与形态关系　　　　　　　　　　　　　　表 1.3-66

使用的必备条件	动态参数	主要因素	图 例
衣物的收纳与管理	衣物的类型，尺寸与数量	衣柜的深度、宽度、搁板的间距	

2）书柜的基本使用功能（见表1.3-67）

书柜的功能与形态关系　　　　　　　　　　　　　　表 1.3-67

使用的必备条件	动态参数	主要因素	图 例
书籍及物品的收纳	书籍的尺寸，数量，使用者的行为习惯	书柜的深度，搁板的间距	

3）餐边柜的基本使用功能（见表1.3-68）

餐边柜的功能与形态关系　　　　　　　　　　　　　表 1.3-68

使用的必备条件	动态参数	主要因素	图 例
餐具的收纳	餐具的尺寸，数量	餐边柜的深度，搁板的间距	

4）厅柜的基本使用功能（见表1.3-69）

厅柜的功能与形态关系　　　　　　　　　　　　　　　表 1.3-69

使用的必备条件	动态参数	主要因素	图　例
物件的收纳与展示	物件的尺寸，数量	板件的尺寸，收纳空间的设置	

5）橱柜的基本使用功能（见表1.3-70）

橱柜的功能与形态关系　　　　　　　　　　　　　　　表 1.3-70

使用的必备条件	动态参数	主要因素	图　例
厨房用品的收纳	物品的尺寸及使用频率，使用者的身材	搁板的高度，工作面的高度	

6）文件柜的基本使用功能（见表1.3-71）

文件柜的功能与形态关系　　　　　　　　　　　　　　表 1.3-71

使用的必备条件	动态参数	主要因素	图　例
资料的收纳与管理	资料的尺寸，使用频率，使用者的身材	搁板的高度，柜深	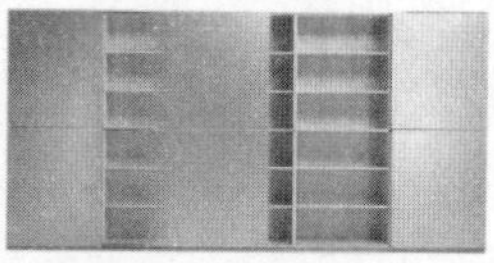

（4）其他交互作用的家具

交互作用的家具即多功能家具，如图1.3-80所示。可以分为两种类型：

一种是通过一件家具实现多种功能的协调，家具本身是一体化的整体，不同的功能可以同时实现。

另一种是通过一件家具的组合变形来满足不同的功能需求，在同一个时间段内只能实现某一种功能。

3.2.2.2　家具的使用场景分析

（1）与沙发相关的使用场景

沙发使用场景如图1.3-81，图1.3-82（*a*）～图1.3-82（*e*）所示。

一体化交互作用　　　　　　　　　　　　　　　　组合变形后实现功能互换

图 1.3-80　交互作用的家具

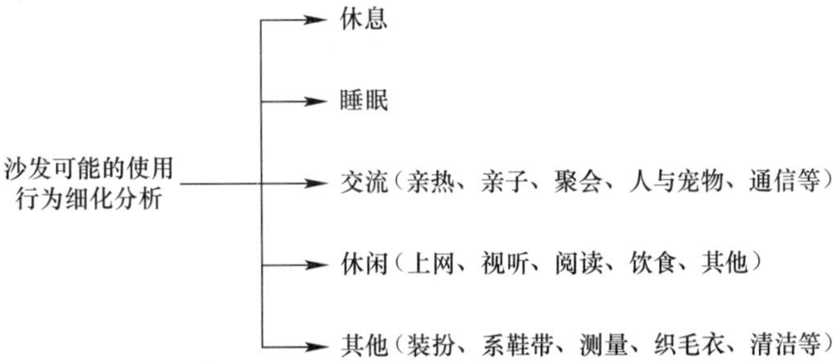

沙发可能的使用
行为细化分析
　→ 休息
　→ 睡眠
　→ 交流（亲热、亲子、聚会、人与宠物、通信等）
　→ 休闲（上网、视听、阅读、饮食、其他）
　→ 其他（装扮、系鞋带、测量、织毛衣、清洁等）

图 1.3-81　沙发可能的使用行为细化分析

● 休息

● 休息

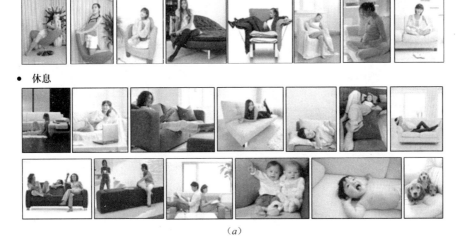

（a）

● 睡眠

（b）

图 1.3-82　沙发使用的各种场景（一）

（a）沙发用于休息的使用场景；（b）沙发用于睡眠的使用场景

- 沟通

- 亲热

- 亲子

- 聚会、人与宠物及通信

(c)

- 上网

- 视听

- 阅读

- 饮食

- 其他

(d)

图 1.3-82　沙发使用的各种场景（二）

(c) 沙发用于交流的使用场景；(d) 沙发用于休闲的使用场景

- 其他

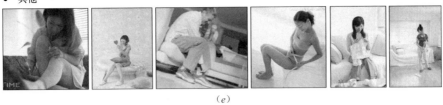

（e）

图 1.3-82　沙发使用的各种场景（三）

（e）沙发其他的使用场景

（2）与床相关的使用场景

床使用场景如图 1.3-83、图 1.3-84 所示。

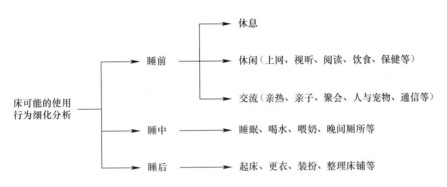

图 1.3-83　床可能的使用行为细化分析

- 休息

- 休闲

- 交流

（a）

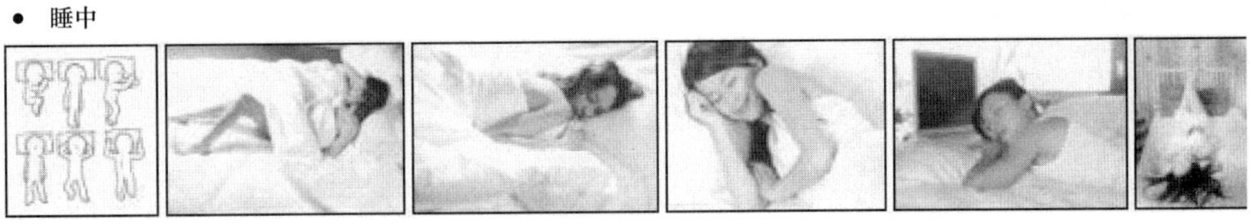

- 睡中

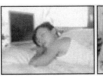

（b）

图 1.3-84　床的各种使用场景（一）

（a）床在睡前的使用场景；（b）床在睡中的使用场景

● 睡后

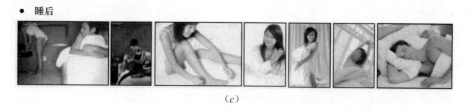

(*c*)

图 1.3-84　床的各种使用场景（二）

(*c*) 床在睡后的使用场景；

（3）与儿童床相关的使用场景

儿童床使用场景如图 1.3-85、图 1.3-86 所示。

```
                    儿童床可能的使用场景分析
        ┌───────────┬──────────┬──────────┬──────────┐
    睡眠与休息      交流      嬉戏与玩耍      其他
                                        （阅读、饮食等）
```

图 1.3-85　儿童床可能的使用场景分析

● 睡眠与休息

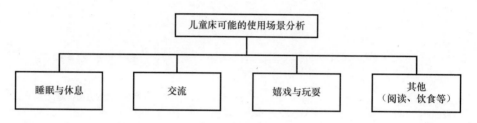

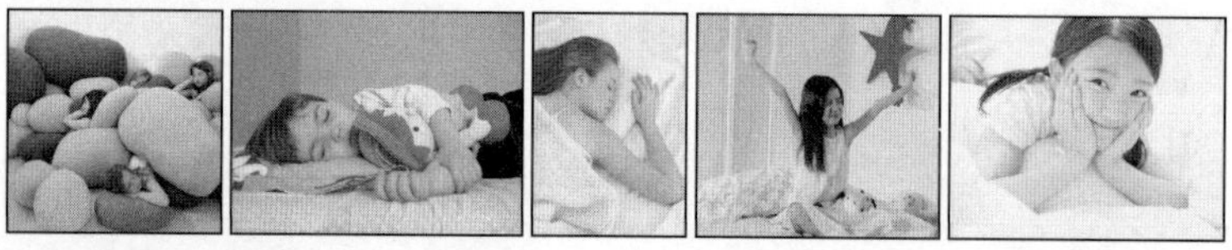

● 交流

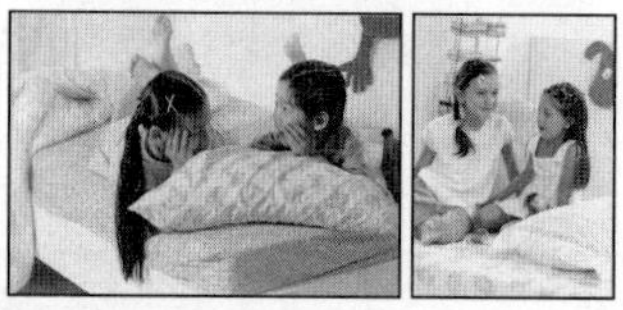

● 嬉戏与玩耍

● 其他

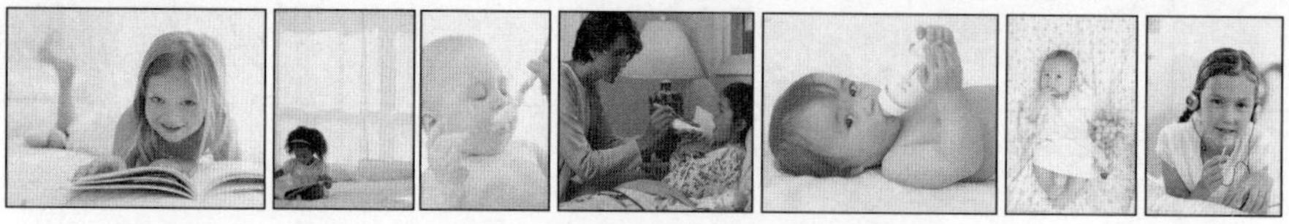

图 1.3-86　与儿童床有关的使用场景

（4）与衣柜相关的使用场景

衣柜的使用行为即衣物的管理，包含两个方面：静态储存和动态收纳。

图 1.3-87（*a*）为衣柜的静态储存，图 1.3-87（*b*）为衣柜的动态收纳。

- 静态储存

(a)

- 动态收纳

(b)

图 1.3-87　与衣柜有关的使用场景

(a) 衣柜的静态储存；(b) 衣柜的动态收纳

（5）与书桌相关的使用场景

书桌使用场景如图 1.3-88、图 1.3-89 所示。

```
            ┌─────────────────────┐
            │   书桌可能的使用场景分析   │
            └─────────────────────┘
        ┌──────────┬──────────┬──────────┐
   ┌────────┐ ┌────────┐ ┌────────┐ ┌──────────────┐
   │  工作  │ │  学习  │ │  交流  │ │    其他      │
   │        │ │        │ │        │ │（休息、写信等）│
   └────────┘ └────────┘ └────────┘ └──────────────┘
```

图 1.3-88　书桌可能的使用场景分析

- 工作

- 学习

- 交流

- 其他

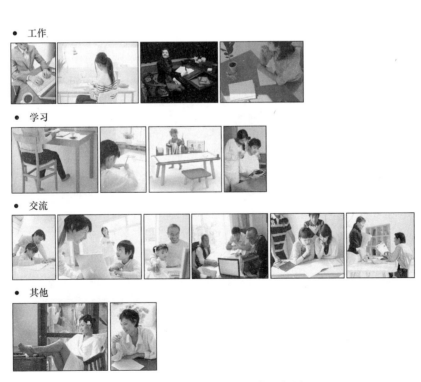

图 1.3-89　与书桌有关的使用场景

（6）与餐桌相关的使用场景

餐桌使用场景如图 1.3-90、图 1.3-91 所示。

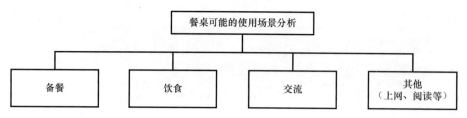

图 1.3-90　餐桌可能的使用场景分析

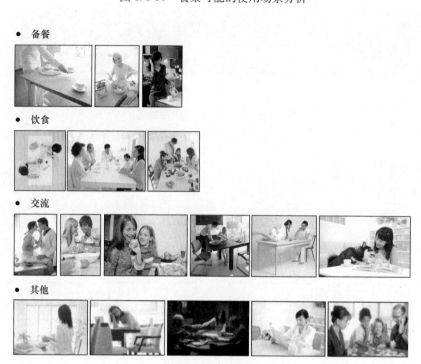

- 备餐

- 饮食

- 交流

- 其他

图 1.3-91　与餐桌有关的使用场景

3.2.3　细微功能延展（功能细节）

3.2.3.1　总述

细节设计是家具创新的重要途径，对于相对比较成熟的家具种类而言，总体框架往往难以突破，而细节的发展是无限的。

（1）同类家具的细节差异

设计同一种类型的家具时，如果就造型而造型，往往不会有好的效果，但如果从功能细节着手，对功能的自然演绎则常会带来新的令人兴奋的视觉感受，如图 1.3-92 所示为沙发设计的细节示例。

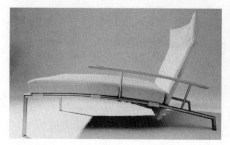

图 1.3-92　沙发设计的细节示例

（2）对功能、环境与使用状态的完整考虑

有些家具，因其使用的特殊性，往往需要对其功能、环境和使用状态进行全面和完整的考虑，否则就会在实际使用过程中遇到非常麻烦的问题，这些考虑甚至包括安装、运输和维护。

（3）人与家具间深度关系的考虑

设计细节不仅在于看得见的地方，还需要考虑无形的方面，如安全性、舒适性和使用中的动态特性等，这就需要在人体工程学理论指导下进行深层次的设计研究和试验，如米勒公司的 Aeron 椅设计（图 1.3-93、图 1.3-94）。

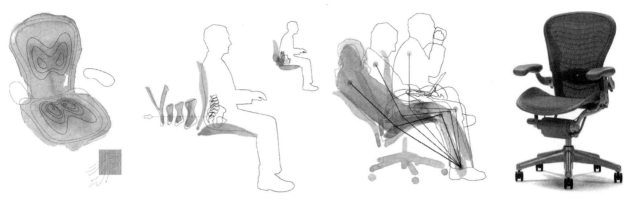

图 1.3-93　Aeron 椅的人体工程学研究　　　图 1.3-94　Aeron 椅

（4）特殊功能与造型构想之间的关系

对特殊使用功能的需求进行忠实的分析，往往会有助于我们从常规形态的思维定式中走出来，构筑全新的家具外形，如图 1.3-95 所示。

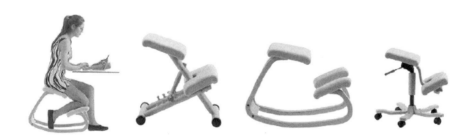

图 1.3-95　特定使用条件下的椅子造型创新案例

（5）功能目标与技术评价系统

每件家具均有多项功能与价值指标，需要对每一项指标进行评估和优化，并予以设计赋予。不同种类的家具以及不同使用场合的家具，其指标是不同的，哪些是核心指标，哪些是辅助指标，哪些是不可或缺的，哪些是可以不予考量的，这些问题需要首先研究确定，图 1.3-96 是一个残疾人所用轮椅的指标评估示例。

这些指标在设计过程中如何来实现，可以通过将产品各主要部件分解后，由每个部件对每项指标对应地进行仔细琢磨，通过在细节上的有所作为来实现最终的设计目标，这种地毯式扫描方法可以将设计效果最大化，不会轻易错过创意的机会，而不是盲目的乱转。图 1.3-97 展示了沙发设计中各部位对各项功能的响应分析。

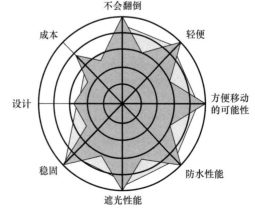

图 1.3-96　轮椅设计要素的评价指标示例

	美观	舒适	实用性	灵活度	维护度	材料	耐久度
外框架	 外框架的造型能力	 外框架+扶手的软包+靠垫软包 人体工程学的尺度 填充物的区别	 附加功能	安装的偏直转换的便利	—	金属 木质 或者纯软包	材料与结构的合理设计
扶手	 切割线造型的魅力		 附加功能体现	—	易拆洗	面料+填充物	
靠垫	流线造型			靠垫的模块化衍生	易拆洗	面料+填充物	材料与结构的合理设计

	美观	舒适	实用性	灵活度	维护度	材料	耐久度
坐垫	薄厚的相应特色 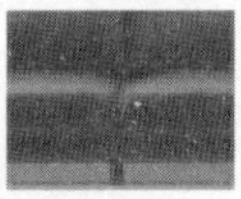	填充物的柔软性 	随着生活方式的变化，可以开发多种新的功能 	模数化的多种组合方式 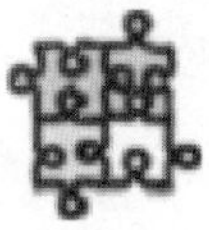	填充物的回弹力 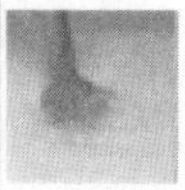	面料+填充物	填充物的回弹力 
面料	纹理和图案	触感		可更换	易拆洗的面料，防水防污防静电	不同的布艺和皮革选择	材料的质量和合理的结构
脚架	点、线、面的造型 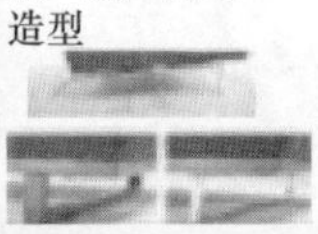	—	—	方便移动或者搬动 	—	木质、金属或者软包直接落地	

	美观	舒适	实用性	灵活度	维护度	材料	耐久度
抱枕	纹理和图案对比和规律立体造型 	公仔棉的柔软 	依靠、拥抱 	适合各种位置的放置	易拆洗	公仔棉的克数	—
其他	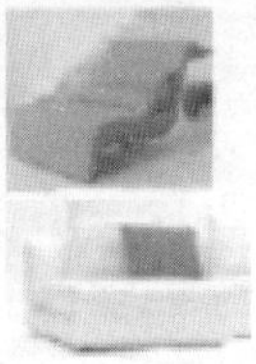	—	附加其他功能的额外设置：储物、娱乐、照明等等	模数化方块多种组合方式	—	特殊材料的点睛作用	—

图 1.3-97　沙发设计中各部位对各项功能的响应分析

3.2.3.2　单件家具的细微功能延展

细微功能的延展是对使用者工作、生活状态的关注，是对人的关怀，解读现有作品，结合理性思维分析，拓宽设计思维。

功能延展是一个动态的过程，随着生活水平的提高，消费者会不断地有新的需求，产品的功能也将不断深化和细化，设计师可以在此基础上进行不断的补充和更新。

（1）支撑类家具

支撑类家具主要包括凳、椅子、沙发和床。

1）凳的细微功能延展（见表1.3-72）

凳的延展功能与形态关系　　　　　　　　　　　表 1.3-72

使用的延展条件	动态参数	主要因素	图　例
方便携带	使用状态	固定方式	
方便储藏和运输	储藏或运输空间的大小	固定方式	
方便移动	使用方式，使用的材料	轮子，材料的重量	
可以旋转	使用方式	机械装置	
腿部可以有支撑	使用方式	座面角度，辅助面与凳面的关系	
可以小范围内活动	使用方式	支撑方式	

使用的延展条件	动态参数	主要因素	图 例
可循环使用，环保	材料的特性	材料的可循环，构成方式	
满足临时置物需求	使用者的行为模式	附件	

2）椅子的细微功能延展（见表 1.3-73）

椅子的延展功能与形态关系

表 1.3-73

	使用的延展条件	动态参数	主要因素	图 例
餐椅	可以临时置物	使用者的行为模式		
	方便储藏和运输	储藏或运输空间的大小	凳面和凳腿的关系	
办公椅	方便移动	使用方式，使用的材料	轮子，材料的重量	
	可以旋转	使用方式	机械装置	
	符合人体工程学	使用者的身材	靠背的曲度	

使用的延展条件		动态参数	主要因素	图　例
办公椅	可以调整坐姿	使用者的姿势，使用状态	辅助面与主座面的关系	
	方便储藏和运输	储藏或运输空间的大小	节点的设计	
会议椅	提供临时置物面	使用方式	结构的设计，附件	
	方便储藏和运输	储藏或运输空间的大小	椅面和椅腿的关系	
休闲椅	需要临时的支撑面	使用方式	灵活的节点设置	
	可以移动	使用方式	轮子	
	方便携带	使用方式	固定方式	

使用的延展条件		动态参数	主要因素	图　例
休闲椅	可以调整坐姿	使用者的姿势，使用状态	辅助面与主座面的关系，其他因素	
特殊椅	可以调整坐姿	使用方式	支撑结构	
	长途旅行休息的需求	使用者的身材	靠背的造型	

3）沙发的细微功能延展（见表 1.3-74）

沙发的延展功能与形态关系　　　　　　　　　　表 1.3-74

使用的延展条件	动态参数	主要因素	图　例
方便清洁打扫	清洁打扫的方法	沙发腿的高度	
可以组合	室内空间	沙发的尺寸，造型	
可以多人聊天，亲子	使用者的数量	沙发的尺寸	

使用的延展条件	动态参数	主要因素	图　例
可以睡眠	使用者的身材大小	沙发的尺寸，扶手靠背的功能形态	
可以移动	空间的尺寸，沙发的重量	轮子的设置	
可以储物，临时置物	存储件的尺寸	沙发的框架结构	
方便读书看报，临时工作	使用状态	附加件	
可以调整坐姿	使用者的姿势，使用状态	辅助面与主座面的关系	
孩子使用安全	小孩的行为模式	无尖锐的棱角，沙发离地高度	

使用的延展条件	动态参数	主要因素	图　例

使用的延展条件	动态参数	主要因素	图　例
老人使用安全	老人的行为模式	无尖锐的棱角，沙发填料柔软度适中	
提供临时住宿	人员流动情况	结构设计	
满足个性化需求	使用者的个性需求	造型，结构等的再设计	

4）床的细微功能延展（见表 1.3-75）

床的延展功能与形态关系　　　　　　　　　　　　　　表 1.3-75

使用的延展条件	动态参数	主要因素	图　例
可以移动	使用者的行为模式	床体所用材料，轮子	
可以储物	存储物件的体量，使用者的行为习惯	结构设计	
符合人体工程学	使用者的身材	软垫	
临时置物	使用者的行为习惯	附件	

使用的延展条件	动态参数	主要因素	图 例
个性化需求	使用者的个性需求	造型的再设计	
便于清洁打扫	清洁打扫的方法	床腿的高度	
便于安装运输	室内空间	拆装式结构	
供平卧的一个面	病员身材	平卧面的尺寸 长度：190～200cm 宽度：85～95cm	
卧面应当提供活动关节并可以调节	活动关节带（膝盖，脊背）	卧面（分成三段） 最长：95cm 中长：50cm 短：45cm 长/中长夹角：50° 中长/短夹角：10°	
应当可以处于不同的位置	位置类型：平直，头部抬高，头部降低	卧面的支撑结构 −8°，0，8°	
躺下和起来应当方便	病人的身材	卧面的高度	
应当方便医生探视	医生的身材	卧面的高度	
病床应当便易	用于单人活动	卧面的高度	
应当考虑保健和消毒	消毒的方法	材料的表面耐化学性	
应当可移动	医院走廊的宽度，床的重量	轮子的间距，把手的高度	

（2）凭倚类家具

凭倚类家具以主要功能空间的主体家具为对象，包括餐厅的餐桌、客厅的茶几、卧室的梳妆台、办公空间的办公桌和公共空间的特殊桌等。

1）餐桌的细微功能延展（见表 1.3-76）

餐桌的延展功能与形态关系 表 1.3-76

使用的延展条件	动态参数	主要因素	图 例
方便运输与储存	储藏或运输空间的大小	固定方式，节点设计	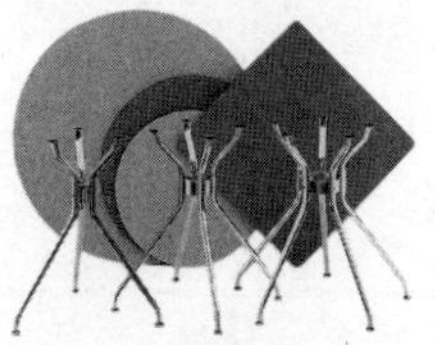
可以满足不同人数用餐需求，可折叠或伸缩	使用者的数量	结构设计	
攻防用三位一体	不同的使用模式	节点设计	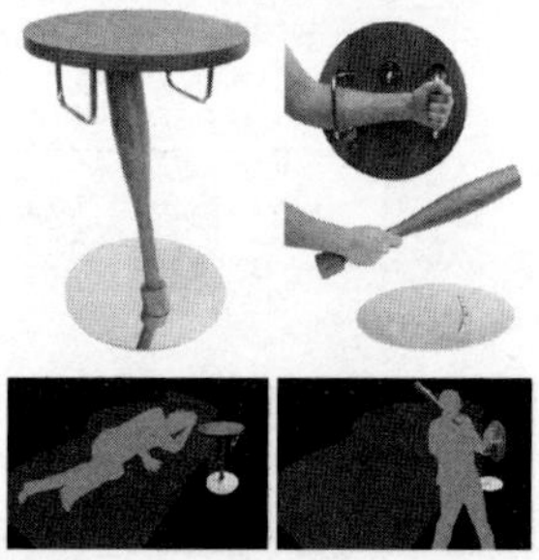

2）茶几（边几）的细微功能延展（见表 1.3-77）

茶几（边几）的延展功能与形态关系 表 1.3-77

使用的延展条件	动态参数	主要因素	图 例
可以储物	物件的尺寸和数量	结构设计	
可以组合	使用方式	灵活的节点设计	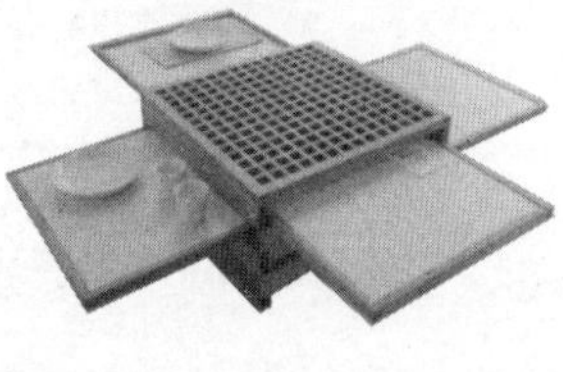

使用的延展条件	动态参数	主要因素	图　例
可以移动	使用方式	轮子，材料的重量	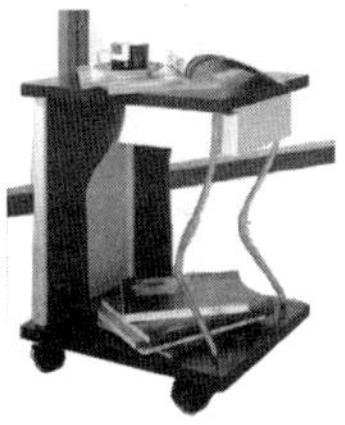

3）梳妆台的细微功能延展（见表 1.3-78）

梳妆台的延展功能与形态关系　　　　　　　　表 1.3-78

使用的延展条件	动态参数	主要因素	图　例
收纳储物功能	使用状态	附件，收纳空间的设置	
使用舒适方便	使用方式	足下空间，面板保持方式	

4）办公桌的细微功能延展（见表 1.3-79）

办公桌的延展功能与形态关系　　　　　　　　表 1.3-79

使用的延展条件		动态参数	主要因素	图　例
家用写字台	临时置物，不影响桌面的正常使用	使用状态，资料的类型	附件的设置	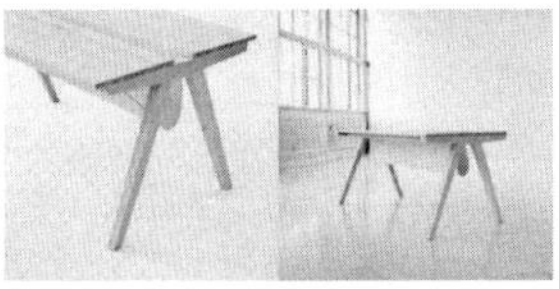
家用写字桌	对资料的收纳管理	使用方式，资料的类型	附柜，抽屉的设置	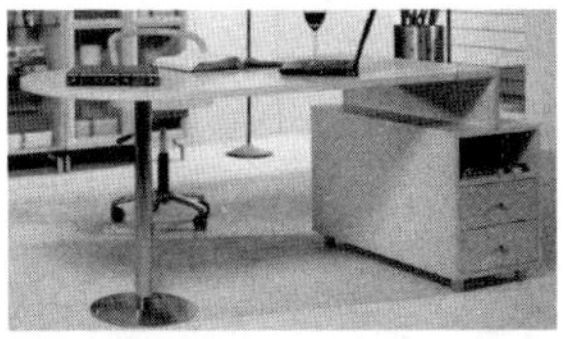
	可以移动	使用方式	轮子的设置	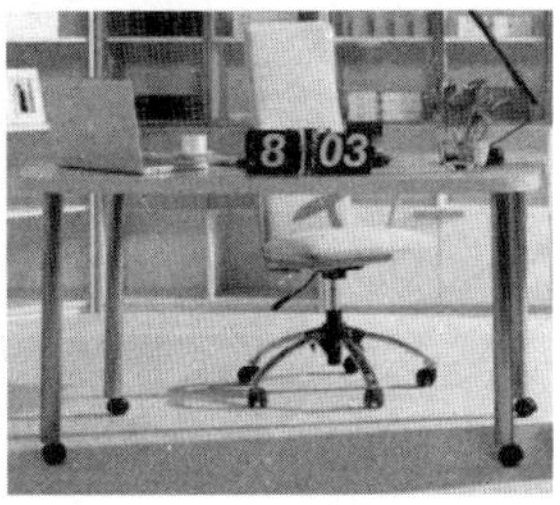

	使用的延展条件	动态参数	主要因素	图　例
班台	接触面要舒适	表面使用的材料	压缩和弹性指数	
	内置的完善	使用者的身份	附件及内部结构的设计	
	物件的收纳管理	使用方式，资料的类型	附柜，抽屉的设计	
	精神层面需求，彰显身份地位	使用者的身份	环境氛围的营造	
文员桌	资料的收纳管理	资料的数量及类型	抽屉，附柜等的设置	
	灵活的组合性	使用方式	面板的造型设计	
	可以移动	使用方式	材料的重量，轮子	

使用的延展条件	动态参数	主要因素	图　例
会议桌　方便储存和运输	储藏或运输空间的大小	固定方式，节点设计	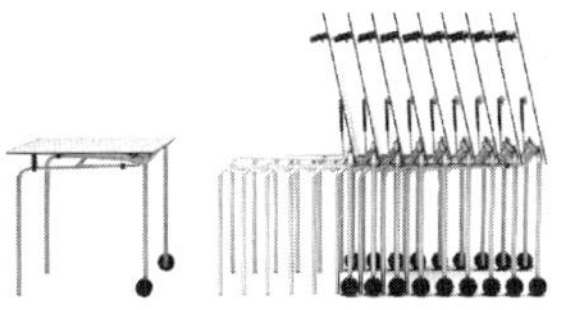
组合性	使用方式	造型设计	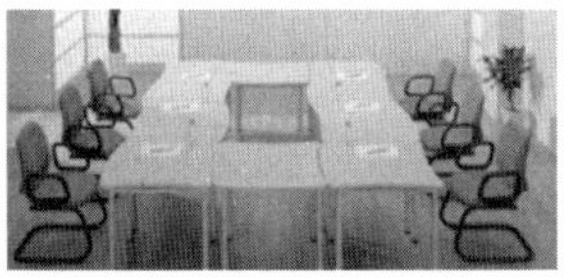
容纳多媒体设施	使用方式	内置空间的预留	

5）特殊桌（课桌、接待台、讲台等）的细微功能延展（见表1.3-80）

特殊桌的延展功能与形态关系表

表 1.3-80

使用的延展条件	动态参数	主要因素	图　例
工作面应当可以调节	使用者的工作状态	桌面角度，高度的可调节性	
可以临时置物，储物	使用者所携带物件的大小与数量	置物空间的预留	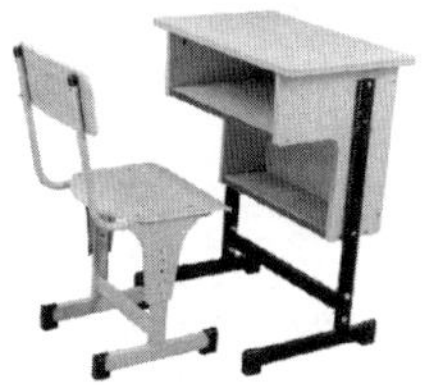
整体高度可以调节	使用者的身材	活动节点设计	

（3）收纳类家具

收纳类家具以主要功能空间的主体家具为对象，包括卧室的衣柜，书房的书柜，餐厅的餐边柜，客厅的厅柜和办公空间的文件柜等。

1) 衣柜的细微功能延展（见表 1.3-81）

衣柜的延展功能与形态关系　　　　　　　　　表 1.3-81

使用的延展条件	动态参数	主要因素	图　例
可以存储更多的衣物，并完成试衣过程	空间尺寸	标准化设计	
可以满足展示功能	使用者的需求，展示件的尺寸	开放式设计，可内置灯光	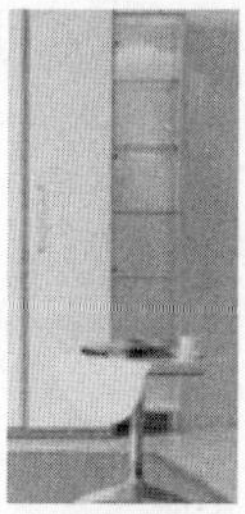
可以有穿衣镜	使用者的需求	镜子的尺寸和位置	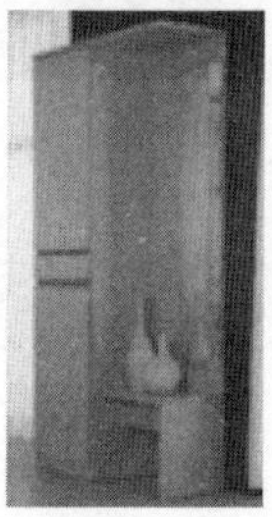

2) 书柜的细微功能延展（见表 1.3-82）

书柜的延展功能与形态关系　　　　　　　　　表 1.3-82

使用的延展条件	动态参数	主要因素	图　例
组合性强，方便增加书籍	使用者的需求	模数化设计	
个性化需求	使用者的需求	书籍保持方式差异化	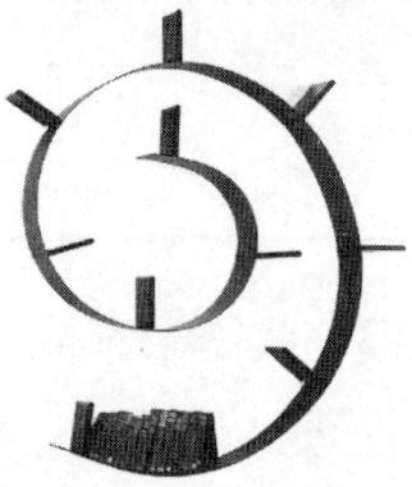

家具设计资料集

254

3) 餐边柜的细微功能延展（见表 1.3-83）

餐边柜的延展功能与形态关系 表 1.3-83

使用的延展条件	动态参数	主要因素	图　例
可以满足展示功能	使用者的需求，展示件的尺寸	开放式或半开放式设计，可内置灯光	

4) 厅柜的细微功能延展（见表 1.3-84）

厅柜的延展功能与形态关系 表 1.3-84

使用的延展条件	动态参数	主要因素	图　例
满足个性化需求	使用者的需求	系统化设计	
可以临时办公	使用者的行为模式	弹性化设计	

5) 文件柜的细微延展功能（见表 1.3-85）

文件柜的延展功能与形态关系 表 1.3-85

使用的延展条件	动态参数	主要因素	图　例
提供临时工作面	使用者的行为模式	弹性设计，滑轨的设置	
可以活动，移动	使用方式	滑轨或轮子的设置	

使用的延展条件	动态参数	主要因素	图　例
存放衣物、公文包等	物件的尺寸	搁板的间距	

3.3　基于人体工程学的安全性与舒适性设计

3.3.1　安全性原则

家具的安全性，包括家具本身的安全性和在使用家具过程中的安全性。

3.3.1.1　家具本身的安全性

（1）材料

家具材料本身的安全性和环保性，包括板材、涂料、胶料的健康环保以及五金件的力学性能等。

材料带给人的安全感。例如，木质茶几和金属/玻璃茶几，虽然都能满足使用强度，但从心理感觉上木质茶几让人觉得更安全，如图 1.3-98 所示。

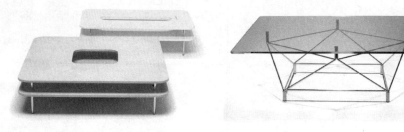

图 1.3-98　木质茶几和金属/玻璃茶几

（2）结构

家具的稳定性设计。在日常使用时承受载荷或空载的条件下应具有抵抗倾翻的能力，要进行在重力作用下的稳定性校核和在侧向推力作用下的稳定性校核。

（3）形态

形态上的无障碍设计，保证家具在形态上的安全，消除安全隐患。如应避免尖锐角的出现，凭倚类家具的腿不应超出台面等。

3.3.1.2　在使用家具过程中的安全性

（1）在使用过程中，通过采取一定的措施，防止事故的发生

案例分析：宜家（IKEA）比较高的柜子一般都会配一把梯子，以便拿取高处的物件。为了防止孩子爬上梯子从而产生安全隐患，宜家把梯子的第三、四节封起来，从而阻止孩子继续往上爬，而大人爬到第二节就能够到上面的东西。这样的处理方式既能满足使用的要求，又能保证孩子的安全，如图 1.3-99 所示。

（2）容错性原则

指将因漫不经心的操作和无意识的操作造成的危险和不当的后果控制在最小范围内。

案例分析：宜家（IKEA）的桌脚贴（图 1.3-100），这样即使磕到桌脚也不会很痛，有效地保证了使用者的安全。

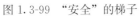

图 1.3-99 "安全"的梯子

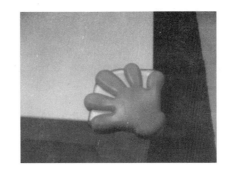

图 1.3-100 桌脚贴

3.3.2 舒适性原则

不仅要满足物理上的舒适性，用着舒适，而且要满足视觉上的舒适性，看着也要舒适。

3.3.2.1 物理上的舒适性

（1）材料

与人体直接接触的材料应采用触感较好的材料，如图 1.3-101 所示的五轮转椅的扶手，采用金属材质，如夏天在空调房内，手臂若直接触碰则会给人很不舒适的感觉，若采取图 1.3-102 所示的措施之后，效果会有很大改善。

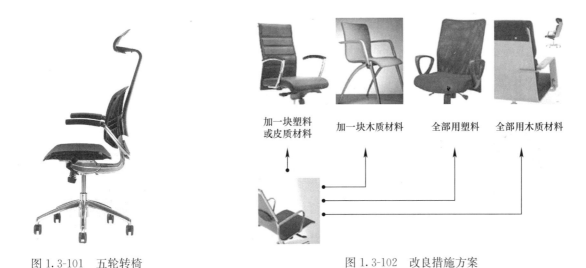

图 1.3-101 五轮转椅

图 1.3-102 改良措施方案

（2）尺寸

家具的尺寸要符合人体工程学原理，尽可能与使用者的行为习惯相吻合，如图 1.3-103、图 1.3-104 所示。

图 1.3-103 AVARTE Remmi 系列

图 1.3-104 AVARTE Plaano 系列

3.3.2.2 视觉上的舒适性

（1）家具的风格

家具的风格要符合使用者的审美需求。

（2）造型上遵循形式美法则

如：比例与尺度（图1.3-105），对称与均衡（图1.3-106），统一与变化（图1.3-107），安定与轻巧（图1.3-108），节奏与韵律（图1.3-109）。

图1.3-105　比例与尺度

图1.3-106　对称与均衡

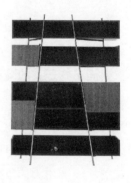
图1.3-107　统一与变化

（3）色彩的搭配要协调，遵循一定的美学法则。

3.3.2.3 心理上的舒适性

（1）融入其他感觉的设计

如加入听觉设计，如图1.3-110所示。

图1.3-108　安定与轻巧

图1.3-109　节奏与韵律

图1.3-110　库卡波罗设计的摇椅

（2）低噪声原则

对家具进行低噪声处理，让使用者享受生活的宁静。

（3）尊重使用者的私密性，留有个人空间，增强内心的安全感。

（4）对使用者的潜在功能需求进行响应，创造让人放松的环境。

案例分析：在客厅中，打破沙发与地面之间传统的功能界限，使人们能够更加自如地放松身体，而不仅局限在沙发上，更好的满足人们对舒适生活的追求，如图1.3-111所示。

图1.3-111　对潜在功能的响应

4　家具感性设计基础

4.1　知觉要素

4.1.1　视觉特性

4.1.1.1　形态要素

　　点、线、面、体是一切形式的原发要素。当一个点移动时，形成一条线的轨迹；当一条线向着不同于自己的方向平移时，就界定出一个面；当一个面沿着斜向或垂直于自己平面的方向移动时，就形成一个三维的体量。

　　在现实中，一切可见的形体都是三维的，在上述要素中，由于其长、宽、高及其相应的比例不同而千差万别，如图 1.4-1 所示。

　　（1）点

　　点是形式构成中最基本的构成单位。

　　1）点的大小和形态

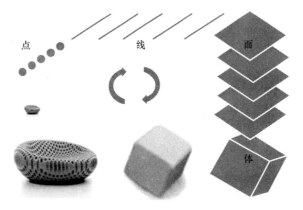

图 1.4-1　点、线、面、体的关系

　　几何上的点是无大小、无方向、静态的，但可在空间中标明一个位置，标志出一条线的起止，标明两条线的交点，表示出平面与方体线条相交的顶端。

　　在现实状态中，点的形状和大小不能由其单独的形态决定，必须依附于具体形象并用相对的概念来确定，即要从周围的场合、比例关系等相对意义上来评价，如图 1.4-2 所示。同样一个点，相对于大的背景可称为点，而相对于小的背景则失去了点的特征，而可能成了面或体。

　　点不一定是圆状的，三角形、星形及其他不规则的形状，甚至是一个体，只要与对照物之比显得很小时，就可以视为点，如图 1.4-3 所示。家具的许多拉手都表现为点的特征。

图 1.4-2　点的相对性

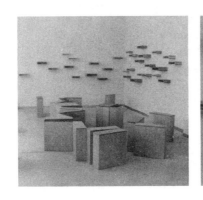

图 1.4-3　墙上"立体"的点

　　2）点的表情

　　① 单点。

　　点是向心的，它以自我为中心并可成为注意力的中心。但当它所处的位置不同时，所产生的表情是有差异的，见表 1.4-1。

区域位置	特　　点	图　　示
中心	稳固、安定，并能将周围其他要素组织起来	居中
非中心	虽然保留着以自我为中心的性质，但更趋能动，使其与周围区域间呈现紧张状态	自中央外挪

② 两点。

在两点的情况下，彼此间产生一种暗示线，有着互相吸引的特征，使注意力保持平衡。随着点数的增加，这种直线感觉更加强烈（图 1.4-4a）。

当两点大小不同时，使人感到注意力从大到小，起着过渡和联系的作用。如图 1.4-4（b）所示。

图 1.4-4　双点的表情

（a）大小相同两点距离越近联系越密；（b）不同大小两点注意力由大到小

③ 多点。

在多点群化时会产生线或面的感觉，如图 1.4-5（a）、图 1.4-5（b）所示。

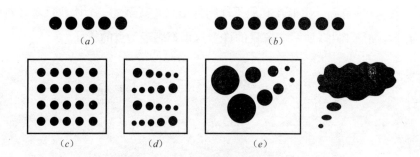

图 1.4-5　多点群化的表情

（a）同一直线上大小相同的点≤7 点并为奇数时视觉中心落在中间点上，有稳定感；

（b）同一直线上大小相同的点>7 点时无视觉中心，有虚线感；（c）大小相同
点产生平衡感；（d）大小不同点产生节奏感；（e）大小不同点产生深度感

大小相同的点群化时产生的面有严肃和大方的性格，并有均衡、整齐的美，如图 1.4-5（c）所示。

大小不同的点群化时，则产生动感，由于点的大小产生了透视关系，从而形成了空间的层次，这种情况常具有活泼、跳动的表情，富于变化美，如图 1.4-5（d）所示。

此外，点群与点群之间也会产生消极的面的联想，如图 1.4-5（e）所示。

用点造型的家具如图 1.4-6 所示。

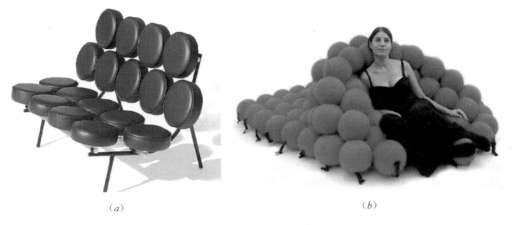

(a)   (b)

图 1.4-6　用点造型的家具

（2）线

线是点移动的轨迹，一个点延伸开来成为一条线。根据点的大小，线在面上就有宽度，在空间就有粗细。

线具有表达运动、方向和生长的潜在能力，线富于变化，对动、静的表现力最强，是在造型设计中最富有表现力的要素，比点具有更强的心理效果。

线是构成一切物体轮廓形状的基本要素，我们通常靠形状来识别事物的性状与特点。线条描绘出形状的边缘，将它与周围空间区分开，图 1.4-7 是以线构筑的家具。线条还能修饰和刻画出体部的面和棱角，如图 1.4-8 所示。

图 1.4-7　以线构筑的家具

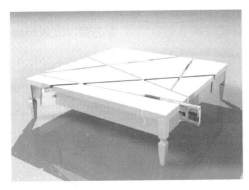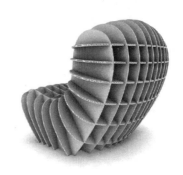

图 1.4-8　线可以刻画出体部特征

1）线的种类

线分为直线和曲线两大类，具体见表 1.4-2。

线的类别	具体分类	
直线	垂直线	
	水平线	
	斜线	
曲线	几何曲线	方曲线、弧线、抛物线、双曲线、螺旋曲线、椭圆曲线与变形曲线
	自由曲线	C形、S形与涡形

2）线的长度、粗细与形状

线的长度、粗细与形状由点而产生，即由点的数量、大小与形状所决定。不同的线具有不同的视觉效果，具体见表 1.4-3。

粗细不同的线产生不同的视觉效果　　　　　　　　表 1.4-3

线　型	视觉效果	图　示
粗线	力度强，浑厚、稳重、豪放、壮实	
细线	力度小，精致、挺拔、秀气、敏锐	

3）线的表情

线的第一性质是长度。长度是点的移动量，依靠点移动速度和方向的不同，能赋予其各种各样的性格。

① 直线的表情。

一般说来，直线使人感觉严格、单纯和明快。

粗直线具有厚重、强健与力量之感，具有粗犷的力度美。而细直线有敏锐、清秀之感，表现轻快、敏捷、锐利的性格，见表 1.4-4。

直线的表情　　　　　　　　　　　　　表 1.4-4

线　型	特　点	图　示
水平线	（1）具有向左右扩展的特点，带给人一种稳定、广阔、沉着、静止之感； （2）能强调家具与地面之间的关系，有一种宁静和惬意的感受	

线　型	特　点	图　示
垂直线	(1) 具有上升、严肃、端正、敬仰感； (2) 在家具设计中着力强调的垂直线条，似乎能产生进取和庄重等效果，如果这些线条伸向高处，还会有一种抱负和超越的感受	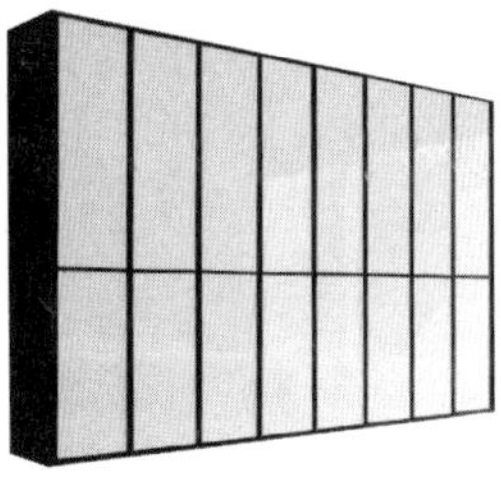
斜线	(1) 具有不安定、动势、即将倾倒之感； (2) 合理使用能起到静中有动、变化而又统一的调和效果	

② 曲线的表情。

曲线由于其长度、粗细、形态的不同，给人的感觉也不同。通常曲线有优雅、温和、缓慢、丰满、柔软之感，见表 1.4-5。

曲线的表情　　　　　　　　　　　　　　　　表 1.4-5

线　型	特　点	图　示
几何曲线	规律性强，给人以一种理智性的明快、坚实的印象	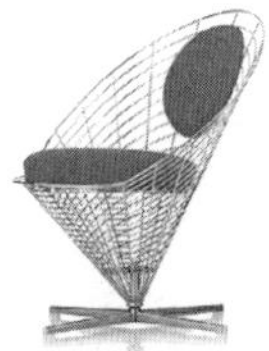
方曲线 （折线）	(1) 是由直线和曲线相结合的曲线； (2) 具有变化丰富、端庄、大方、丰满而厚重的性格	
弧　线	(1) 有椭圆和圆形两类； (2) 圆弧线有充实、饱满的感觉； (3) 椭圆形除具有圆弧线的特点外，还有柔软的感觉	
抛物线	近于流线型，有较强的速度感	

续表

线 型	特 点	图 示
双曲线	有一种曲线平衡的美和流动感	
螺旋曲线	有等差和等比两种，最富于动感的曲线，尤其是等比曲线具有渐变的韵律感	
C形曲线	含有一定的力度，简捷、柔和、华丽	
S形曲线	含有一定的力度，优雅、柔情、高贵、丰富	
涡形曲线	无力度，华丽、耀眼、协调的感觉，装饰性强	

在家具设计中，常常将各种线型搭配使用，以求得造型的美观，见表1.4-6。

家具造型中线型的使用　　　　　　　　　　　　　表 1.4-6

线的用法	特 点	图 示
纯直线构成的家具	给人以正直、坚定、平稳的庄重感，注目这种直线型家具可以放松紧张的精神，达到意念上的平整舒适	

线的用法	特　点	图　示
纯曲线构成的家具	给人以活泼、轻松、幽雅、柔和、丰满的动态感。在曲线的选用上产生了一种舒适的梦幻	
直线与曲线混合构成的家具	直线和曲线相结合的家具兼具两种性格，其倾向由其相对比例及用法决定	

（3）面

一条线在自身方向之外平移时，界定出一个面。在概念上，面是二维的，有长度和宽度，但无厚度。而在现实中不管厚度如何，它必须是可见的，当然长宽还是主要的。

1）面的种类

面总体可分成平面与曲面，具体见表 1.4-7。

面的分类　　　　　　　　　　　　　　　　表 1.4-7

面的类别	具体分类
平面	垂直面
	水平面
	斜面
曲面	几何曲面
	自由曲面

其中平面在空间常表现为不同的形，主要有几何形和非几何形两大类。

非几何形包括有机形和不规则形。有机形是以自由曲线为主构成，它不如几何图形那么严谨，但也不违反自然法则，常取形于自然界的某些有机体造型；不规则形是指人有意创造和无意中产生的平面图形。

2）面的形状

面的形状平时被透视作用所歪曲，只有正视时，才能看到真实形状。

3）面的表情

平面较单纯、直接，适用于表现现代造型的简洁性。曲面则具有温和、柔软和动感。其中几何曲面具有理智和感情，而自由曲面则性格奔放，具有丰富的抒情效果。

不同形状的面具有不同的表现特性（见表 1.4-8）。正方形、正三角形、圆形等都是方向性较明确的平面形，具有规则、构造单纯的共性，因此一般表现为安定、端正的感觉；多边形是一种不确定的平面形，边越多就越接近曲面，从而表现出丰富和轻快感。

面的形状	特　点	图　示
正方形	① 明确稳健，单纯大方，整齐端正； ② 可以通过与之配合的其他的面或线的变化来丰富造型，打破正方形带来的单调感	
三角形	① 斜线是它的主要特征，它丰富了角与形的变化，显得比较活泼； ② 正立的三角形能唤起人们对山丘、金字塔的联想，是锐利、坚稳和永恒的象征； ③ 倒置的三角形具有不稳定感，但作为家具造型总体中的一个构件，却能使人感到轻松活泼； ④ 横放或斜放的三角形具有前冲感	
圆形	丰富、饱满，具有永恒的运动感，象征着完美与简洁，同时又温暖、柔和、愉快的感觉	
椭圆形	① 柔和、温雅、匀称、律动； ② 长短轴的改变，给人以缓急变化的印象； ③ 在家具设计中运用椭圆能产生一种流畅、秀丽、温馨的感觉	
梯形	正梯形上小下大，具有良好的稳定感和完美的支持承重效果	
有机形	轻松活泼、富有动感	
不规则形	彰显个性化，形象丰富、性格突出	

形状是面的主导性质，如图 1.4-9 所示。

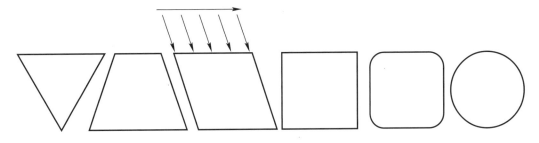

图 1.4-9　形状是面的主导性质

除形状外，平面状的形还具有各种材质的表面、颜色、质地和花纹等不可忽视的特性。这些视觉特点在下列诸方面影响着面的性质：

① 视觉上的重量和坚实感；

② 所见到的大小、比例以及在空中的位置；

③ 反光的程度；

④ 触觉与手感；

⑤ 声学特性。

（4）体

一个面不沿着它自己表面的方向扩展时，即可形成体量。在概念上和现实中，体量均存在于三维空间中。

体可以是实体（由体块取代空间或封闭式围合），也可以是虚体（由面状形所围合的开放空间）。体的虚实之分是产生视觉上的体量感的决定性因素，也是丰富家具造型的重要手法之一，见表 1.4-9。

体的分类　　　　　　　　　　　　　　　　表 1.4-9

体的类别	特　点		图　示
实体	重量、稳固、封闭、围合性强		
虚体	通透、轻快、空灵，具有透明感	通透型	用线或用面围成的空间，至少要有一个方向不加封闭，保持前后或左右贯通

体的类别	特 点		图 示
虚体	通透、轻快、空灵，具有透明感	开敞型	盒子式的虚体，保持一个方向无遮挡，向外敞开
		隔透型	玻璃等透明材料作盒的面，在一向或多向具有视觉上的开敞性

1）立体形状的种类

立体形状的种类和二维的平面一样有块状、线状与板状。这三者处于连续的、循环的关系，不能严格地区分。把块状物体向一定方向连续下去就变成线状，把线状物体平行地并列时，就成为板状，再把板状物体堆积起来就又回到块状，如图 1.4-10 所示。

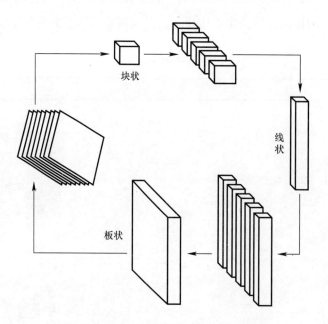

块状

线状

板状

图 1.4-10　块状、线状、板状的连续关系

2）立体形状的表情

体量大使人感到形体突出，产生力量和重量感；体量小则使人感到小巧玲珑，有亲近感。形体呈实体时，使人有稳固牢实之感；形体呈虚体时则显得轻巧活泼。

决定家具形体体量大小和虚实程度的因素有：

① 功能尺寸；

② 材料和结构形式；

③ 艺术处理的需要。

立体形状不同，表情也大不相同（见表 1.4-10）。

体的表情　　　　　　　表 1.4-10

立体形状	表　情	图　示
块状	能明显地与外界区分，成为一个占有空间的闭锁性的量块，给人的印象是稳重、安定、耐压	
线状	无论是直线形的还是弯曲的，总给人以一种锐利、轻快、紧张与速度感	
板状	最大特点是薄与延伸感，而且虽然薄却具有充分的力感	

4.1.1.2 形状

形状是用以区别一种形态不同于另一种形态的根本手段。它可以参照一条线的边缘、一个面外轮廓和一个三维体部的周界而形成。

形状可以分成自然形、抽象形和几何形。

（1）自然形

自然形泛指自然界一切生物和非生物（包括微观和宏观的）具有自然外貌特征的形态。这种形态可以抽象化，通常是一种简化的过程，但仍保留着它们天然来源的根本特点，如图 1.4-11 所示。

（2）抽象形

所谓抽象，就是剔取物象最本质的特征和精神，经过主体多次概括，提取到纯粹的点、线、面或自由形的极端。虽然抽象形不拘于物象的自然状貌，甚至与物象相去甚远，但还是体现了主体与客体的一种感受，并上升到一种高度形式化、抽象化的精神和纯化状态。图 1.4-12 是毕加索对牛进行去繁就简的变形方

战国变形凤鸟奁（局部）　　战国变形凤鸟帛画（局部）
（湖北荆门包山1号墓）

图 1.4-11　自然形

法，是具象到抽象的逐步演绎。

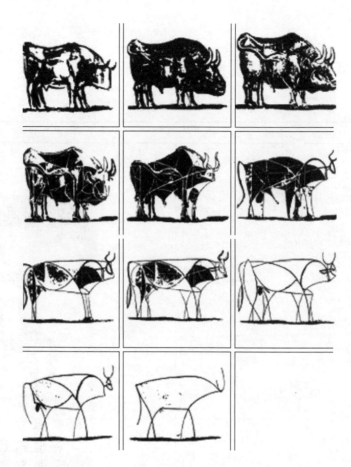

图 1.4-12 毕加索画牛的简化过程（从具象到抽象）

（3）几何形（见表 1.4-11）

几何形的分类与特征   表 1.4-11

几何形分类		特　征
基本形	正方形	① 表现纯正理性，视觉规整精密，易测量与制作； ② 放置在某一边时，平稳、安定，否则就会出现动态； ③ 各种矩形都可看作是正方形在长宽上的变体
	正三角形	① 平放稳定，仁立于某个顶点时，就动摇，趋于倾斜向某一边时，也处于不稳定或动态中； ② 可组合成正方形、矩形及其他多边形，其能动性取决于三条边的角度关系
	圆	① 紧凑而内向，表现了形状的一致性、连续性和构成的严谨性； ② 在环境中表现稳定，自行聚焦，且以自我为中心。与其他线形或形状协同时，可能显示出具有分离的趋势
延伸形	梯形/三角形椭圆形	
三维形	立方体/方锥体/圆锥体/圆柱体/球体	

4.1.1.3 色彩

（1）色彩的性格

色彩的性格见表 1.4-12 所列。图 1.4-13 是孟塞尔（A. H. Munsell）色系表的色相环，图 1.4-14 是孟塞尔色立体的水平剖面图，显示了明度和纯度的渐变。越往上，明度越高，越往两边，纯度越高。

色彩三要素	分类	视觉特色
纯度 （彩度/饱和度）	高纯度	活跃而富刺激性、吸引着人们的注意力
	低纯度	消沉而松弛、吸引效力较低
明度	高明度	让人愉快
	中明度	使人平和
	低明度	令人忧郁，距离感缩短
色相	暖色（红、黄、绿）	柔和、柔软、膨胀、亲近、依偎、活泼、愉快、兴奋、逼近感
	冷色（蓝、紫、粉）	坚实、强硬、镇静、收缩、遥远、安静、沉稳、踏实
	中性色（黑、白、灰）	吸引效力较低、黑色有沉重感、灰色使距离感加长
	同类色（<15°）	色相感统一、谐调、单纯、雅致、柔和、耐看
	邻近色（15°～45°）	与同类色相对比明显些、丰富些、活泼些、但并不统一协调
	对比色（120°）	鲜明、强烈、饱满、丰富，容易使人兴奋激动和造成视觉以及精神的疲劳
	互补色相（180°）	更完整、更丰富、更强烈、不安定、不协调、过分刺激，有一种幼稚、原始的和粗俗的感觉

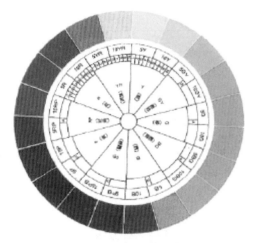

图 1.4-13　孟塞尔色系表的色相环

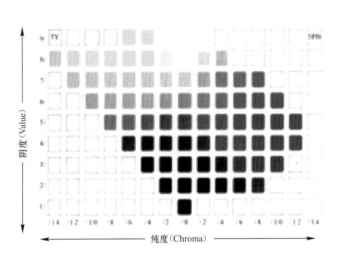

图 1.4-14　明度和纯度的渐变

　　一种颜色运用恰当与否，首先取决于对其使用的方式与场合，以及是否适合于色彩方案中的配色。表 1.4-13 与表 1.4-14 分别列出了颜色在各类人员心理所产生的反映及其具体与抽象的联想。表 1.4-15 为应用各种色彩的家具。

各类人员对颜色的具体联想　　　　　　　　　表 1.4-13

色彩　＼　年龄层与性别	少年（男）	少年（女）	青年（男）	青年（女）
白	雪白、白纸	雪、白兔	雪、白雪	白砂糖
灰	鼠、灰	鼠、阴天	灰、混凝土	阴云、冬天
黑	夜	头发、煤	夜、雨伞	墨、西装
红	苹果、太阳	郁金香、西服	红旗、血	口红、红鞋
橙	橘、柿	橘、人参	橘子、肉汁	橘、砖
茶	土、树干	土、巧克力	皮箱、土	栗子、靴
黄	香蕉、向日葵	菜花、蒲公英	月、雄鸟	柠檬、月亮
黄绿	草、竹	草、叶	嫩草、春	嫩叶
绿	树叶、山	草、草坪	树叶	草
蓝	天空、海洋	天空、水	海、秋空	海、湖
紫	葡萄、紫菜	葡萄、桔梗	裙子、礼服	茄子、紫藤

各类人员对颜色的抽象联想

表 1.4-14

色彩 年龄层与性别	少年（男）	少年（女）	青年（男）	青年（女）
白	清洁 神圣	清楚 纯洁	洁白 纯真	洁白 神秘
灰	阴郁 绝望	阴郁 忧郁	荒废 平凡	沉默 死亡
黑	死亡 刚健	悲哀 坚实	生命 严肃	阴郁 冷淡
红	热情 革命	热情 危险	革命 热烈 喜庆	热烈 喜庆
橙	焦躁 可怜	卑俗 温情	健美 明朗	欢喜 华美
茶	雅致 古朴	雅致 沉静	雅致 坚实	古朴 淡雅
黄	明快 泼辣	明快 希望	光明 明快	光明 明朗
黄绿	青春 和平	青春 新鲜	新鲜 活跃	新鲜 希望
绿	永恒 新鲜	和平 理想	深远 和平	希望 和平
蓝	无限 遐想	永恒 理智	冷淡 薄情	平静 悠久
紫	高尚 古朴		古朴 优美	高贵 消极

应用各种颜色的家具

表 1.4-15

色 彩	特 点	图 示
红色	积极、激进、革命、热烈	
橙色	明亮、华丽、兴奋、愉快	
黄色	辉煌、阳光、富贵、希望	
绿色	生命、健康、环保、凉爽、和平	

家具设计资料集

272

色　彩	特　点	图　示
蓝色	崇高、理想、高远、理智、冷静	
紫色	神秘、优雅、沉稳、富贵	
白色	纯洁、轻盈、明亮	
黑色	强烈、冷峻、深沉	
鲜调	生机盎然、充满活跃、跳动的力量	
粉调	朦胧、温和、含蓄、富有内涵	
低调	稳重、含蓄	

色 彩	特 点	图 示
高调	优雅、明亮	

（2）家具上的配色案例

1）调和色配色设计（图 1.4-15）

图 1.4-15 是典型的调和色环境设计方案。冷绿色是其主色调，这种色调搭配不当就会产生生冷、刻板、肤浅的印象。这里所采用的手法是：

① 单一背景下采用重复性的花纹制造层次感，打破原来冷绿色的单调性，以假乱真的古石墙壁纸让房间立刻有了文化气息，让视觉有了落脚点。同时，壁纸颜色的挑选也遵守了同色系法则，变化但不凌乱，丰富但不张扬。小台面和相框更是点睛之笔。

图 1.4-15 调和色配色设计

② 微带咖啡色的地面，让原本冷色调的大环境变得温暖起来，也让房间似满溢着如咖啡般的醇香。暗色调的选择依旧保持了古朴文化的属性。

③ 深咖啡色地板和冷绿色墙面的过渡地带采用了白色作为中间色，起到了很好的协调作用。这也是产品设计中处理两色交界处的常用方法。

④ 家具和配饰上，也选用绿色、咖啡色和白色，使整体色彩相协调，深浅恰当，形成层次感。竖条纹的靠垫和亮咖啡色的皮凳，不仅让色彩丰富，质感也丰富起来。随意摆放的毛毯也让空间多了几分人情味儿。

其营造的总体效果是文化、安宁与和谐。

2）对比色配色设计（图 1.4-16）

图 1.4-16 对比色配色设计

图 1.4-16 是典型的对比色环境设计方案。解读如下：

① 这是个展示空间，浅灰色大理石地面，黑白对比的天花板，让整体风格冷静沉稳，但由于高纯度的红蓝两色的强烈对比，可以让空间变得年轻丰富有趣起来，情绪也变得惊喜欢快。

② 对比色处理关键在于两色块的比例大小。墙面以及天花板都是白色为主，黑色局部点缀，所以整体空间明亮清爽，红色穿插其中，活跃气氛，同时与白色黑色都协调，面积稍大的蓝色与红色对比，又有了些冷静的感觉。

总体感觉是沉稳而不古板，有内涵、有深意、有新意、有身份，极其耐看。

3) 冷灰色基调下的调和色配色（图 1.4-17）

图 1.4-17 为冷灰色木墙基调下的调和色配色方案。自然光与人工光相结合。解读如下：

① 冷灰色木墙营造古朴宁静的环境，编制蒲团、矮凳和地毯都继承和延续了这一古朴风格。

② 墙面方格和方窗的设计，形式简单，却独具设计感，让墙面不再单调。

③ 沙发色系的选择和搭配是重点。不同程度的深蓝色让空间的文化感、深沉感更加凸显，具有强调作用。

④ 浅蓝色花纹靠垫和白底编花地毯，让沉静的空间有了一点点的活泼感。米色家具少量点缀。编织的毛线材质让人内心舒适温暖，虽是冷色却尤有余温。

⑤ 自然光的引入让空间明亮，晚间人工光应用米色的暖光，使深沉空间不乏安详。

基调主题明确（宁静安详），浅色大环境和自然光增加通透感，材质对比起到心理暗示作用。

4) 整体调和中求局部对比配色（图 1.4-18）

图 1.4-17 冷灰色基调下的调和色配色

图 1.4-18 整体调和中求局部对比

图 1.4-18 是整体调和中求局部对比的配色设计。解读如下：

① 红色地毯、橘黄色床上用品、樱桃木本色和米黄色墙面由深入浅，逐级调和。

② 黑、白、红三色经典对比。

③ 红色与主基调，有血缘关系，分量较重，白色次之，黑色只以器具形式点缀。

4.1.1.4 质感

质感是由物体表面的三维结构产生的一种特殊品质，最常用来形容物体表面的相对粗糙与平滑程度。也可用来形容物体特殊表面的品质，如石材的粗糙面、木材的纹理以及纺织品的编织纹路等。

质感分为触觉质感与视觉质感：

（1）触觉质感

触觉质感是触摸时的感知，但所有触觉质感均给人视觉质感。

（2）视觉质感

视觉质感是眼睛看到的，可能是错觉，但也可以是真的，如图1.4-19所示的pratone草坪坐垫，给人的视觉质感是生硬的，不舒服的，但是却有着舒适的触觉质感。

人类常由于以往相关材质记忆，从视觉质感推测触觉品质，所以当我们的眼睛识别出表面的视觉质感时，通常不用进行触摸就能感觉到它外观上的视觉品质，如图1.4-20所示。

图1.4-19　经典的pratone草坪坐垫　　　　　　　　　　　　图1.4-20　舒适的感觉

质感与质地的视觉特性，与是否有光照，以及背景的对比作用有很大关系，具体见表1.4-16。

质感的影响因子及不同的视觉感受　　　　　　　　表1.4-16

影响因子	分类	视觉感受	图　示
质地的视觉特性	细腻而光亮的表面	有轻快、平易、高贵、富丽和柔弱的感觉	
	细腻而暗淡的表面	有朴素而高贵的感觉	
	粗糙而暗淡的表面	有笨重、强固、大胆和粗犷的感觉	

影响因子	分类	视觉感受	图 示
质地的视觉特性	粗糙而光亮的表面	有粗壮而亲切的感觉	
光照	直射光线	增加视觉质感，照在粗糙表面上，形成清楚的光影图案	 
	漫射光线	减弱实在的质地，甚至模糊掉三维结构	
背景的对比	光滑而单一的背景	该种质地会比相似质地并列在一起时表现得更加突出	
	背景比目标质地更为粗糙	该质地会显得更为细腻而且会在尺度感上缩小	

图案的重复性设计也带给装饰表面一种质地感。当各部分组成的图案很小，以至于失去了它们自己的特色而混成为一种色调时，它们的质地感更胜过图案，如图1.4-21所示。

光亮的表面上容易发现灰尘而且也不耐久，但较易于清洗，粗糙的表面耐脏，但维护困难。

图 1.4-21　图案的重复性设计表现为质感

的表面无疑将有助于吸收背景杂声。

2）音响上的私密性要求。

3）音乐旋律对家具创作灵感的积极作用。

音乐是情感化的，而家具设计也需要情感，家具上的韵律感源于音乐。坐上芬兰家具设计大师库卡波罗所设计的摇椅（图 1.4-22）之前，似乎已经能感受到海浪轻摇小舟的舒适与聆听大海低语的惬意了。

我们的周围都有着一定的"背景音乐"，影响这种声音的因素有声源，这与室内空间的大小、室内物体的形状与所用材料有关，家具的尺度、形状、用材以及在室内的布置将在一定程度上影响我们的"背景音乐"。

4.1.2　听觉特性

家具设计与声音的关系不如其视觉特性来得明显，但是家具设计至少在以下几个方面与声音有关：

1）家具材料的声学特性及其对环境音响效果的影响。

借鉴世界上最宝贵的乐器——史特第瓦拉制的小提琴无与伦比的优美音色的原因之一，介于小提琴表面油漆与木材之间的一层薄薄的火山灰，如果可以通过特殊的处理方法获取具有特殊作用的家具用材，并将其应用到设计中去，很可能带来划时代的创造。

定性的看，以纺织面料包覆的屏风隔板所形成的柔软而粗糙

图 1.4-22　库卡波罗设计的摇椅

4.1.3　触觉特性

4.1.3.1　冷暖感

用手触摸家具表面时，界面间温度的变化和热流量会刺激人的感觉器官，使人感到温暖或凉爽。

铃木正冶测定了手指与木材、木质人造板等多种材料接触时的热移动量（见表 1.4-17），可见木材与人造板等木质材料的热移动量和热导率远远低于钢板、铅板、玻璃等材料，具有人体较适应的冷暖感，作为家具用材是非常理想的。

手指与各种材料接触时的热移动量　　　　　　　　　　　　　表 1.4-17

材料名称	热移动量 $(4.18×10^{-2}\text{J/s})$	热导率 $[4.18\text{kJ/(m·h·℃)}]$	材料名称	热移动量 $(4.18×10^{-2}\text{J/s})$	热导率 $[4.18\text{kJ/(m·h·℃)}]$
钢板	5.69	32	扁柏	2.98	0.07
铝板	7.59	180	白桦	3.39	0.14
玻璃	5.97	68	氨基醇酸漆柞木	3.12	0.137
陶瓷器	4.43	0.9	聚酯涂饰胶合板	3.79	0.088
混凝土	4.88	1.6	三聚氰胺贴面板	4061	0.25
砖	3.93	0.47	硬质纤维板	3.39	0.105
硬质聚氯乙烯	3.53	0.252	软质纤维板	2.98	0.05
脲醛树脂	3.25	0.25	刨花板	3.25	0.1
酚醛树脂	4.07	0.25	纸	3.52	0.15
聚苯乙烯	2.71	0.035	羊毛	2.71	0.038

一般认为，木材经涂饰后，接触面的热学性质会产生微小的变化。但日本研究者测定表明，当涂层

厚度达到 $40\sim50\mu m$ 时，才略能测出涂饰前后冷暖感的差别。

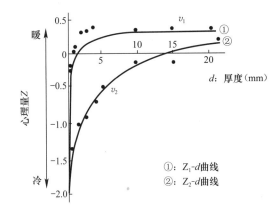

图 1.4-23　木材厚度与冷暖心理量的关系

木材常常被加工成单板作为贴面材料覆盖于其他材料的表面上，从而对基底材料的冷暖感产生影响。测定结果表明，即使厚度仅为 1mm 的单板，也对改变基底材的冷暖感十分有效，随着木材单板厚度的增大，其贴面材料的冷暖感逐渐接近于木材素材的冷暖感（图 1.4-23）。

图 1.4-23 展示了单板厚度与冷暖心理感觉量的关系。包括用初期热移动速度 v_1 求得的 Z_1 和用长期热移动速度 v_2 求得的 Z_2，如图中所示，Z_2—d 曲线比 Z_1—d 曲线上升得缓慢，木材厚度增加到 20mm 时，冷暖心理量仍继续上升。

从实际家具的使用条件和居住条件来看，Z_1 可表示人与墙壁、柜类家具等接触时间短的瞬间接触，Z_2 可表示人与地板、椅子、桌面等长时间接触时的冷暖感。从图中可以看出，要在木材厚度 (d) 等于 15mm 时 Z_2 等于零，木板达到一定厚度时才能掩盖住基底材的冰冷感。在实际应用时，地板、椅子、桌面板等不仅要进行表面加工，而且基材也以选择木材或本质材料为宜。

4.1.3.2　粗滑感

经研究表明，摩擦阻力小的材料表面感觉光滑。在顺纹方向上，针叶材的早材和晚材的光滑性不同，晚材的光滑性好于早材。木材表面的光滑性与摩擦阻力有关，摩擦阻力的变化与木材表面粗糙度有关，均取决于木材表面的解剖构造，如早晚材的交替变化、导管大小与分布类型和交错纹理等。

4.1.3.3　干湿感

干湿感源自压力与温度的混合，在两种情况下会产生湿感：

一是物体含水率变化到一定程度时；

二是物体表面性状能使人感觉类似有水时的温度与压力刺激。

传统的仿皮材料没有自然的细小孔隙，给人一种人造的、不自然、不透气的感觉，现在已有人通过造出许多肉眼几乎看不到的小孔，质感发生了明显的反差；明明是一块很"干"的材料，摸上去就有"湿"的感觉，用到沙发或椅子上时，夏天不感到热。

木材具有吸湿性，包括吸湿和解吸。这种性质具有两重性，一是具有调温调湿机能，有利于室内环境；二是会产生湿胀干缩，影响家具质量。所以，必须从整个室内装饰材料中木质材料的使用比例和具体家具的结构设计两方面来解决这一对矛盾。

4.1.3.4　软硬感

木材、皮革等天然的生物材料以及仿皮、泡沫等人造软体材料能给人良好的软硬感。

木材表面的硬度值因不同树种、不同部位、不同断面而异，见表 1.4-18。

木材表面的硬度值差异　　　　　　　　　　　　　　　　　　　　　表 1.4-18

参　数	差异性
树种	通常多数针叶木材的硬度小于阔叶材，而泡桐等软阔叶材比针叶材还要软
端面硬度	针叶材最高与最低值相差约 3 倍；阔叶材相差 12 倍左右
同一树种，不同断面	针阔叶材的端面硬度均比侧面高，弦面硬度略比径面高，心材的硬度一般都比边材大

4.1.4 嗅觉特性

嗅觉不像其他知觉，不需要翻译者，效果直接，不因语言、思想或翻译而诠释。气味没有短期的记忆，全都是长期的。但并不是任何事物都有气味的，只有具挥发性能，能把微小分子撒在空气中的物体，才有气味。像木材、胶料、涂料、皮革等就存在挥发成分，从而会有各种各样的气味。

4.2 家具美学造型法则

视觉是家具最重要的外在感觉特性。设计一件造型优美的家具，若要精心处理好那些基本的构成要素，就必须掌握一定的美学规律，主要是构图法则。

构图法则的基本要素有比例、尺度、平衡、和谐、统一与变化、重点的突出、节奏与韵律以及透视原理等。

4.2.1 比例

家具的比例包括两方面的内容：

① 指人与家具、家具与家具之间互为比例，如图1.4-24所示。

② 指家具的整体与局部、局部与局部之间的比例，如图1.4-25所示。

图1.4-24 家具与家具之间的比例

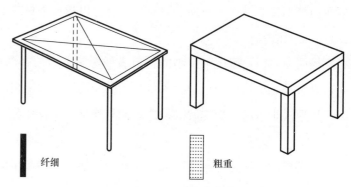

图1.4-25 家具的整体与局部之间的比例

比例关系可以是数值上的、数量上的、抑或是程度上的，一个物体的外观大小受到其所处环境中相对于其他物体大小的影响。当论及有关空间的形态时，必须考虑三个维度上的比例。同时，比例也受视距甚至文化偏见的影响，可能在南方认为比例恰当的家具，在北方会觉得过于纤细。

（1）比例基础

决定家具的比例关系时需要考虑的因素有：功能（图1.4-26）、材料、结构、工艺（图1.4-27），社会功能（图1.4-28）等。然后再以美学的比例关系来协调、修正，修正时还要考虑不同的环境状况。

图1.4-26 功能要求对比例的影响　　图1.4-27 结构工艺对比例的影响　　图1.4-28 社会功能对比例的影响

（2）几何形状的比例关系

1）几何形状自身的比例

对于形状本身来说，当具有肯定的外形而易于吸引人的注意力时，如果处理得当，就可能产生良好的比例效果。

肯定的外形指形体周边的"比率"和位置不能加以任何改变，只能按比例地放大或缩小，不然就丧失这种形状的特性，如正方形、圆形、等边三角形等。

长方形没有肯定的比例关系，它的周边可有各种不同的比率而仍不失为长方形，所以是一种不肯定的形状。但经人们长期的实践，探索出了若干种被认为具有完美比率的长方形，见表1.4-19所列。

长方形的不同完美比率   表1.4-19

比率列举		具体说明	图　示
黄金比		① 如右图 a，$BE:AE=AE:AB$，这样的分割叫黄金分割，这样的比率就叫黄金比。 若小段 $BE=1$，大段 $AE=x$， 则：$1:x=x:(x+1)$， 即 $x\approx1.618$ AE 与 EB 就处于具有最匀称的优美的比例关系。 ② 把一边与另一边的比所形成的长方形，叫做黄金比长方形，如图 b 所示	
根号长方形		设正方形的一边长为1，用其对角线作图，可画出短边为1，长边为 $\sqrt{2}$ 的长方形。又以 $\sqrt{2}$ 方形的对角线，用同样方法作图，也可画出 $\sqrt{3}$ 的长方形。用此方法，可顺次画出无限多的根号长方形	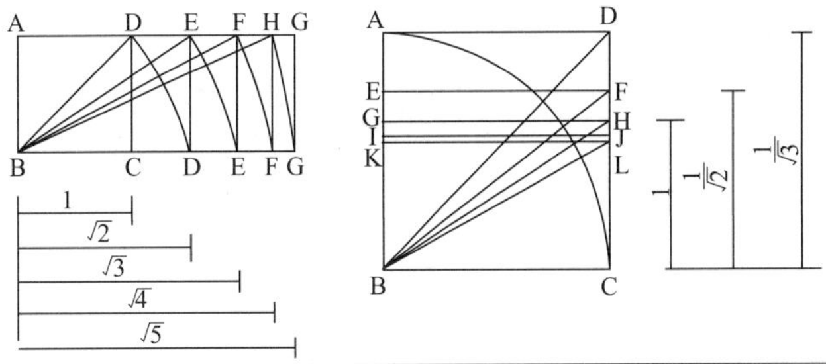
整数比		把 $1:2$，$2:3$，或 $1:2:3$…这样由整数形成的比例叫做整数比。整数比具有文静而整齐的明快感	
级数比	等差级数比	如 $1:3:5:7$ 等	
	等比级数比	如由 $2:4:8:16:32$…构成的级数，其特点是增加率大，具有较强的旋律感	
	其他	由 $2:3:5:8:13$……构成的级数是以各项等于前两项之和的相加级数形成的比例。其相邻两项之比为 $5:8=1:1.6$，$34:55=1.617$，接近于黄金比 $1:1.618$	

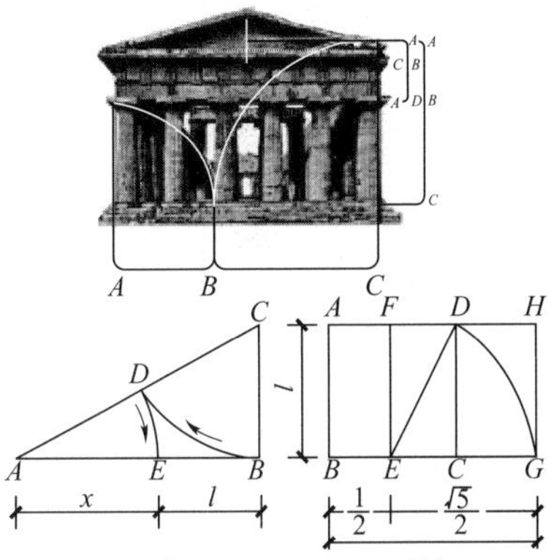

上卷　基础篇　4　家具感性设计基础

281

2）几何形状的组合比例

对于若干几何形状互相并列或包含等组合情况而言，如果具有相等或者相近的"比率"，也能产生良好的比例。

如图 1.4-29 所示，其各部分对角线互相平行或垂直，则它们的形状就具有相等的比率。如图 1.4-30 所示，图中两个相同的长方形经划分后，左边的一个整体和局部具有相等的比率，即 $AD：AB＝AB：AF$。右边的一个没有相等的比率（$AD：AB≠AB：AF≠FD：AB$），因此，前者比后者好看。

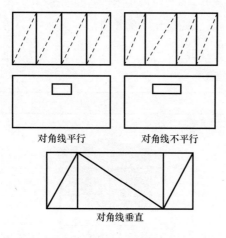

对角线平行　　　　对角线不平行

对角线垂直

图 1.4-29　对角线互相平行或垂直

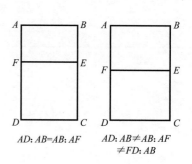

$AD：AB＝AB：AF$　　$AD：AB≠AB：AF$
$≠FD：AB$

图 1.4-30　整体和局部比例

图 1.4-31 为 Bruno Munari 比例系列，在家具的造型设计中，不能仅仅从几何形状的观点去考虑比例问题，而应综合各种形成比例的因素，作全面的平衡分析，以便创造出新的比例构思。红蓝椅是在精确计算基础上科学确定其零部件之间以及局部和整体之间的比例关系的，如图 1.4-32 所示。

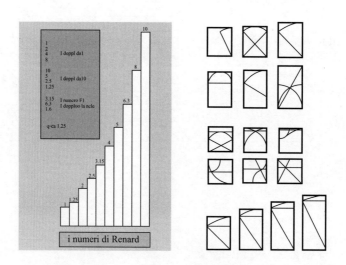

图 1.4-31　Bruno Munari 比例系列

4.2.2　尺度

比例与尺度都用于处理物体的相对尺寸。前者是指一个组合构图中各部分之间的关系，而后者是特指相对于某些已知标准或公认的常量时物体的大小。

尺度可分为物理尺度与视觉尺度。物理尺度是根据标准度量衡测出的物体尺寸，而视觉尺度是根据已知近旁或四周部件尺寸所作的判断。家具的尺度主要应考虑人体工程学、基本的使用功能，在室内配套设计时还需考虑人的活动范围以及与室内其他元素的配套性。

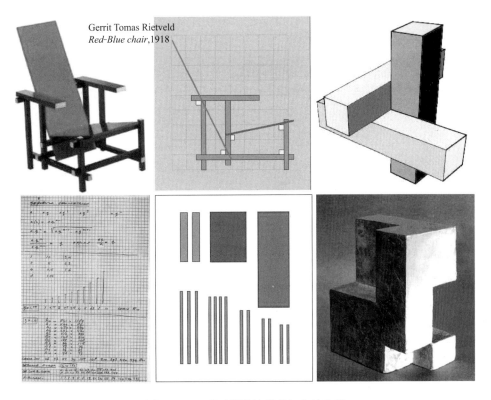

图 1.4-32 通过科学计算的红蓝椅比例

4.2.3 平衡

平衡也可称为均衡，在表现上具有安定感。由于家具是由一定的体量和不同的材料所组合的，常常表现出不同的重量感。平衡是指家具各部分相对的轻重感关系，运用平衡法则是为了获得家具设计上的完整感和安全感，如图 1.4-33 所示。

平衡不是单纯的尺度上的平衡，而是造型、色彩及肌理的综合平衡，如图 1.4-34 所示。

图 1.4-33 平衡带来的完整与安全感　　　　图 1.4-34 平衡包括尺度、造型、色彩与肌理等

能够突出并加强一个部件的视觉分量，即吸引人们注意力的特性有：不规则的或具有强烈对比的造型，大尺度和超常的比例，鲜明的色彩和强反差的肌理以及精制的细部等。

平衡包括对称平衡和非对称平衡。对称的构图都是平衡的；而非对称的平衡可使不同尺寸、不同形态、颜色或质地的各要素获得平衡，见表 1.4-20。

对称平衡与非对称平衡　　表 1.4-20

平　衡	特　点	图　示
对称平衡	① 完全对称，即同形、同量、同色、同质； ② 可以是平面的、静态的，也可以是立体的、动感的； ③ 对称中需要强调平衡中心才生动	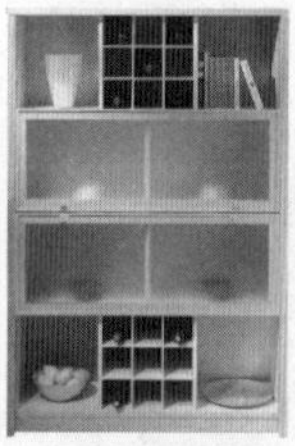
非对称平衡	外形轮廓不变，局部构件出现变化	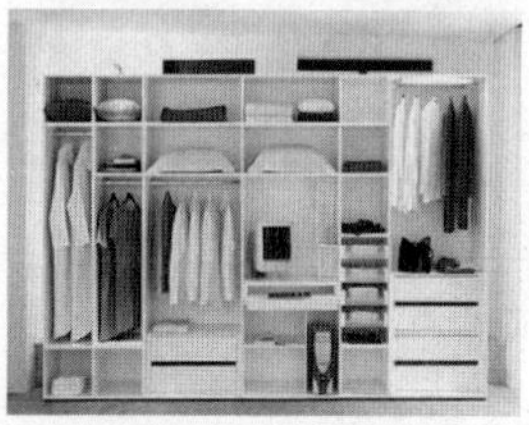
非对称平衡	中心轴两侧同量、不同形	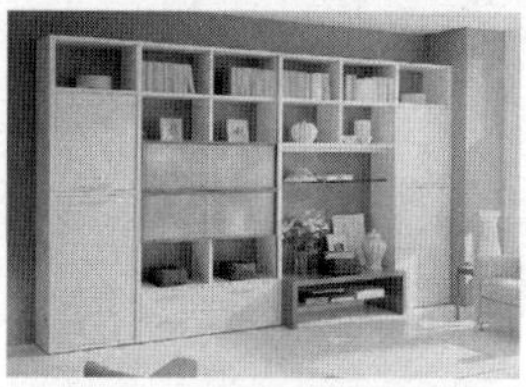
	形不同、量不同 ① 用一个大的体积与几个小的体积相对来取得平衡； ② 用竖向高起的体量与低矮平铺的体量来相互平衡	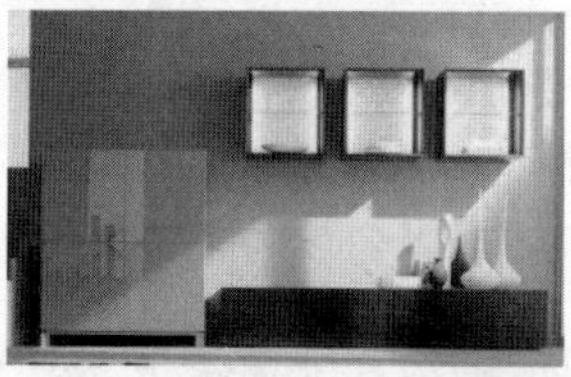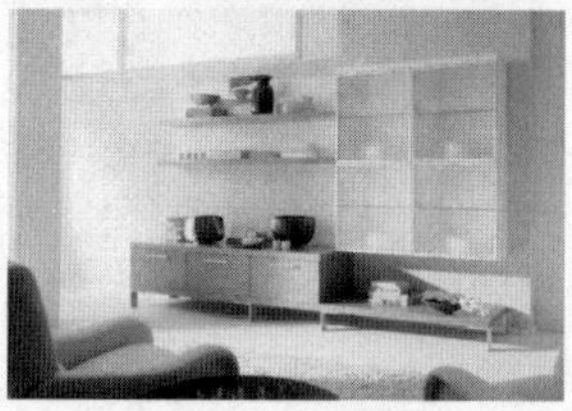

设计中，家具的平衡还必须考虑另一个重要因素——重心，好的平衡表现必有稳定的重心。它给外观带来力量、稳定和安全感。在家具构图中，所谓重心的概念，主要是指家具上下、大小呈现的轻重感的关系而言，如图 1.4-35 所示。

此外，有视觉效力并引人注意的是那些有异常造型或强烈色彩、沉重色调甚至有斑斓肌理等特点的要素。能与这样的要素相抗衡的则必须是效果较弱但块面较大的，或是距中心远的要素，如图 1.4-36 所示。

家具的设计并不是以体量的变化作为均衡的准则，而是利用材料的质感和较重的色彩来形成不同的重量感，以获得视觉重心稳定的平衡感，如用粗质感、明度小而较深色彩来处理橱柜的包脚或底座。

非对称平衡不如对称式平衡那样明显，但更具视觉能动性和主动性，它能表达动态、变化甚至有生

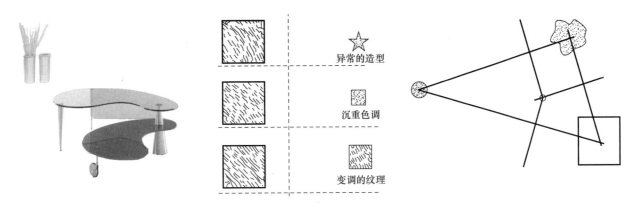

图 1.4-35　家具中重心的表现　　　　　　　　　　图 1.4-36　平衡手法

机勃勃之感，它较对称形式更灵活，能适应不同功能、空间和场合的各种条件。

4.2.4　和谐

和谐即协调，体现在构图中各部分之间或各部分组合当中悦目的一致性。

和谐原则应包括对要素的细心选择：它们应有一种共性，如造型上的，色彩、肌理或材料上的。某种共性的重复，在家具上、成套家具上、抑或在室内众多陈设的要素中产生统一感与视觉的和谐、一致。

和谐包括线的和谐、色彩的协调以及其他元素的协调手法（见表1.4-21）。

和谐的表现手法　　　　　　　　　　　　　表 1.4-21

手　法	具体方式	图　例
线的和谐	① 运用相似线的差异，以获取协调的共性特征，如右图a； ② 从相对线的方向协调中去取得和谐的效果，如右图b	(a)　　　　　　(b)
色彩的协调	色相和明度的差异程度降到近似时，可产生协调的效果。各部分的色彩变化都服从于同一基本色调	
	以适当的中性色（黑、白、金、银、灰）来调和比较活泼的对比色调	

手 法	具体方式	图 例
其他元素的协调手法（具有某种共性）	共同的大小	
	相似的造型	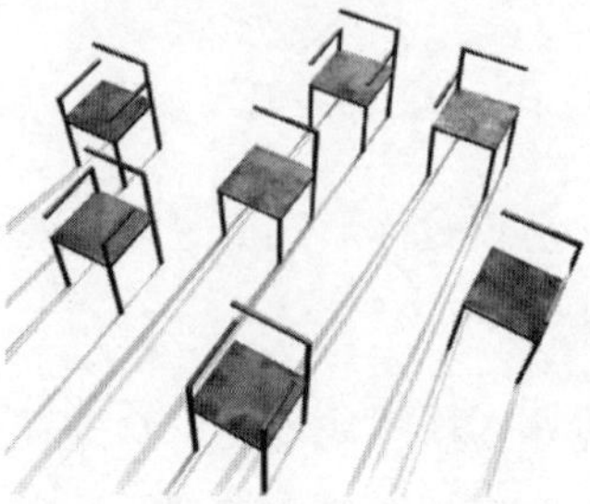
	一致的方向	
	材料相似	
	细部特征接近	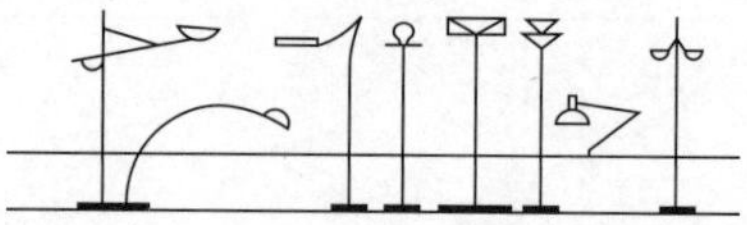

  在增强整体统一性的同时，应注意平衡与和谐的原则并不排除对变化与趣味的追求。相反，平衡与和谐的本意是意欲将构图中互不相似的特性与要素兼收并蓄；在统一中求变化、在变化中求统一，整体统一、局部变化。

  有相同特征要素产生的和谐允许这些同类的要素具有统一中的变化，即允许个性特征。在有序与无序，统一与变化之间存在着细致的和艺术的紧张状态，它使室内家具呈现活泼的和谐与趣味性。

  在同一套造型中，变化可由以下几方面引入，即：改变尺寸、改变质地、改变方位、改变细部特征或改变颜色，如图 1.4-37～图 1.4-39 所示。

图 1.4-37　不同颜色和材料、相同大小的椅子

图 1.4-38　相似尺寸、不同细部的床

图 1.4-39　相似尺寸的椅子，在靠背等细部有变化

4.2.5　对比

所谓对比，是指强调差异，表现为互相衬托，具有鲜明突出的特点。

家具设计中，从整体到细部，从单件到成组，常运用对比的处理手法，构成富于变化的统一体，如形状方圆的对比、空间的封闭与开敞，颜色的冷暖，材料质地的粗细对比等。常用的对比手法见表 1.4-22。

对比手法　　　　　　　　　　　　　表 1.4-22

方　法	具体说明	图　例
线与形的对比	① 采用曲线与直线的对比来求得造型的丰富变化，如右图 a； ② 采用圆形与方形的组合，以取得形体上的对比，如右图 b； ③ 综合运用线与形来形成对比，如右图 c	(a)　　(b)　　(c)
方向的对比	运用在等长、等形的图形上采用横向与纵向的方向对比来取得表现上丰富而生动的变化	
材料的对比	运用材质上粗与细、光滑与粗糙、轻与重、硬与软的对比来表达家具体量与空间的尺度感	

方　法	具体说明	图　例
虚实对比	① 采用玻璃的透空或开敞的空格来减少实体部分的沉重、闭塞感； ② 用封闭的实体来加强开放部分的重量感与稳定感	 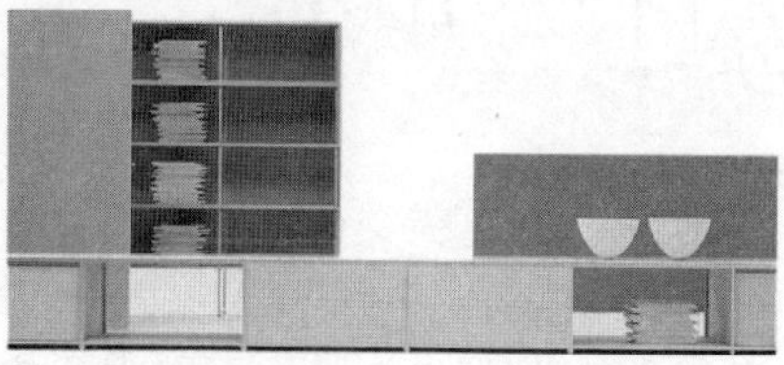
色彩的对比	① 色相的对比，即相对的两个补色，如红与绿、黄与紫、黑与白； ② 明度的对比，即颜色深浅的对比	 

4.2.6　韵律

造型设计上的韵律基于空间与时间中要素的重复。韵律可借助于形状、颜色、线条或细部装饰而获取。

在家具构图中，当出现各种重复现象的情况时，巧妙地加以组织、进行变化处理是十分重要的。常见的韵律形式见表 1.4-23。

常见的韵律形式 表 1.4-23

韵律形式	特　点	图　示
连续的韵律	由一个或几个单位组成的，并按一定距离连续重复排列而得到的韵律。 ① 运用单一形态要素的排列方式，端庄沉着，如右图 *a*； ② 运用两种以上形态要素交替重复排列，轻快活泼，如右图 *b*	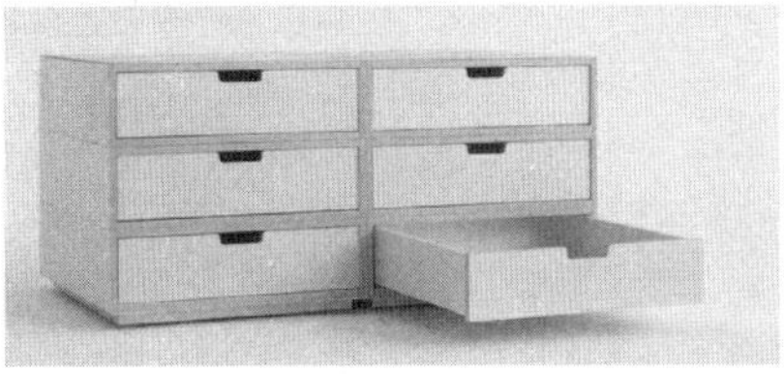 (*a*) 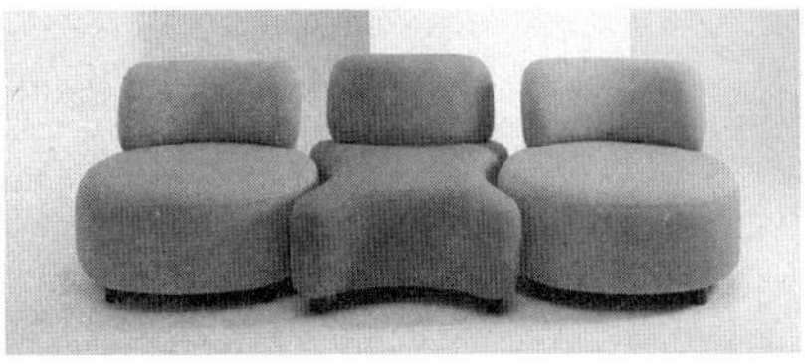 (*b*)
渐变的韵律	在连续重复排列中，将某一形态要素作有规则的逐渐增加或减少所产生的韵律	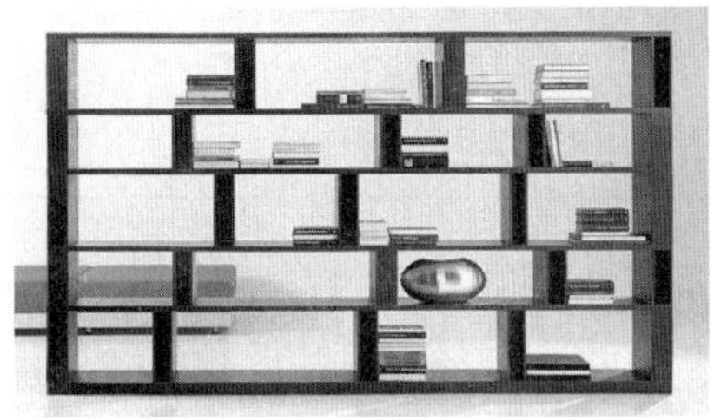
起伏的韵律	在渐变中形成一种有规律的增减，而且增减可大可小，从而产生时高时低、时大时小，似波浪式的起伏变化	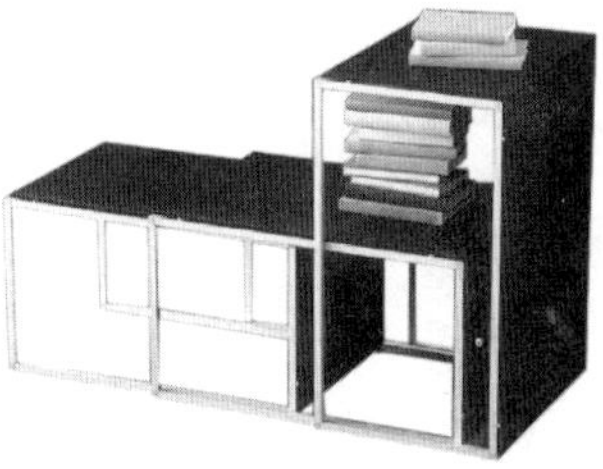
交错的韵律	有规律的纵横穿插或交错排列所产生的一种韵律。也可通过交错韵律的重复而取得韵律的效果	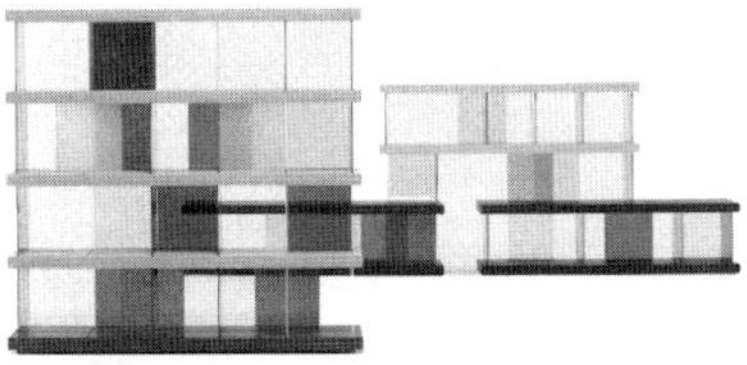

4.2.7　重点突出

在家具构图中，没有支配要素的设计将会平淡无奇而单调。如果有过多的支配要素，设计又将杂乱无章，喧宾夺主。设计应根据整个方案中每一部分的比重，赋予各部分恰当的含意。重点突出主要通过两个方面来表现，见表 1.4-24。

重点突出的表现手法　　表 1.4-24

方　法	具体说明	图　示
衬托	① 通过含意深远的尺度大小、独特的形态来衬托； ② 通过对比的色彩、明度与肌理可以使一个重要的要素或某种特色成为视觉的重点	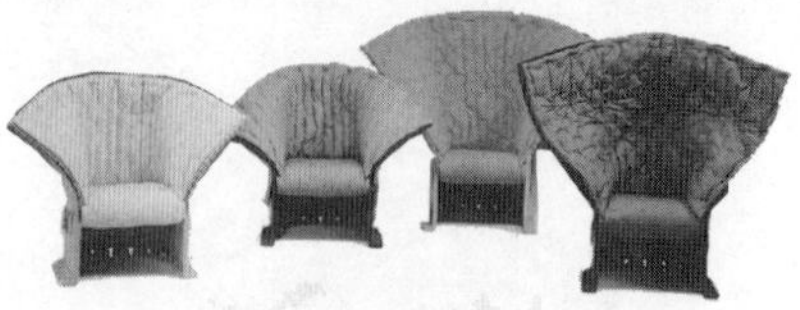 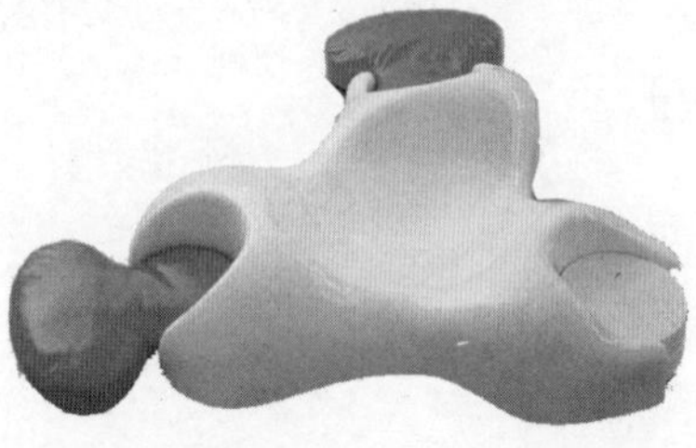
加强	① 以空间的中枢或对称组织中心的面目出现； ② 在非对称构图中，偏置或孤立于其他众要素； ③ 也可以是线性序列或某运动序列的终点	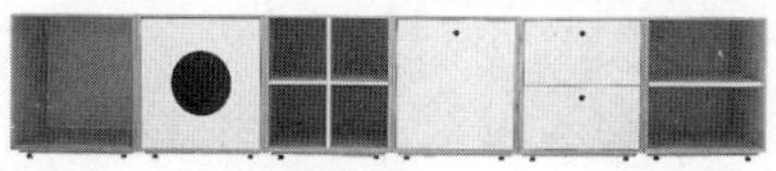

4.2.8　错觉

在设计中，为使家具的实际效果和设计意图尽可能一致，就必须注意掌握和运用视差原理。视差即视觉误差，它包括错觉和透视变形两方面的问题。了解和运用错觉和透视变形的一些特殊规律，可在设计时对可能出现的问题有所预见，有些还能有意识地利用某些视差现象，以便充分地显示设计中所要表现的形状、大小等效果。

（1）错视觉

人的视觉有时会产生一些错觉（见表 1.4-25）。各种错觉的产生，主要是由于视觉背景的对照影响而引起的结果。

各种错觉　　表 1.4-25

图　示	说　明
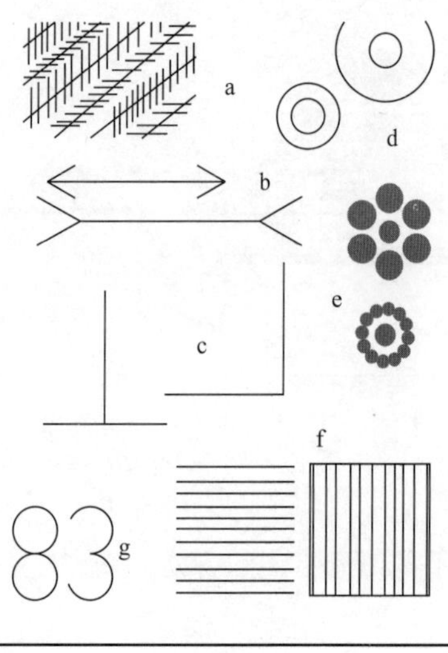 	a—方向的错觉：长直线的弯歪错觉 b—长短错觉：等长线段的长短错觉 c—水平、垂直错觉：等长线段的长短错觉 d—对比的错觉：相等内圆的大小错觉 e—对比的错觉：中心圆大小的错觉 f—分割的错觉：两正方形的高扁错觉 g—上方过大的错觉：同样的圆形上的错觉

如，在大空间中，视感常导致家具体量过小，可将家具尺度在功能许可的范围内放大；在三门大衣柜的设计中，可把中间尺寸适当放大，这样就可避免中间局促的感觉；在一些橱柜中，由于宽度较大，底座上面的柜体有较大的体量，当望板下沿作水平状时，易有下垂感，可在设计时采取微微向上拱起的手法，以矫正视差，获得挺直有力的效果。视错的修正方法见表1.4-26。

视错的利用与修整　　　　　　　　　　　　　　　　　　　表 1.4-26

图　示	说　明
	a—以下大上小的方法来纠正上方大的错觉
	b—分割正方形的立体化有助于消除高扁感
	c—将中心圆适当上移避免上大下小的错觉
	d—将直线微微向上拱起可避免下凹感
	e—封闭处的形状与开放处不同，可适当加大或缩小来修正视觉误差
	f—当水平线在半径处时感觉较为沉闷，将中心下移则有内凹感，此时可在两边稍微向外收线则活泼又自然
	g—圆柱两侧平行线适当外拱可取得饱满感，下重叠的大小避免内凹的错觉

（2）透视变形

透视变形使家具的实际效果往往与图纸上的家具设计有一定的距离，尤其是三视图或轴测图。我们应该了解和运用透视变形的各种视差规律，以便在进行设计时能事先加以矫正，见表1.4-27所示。

透视变形的应用　　　　　　　　　　　　　　　　　　　表 1.4-27

透视变形的类型	视差规律	应　用	图　示
竖向透视变形	以视高为基点，向上和向下均有透视变形的现象	一般多抽柜采用上小下大的抽屉设置方式，以取得各层比例恰当的透视效果	
形状不同的透视变形	当部件的形状不同时，对它的大小感觉也有一定的影响	方柱截面的边长与圆柱截面的直径相等时，方柱腿型是平实、刚劲的视觉效果，而圆柱腿型能显示挺秀、圆润的效果	

透视变形的类型	视差规律	应用	图 示
透视遮挡	当视点高于某部位，则会造成该部位的透视被遮挡的现象	柜子底座后退太多和茶几中隔板后缩于面板都造成透视遮挡，应适当放高底座，下降隔板层高来调整	

4.3　其他感觉设计

到目前为止，除了视觉艺术以外，在家具设计的理论上对其他感觉设计的研究几乎等于空白。但是这并不能否定其他感觉特性的客观存在与重要地位。

我们在画册上、在电视里所看到的家具和家具所存在的环境与我们身临其境的感受不同，只有在现实中才能找到真正的"感觉"。只有在现实中才能辨别出细腻和动态的音色，才能触摸到光滑的台面和松软舒适的沙发垫，才能感受到自然的芳香。

家具设计不仅是造型的设计，应该是包含其他感觉设计的感性设计。当然，家具的其他感觉设计没有这么简单，不能只用一段音乐或洒上几滴香水来实现，以免走入庸俗化的歧途。相反，更重要的是对其所用材料进行优化，以获得既自然又舒适、健康、安全的综合效果，即所谓的"共感觉"。

4.3.1　听觉设计

在整个室内设计中，我们要保留并加强我们需要的声音，而减少或排除干扰我们活动的声音。这就需要对室内和家具做听觉设计。

金属、玻璃、石材等材料有坚硬、密实而刚强的性质，对声音的反射比较强烈，因此，对大体量家具要慎用，在成套家具中，其使用比例也不宜过高。

纺织品、海绵、泡沫、皮革等材料柔软、疏松而富弹性，可用来吸收并使声能消失。因此，在大空间办公区域可通过屏风、沙发、办公椅等家具来适当增加其使用比例，以使可能出现的嘈杂声降至较低的程度，从而营造出一份静谧的办公氛围。

木质材料具有中等硬度与密实度，能吸收部分高频杂声，反射出悦耳的低声，具有较好的声学特性，因此，常被用作音箱、乐器等材料。

在较小的房间里，平行的反射表面会引起轻微的回声或颤音。混响是指空间中某一声音的持续存在。有些音乐可能因较长的混响时间变得更优美，但如果在这种音响环境中演讲，则会含糊不清。为了纠正这些情况，应改变房间各表面的形状和朝向，或是装置更多的吸声材料。

4.3.2　触觉设计

触觉设计因家具的功能而异，同时还应当考虑耐磨性、耐污染等其他表面特性，抓住功能上的主要因素，进行适当的权衡与取舍，这样才能使家具更安全、更合理，更加经得起推敲。

4.3.2.1　坐卧类家具

用海绵、人造发泡材料、弹簧或它们的组合来用作坐卧类家具的表面，能使人感到轻松、舒适，但是导热性较差，夏天会使人闷热。采用中性的木质材料可以兼顾到全年四季的季节变化。也可以用软垫可拆式，来分别满足冬夏气候变化所提出的使用要求。

皮革、纺织品、竹藤以及木材及其复合材料等，是具有良好触感的材料。但与其他各种材料所不同的是，木材的触觉特性在很大程度上与其加工质量有很大的关系。

刨削与砂磨赋予木材表面不同的粗糙度，木家具需要打磨，或是利用油漆来使表面平整、光滑。也有保留木材自然质感的，如明式家具上许多制品的表面都采用擦蜡而不涂漆，其道理也就在于要保持木材的特殊质感。

纺织面料制品，如布艺沙发具有松软、粗糙的触觉特性，但是容易落灰且不易清除。则需考虑将面料做成能拆下来清洗的套子。

4.3.2.2 凭倚类家具

凭倚类家具的表面性质有两个重要因素要特别重视：其一，与手臂接触的机会较多；其二，对耐磨性与耐污染性的要求较高。

对于办公桌、写字台类与手臂长期直接接触的家具，表面需要具备良好的冷暖感和光滑感，软硬适中，不能太粗糙，通常可以使用实木材料或木质复合材料；

对于餐桌、橱柜，与手臂接触时间很短，频率很低，甚至间接接触的家具，其对表面防污要求较高，要易于擦洗，通常可以选用金属、石材、玻璃等。

4.3.2.3 收纳类家具

收纳类家具虽然很少与人直接接触，但从其他综合性能来看，还是以木质材料较为理想，即便如此，也应在加工时作细致的处理以提升其品质，粗糙的表面总会给人以不良之感，基于人的生活经验、物理质感会反映到视觉质感上来。

4.3.3 嗅觉设计

嗅觉设计的目标是排除潜在的不良气味，并在可能的情况下引入自然芬芳的无毒气味。

家具设计师应当关注科技动态，适时地将最新成果应用到家具设计中来。

有些木材具有特殊用途的特殊气味，如香樟树有独特香味，而且置于衣柜中能防止衣物被虫蛀。则可以在其他材料制作的衣柜中适当地加上一些樟木构件。这样，不但可节约樟木用量，同时也可不影响我们喜欢其他材料所带来的视觉效果。

此外，在德国，啤酒桶被要求用橡木来制作，原因是橡木中的特殊内含物可以使啤酒获得更好的口感。

我们还可以根据不同环境的要求，在家具材料中赋予健康、耐久、自然而悠深的特殊气味来与环境氛围相协调，以增加其独特而迷人的感染力。

4.3.4 共感设计

共感特性包括每一种知觉，如视觉、听觉、触觉、嗅觉甚至还有味觉本身的整体性以及各种知觉的共同作用。

家具设计时不能只盯着某一局部的形态与色彩，而是一定要有整体的视觉概念，明式家具的成功之处，一定程度上也取决于其整体简洁明快的艺术效果，而单纯从某个局部零件来看也许会感到毫无动人之处，实在普通不过。

我们在置身于某个空间时，对家具及其环境的感觉是综合性的，所以在家具设计时要考虑到共感设计。

4.4 家具的文化内涵

家具，反映着一种文化，这种文化既有地域因素，也有历史成因。

从艺术角度，家具可以设计成各种个性特征，如可以是优雅的、富有表情的、活泼的、庄严的、宏伟的、力量的或具有经济的、高效的等，但它必须是一种和功能有着联系的特征，同时也必须是符合当时当地人们心愿的。因此，这些个性特征也可视为一种文化。

在古代宗教思想占统治地位的社会里，西方 15 世纪哥特式教堂建筑和家具采用高耸垂直的竖向线条作为造型的基调，具有强烈向上的势感，是一种引向神圣天国的联想表现，体现了中世纪浓厚的宗教文化色彩。

古埃及、古罗马统治者所使用的座椅，前腿均雕刻着兽形装饰，常被视为权力和尊严的象征。

文艺复兴时期的女体雕饰反映了对由宗教所控制的、黑暗中世纪的反叛。

千百年来，草原上的民族，经过历代人细心的观察和浪漫的想象，创造出繁多的云头图案。从蒙古包、蒙古刀、蒙古靴以及元代家具上深刻地反映了草原上的游牧文化。

我国明清家具中的圈椅、交椅和各式扶手椅等采用了正襟危坐的形象，以显示其地位的高贵和统治制度的尊严。同时，在家具的装饰上，常采用蝙蝠、佛手、桃子等图案为题，比拟富贵、多福、长寿等吉祥之意。

如果说宇宙飞船中的座椅设计 99％是科技因素，只有 1％是美学因素的话，那么古代皇帝的宝座中有 99％的因素在于体现身份，是否舒服已经不太重要了。

备组装家具（RTA）作为现代家具的一种时尚，已经成为欧美文化的一个组成部分，德国还出版了一本杂志，其名称就叫做 RTA。

简洁、明快、重功能作为现代家具的主要特征是当代西方文化的直接反映。与此同时，一股复古风又悄然掀起，表现出一些阶层的人士对传统文化的迷恋。

近年来流行于我国的大班台具有庞大、厚重的体态，这不是物质功能上的需求，而更是一种精神需求，是新一代富商体现自己身份的需要。

以上种种，无不与文化相关。家具设计在作科学的理性思考的同时，应当正视文化现象，关心人们的情感需求，只有如此，才能使自己的作品融入到这个社会中并被消费者所接受。

2 下卷
设计篇

1 民用家具的常规设计

家具是人与环境的纽带，其形态既取决于材料和结构，更取决于使用功能，并具有在基本使用功能的基础上无限演绎的可能性。功能形态分析在意大利也被称为产品、人和环境分析，即 PHC 分析。在整个 PHC 分析中，环境（circumstance）起到的是辅助作用，主题是探讨人（human）与产品（product）之间的关系。

从使用的角度出发，不对产品进行简单的拆卸与分割，而是关注产品中与人使用密切的部分或构件。不分析家具的所有部分，而是关注家具的核心和使用的重心部分，有些构件不是人们关注的核心时，可以将其弱化，这也在一定程度上有效地降低了成本。

对产品部件具体设计时，以表 2.1-1 为核心指导，根据不同的产品分别作适应性调整，将产品的各个设计要素尽可能细致和精确地罗列出，以现有的产品设计作可视化的图解，提供设计的思路和方法，有些手法可能还没有相关的设计作为佐证，但反过来看也有着巨大的创意空间。

产品部件设计的核心思想　　　　　　　　　　　　　　　表 2.1-1

变　量	变量细分	视觉变量		图　示
平面形状	基本形状	●▲◆■★		
	切割与组合	⬠ ▽ ⬡		
幅面尺度与比例		▮ ▬		
三维变化	厚度	厚度方向有变化		
	三维形状	形体在三维方向的变化		
平面性状	色彩	材料本色	材料自身的颜色，如实木，织物，皮革等，或模拟这些颜色的饰面	
		人工色	主要指各种封闭漆，将材料本来的颜色覆盖	
	图案	无限	◉ ❁ ◎ ◉	
	质感	材料自然质感	体现材料本身的质感，如木材，玻璃，金属等	
		人造质感	非材料自身的质感，如镜面效果，亮光效果，亚光效果等	
	构成	平板，带框架，编织等		
边部处理	自然边，镶边	直边，型边		

设计师可以选择其中的一种手法，或综合若干种手法。设计从来没有固定的理论作为依托，是一个开放的空间，具有包容性，在提出新的思考路径的同时，更多的是希望给设计师一些启发，在此基础上设计出更优质的产品。

1.1 主卧室家具

1.1.1 床

图 2.1-1 所示为床的 PHC 基本分析。

常规的床由床腿（P1）、床架（P2）、床头（P3）、床垫（P4）、枕头（P5）构成。人体可以简单的分为头部（H1）、躯干（H2）和四肢（H3）。其相互之间的疏密关系如下：

① P1—P2：床腿直接和床架相关；P2—P3：床架直接和床头相关；P2—P4：床架直接和床垫相关；P4—P5：床垫直接和枕头相关；

② 当人躺在床上的时候，头部与枕头发生直接关系（H1—P5），躯干和四肢与床垫发生直接关系（H2，H3—P4）。

③ 床腿直接与地面接触，与外在环境相关（C—P1）。

这是传统的基本使用模式，相互之间的关联影响可以在此基础上发生偏移，从而演绎出新的设计。如图 2.1-2 所示，头部直接和床头发生关联（H1—P3），没有床腿，床垫直接与地面接触（C—P4）；也可以在此基础上对某一部分强调突出表现，如图 2.1-3 所示为突出床头（P3）的设计。

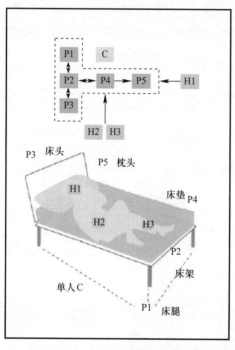

图 2.1-1 床的 PHC 基本分析

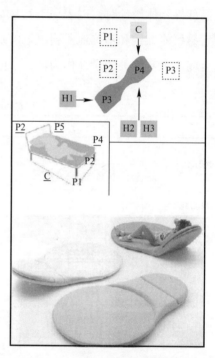

图 2.1-2 突出床头和床垫的设计

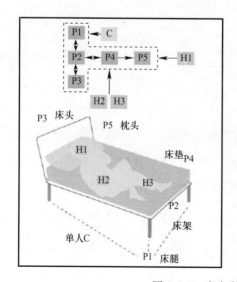

图 2.1-3 意大利 Flou 公司强化床头视觉效果的设计

（1）造型设计

传统的床框架由床头、床架、床腿构成，结合 PHC 分析，可以将床的基本造型梳理出来，见表 2.1-2。

床的基本造型 表 2.1-2

床框架的基本构件	构件演变	基本造型	图 示
床腿	传统模式无演变	架空式	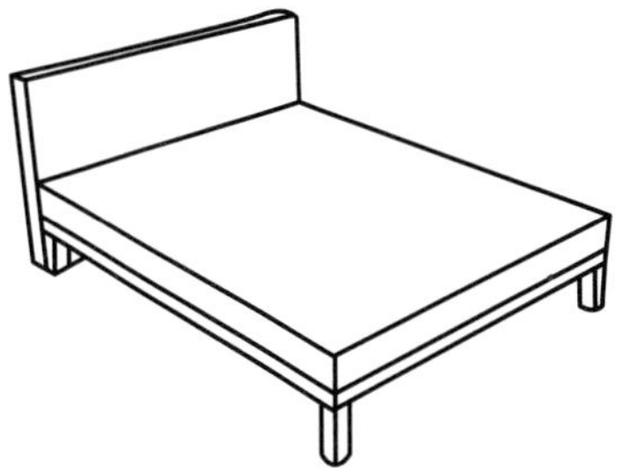
	床腿弱化	落地式	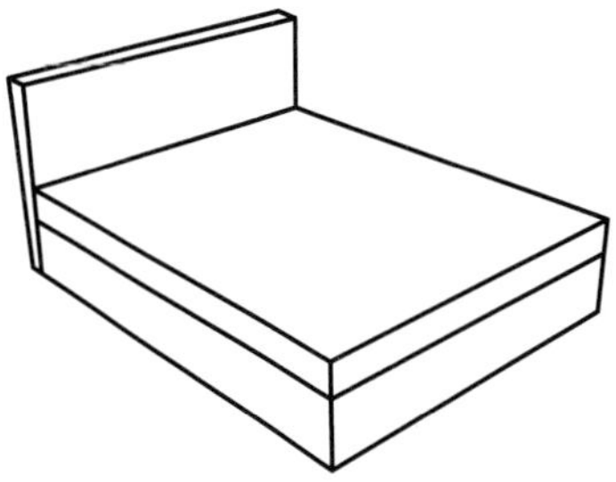
		箱体式	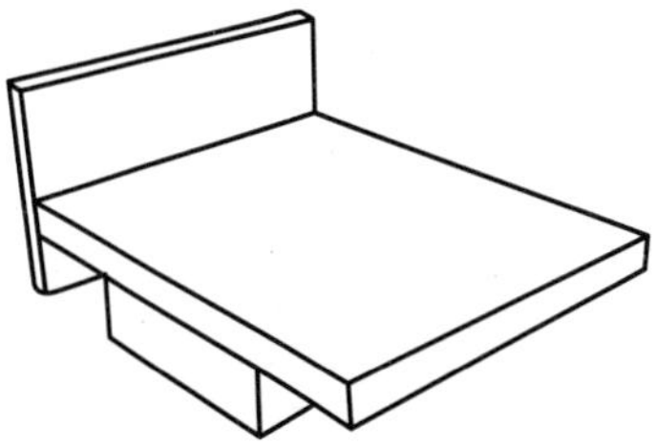
	床腿纵向延伸	架子床	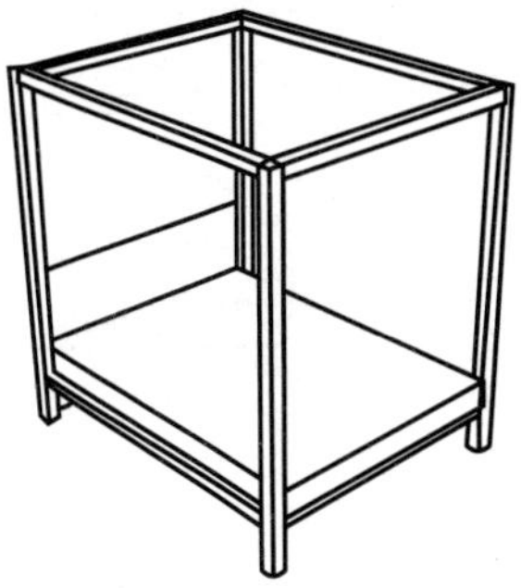
床架	床架横向扩展	外延式	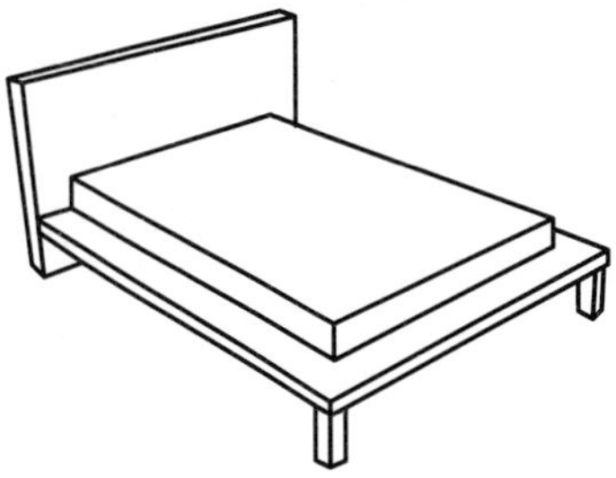

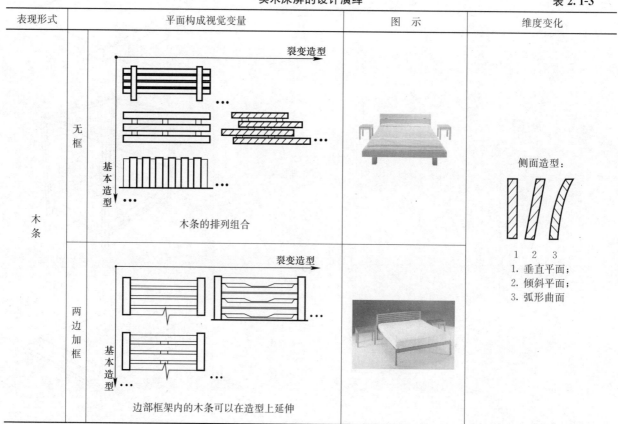

床框架的基本构件	构件演变	基本造型	图　示
床头	床头强化	带附件式	
		双屏式	

（2）局部设计

由于床上用品的附加，床屏设计成了床设计的核心，也因此成为整件产品的视觉中心。床屏设计中常用的材料有实木、人造板、软体和金属材料，根据各类材料的特性，产生了各种不同的床屏造型与各异的终端视觉效果。

表 2.1-3 展示了实木床屏的设计演绎，材料的特性决定了木条和木框嵌板结构更适合表现实木。

实木床屏的设计演绎　　　　　　　　　　表 2.1-3

表现形式		平面构成视觉变量	图　示	维度变化
木条	无框	裂变造型 基本造型 木条的排列组合		侧面造型： 1 2 3 1. 垂直平面； 2. 倾斜平面； 3. 弧形曲面
	两边加框	裂变造型 基本造型 边部框架内的木条可以在造型上延伸		

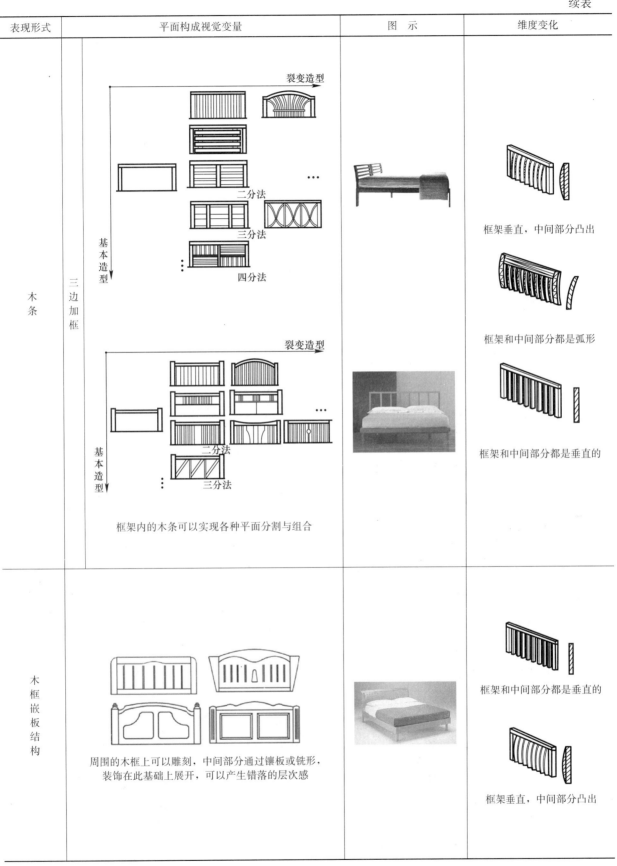

表现形式	平面构成视觉变量	图 示	维度变化
木条	三边加框 框架内的木条可以实现各种平面分割与组合		框架垂直,中间部分凸出 框架和中间部分都是弧形 框架和中间部分都是垂直的
木框嵌板结构	周围的木框上可以雕刻,中间部分通过镶板或铣形,装饰在此基础上展开,可以产生错落的层次感		框架和中间部分都是垂直的 框架垂直,中间部分凸出

表 2.1-4 展示了板式床屏的设计演绎,材料的特性决定了以宽幅的板面表现更适合,可以是单块的板件或多块板件的组合与拼接。

板式床屏的设计演绎   表 2.1-4

表现形式	平面造型视觉变量	图 示
单块板	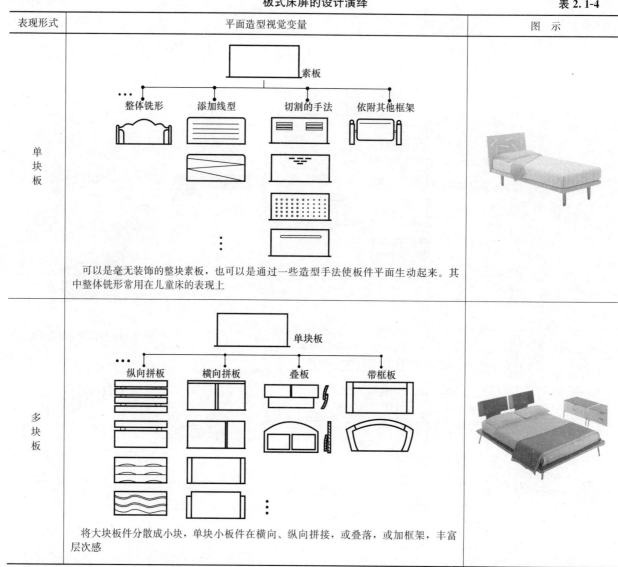 可以是毫无装饰的整块素板，也可以是通过一些造型手法使板件平面生动起来。其中整体铣形常用在儿童床的表现上	
多块板	将大块板件分散成小块，单块小板件在横向、纵向拼接，或叠落，或加框架，丰富层次感	

纯粹的板件，可以体现出简洁的视觉效果，但难免会出现造型的单调，表 2.1-5 给出了解决板式床屏造型单调的方法。

板式床屏造型单调的解决方法   表 2.1-5

变量细分	视觉变量	图 示
维度方向	单块板侧面造型多样或多块板在侧向层叠	
表面装饰	软包（软包的造型和幅面具有高度可变性）	

变量细分	视觉变量	图 示
表面装饰	油漆（单色或多色）	
	镶嵌	
整体环境的构筑	弱化床屏，主要考虑与整体的空间环境相协调	

表 2.1-6 展示了板木结合床屏的设计演绎，主要利用了实木适合线型构件的特点及板件的面的属性。

板木结合床屏的设计演绎　　　　　　　　　　　表 2.1-6

表现形式	视觉变量	图 示
开放式	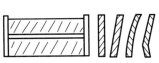 板件上附加实木条	
	单侧实木条	
	两侧为实木条，可实现多种侧面造型	

表现形式	视觉变量	图 示
框架式	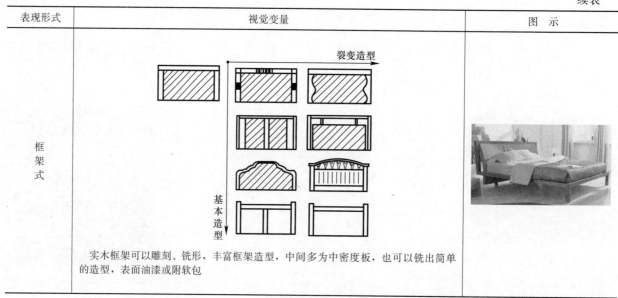 实木框架可以雕刻、铣形，丰富框架造型，中间多为中密度板，也可以铣出简单的造型，表面油漆或附软包	

表 2.1-7 展示了金属床屏的设计演绎，金属丰富的造型能力平添了视觉感染力，可以通过增加软包来提高舒适性。

金属床屏的设计演绎　　　　　　　　　　　　　　　　　　　表 2.1-7

表现形式	视觉变量	图 示
自身的造型能力	充分发挥金属的弯曲性能，终端造型无限裂变	
加软包或背板，金属作为支架	相对简洁的金属框架，附加软包或其他附件	

表 2.1-8 展示了软体床屏的设计演绎，作为软体材料，可以通过自身的造型能力来增加视觉感染力，也可以通过床上用品的搭配及环境氛围来提升整体的感染力。

软体床屏的设计演绎　　　　　　　　　　　　　　　　　　　表 2.1-8

表现形式	视觉变量	图 示
平面	没有过多的装饰，简洁的造型，通过面料和内填物体现品质，通过床上用品的选择搭配营造整体氛围	

表现形式	视觉变量	图　示
立体感	独立软体，表面运用打扣、编织、分割等手法丰富造型	
	衬架上放置软体	
	软体嵌于实木框架中	

上述所提到的各种手法，只是给出一个设计构思的框架和简单的举例，设计师可以在此方针的指导下作深度延伸、裂变。

1.1.2　床头柜

图 2.1-4 是床头柜的 PHC 基本分析。

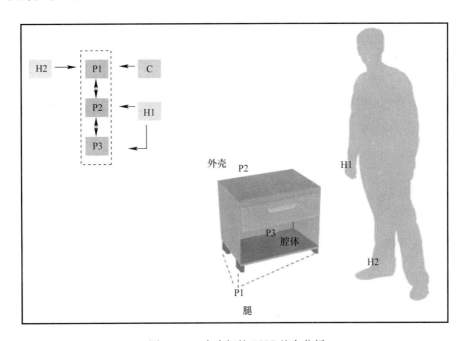

图 2.1-4　床头柜的 PHC 基本分析

根据人与产品之间使用的互动，将床头柜肢解成腿（P1）、外壳（P2）和腔体（P3），人体关注手（H1）和脚（H2），这两个部分与产品之间关系较密切。其相互之间的疏密关系如下：

① P1——P2：腿直接和外壳相关；P2——P3：腔体包容在外壳内。

② 人在使用床头柜时，手（H1）会和外壳（P2）发生直接关系（H1—P2），手也会和腔体（P3）发生直接关系（H1—P3）；脚（H2）会和床头柜的腿（P1）发生关系（H2—P1）。

③ 床头柜的腿（P1）直接与地面接触，与外在环境相关（C—P1）。

这是传统的基本使用模式，相互之间的关联影响可以在此基础上发生偏移，从而演绎出新的设计，如图 2.1-5 所示，图中上图为突出腿（P1）的设计，下图为弱化腿的设计。床头柜也可以是与床一体的，如图 2.1-6 所示。

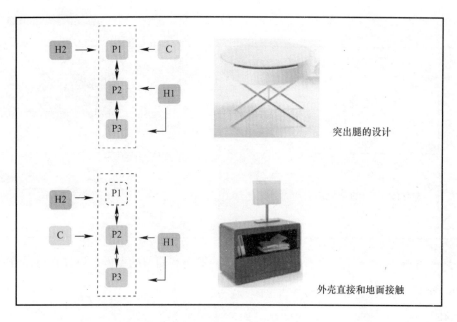

图 2.1-5　与腿有关的设计表现

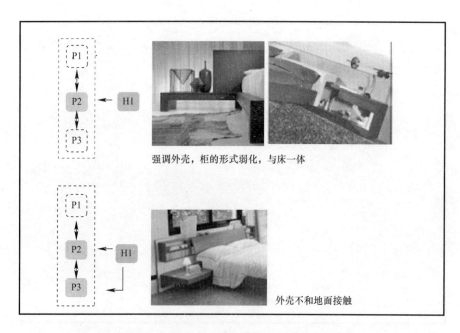

图 2.1-6　与床一体的床头柜的设计表现

（1）与床一体的"床头柜"

与床一体的床头柜如图 2.1-6 所示。

（2）独立床头柜

1）造型设计

腔体是使用的核心，根据其开放程度，可以将独立床头柜分为封闭型、开放型和半封闭型，如

图 2.1-7 所示，腿不作为考虑的重点。

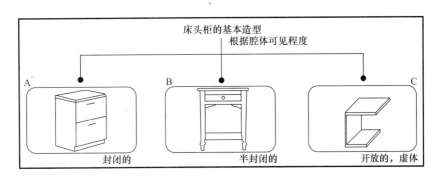

图 2.1-7　床头柜的基本造型

根据材料及支撑方式，三类基本造型又可以有丰富的演变，如图 2.1-8～图 2.1-10 所示。

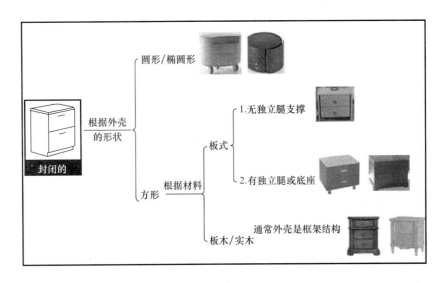

图 2.1-8　封闭型独立床头柜

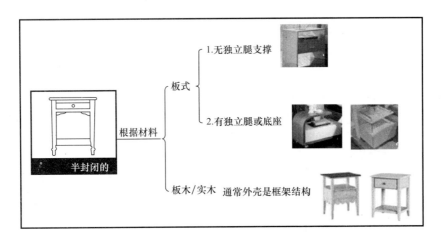

图 2.1-9　半封闭型独立床头柜

2）局部设计

作为柜体，其本质是一种空间的围合，以框架作为深入设计的切入点。

当框架完全暴露或部分暴露时，框架所起的作用不仅仅是简单的结构支撑，同时也被赋予了美观的

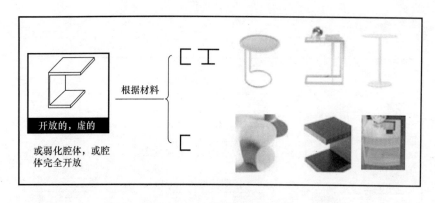

图 2.1-10　开放型独立床头柜

属性，框架的优质设计可以增加视觉感染力。

当框架完全被遮盖时，其视觉上的作用就被弱化，面板成为视觉的焦点，此时对框架的设计则是越经济越好，可以有效降低成本。

从框架的角度出发，床头柜可以分为两大类，板式结构和木框嵌板结构，不同的结构类型，设计路径存在差异化（见表 2.1-9）。

床头柜框架的设计演绎　　　　　　　　　　　　　　　　　表 2.1-9

框架类型		视觉变量	图　示
板式结构	抽屉完全盖住框架	抽屉成为视觉中心，框架弱化	
	抽屉内嵌，框架完全暴露	框架兼具功能性和美观性	
	抽屉部分盖住框架	重点关注顶板造型	
木框嵌板结构	基本上抽屉内嵌，框架完全暴露	框架兼具功能性和美观性，主要表现为腿部造型	

抽屉面板设计是床头柜设计的核心，也是整件产品的视觉中心。表 2.1-10 从平面形状、三维变化、平面性状三部分分别给出设计路径，在具体设计执行时，这三方面可以单独考虑，也可综合兼顾。

变 量	变量细分	视觉变量		图 示
平面形状	基本形状	通常是规则几何形		
三维变化	三维形状	厚度方向上有凹凸变化		
平面性状	色彩	材料本色		
		人工色 （单色油漆，多色油漆）		
	图案	印或烙 几何形状或动植物图案		
	材料	单独使用	实木，人造板	
		混合使用	木材与金属 木材与塑料 木材与布艺	

变　量	变量细分	视觉变量		图　示
平面性状	质感	材料自然质感	体现材料本来的质感，如木材等	
		人造质感	非材料自身的质感：镜面效果、亮光效果、亚光效果	
	构成	表面镶嵌、铣形等		

1.1.3　梳妆台

图 2.1-11 是梳妆台的 PHC 基本分析。

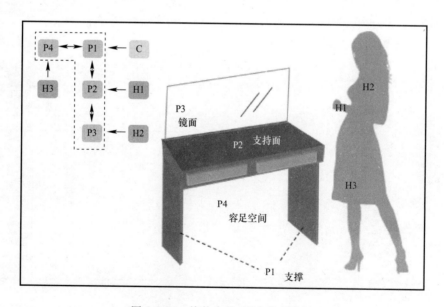

图 2.1-11　梳妆台的 PHC 基本分析

根据人与产品之间使用的互动，将梳妆台肢解成支撑（P1），支持面（P2），镜面（P3）和容足空间（P4），人体分成手（H1），上半身（H2）和下半身（H3），这三个部分与产品之间关系较密切。其相互之间的疏密关系如下：

① P3—P2：镜面直接和支持面相关；P2—P1：支持面和支撑相关；P1—P4：支撑和容足空间

相关。

　　② 人在使用梳妆台时，上半身（H2）会和镜面（P3）关系较密切（H2—P3），下半身（H3）会和容足空间（P4）关系较密切（H3—P4）；手（H1）会和支持面（P2）发生关系（H1—P2）。

　　③ 支撑（P1）直接与地面接触，与外在环境相关（C—P1）。

　　这是传统的基本使用模式，相互之间的关联影响可以在此基础上发生偏移，从而演绎出新的设计。如图 2.1-12 所示，为全身镜设计，强化了镜子与支撑的关系。图 2.1-13 展示的是弱化容足空间的设计，以斗柜作为支撑。图 2.1-14 为以嵌固式为高度保持的方式，支持面与墙体相关。

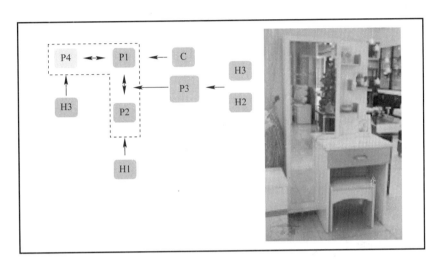

图 2.1-12　强化镜子与支撑的设计

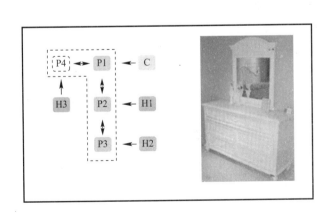

图 2.1-13　弱化容足空间的设计

图 2.1-14　嵌固式样保持

　　支撑（P1），容足空间（P4）及镜面（P3）与人使用梳妆台的关系密切，是关注的重点，根据 P3 的幅面及 P4 的大小，归纳出梳妆台的基本造型如图 2.1-15 所示，支撑方式作为衍生造型的基础，支持面（P2）不作为考虑的重点。

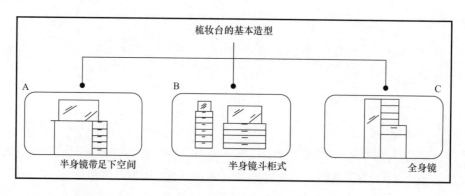

图 2.1-15　梳妆台的基本造型

（1）造型设计

其中出现频率最高的是半身镜带足下空间式。其支撑方式主要有腿、柜、板件，相互之间排列组合，可以形成多种造型，见表 2.1-11。

半身镜带足下空间式梳妆台造型设计演绎

表 2.1-11

支撑方式	视觉变量	图　示
腿支撑	腿之间的连接方式，腿的造型	
两组柜体	柜体与支撑面的相互关系：一体/分开	
	柜体平面构成成为视觉中心	
两组板	板与支撑面的相对位置，多为顶板盖住旁板	

支撑方式	视觉变量	图 示
两组板	抽屉的位置	
柜体＋板	柜体与支撑面的关系，柜体抽屉组合形式	
柜体＋腿	腿部造型	
板＋腿	板与腿的相对位置	

　　与半身镜带足下空间式的梳妆台不同，半身镜斗柜式梳妆台没有容足空间，取而代之的是抽屉柜。储物功能得到了最大化的满足，但对于坐妆而言，舒适性欠佳，基本造型见表 2.1-12。

半身镜斗柜式梳妆台造型设计　　　　　　　　　　　　　　　表 2.1-12

材 料	图 示
板式	
板木结合	

（2）局部设计

针对三种支撑方式本身，也可以有多种演变路径，见表 2.1-13。

支撑方式	视觉变量		图　示
腿	几何形/车旋体/二维/三维		
板件	三维变化	厚度与形状	
	平面性状	色彩 自然色 人工色	
		图案 无限	
		材料自然质感，人造质感	
		平板，带框架，软包	

支撑方式	视觉变量		图　示
柜	质感	抽屉门板及组合方式	
	构成	图案等	

　　镜子是梳妆台设计中的重要部分，可以分为独立镜面和与梳妆台一体的镜面，表 2.1-14 展示了具体的设计路径。

镜面的设计演绎　　　　　　　　　　　　　　　　　　　　表 2.1-14

镜面分类	视觉变量		图　示
独立镜面	平面形状	基本形状	
		切割与组合	
	边部处理	自然边 镶边（直边，型边）	

镜面分类	视觉变量		图　示
与梳妆台一体	固定镜面	直接的框架	
		底座支撑	
		带母板	
	可翻合镜面		

1.1.4　大衣柜

图 2.1-16 为大衣柜的 PHC 基本分析。

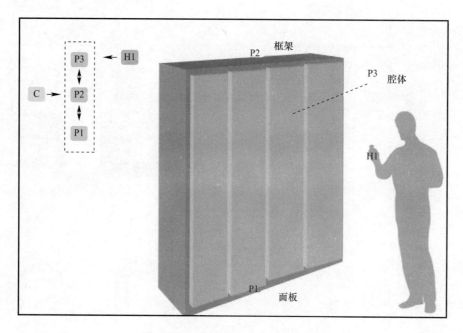

图 2.1-16　大衣柜的 PHC 基本分析

家具设计资料集

根据人与产品之间使用的互动，将大衣柜肢解成面板（P1），框架（P2）和腔体（P3），人体关注手（H1），这部分与产品之间关系较密切。其相互之间的疏密关系如下：

① P1——P2：面板直接和框架相关；P2——P3：腔体包容于框架内。

② 人在使用大衣柜时，手（H1）更多的是与腔体（P3）发生关系（H1—P3）。手的活动范围，人的使用习惯将关系到腔体内空间的具体设置与分割，该部分在上卷人体工程学与家具功能章节中有详细介绍，此处不再赘述。

③ 框架（P2）直接与地面接触，与外在环境相关（C—P2）。

这是传统的基本使用模式，相互之间的关联影响可以在此基础上发生偏移，从而演绎出新的设计。如图 2.1-17 所示，图中图 a 为突出面板的设计；图 b 为突出框架的设计。当面板被弱化以后，腔体的合理结构不仅与使用有关，同时也会影响整个衣柜的视觉效果，兼顾功能性与美观性，图 c 所示为开放式衣柜的设计。

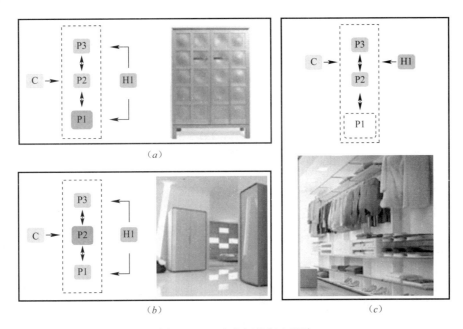

图 2.1-17　大衣柜的衍生设计

衣柜，与人之间的关系不是那么频繁，在满足使用功能之外，更多的是视觉影响力。当面板将框架完全遮挡住时，面板成为视觉的中心，自然也成为设计的核心，主要关注其平面形态。当面板嵌入框架中时，框架不仅起到承重的作用，也在一定程度上具有了装饰性。如图 2.1-18 所示。当然，大部分情况下，衣柜的面板所起的视觉作用更大。

图 2.1-18　具有装饰性的衣柜框架

根据面板的幅面尺度，将大衣柜归纳为三种基本造型，如图 2.1-19 所示。当面板完全被弱化以后，便衍生出了开放式衣柜，更多是以衣帽间的独立空间形式呈现。

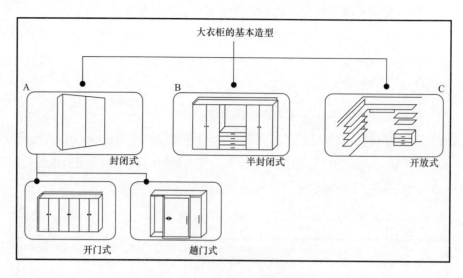

图 2.1-19　大衣柜的基本造型

表 2.1-15 展示的是大衣柜面板的设计路径，其中的手法可以独立使用，也可以综合运用。

大衣柜面板的平面形态设计演绎　　　　　　　　　　　　　　　　表 2.1-15

视觉变量	变量细分		图　示
色彩	材料本色		
	人工色	单色，多色	
图案	花草（花纹多放在衣柜的边角），印花，几何图案		
	起线（根据需要可在衣柜的不同部位起线，以达到不同的视觉效果）		

视觉变量	变量细分		图　示
质感		材料自然质感（木材）	
	人造质感	亮光效果（可以产生镜面的效果）	
		亚光效果	
		亮光和亚光相结合	
材料	单独使用（主要为木质材料或玻璃）		
	混合使用（木质材料＋玻璃；木质材料＋皮革；金属＋玻璃；不同表面装饰的木质材料的混合）		

视觉变量	变量细分		图　示
构成	独立板件	镶嵌（根据要达到的视觉效果不同，镶嵌的位置也不同）	
		铣线槽	
		嵌板	
		面板之间的组合	
边部处理		镶边（金属包边）	

　　拉手的作用对于面板的视觉效果好比画龙点睛，优质的拉手设计往往可以起到锦上添花的作用，表 2.1-16 展示了拉手的设计路径。

类　型	材　料	视觉效果		图　示
明拉手	木质	长条形	拉手的长度及安放的位置不同，视觉效果也大不相同	
		圆形		
		方形		
	金属	更多的与五金的生产能力有关，另外，拉手在柜门上的位置不同，效果也不同		
暗拉手	木质	拉手为内嵌式，将手伸入凹槽开启柜门		
	金属	按压式金属件		

1.1.5 小衣柜（斗柜）

图 2.1-20 是小衣柜（斗柜）的 PHC 基本分析。

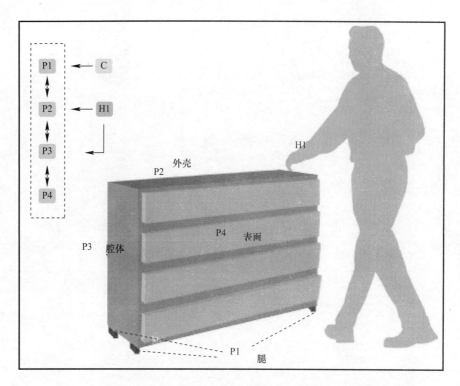

图 2.1-20　小衣柜（斗柜）的 PHC 基本分析

根据人与产品之间使用的互动，将斗柜肢解成腿（P1），外壳（P2），腔体（P3）和表面（P4），人体关注手（H1），该部分与产品之间关系较密切。其相互之间的疏密关系如下：

① P1—P2：腿直接和外壳相关；P2—P3：腔体包容于外壳内；P3—P4：表面和腔体相关。

② 人在使用斗柜时，手（H1）会和外壳（P2）的上表面关系较密切（H1—P2），同时更多的是与腔体（P3）发生关系（H1—P3）。

③ 腿（P1）直接与地面接触，与外在环境直接关联（C—P1）。

这是传统的基本使用模式，相互之间的关联影响可以在此基础上发生偏移，从而演绎出新的设计。图 2.1-21 为突出腿部的设计，腿部的造型在一定程度上可以反映出斗柜的风格特征。图 2.1-22 为突出外壳的设计，为框架的一体化包合结构。有些斗柜带有可翻合的镜面，在满足储物的基础上，功能有了延伸，如图 2.1-23 所示。

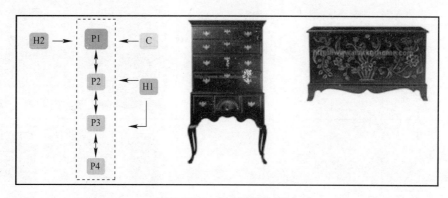

图 2.1-21　突出腿部的设计

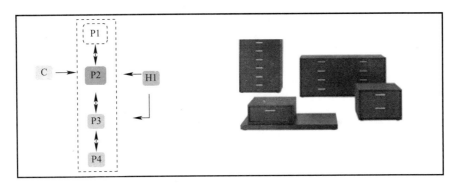

图 2.1-22　突出外壳的设计

图 2.1-23　带可翻合镜面的斗柜

（1）造型设计

根据腔体的开放程度将斗柜归纳为两种基本造型，封闭式的和带开放空间的，如图 2.1-24 所示。

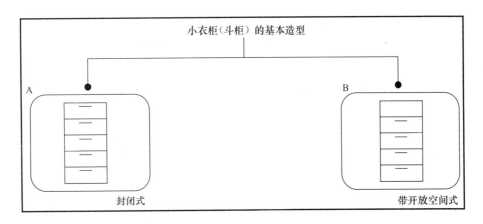

图 2.1-24　小衣柜（斗柜）的基本造型

斗柜（小衣柜），与人之间的关系不是那么频繁，和衣柜类似，在满足使用功能之外，更多的是视觉上的感受。斗柜的腔体部分主要是放置抽屉。当抽屉面板将框架完全挡住时，面板成为视觉的中心，当面板嵌入框架中时，框架不仅起到承重作用，在一定程度上也具有了装饰性。

表 2.1-17 是在两种基本造型的基础上对斗柜框架的设计思考。

框架类型	视觉变量		图　示
强化整体框架	框架兼具功能性和美观性，带开放空间式的斗柜通常会显露框架		
弱化框架	抽屉的平面性状成为视觉的中心		

（2）局部设计

斗柜的抽屉面板对斗柜的整体视觉效果而言，同样起着很重要的作用，表 2.1-18 是对抽屉面板设计路径的思考。

视觉变量		变量细分	图　示
三维变化	维度	二维	
		三维	
平面形状	构成	抽屉之间的组合	
		镶嵌	

视觉变量	变量细分			图　示
平面性状	色彩	材料本色		
		人工色	单色，多色	
	质感	自然质感		
		人造质感	亮光效果，亚光效果	

表 2.1-19 是对拉手的设计展示。

拉手的设计演绎　　　　　　　　　　　　　　　　　表 2.1-19

类　型	材　料	图　示
明拉手	木质材料	
	金属与塑料 （更多的与五金生产相关）	

类 型	材 料	图 示
暗拉手	木质材料	
	金属与塑料（按压式）	

1.1.6 其他家具

卧室空间除了上述常用家具之外，还有衣帽架、独立穿衣镜、地柜和床尾凳等（见表2.1-20）。

卧室空间的其他家具   表 2.1-20

家具类型	图 示
衣帽架	
穿衣镜	
地柜	
床尾凳	

1.2 子女房家具

子女房中的家具主题相对更加明确，针对的年龄层越小，主题越突出，往往有一个清晰的元素运用在包括床、床头柜、写字台、衣柜在内的产品家族中，彼此之间相呼应。

有些子女房家具设计得比较偏成人化一些，主要针对年龄层偏大一些的群体。

子女房的家具设计原则可以参照成人卧室套房家具的设计，但绝不是简单的复制，要结合使用群体——子女的体形变化、生活风格及行为习惯。

① 造型、色彩和图案，在儿童家具的设计中起着至关重要的作用，对这三点的把握将贯穿整个子女房家具的设计过程。

② 儿童家具的设计应尽量避免方楞坚硬的结合方法，家具最好是可升降调节的，适应生长的需要，如图 2.1-25 所示。

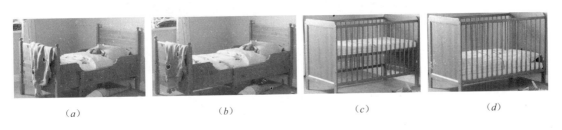

(a)　　　　　　　　(b)　　　　　　　　(c)　　　　　　　　(d)

图 2.1-25　IKEA 设计的可调节的床

③ 儿童家具的设计往往还可以与建筑室内一角相结合，开辟成学习或休息的一角，如图 2.1-26 所示。

(a)　　　　　　　　　　(b)　　　　　　　　　　(c)

图 2.1-26　与建筑室内相结合的儿童家具设计

1.2.1　床

图 2.1-27 所示为突出床屏和床架的设计，迎合儿童的心理，具象化。

(1) 造型设计

结合儿童/青少年的人群特点，总体上将儿童床分为单层和双层两类，如图 2.1-28 所示。

在单层式部分，种类不及成人床的种类那么多，以架空式和双屏式为主，但为了适应不同年龄层的子女生活特点，延伸出适合低年龄层儿童的围栏式床。双层式是成人床部分中所没有的，结合儿童或青少年的生活方式，将双层式分为双层床和带功能空间的双层，见表 2.1-21。

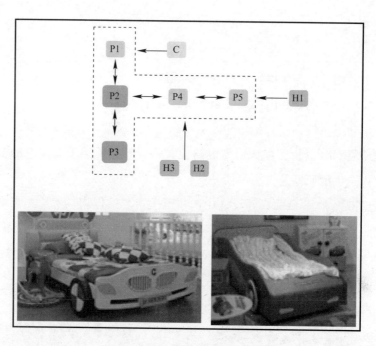

图 2.1-27　突出床架和床屏的设计

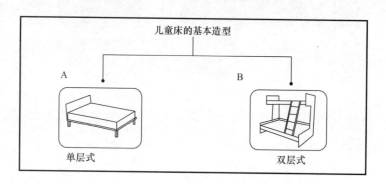

图 2.1-28　儿童床的基本造型

儿童床的造型设计演绎

表 2.1-21

基本造型	造型细分	图　示	样例图片
单层式	架空式		
	双屏式		
	箱体落地式		

基本造型	造型细分	图　示	样例图片
单层式	围栏式	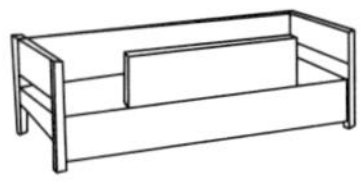	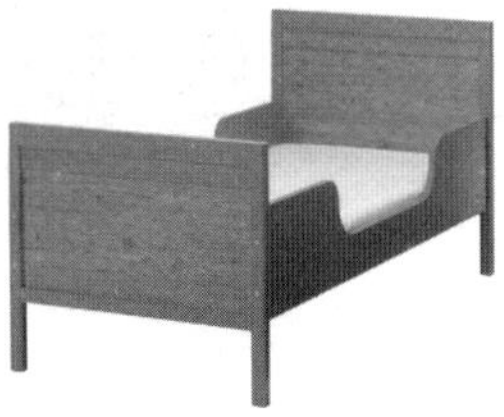
双层式	双层床		实木框架 板式框架
	带功能空间的双层	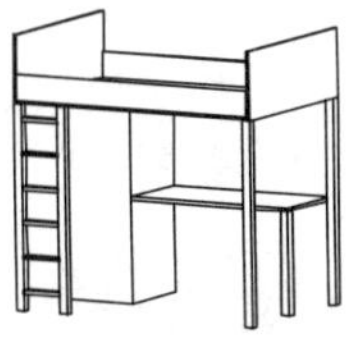 下为学习空间或储物空间	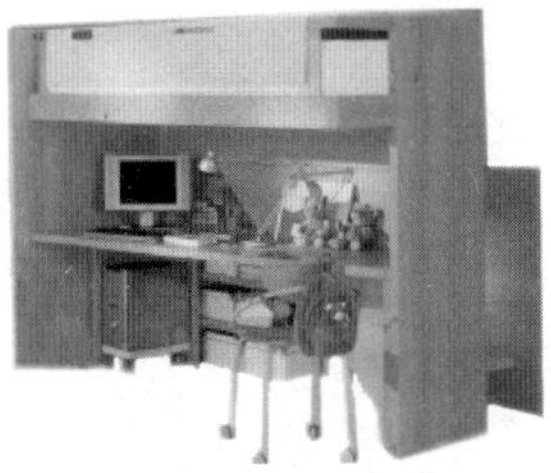
		 上为储物空间	

　　儿童床的设计可以部分借鉴成人床的设计，但在具体表现时，儿童床又有自己的独立属性，常常采用具象的设计手法，直观的造型、图案和鲜艳的色彩成为其特有的印记。这是对儿童这类特殊群体心理需求的响应。

　　（2）局部设计

　　床屏依然是设计的核心，以板式和实木为主，框架的关注度相比成人床要高一些。常用手法有如下两种：

　　1）整体造型采用具象的设计手法，通常主题为卡通形象或自然形态，如图 2.1-29 所示。

　　2）整体造型较常规时，通过突出色彩、图案、构成三者的其中之一，或综合这三类来表现主题，如图 2.1-30 所示。

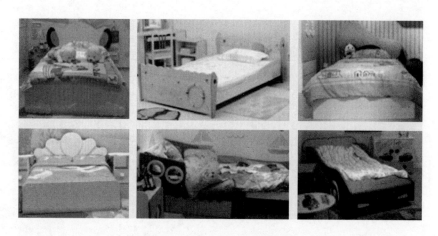

图 2.1-29　整体造型具象化

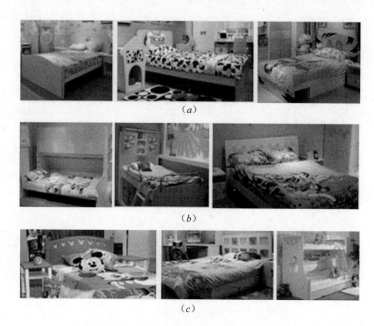

(a)

(b)

(c)

图 2.1-30　普通造型的床屏设计

(a) 突出色彩；(b) 突出图案；(c) 突出构成

1.2.2　床头柜

（1）造型设计

子女房床头柜的基本造型大体与主卧内床头柜一致，包括全封闭的，半封闭的，全开放的，如图 2.1-31 所示。

全封闭　　　　　　半封闭　　　　　　全开放

图 2.1-31　子女房床头柜的基本造型

（2）局部设计

框架也主要包括板式结构和木框嵌板结构。由于儿童天生对造型和色彩的敏感，故在家具设计中可以通过面板和框架的特殊设计从而凸显属于儿童的产品特质（见表2.1-22）。

用床头柜的特殊造型设计 　　　　　　　　　　　　　　　　　　　表 2. 1-22

变量细分	视觉变量	图　示
面板	将框架遮盖，面板造型可根据卡通等形象做自由变换	
框架	强调框架 （木框嵌板结构）	
	突出顶板	
	突出旁板	
	突出底座	
拉手	明拉手　卡通形/几何形	
	暗拉手　铣形	

　　常规造型的家具在形式上可以借鉴主卧内床头柜，通过强化装饰来突出主题，主要包括图案和造型的运用，以及色彩的搭配（见表2.1-23）。

儿童用床头柜的常规造型设计 　　　　　　　　　　　　　　　　　　表 2. 1-23

变量细分	视觉变量	图　示
图案	卡通图案以及动物等自然图案	

变量细分	视觉变量	图　示
色彩	单色	
	混合色	
构成	丰富层次感	

1.2.3　写字台

结合儿童及青少年的使用习惯，写字台可以分为独立式和一体式，如图 2.1-32 所示，后者通常将书柜融入其中。

图 2.1-32　子女用写字台的基本造型

儿童用独立式写字台的设计可以部分参考成人用书桌的设计。在满足书桌的基本功能之外，对桌面板提出了新的要求。可以整体或部分旋转一定角度，形成斜面，方便儿童使用，如图 2.1-33 所示；或通过支撑，在面板上部形成一个子平面，用于摆放文具、饰品等，如图 2.1-34 所示。

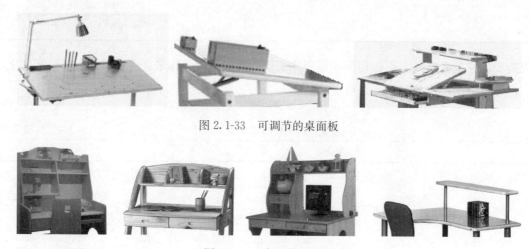

图 2.1-33　可调节的桌面板

图 2.1-34　桌面与子平面

对于儿童用独立式写字台，更多的体现出装饰性，通过图案、色彩、造型来丰富整件家具，从儿童的视角来看待家具的设计，如图 2.1-35 所示。

图 2.1-35　儿童用独立式写字台的装饰性设计

一体式写字台比较符合儿童的使用习惯，也较常见。根据对桌面的幅面需求，可以灵活地设计桌体部分与柜体部分，如图 2.1-36 所示。

图 2.1-36　常见的一体式写字台

1.2.4　独立式衣柜

儿童用的衣柜，从柜体的角度出发，和成人衣柜有很多的相似之处，可以借鉴和参考。从使用者的角度出发，儿童衣柜又有着其自身的特点。

（1）造型设计

当衣柜强调柜体框架时，所使用的手法更加的多样，也更贴合儿童的特点，表现为对造型和色彩的热衷（见表 2.1-24）。

儿童用衣柜的框架设计演绎　　　　　　　　　　　　　　　　　　表 2.1-24

变量细分	视觉变量	图　示
基本形状	仿生，拟物	

变量细分	视觉变量	图　示
切割与组合	独立盒子组合/层板与柜体的组合/不同造型的组合	

（2）局部设计

和成人衣柜一样，儿童用衣柜的面板设计同样是视觉的焦点，具体设计路径见表 2.1-25。

儿童用衣柜面板设计演绎

表 2.1-25

变量细分		视觉变量	图　示
色彩		材料本色	
	人工色	单色，多色	
图案		自然图案，卡通图案 文字，色块组合 抽象图案	
材料	单独使用	金属材料，木质材料	
	混合使用	木质材料与玻璃	

变量细分	视觉变量		图　示
构成	平板	铣线槽	
	木框嵌板	木框造型多样，内部可嵌人造板、实木或玻璃，造型在材料基础上延伸	

　　儿童用衣柜的拉手设计有一个明显的特点，即卡通形象的普遍使用，具体设计路径见表 2.1-26。

儿童用衣柜的拉手设计

表 2.1-26

视觉变量	变量细分		图　示
明拉手	木质	常规形	
		卡通形	
	金属		
暗拉手	主要通过铣形		

1.2.5　其他家具

　　子女房空间除了上述罗列出的家具之外，还可以根据儿童的特点，设计一些层板架、储物盒，便于放置玩具等；还有一些造型活泼的休闲椅、画板架等。表 2.1-27 罗列出了一些其他家具的设计，作为参考。儿童房不仅仅是休息的场所，也是娱乐嬉戏的场所。

家　具	图　示
层板架	
储物盒	
休闲椅	
其他	

1.3　客厅家具

1.3.1　沙发

图 2.1-37 是沙发的 PHC 基本分析。

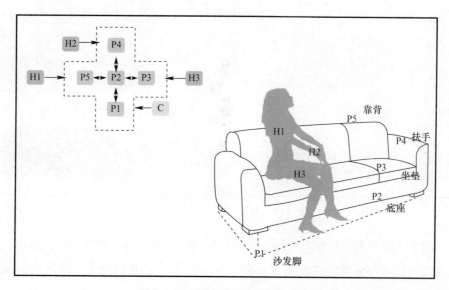

图 2.1-37　沙发的 PHC 基本分析

根据人与产品之间使用的互动，将沙发肢解成沙发脚（P1）、底座（P2）、坐垫（P3）、扶手（P4）、靠背（P5），人体分成上半身（H1）、手（H2）和下半身（H3），这三个部分与产品之间关系较密切。其相互之间的疏密关系如下：

① P2—P1：底座直接和沙发脚相关；P2—P3：底座和坐垫相关；P2—P4：底座和扶手相关；P2—P5：底座和靠背相关。

② 人在正常使用沙发时，上半身（H1）会和靠背（P5）关系较密切（H1—P5），下半身（H3）会和坐垫（P3）关系较密切（H3—P3），手（H2）会和扶手（P4）发生关系（H2—P4）。

③ 沙发脚（P1）直接与地面接触，与外在环境相关（C—P1）。

这是传统的基本使用模式，相互之间的关联影响可以在此基础上发生偏移，从而演绎出新的设计。如图 2.1-38 所示，为强化靠背视觉效果的设计；图 2.1-39 为强化坐垫视觉效果的设计；图 2.1-40 展示的是一体化设计，模糊了各部件之间的界限，强化整体感。

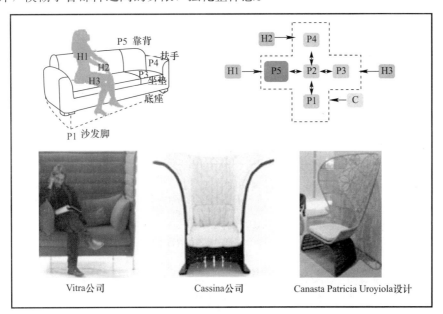

图 2.1-38　强化靠背视觉效果的设计

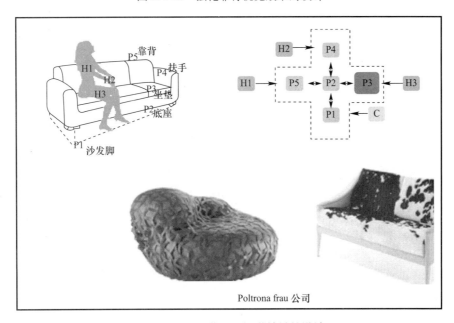

图 2.1-39　强化坐垫视觉效果的设计

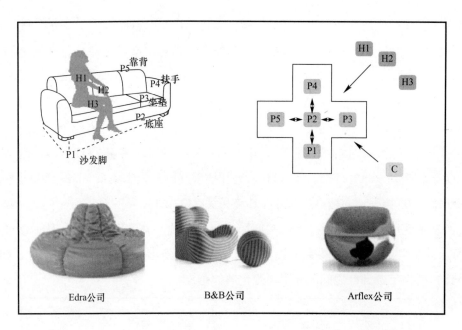

图 2.1-40　模糊各部件之间的界限，一体化设计，强化整体感

对沙发的分析，此处引入产品线四维图，如图 2.1-41 所示。对单件产品进行三维（宽度、深度、高度）分析，最后结合规格，确定各个位（单人/双人/三人/贵妃位）及其组合性。

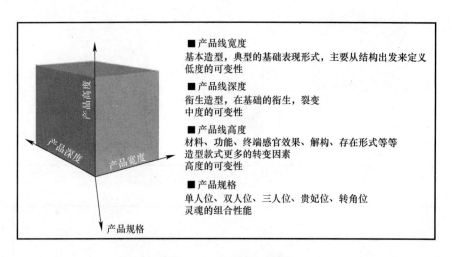

图 2.1-41　产品线四维图

靠背（P5）、扶手（P4）、坐垫（P3）是与人密切接触的部分，也是设计的核心。

（1）产品线宽度

结合沙发的 PHC 分析，将其基本造型分为以下三种，如图 2.1-42 所示。根据框架的可见程度，可以将沙发分为全包式、半包式和全露式，框架可以是木质的（自然色或人工色），也可以是金属的，图 2.1-43 为三种基本造型的不同表现形式。

沙发以全包式为主，主要为厚型软体结构。当其强化了腿部之后，大幅度提升主体与地面之间的距离时，沙发的属性逐渐弱化，椅的属性增强，我们将其纳入休闲椅的范畴。

半包式与全露式更多的体现出椅的属性，可以看作是厚型软体结构向椅类的过渡，图 2.1-44 中展示了沙发和休闲椅的图例，可以清晰地看出从沙发向休闲椅的转变路径。

家具设计资料集

338

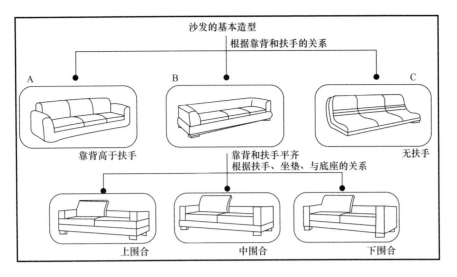

图 2.1-42　沙发的基本造型

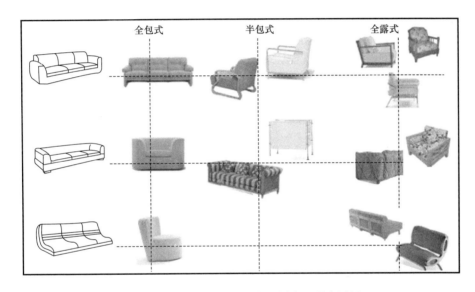

图 2.1-43　沙发基本造型的不同表现形式图例

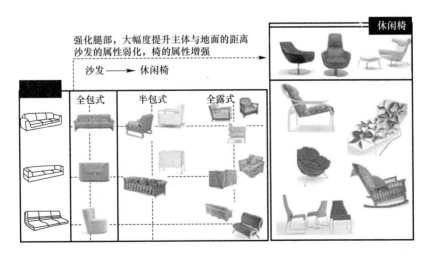

图 2.1-44　沙发和休闲椅的对比

（2）产品线深度

以全包式沙发作为重点考虑。在沙发的三种基本造型基础上进行造型的衍生、裂变，具有中度的可变性（见表 2.1-28）。

全包式沙发产品深度   表 2.1-28

基本造型	衍生造型		图　示
靠背高于扶手	靠背造型	二维（直线型、曲线型）	
		三维（厚度变化、弯曲）	
	扶手造型	直落式	
		叠放式（扶手叠放在底座或坐垫上）	
		包覆式（扶手和底座与坐垫之间是包覆关系）	
		组合式	

基本造型	衍生造型		图　示
靠背高于扶手	靠背与扶手一体		靠背与扶手间的层阶弧线逐步凸显
靠背与扶手平齐	扶手造型	直落式	
		叠放式	叠放的扶手由方正逐渐向圆润衍生
		包覆式	
		内缩式	

基本造型	衍生造型	图　示
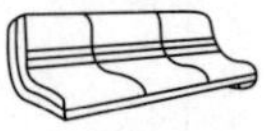 无扶手	一体式	 
	靠背独立	 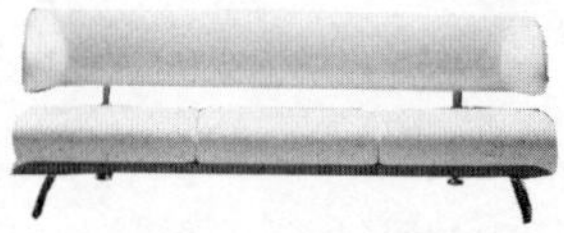
	靠背＋底座＋坐垫	 

（3）产品线规格

当从基本型和衍生型两个角度完成局部设计之后，可以在规格上进行组合，根据需求选择单人位、双人位、三人位、贵妃位和转角位等。

其中转角位的组合方式具有多样性，可根据户型大小，增减无扶手单人位，取得合适的组合，常见的组合方式见表2.1-29。

转角位的基本组合方式

表 2.1-29

视觉效果	实现转角的方式	图　示
L形	通过贵妃位转角	 
	通过转角位转角	 
	自身转角	 

视觉效果	实现转角的方式	图　示
U形	双贵妃位转角	
	贵妃位与转角位结合	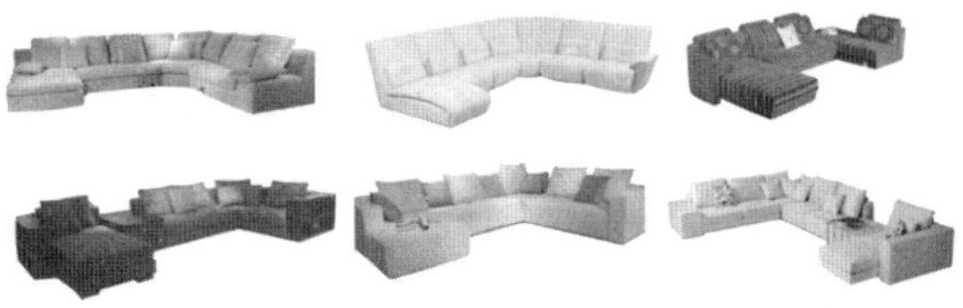

（4）产品高度

产品高度主要包括材料、功能、终端感官效果、解构、存在形式等。这些手段使得产品在造型或款式的基础上有更丰富的表现，具有高度的可变性（见表2.1-30）。

沙发高度方向的设计演绎　　　　　　　　表 2.1-30

基本因素		视觉变量				
常用材料	布料	天然织物	棉布	麻布	绒布	丝绸
			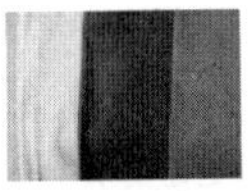			
		人造织物	一般用作沙发抱枕、靠垫等配套物品			
		混纺织物				
	皮料	真皮				
		人造革				
	毛料					
常用装饰手法	强调边部	打铜扣	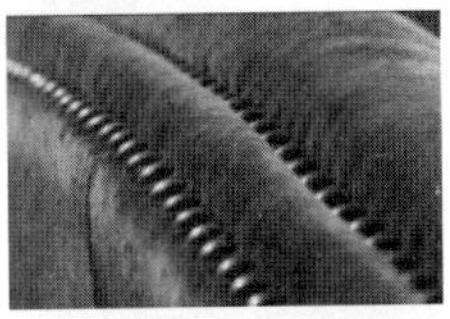			
		暴露缝合边				

基本因素		视觉变量	
常用装饰手法	表面装饰	印花装饰	
		打扣	
		表面布线	
		暗缝	
	终端感官效果	硬朗	 平直的线条，规则的形状
		数字化	 集成电路，高科技特征，技术符号
		圆润	 采用曲线曲面造型，面料包覆有张紧感
		趣味性	 色彩搭配丰富，采用不规则的造型或组合

基本因素	视觉变量		
常用装饰手法	终端感官效果	饱满	整体造型简洁，丰腴厚实
		稳重感	厚实的几何造型，深沉的色彩，通常低明度、低饱和度

1.3.2 茶几

图 2.1-45 是茶几的 PHC 基本分析。

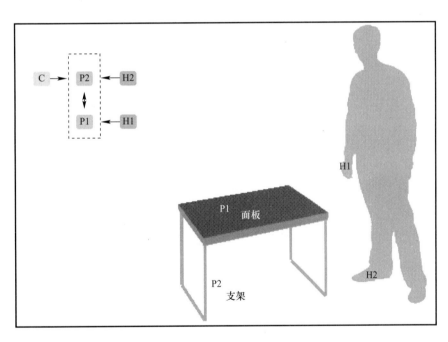

图 2.1-45 茶几的 PHC 基本分析

根据人与产品之间使用的互动，将茶几肢解成面板（P1）和支架（P2），人体主要关注手（H1）和脚（H2），这两个部分与产品之间关系较密切。其相互之间的疏密关系如下：

① P1—P2：面板直接和支架相关；

② 人在使用茶几时，手（H1）会和面板（P1）关系较密切（H1—P1），脚（H2）会和支架关系较密切（H2—P2）。

③ 支架（P2）直接与地面接触，与外在环境相关（C—P2）。

这是传统的基本使用模式，相互之间的关联影响可以在此基础上发生偏移，从而演绎出新的设计。图 2.1-46（a）展示的是一体化设计，模糊了各部件之间的界限，强化整体感；面板和支架也可以是活动的，如图 2.1-46（*b*）所示。

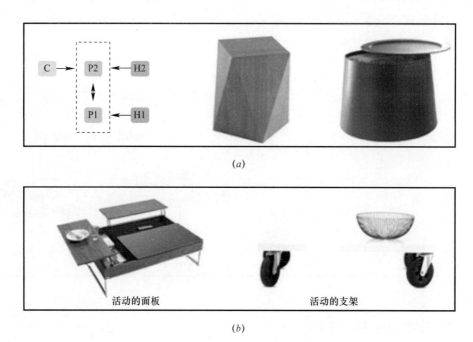

(*a*)

活动的面板　　　　　　活动的支架

(*b*)

图 2.1-46　茶几的衍生设计

（1）造型设计

根据茶几的支架方式，可以将茶几的整体造型归纳为以下七种，如图 2.1-47 所示。

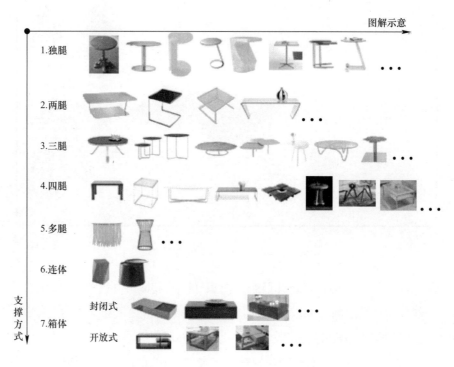

图 2.1-47　茶几的整体造型示意

（2）局部设计

茶几的支撑方式可以很丰富，不同的材料具有不同的表现力，常见的支撑方式为四腿式，表 2.1-31 展示了茶几支撑的设计路径。

茶几支撑轴的设计演绎　　表 2.1-31

支撑方式	实现方式			
	视觉变量			图示
独腿	支撑轴	实木	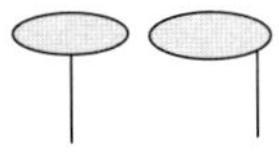 车木件、圆柱件、几何体等	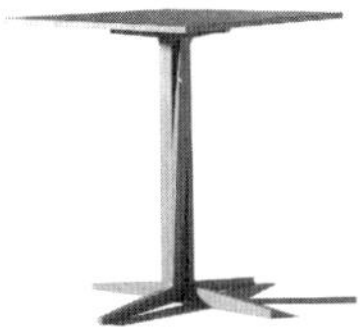
		金属	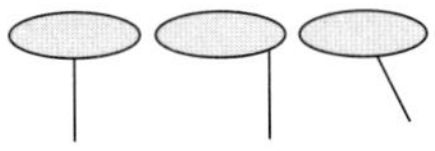 圆柱、线型弯曲、切割、几何体等	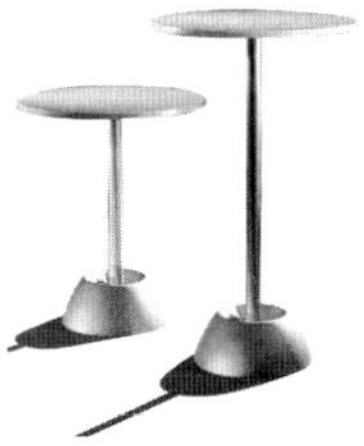
	底座	实木	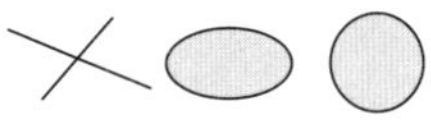	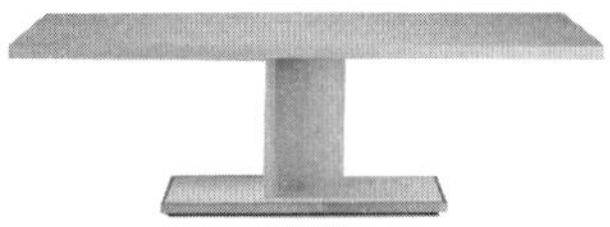
		金属	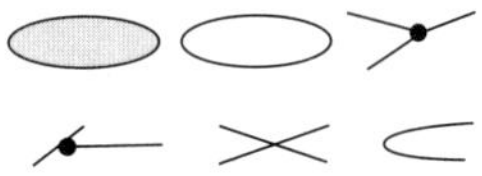	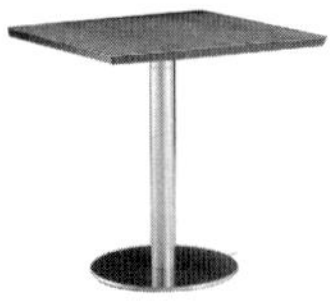
两腿	实木		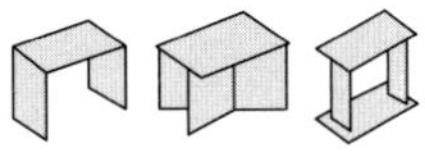	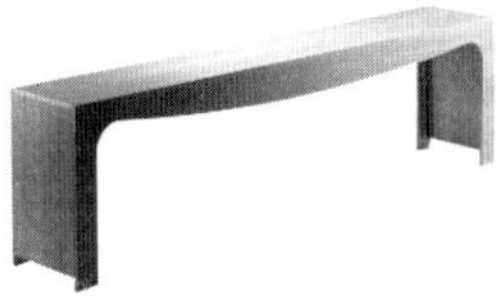
	金属		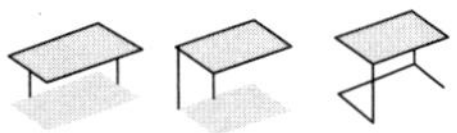	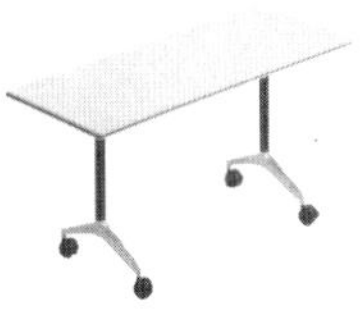
三腿	实木		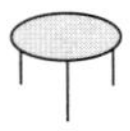	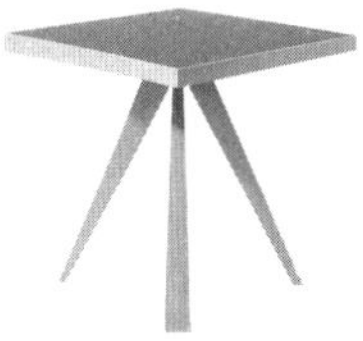
	金属		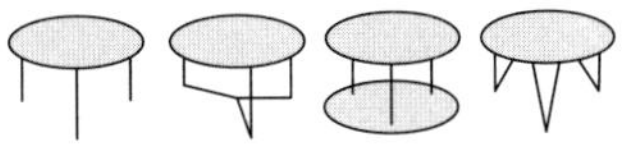	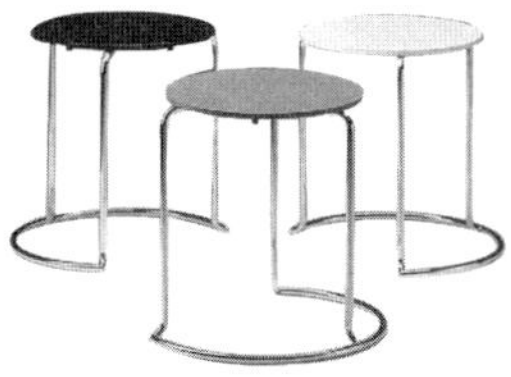

支撑方式	实现方式		
	视觉变量		图示
四腿	实木		
		四腿造型 规则几何体/车旋体/仿型体/ 二维造型/三维造型	
	金属	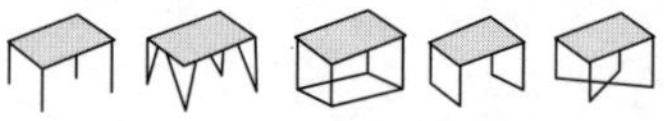	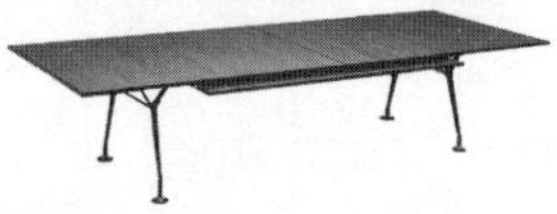
多腿	实木	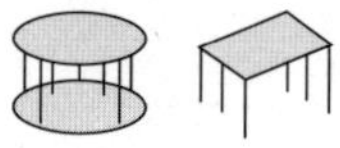	
	金属	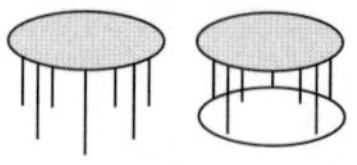	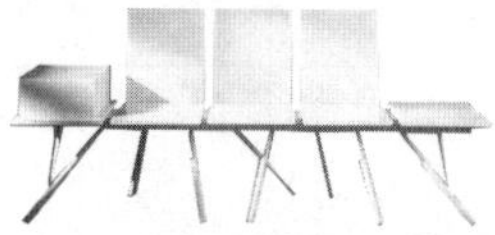
联体	一体化造型，模糊面板与底座的界限		
箱体	封闭式		
	开放式	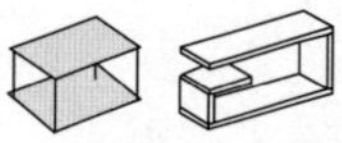	

茶几的面板不仅具有支撑物品的物理作用，同时也是视觉的中心，被赋予了美观性。表 2.1-32 展示了茶几面板的设计路径，可以独立的使用一种手法，或综合多种手法。

变　量	变量细分	视觉变量		图　示
平面形状	基本形状	规则几何形： □ ▭ ○ ⬭ △ ◁		
		不规则形		
	切割与组合	切割		
		组合	二维组合	
			三维组合	
平面性状	色彩	材料本色 人工色		
	图案	花纹 吉祥构图 ……		

变　量	变量细分	视觉变量		图　示
平面性状	材料	单独用	实木 板材 玻璃 石材 金属	
		混合用	木材＋玻璃 木材＋金属 板材＋玻璃 木材＋人造石 玻璃＋金属	
边部处理	质感	自然质感 人造质感		
	自然边	直边		
		型边		

1.3.3　厅柜

图 2.1-48 是厅柜的 PHC 基本分析。

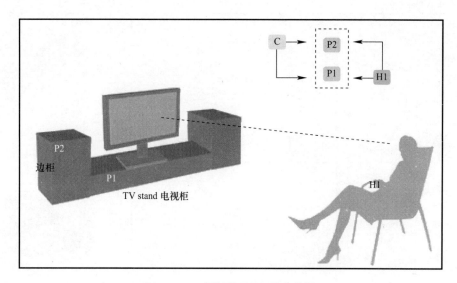

图 2.1-48　厅柜的 PHC 基本分析

厅柜已不仅仅具备满足放置电视机和基本的储物置物功能，随着使用者需求的不断扩增，展示功能和个性化的需求使厅柜正在逐步从独立单体家具向模数化系统转变。图 2.1-49 展示了厅柜的发展沿革路径，这是以消费者需求的推进为依托的。

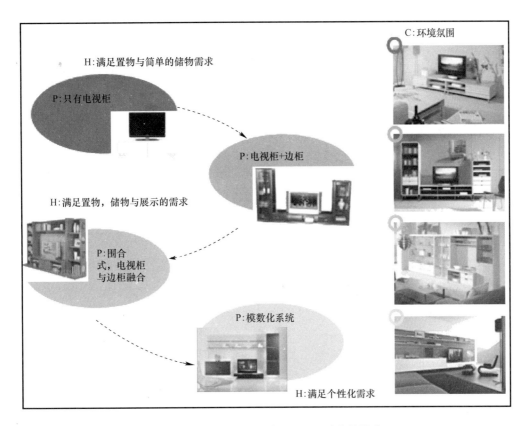

图 2.1-49　厅柜的发展路径（基于需求的推进）

现有的市场中这四种类型的厅柜都存在，因为不同层次的消费群体，其需求依然存在差异化。给出发展路径，在把握各个层次消费需求的同时，能够跳出来看清其发展脉络，了解未来的发展动向，把握潮流。

传统的厅柜，其基本造型可以分为以下三大类，如图 2.1-50 所示。

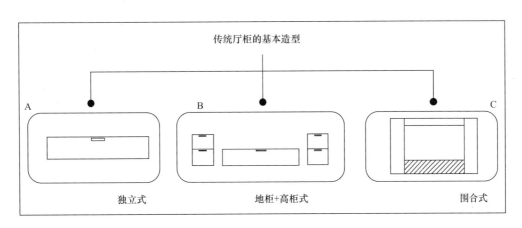

图 2.1-50　传统厅柜的基本造型

每一类基本造型由于材料的不同或不同的组合方式，又将呈现出不同的视觉效果，见表 2.1-33。

传统厅柜的造型设计演绎 表 2.1-33

<table>
<tr><th>基本造型</th><th colspan="3">视觉变量</th><th>图示</th></tr>
<tr><td rowspan="4">独立式</td><td>悬挂式</td><td colspan="2">宽大背板满足液晶显示屏的放置需求</td><td>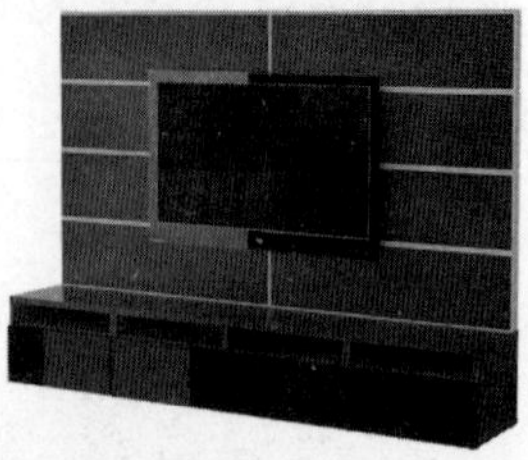</td></tr>
<tr><td rowspan="3">落地式</td><td colspan="2">板式</td><td>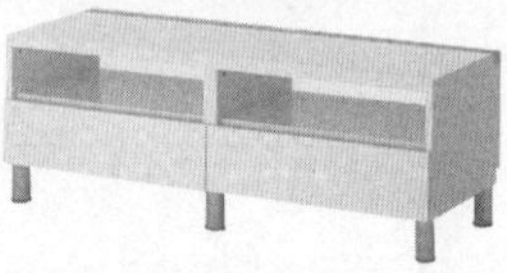</td></tr>
<tr><td colspan="2">板木结合</td><td>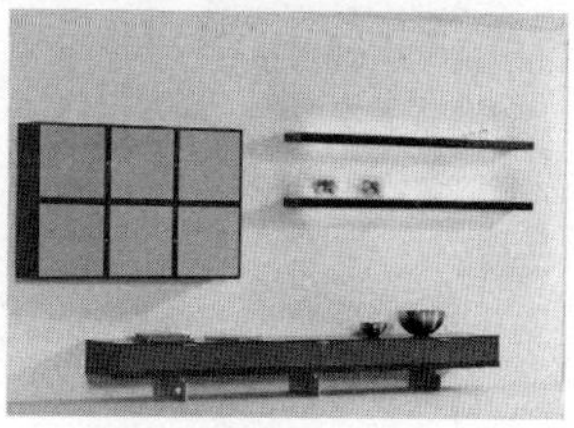</td></tr>
<tr><td colspan="2">其他材料</td><td>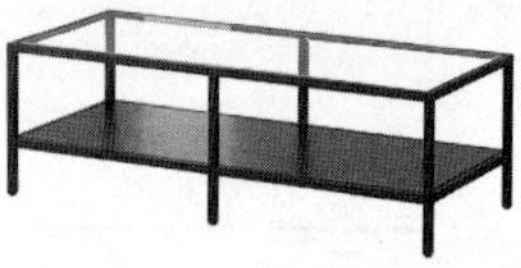</td></tr>
<tr><td rowspan="3">地柜＋旁柜式</td><td rowspan="3" colspan="2">相互独立
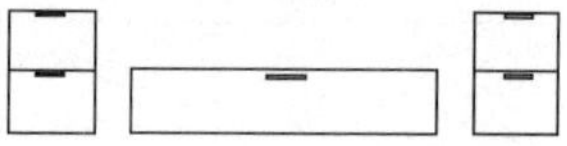</td><td rowspan="2">对称</td><td>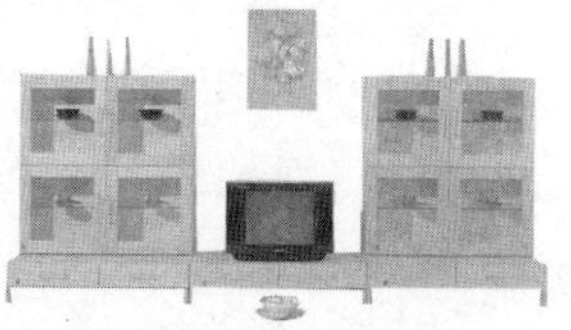
中间低，两边高</td></tr>
<tr><td>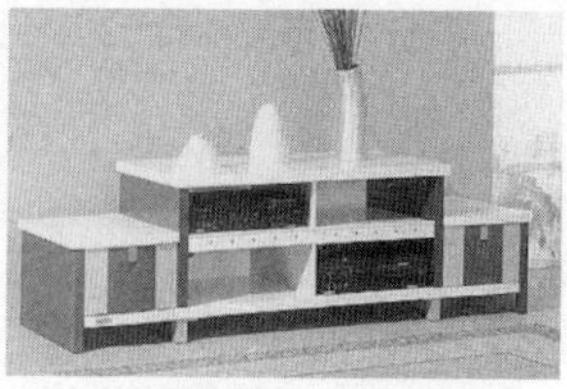
中间高，两边低</td></tr>
<tr><td>不对称</td><td>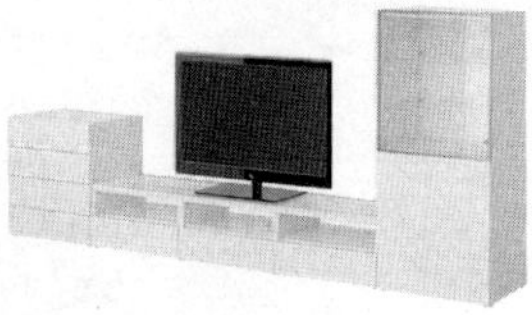</td></tr>
</table>

基本造型	视觉变量	图　示
地柜＋旁柜式	地柜和一件旁柜关联	
	地柜和旁柜都关联	
	旁柜之间也关联	
围合式	内嵌式	

基本造型	视觉变量	图　示
围合式	嵌搭式 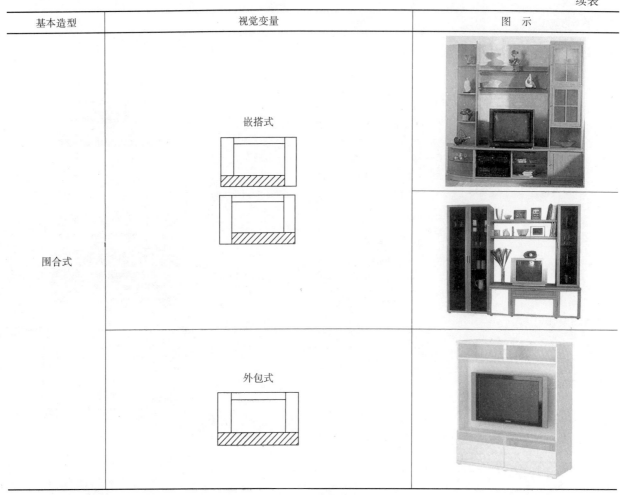	
	外包式	

1.3.4　休闲椅

　　沙发主要是厚型软体结构，以全包式为多数，躺是其主要功能。椅子主要是框架式结构，支撑是其主要功能。在这两者之间衍生出了兼具躺的功能和椅的结构属性的家具——休闲椅，它是软体与椅的结合，是沙发和椅子之间的过渡。有的时候很难真正与沙发或椅子区分开，我们在模糊中求精准。图 2.1-51 展示了沙发向椅子的过渡过程，以及休闲椅的相对定位。

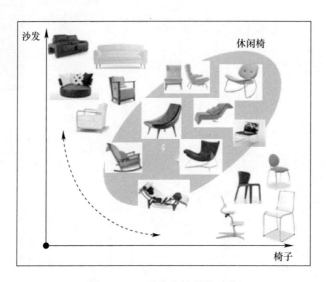

图 2.1-51　沙发向椅子的过渡

图 2.1-52 为休闲椅的 PHC 基本分析。

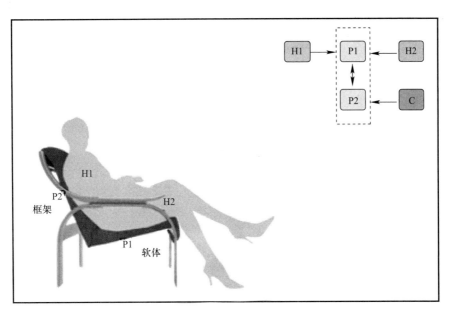

图 2.1-52　休闲椅的 PHC 基本分析

根据人与产品之间使用的互动，以及休闲椅的本质属性——躺的功能和椅的框架结构，将休闲椅肢解成软体（P1）和框架（P2），人体分为上半身（H1）和下半身（H2），这两部分与产品之间关系较密切。其相互之间的疏密关系如下：

① P1—P2：软体直接和框架相关。

② 人坐在休闲椅上时，上半身（H1）和下半身（H2）都会和软体（P1）关系较密切（H1—P1），（H2—P2）。

③ 框架（P2）直接与地面接触，与外在环境相关（C—P2）。

这是传统的基本使用模式，相互之间的关联影响可以在此基础上发生偏移，从而演绎出新的设计，图 2.1-53 为强化软体视觉效果的设计，图 2.1-54 为强化框架的设计。

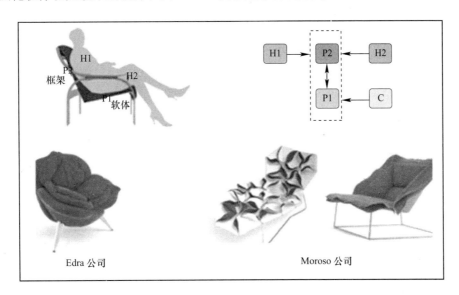

Edra 公司　　　　　Moroso 公司

图 2.1-53　强化软体视觉效果的设计

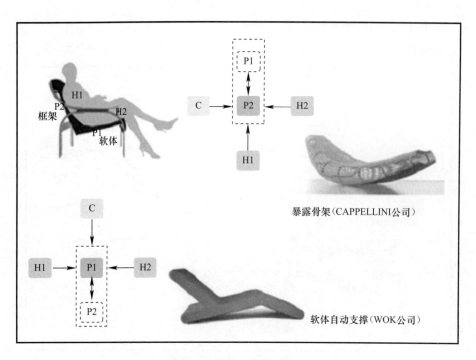

图 2.1-54　强化框架的设计

软体可以归纳为分体式和连体式，都表现出规则形和自然形的设计手法，如图 2.1-55 所示。

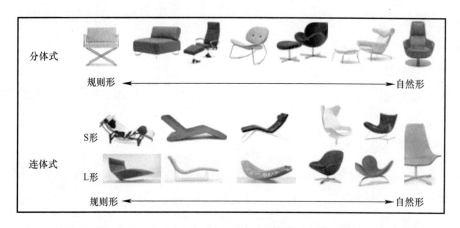

图 2.1-55　休闲椅的软体部分

框架部分，主要关注支撑方式，不同的材料演绎出不同的效果（见表 2.1-34）。

休闲椅框架设计演绎

表 2.1-34

支撑方式	视觉变量	图　示
单腿	金属	

支撑方式	视觉变量		图　示
三腿	金属		
	聚酯		
四腿	金属	关注腿间的连接方式	
	木质	将相邻的两条腿关联,表现出摇椅的特点	
	聚酯		

1.3.5　其他

客厅空间除了上述罗列出的家具之外,还有饰品柜、间厅柜、地柜等,如图2.1-56所示。

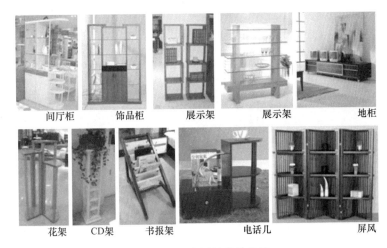

间厅柜　　饰品柜　　展示架　　展示架　　地柜

花架　　CD架　　书报架　　电话几　　屏风

图 2.1-56　客厅的其他家具

1.4 餐厅家具

1.4.1 餐桌

图 2.1-57 是餐桌的 PHC 基本分析。

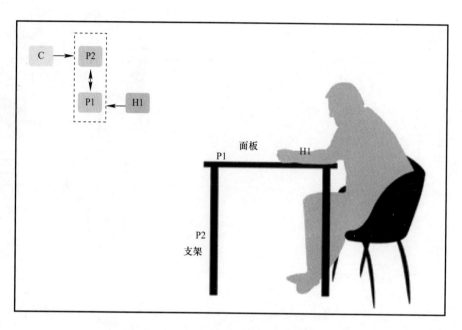

图 2.1-57　餐桌的 PHC 基本分析

根据人与产品之间使用的互动，将餐桌肢解成面板（P1）和支架（P2），人体主要关注手（H1），该部分与产品之间关系较密切。其相互之间的疏密关系如下：

① P1—P2：面板直接和支架相关；

② 人在使用餐桌时，手（H1）会和面板（P1）关系较密切（H1—P1）。

③ 支架（P2）直接与地面接触，与外在环境相关（C—P2）。除此之外，餐桌的面板也可以环境中的其他载体作为支撑的一部分，如图 2.1-58 所示，借助收纳柜作支撑。当用餐空间有限时，嵌固式结构便成了一种可能，与建筑空间相结合。

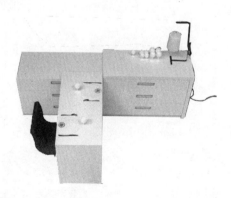

图 2.1-58　借助收纳柜作支撑

（1）造型设计

根据餐桌的支架类型，可以将其整体造型归纳为以下四种，如图 2.1-59 所示。

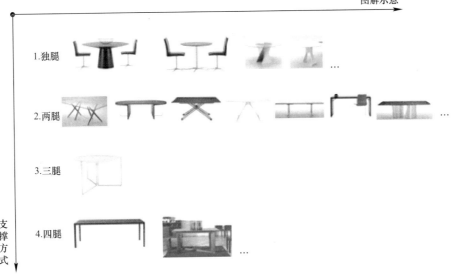

图解示意

1. 独腿

2. 两腿

3. 三腿

4. 四腿

支撑方式

图 2.1-59 餐桌的整体造型图示

（2）局部设计

餐桌的支撑方式可以很丰富，不同的材料具有不同的表现力，常见的支撑方式为四腿式，表 2.1-35 展示了餐桌支撑的设计路径。

餐桌支架的设计演绎　　　　　　　　　表 2.1-35

支架类型	实现形式	视觉变量		图　示
独腿	面型支撑	通过平面或扭曲的面来支撑		
	体型支撑	通过箱体或实体支撑		
	线型支撑	支撑轴	单轴	
			多轴	

支架类型	实现形式	视觉变量		图　示
独腿	线型支撑	底座	点式支撑	
			线状支撑	
两腿	两腿独立	线构成		
		面构成		
		体构成		
	两腿相连			
三腿				

支架类型	实现形式	视觉变量		图　示
四腿	四腿独立	单腿造型	木质	
			金属	
		腿间的排列关系		
		腿与面板的关系	搭接	
			插入	
			平齐	
	四腿相连	腿间的连接方式	按腿间望板与腿在高度上的相对位置来划分	
		支架与面板的关系	搭盖结构	
			嵌装结构（常见于内嵌玻璃式）	

　　餐桌的面板不仅具有支撑物品的物理作用，同时也是视觉的重心，被赋予了美观性。表 2.1-36 展示了餐桌面板的设计路径，可以独立的使用一种手法，或综合多种手法。

变　量	变量细分	视觉变量		图　示
平面形状	基本形状	通常是规则几何形		
幅面尺度与比例		桌面板超出支架/和支架平齐		
平面性状	材料	单独使用	常用的材料有实木，人造板，玻璃，大理石等	
		混合使用	通常是玻璃＋木质材料	
	图案	通常大理石台面表面会有一些装饰图案		
	质感	自然质感	反应材料本来质感，如木材，玻璃，大理石的质感等	
		人造质感	非材料自身质感，主要有镜面效果和亚光效果	
	构成			

家具设计资料集

变　量	变量细分	视觉变量	图　示
边部处理	自然边	直边	
		型边	
三维变化	厚度	厚度方向的变化	
	桌面扩展方式	附加式	
		翻折式	
		抽拉式	

1.4.2　餐椅

图 2.1-60 是餐椅的 PHC 基本分析。

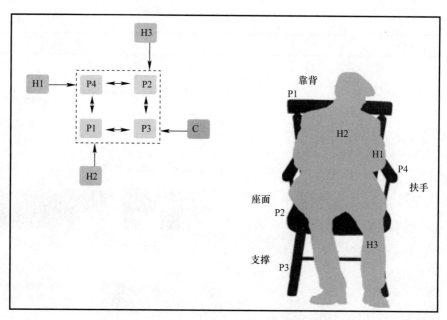

图 2.1-60　餐椅的 PHC 基本分析

　　根据人与产品之间使用的互动，将餐椅肢解成靠背（P1）、座面（P2）、支撑（P3）和扶手（P4），人体分成手（H1）、上半身（H2）和下半身（H3），这三个部分与产品之间关系较密切。其相互之间的疏密关系如下：

　　① P1—P4：靠背直接和扶手相关；

　　　P4—P2：扶手和座面相关；

　　　P2—P3：座面和支撑相关；

　　　P3—P1：支撑和靠背相关；

　　② 人坐在餐椅上时，手（H1）会和扶手（P4）关系较密切（H1—P4），上半身（H2）会和靠背（P1）关系较密切（H2—P1），下半身（H3）会和座面（P2）发生关系（H3—P2）。

　　③ 支撑（P3）直接与地面接触，与外在环境相关（C—P3）。

　　这是传统的基本使用模式，相互之间的关联影响可以在此基础上发生偏移，从而演绎出新的设计。如图 2.1-61 所示，为扶手（P4）和支撑（P3）的一体化设计。图 2.1-62 为靠背（P1），扶手（P4），座面（P2）的一体化设计。图 2.1-63 为弱化扶手的设计，变成了靠背椅，而该造型是餐椅常见的形式。

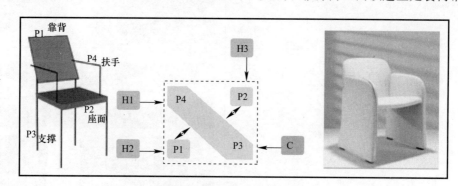

图 2.1-61　强化扶手和支撑的设计

（1）造型设计

　　餐椅的基本造型可以归纳为扶手椅和靠背椅，如图 2.1-64 所示。根据支撑方式，可以将其整体造型归纳为如下四种，如图 2.1-65 所示。

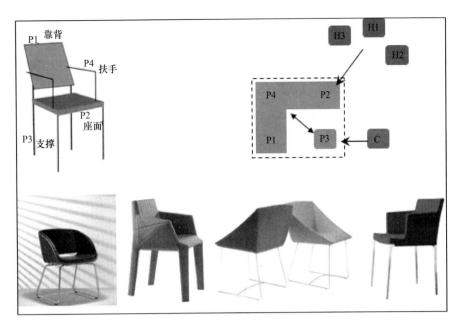

图 2.1-62　强化靠背、扶手和座面的一体化设计

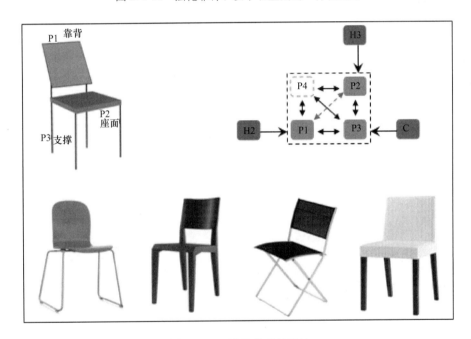

图 2.1-63　弱化扶手的设计

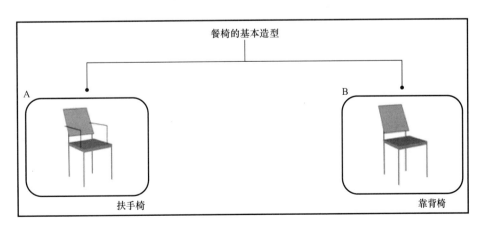

图 2.1-64　餐椅的基本造型

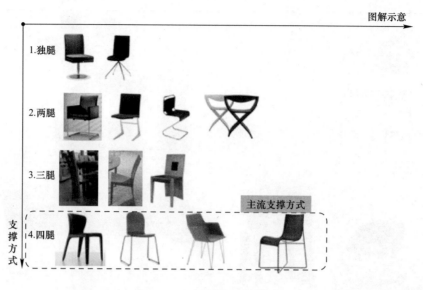

图 2.1-65 餐椅的造型图示

（2）局部分析

相同的材料可以产生不同的支撑方式，同一种支撑方式，即便用相同的材料，也可以产生不用的视觉效果（见表 2.1-37）。

餐椅支架的设计演绎 表 2.1-37

支架类型	所用材料	图 示
单腿		
双腿	金属	
	木质	

支架类型	所用材料	图　示
三腿		
四腿	金属	
	木质	

靠背不仅可以给人物理上的支撑，优质的靠背设计还能给人带来美的视觉享受。当然，不能一味为了追求美观而将舒适性弃之一边，还是应当以舒适性为前提，在此基础上衍生出各种造型。表 2.1-38 展示了餐椅靠背的设计路径。

餐椅靠背的设计演绎　　　　　　　　　　　　　　　　　　　　　　表 2.1-38

变　量	变量细分			图　示
靠背造型	连体式	可以用塑料、藤、人造板等实现靠背与座面的一体化成型		
	分体式	木质	二维	
			三维	

变　量	变量细分		图　示
靠背造型	分体式	软体	
		塑料	
平面性状	材料	单独使用（实木，软体，塑料）	
		混合使用（通常是实木和软体结合）	
	图案		
	质感	自然质感 人造质感	

368

变　量	变量细分		图　示
平面性状	色彩	材料本色 人工色	
	构成		

表 2.1-39 展示了扶手的设计路径，根据材料的特点，分别寻求合适的造型。

扶手的设计演绎　　　　　　　　　　　　　　　　　　　表 2.1-39

扶手类型	图　示
木质	
金属	
软体	

1.4.3　餐边柜

图 2.1-66 是餐边柜的 PHC 基本分析。

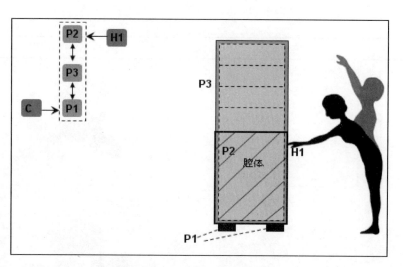

图 2.1-66　餐边柜的 PHC 基本分析

根据人与产品之间使用的互动，将餐边柜肢解成腿（P1）、腔体（P2）和外壳（P3），人体关注手（H1），该部分与产品之间关系较密切。其相互之间的疏密关系如下：

①　P1—P3：腿直接和外壳相关；

　　P3—P2：腔体包容于外壳内。

②　人在使用餐边柜时，手（H1）会和腔体（P2）关系较密切（H1—P2）。

③　腿（P1）直接与地面接触，与外在环境相关（C—P1）。

这是传统的基本使用模式，相互之间的关联影响可以在此基础上发生偏移，从而演绎出新的设计，如图 2.1-67 所示，为弱化腿的造型，外壳悬挂于墙上。

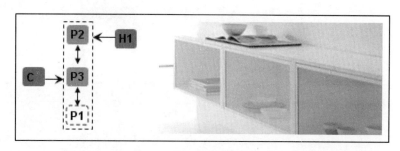

图 2.1-67　弱化腿的设计

（1）造型设计

根据人在使用餐边柜时的行为习惯，以及餐边柜的三维体量，将餐边柜分成以下三种基本形式：高柜、矮柜及矮柜带附件式（见表 2.1-40）。

餐边柜的基本造型 表 2.1-40

基本造型	示意图	彩　图
高柜		

基本造型	示意图	彩　图
矮柜		
矮柜带附件式		

　　腔体部分的设计与人手臂的活动范围有关，同时也和放置的物品尺寸有关，该部分在上卷人体工程学与家具功能章节中有详细分析，此处不再赘述。

　　餐边柜在满足使用功能之外，更多的是视觉影响力。当框架完全被遮盖时，面板成为视觉的中心，自然也成为设计的核心，主要关注其平面形态。当框架部分或完全暴露时，框架也在一定程度上具有装饰性，成为设计的关注点。

　　表 2.1-41 展示的是对框架不同的设计表现。

餐边柜框架的不同设计演绎　　　　　　　　　　　　　　　　　表 2.1-41

基本造型		框架类型	视觉变量	图　示
高柜	分体式	强化框架为主	框架兼具功能性和美观性，常见于美式餐边柜	
		弱化框架	面板的平面性状成为视觉的中心	
	一体式	强化框架	框架兼具功能性和美观性	

基本造型		框架类型	视觉变量	图　示
高柜	一体式	弱化框架	面板的平面性状成为视觉的中心	
矮柜		强化框架	框架兼具功能性和美观性	
		弱化框架	面板的平面性状成为视觉的中心	

（2）局部设计

面板是餐边柜视觉的焦点，也是设计的重点。门板、抽屉的不同组合、幅面尺寸、开放程度，都将产生不同的视觉效果，设计师可以根据不同的需求进行组合。表 2.1-42 展示的是餐边柜面板的设计路径。

餐边柜面板的设计演绎　　　　　　　　　　　　　　　　　表 2.1-42

变量细分	视觉变量	图　示
色彩	材料本色	
	人工色	

变量细分	视觉变量	图　示
图案	图案出现较少（可通过印花玻璃和面板铣形实现）	
材料	单独使用（主要是木质材料，玻璃）	
	混合使用（实木＋玻璃/金属＋玻璃/木质材料不同表面装饰）	
质感	材料自然质感（木材、玻璃）	
	人造质感（高光效果，亚光效果）	
构成	主要通过在平板上铣形和框架结构体现	

1.4.4 其他家具

餐厅空间除了上述罗列出的家具之外，还有吧凳、吧台、酒吧车、陈列架和酒柜等，见表2.1-43。

餐厅其他家具 表 2.1-43

家　具	图　示
酒柜	 
吧台，吧凳	 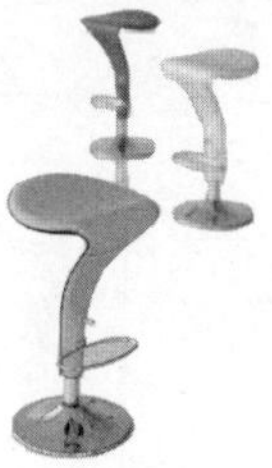
餐车	 
其他（展示架等）	 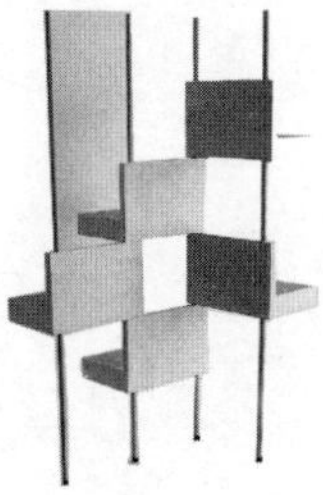

1.5　书房家具

1.5.1　书桌

图2.1-68是书桌的PHC基本分析。

根据人与产品之间使用的互动，将书柜肢解成面板（P1）、支撑（P2）和收纳空间（P3），人体关注手（H1），该部分与产品之间关系较密切。其相互之间的疏密关系如下：

① P1—P2：面板直接和支撑相关；

　　P2—P3：支撑和收纳空间相关；

② 人在使用书桌时，手（H1）会和面板（P1）关系较密切（H1—P1）。

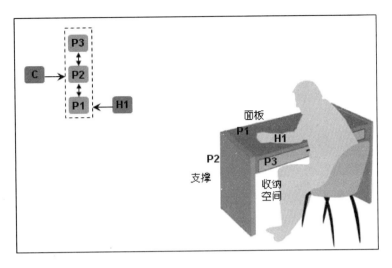

图 2.1-68　书桌的 PHC 基本分析

③支撑（P2）直接与地面接触，与外在环境相关（C—P2）。除此之外，书桌也可以弱化支撑，与墙面相关，让悬挑式结构成为一种可能，如图 2.1-69 所示。

图 2.1-69　悬挑式书桌

这是传统的基本使用模式，相互之间的关联影响可以在此基础上发生偏移，从而演绎出新的设计。如图 2.1-70 所示，为弱化一体化收纳空间的设计，整体较通透，通常会配一件独立的可移动柜。图 2.1-71 为融支撑与收纳空间为一体的设计，通常将柜体作为部分或全部支撑。

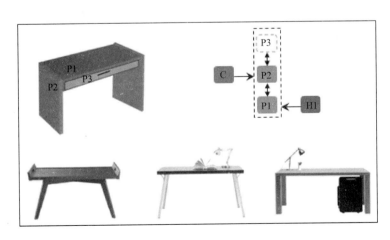

图 2.1-70　弱化一体化收纳空间的设计

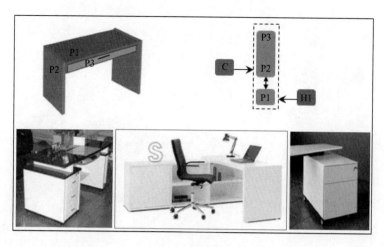

图 2.1-71 支撑与收纳空间融为一体的设计

  书桌作为凭倚类家具，其核心部件依然是面板和支撑，表 2.1-44 和 2.1-45 分别是对面板和支撑的设计路径诠释。其与众不同之处在于增加了收纳空间，该空间的位置可以根据需求作不同的设计响应，可以独立存在，可以和面板相关，也可以作为支撑的一部分，详见表 2.1-46。

面板的设计演绎

表 2.1-44

变　量	变量细分	视觉变量	图　示
平面形状	基本形状		
	切割组合		
平面性状	材料	常用的材料有实木，人造板，玻璃等	
	图案		

变　量	变量细分	视觉变量	图　示
平面性状	质感	材料自然质感/人造质感	
边部处理	自然边	直边	
		型边	
三维变化	厚度		

支撑方式的设计演绎　　　　　　　　　　　　　　　表 2.1-45

支撑类型	视觉变量	图　示
独立腿支撑	腿部造型	木质
		金属
	腿间的组合方式	

变　量	变量细分	视觉变量	图　示

支撑类型	视觉变量		图　示
独立板件支撑	板件造型	二维	
		三维	
	板件与面板的相对位置（通常考虑与柜体的配合）		
腿＋板件支撑	腿和板件的组合方式		

收纳空间的设计演绎　　　　　　　　表 2.1-46

收纳类型	视觉变量	图　示
独立式收纳	通常为移动式矮柜	
与面板相关	位于面板上	

收纳类型	视觉变量	图　示
与面板相关	与面板一体（或替代面板）	
	位于面板下 （主要为抽屉、附柜、主机架等）	
作为支撑的一部分	与面板直接连接	
	与面板轴连接	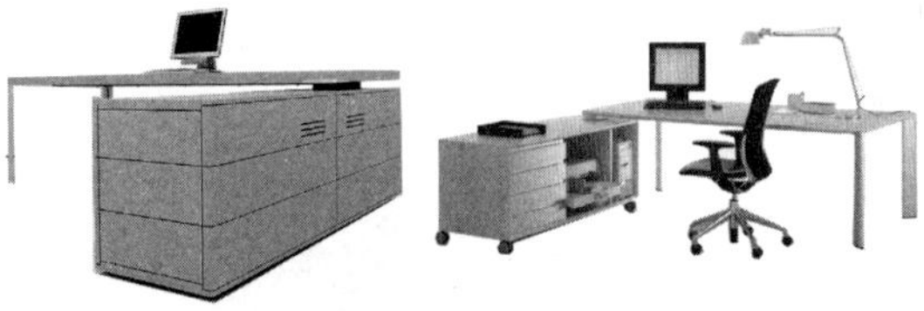
	与面板板连接	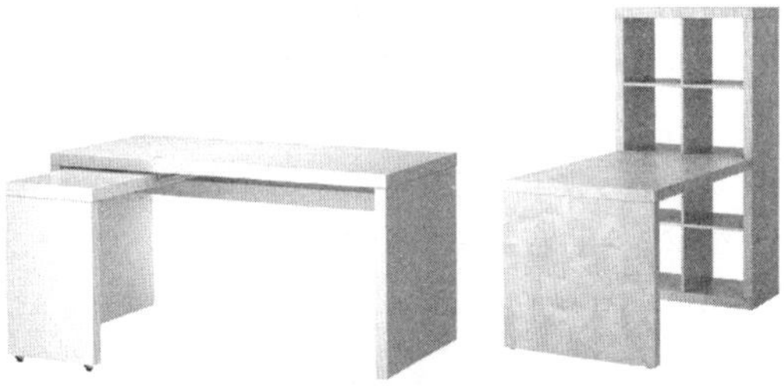

1.5.2　椅子

图 2.1-72 是书房用椅的 PHC 基本分析。

根据人与产品之间使用的互动，将书房用椅肢解成靠背（P1）、座面（P2）、支撑（P3）和扶手（P4），人体分成手（H1）、上半身（H2）和下半身（H3），这三个部分与产品之间关系较密切。其相互之间的疏密关系如下：

① P1—P4：靠背直接和扶手相关；

　　P4—P2：扶手和座面相关；

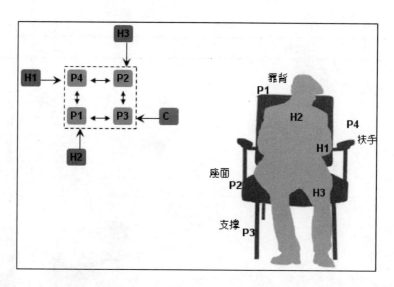

图 2.1-72　书房用椅的 PHC 基本分析

P2—P3：座面和支撑相关；

P3—P1：支撑和靠背相关；

②人坐在椅子上时，手（H1）会和扶手（P4）关系较密切（H1—P4），上半身（H2）会和靠背（P1）关系较密切（H2—P1），下半身（H3）会和坐垫（P2）发生关系（H3—P2）。

③支撑（P3）直接与地面接触，与外在环境相关（C—P3）。

这是传统的基本使用模式，相互之间的关联影响可以在此基础上发生偏移，从而演绎出新的设计，结合使用功能，支撑以五轮的形式呈现，方便灵活移动，有办公用椅的趋势，如图 2.1-73 所示。

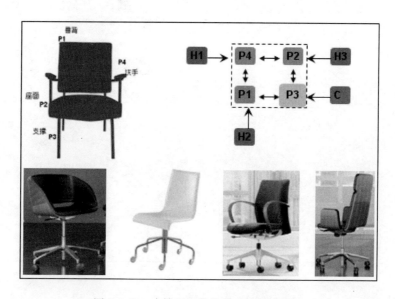

图 2.1-73　支撑以五轮的形式呈现的设计

常规固定式椅子的设计和餐椅有很多共同之处，可以借鉴和参考。书房用椅，对舒适性的要求相对更高，应满足长时间的坐姿。材料选择方面，更多的可以考虑用软体。

（1）造型设计

书房用椅的造型设计见表 2.1-47。

书房用椅的造型设计 表 2.1-47

支架类型	视觉变量	图示
单腿	以五轮转椅为主，便于灵活移动	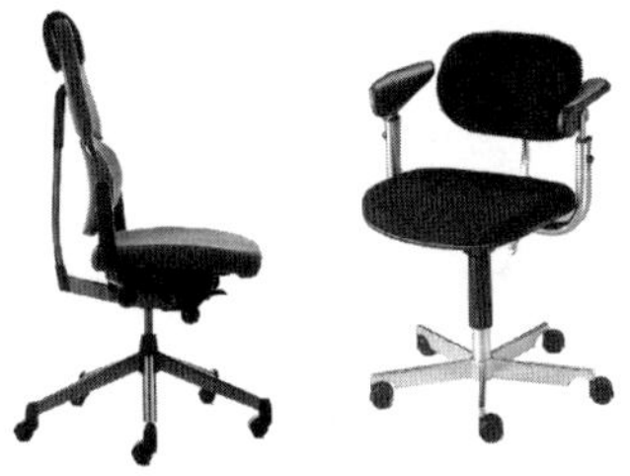
四腿	单独使用	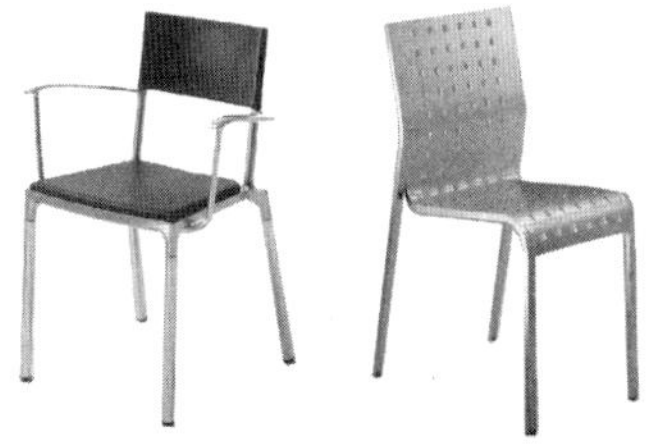
	混合使用	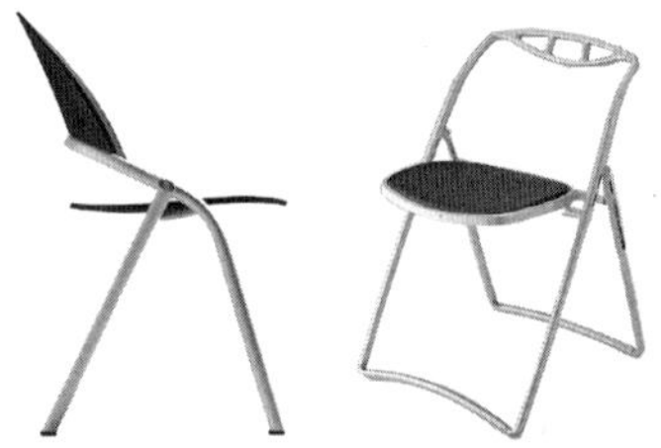

(2) 局部设计

表 2.1-48、表 2.1-49 是对靠背和扶手的设计思考。

书房用椅靠背的设计演绎 表 2.1-48

变量	变量细分			图示
靠背造型	连体式	可以用塑料、软体、人造板实现一体化成型		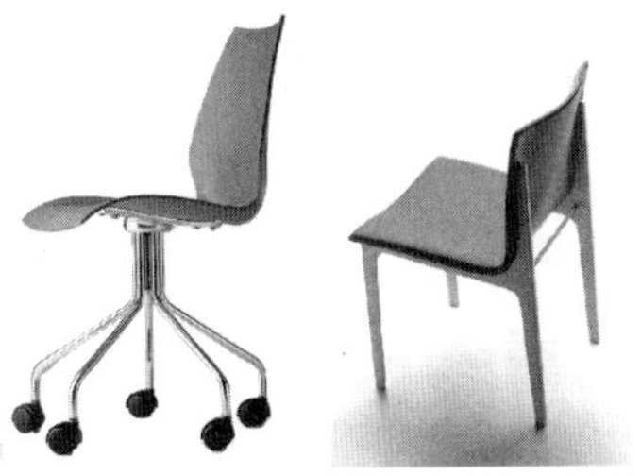
	分体式	木质	二维	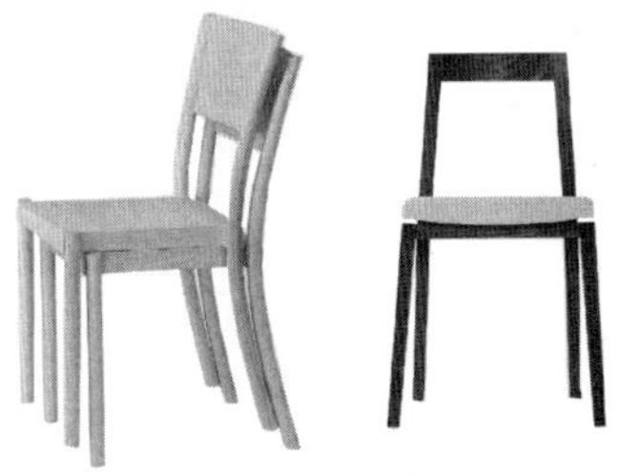

变　量	变量细分		图　示
靠背造型	分体式	木质	三维	
		软体	
		塑料	
平面性状	材料	单独使用（实木，软体，塑料）	
		混合使用（通常是实木和软体结合）	
	图案		

家具设计资料集

变　量	变量细分		图　示
平面性状	色彩	材料本色 人工色	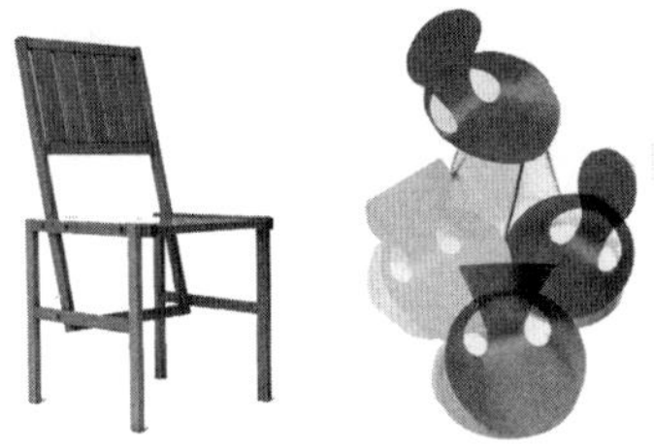

书房用椅扶手的设计演绎　　　　　　　　　　　　　　　　　表 2.1-49

扶手类型	图　示
木质	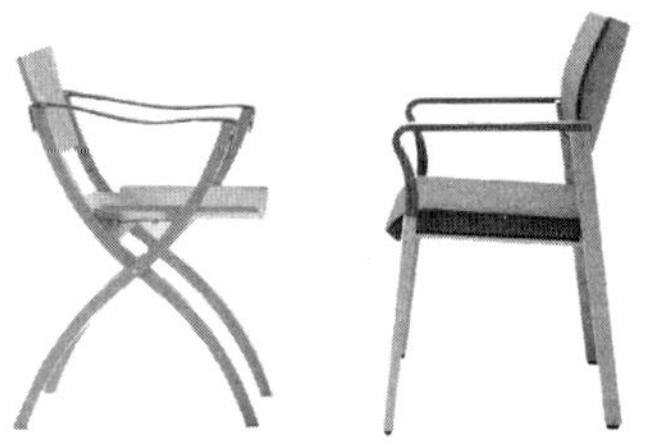
金属	
软体	

1.5.3　书柜

图 2.1-74 是书柜的 PHC 基本分析。

根据人与产品之间使用的互动，将书柜肢解成框架（P1）、腔体（P2）和表面（P3），人体关注手（H1），该部分与产品之间关系较密切。其相互之间的疏密关系如下：

① P1—P2：腔体包容于框架内；

　　P2—P3：腔体和表面相关；

　　P3—P1：表面和框架相关；

② 人在使用书柜时，手（H1）会和腔体（P2）关系较密切（H1—P2）。

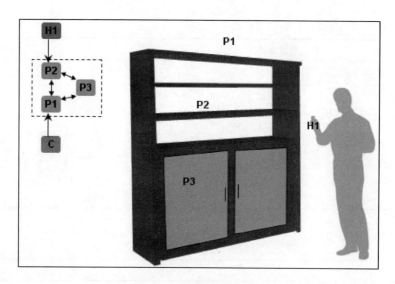

图 2.1-74　书柜的 PHC 基本分析

③ 框架（P1）直接与地面接触，与外在环境直接关联（C—P1）。

这是传统的基本使用模式，相互之间的关联影响可以在此基础上发生偏移，从而演绎出新的设计。如图 2.1-75 所示，弱化框架，腔体作为核心，呈现模数化结构。

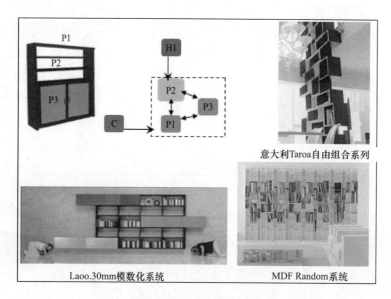

图 2.1-75　弱化框架，突出腔体的模数化结构

随着不同的使用条件和需求，书柜也在逐步从独立单体转变为系统化模式。尤其是板式书柜，有向系统化发展的趋势，如图 2.1-76 所示。但目前很多产品仅仅局限于形式，材料的相似性，同为板件，形式上模仿不难，但还没有真正理解系统化的精髓与核心。系统化设计将在后续系统家具设计中详细诠释。

书柜的使用频率不如支撑类和凭倚类家具频繁，内部腔体的分隔应根据使用者的活动范围及所收纳物品的尺寸来确定，具体数据可以参考上卷人体工程学与家具功能章节。

书柜更多的时候给人的是视觉上的感受。回归书柜的本质，或者柜类的本质，其实是一种空间的围合，需要一个框架。

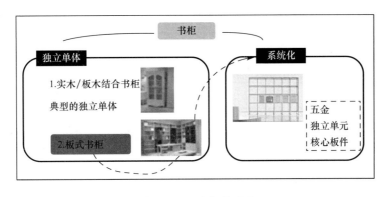

图 2.1-76　书柜的形式

当选择将框架暴露时，框架不仅在结构上起到了承重的作用，若精心设计造型，框架也可以被赋予美感，从而提升整体书柜的视觉感染力，该手法适合实木或板木结合的书柜。

当选择将框架遮盖，或弱化时，框架仅仅起到结构的作用，此时，视觉的中心便转移至面板的平面性状，该手法适合板式书柜。

表 2.1-50 展示的是对框架不同的设计表现。

书柜框架的不同设计演绎　　　　　　　　　　　　　　　　　　　　　　表 2.1-50

框架类型	视觉变量	图　　示
强化整体框架	框架兼具功能性和美观性，美式书柜常见此法	
强化顶帽和底座	顶帽和底座具备装饰性	

框架类型	视觉变量	图　示
弱化框架	面板的平面性状成为视觉的中心，常见于板式书柜；为了避免单调，面板的幅面尺寸可以调整；腔体的内部功能划分也具备了一定的美观属性	

　　书柜的面板是书柜视觉的焦点，也是设计的重点。门板、抽屉的不同组合，幅面尺寸，开放程度，都将产生不同的视觉效果，设计师可以根据不同的需求进行组合，表 2.1-51 展示的是单幅面板的设计路径。

书柜单幅面板的设计演绎　　　　　　　　　　　　　　　　　　表 2.1-51

变量细分	视觉变量	图　示
色彩	材料本色，人工色	
材料	单独使用：木质材料，玻璃	

变量细分	视觉变量		图　示
材料	混合使用，实木＋玻璃，金属＋玻璃 木质材料不同表面装饰		
	平板	铣形，附加饰面	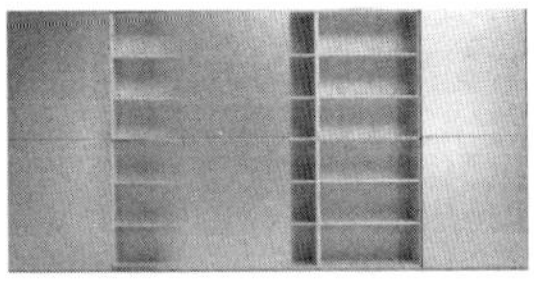
	嵌板	木质边框可以有不同的造型	 木框嵌玻璃 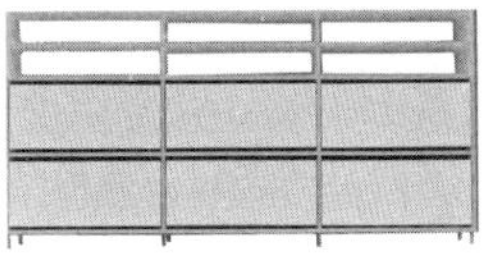 木框嵌板

1.5.4　其他

书房空间除了上述罗列出的家具之外，还有储物架和书报架等，如图 2.1-77 所示。

图 2.1-77　书房的其他家具

1.6　门厅家具

　　门厅是连接室内与室外的桥梁，而门厅家具的设置则应以为使用者进出门提供更多的便捷为宗旨。

　　当人从室外进入室内，步入门厅时，会产生脱衣、换鞋、放伞（雨雪天）等行为；而当人出门时，会产生整理衣装，准备小件等必须携带物等行为。综述使用功能，包括挂衣、放东西、吊物件、照镜和换鞋等。

　　这些收纳类功能是门厅家具必须具备的，除此之外，门厅家具在一定程度上也可以表现出装饰性，可以通过美化产品本身或和室内布局相融来实现，这是可有可无的功能，可根据建筑室内的面积以及客户的具体需求而定。门厅家具的设计具有高度的弹性。

　　对于门厅内满足使用功能的家具而言，其表现形式不应局限于单件独立的产品。可以是一种组合，与建筑室内相融，嵌固式家具成为了一种可能。表 2.1-52 展示了各种使用功能的实现方式，以此为指导，可以衍生出不同的门厅家具形式，见表 2.1-53。

门厅家具的使用功能及实现方式　　　　　　　　　　　　　　　　　　表 2.1-52

使用功能	实现方式	图　示
挂衣	悬挂结构	
	衣帽架	

使用功能	实现方式	图　示
放东西	柜类（高柜/矮柜）	
	层板	
吊物件	金属件	
照镜	镜面（独立的/非独立的）	
换鞋	独立鞋凳，更多情况下会和柜类一体化设计	
	层板	

形 式		图 示
	独立鞋柜	
门厅系统	中高柜系统	
	矮柜/无柜系统	

1.7 卫浴家具

卫生间是解决排泄和个人卫生问题的场所，人们会在卫生间洗漱、梳妆、沐浴。这就需要相应的卫浴家具来满足需求。可以将使用前、使用中、使用后的必要与可能的行为描述出来（见表 2.1-54），通过家具设计予以一一响应。

卫浴空间使用过程中的行为 表 2.1-54

使用过程	行为		
	洗漱	梳妆	沐浴
前			换洗衣服的存放
中	洗漱用品的临时放置	照镜子，梳妆用品的临时放置	沐浴用品的临时放置
后	洗漱用品及毛巾的存放	梳妆用品的存放	沐浴用品的存放

通过表 2.1-54 的分析，可以发现卫浴家具的核心功能为收纳，主要表现为使用过程中的临时置物和使用后的长期存储。可以是独立的家具，五金件，也可以与室内墙面相结合，与室内空间相协调，表 2.1-55～表 2.1-57 分别展示了对使用过程中不同阶段行为的设计响应。

对使用前行为的设计响应   表 2. 1-55

行　为	设计响应	图　示
沐浴前换洗衣服的存放	独立的矮凳	
	可移动的矮柜	
	竹篓	
	室内空间的一部分	

对使用中行为的设计响应   表 2. 1-56

行　为	设计响应	图　示
洗漱/梳妆/用品的临时放置	五金件	

行　为	设计响应	图　示
洗漱/梳妆/用品的临时放置	层板架	独立的 与梳妆镜一体
	洗漱台面	
照镜子，主要考虑光源	与梳妆镜框架一体	
	独立点光源/线光源	
	侧光源	

行 为	设计响应	图 示
沐浴用品/毛巾的临时放置	五金 （狭小空间的淋浴适用）	
	可移动的矮柜 （适合开放式沐浴空间）	 可以与换洗衣服用的矮柜兼用，适宜开放式设计
	室内空间的一部分	

对使用后行为的设计响应　　　　　　　　表 2.1-57

行 为	设计响应	图 示
毛巾的存放	湿毛巾适宜悬挂存放	独立金属件或其他材料： 与盥洗柜相关：

行 为	设 计 响 应	图 示
毛巾的存放	干毛巾可以存放于盥洗柜，壁柜中	
各类用品的 长期存放	盥洗柜	
各类用品的 长期存放	其他柜，包括落地柜和壁柜（为了确保存储物品的清洁，不适宜全开放处理，可通过表面的不同装饰避免单调）	
	与梳妆镜框架一体	

综上可知，根据使用卫浴空间的行为，卫浴家具的品种一般包括洗脸刷牙用的盥洗柜、梳妆镜、矮凳、可移动的矮柜、独立落地柜、壁柜，附件包括层板和五金。其中盥洗柜和梳妆镜是必备的，其他的家具品种可以根据卫浴空间的大小和客户的需求增添。

卫浴家具在满足核心的收纳功能之外，还可通过色彩、造型、装饰等手法，增加美观性，如图 2.1-78 所示。

图 2.1-78　卫浴家具

2 办公家具的常规设计

办公空间的家具设计存在共性的地方，这就是为什么有些家具可以同时满足不同的使用空间，但是更多情况下，办公需求的差异化导致家具设计的差异化。我们不从共性推及个性化设计，而是从使用本质出发，挖掘每件家具特有的属性，即个性部分，在此基础上进行设计演绎，赋予终端以多样性。

这一分析将以办公功能空间为载体，将办公空间分为管理层办公空间、职员区、接待区、会议室、培训室和休闲区。至于其他可能存在的功能空间，可以在此基础上根据产品共性的部分作出设计延伸。

所有的分析不是限制设计师只能这样做，而是通过告诉设计师可以这样做，从而引导他们，让他们有更多的发散空间。

对产品的设计，引入产品线三维图（图 2.2-1），从产品宽度、深度和高度三个方向演绎，产品宽度和深度主要是针对造型部分，具有中度的可变性；产品高度则是造型以外的关注点，如材料、功能性、终端感官效果等，具有高度可变性。对于更加注重标准化生产，多元化终端输出的办公家具，造型之外的关注点便显得愈发重要。

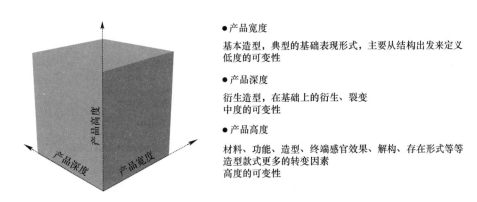

- 产品宽度

基本造型，典型的基础表现形式，主要从结构出发来定义
低度的可变性

- 产品深度

衍生造型，在基础上的衍生、裂变
中度的可变性

- 产品高度

材料、功能、造型、终端感官效果、解构、存在形式等等
造型款式更多的转变因素
高度的可变性

图 2.2-1　产品线三维图

2.1　管理层家具

2.1.1　班台

班台更多是以独立单体的形式出现，个性化特征以及身份的彰显这一类精神需求增加，视觉效果被摆在了首位。就产品本身而言，班台的体量要偏大一些，不同行业不同等级的管理层对班台的体量要求存在差异化，见表 2.2-1。内置功能的设计要与身份相匹配，精细化的考虑，如抽屉内部空间的分割（图 2.2-2）等，本身就可以提升一件产品的档次，使家具显得更有内涵、更有底气。

班台的体量与使用人群	表 2.2-1
分　类	使用者
总裁台	国家政府部门领导、企业总裁、大学校长、银行行长
大班台	企业经理人、机关高级别副职
中班台	企事业单位中层干部、部门经理
小班台	各行各业的业务主管

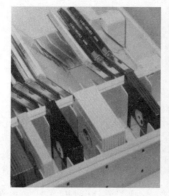

图 2.2-2　内置功能的设计

(1) 产品宽度

班台的基本造型可以分为 L 形、一字形、围合型、半圆形,见表 2.2-2。

班台的基本造型 表 2.2-2

基本造型	图　示	基本造型	图　示
L 形		围合型	
一字形		半圆形	

(2) 产品深度

1) L 形

L 形班台除了为使用者提供了主工作台面之外,还增加了辅工作台面,这两个工作台面可以等高 (图 2.2-3),也可以不在同一个高度 (图 2.2-4),后者将办公桌附柜作为桌体的一个不可分割的部分,用于收纳办公时使用频率较高的物件,表面形成辅助台面。

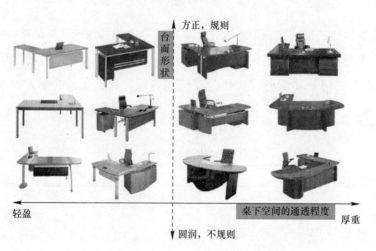

图 2.2-3　L 形主辅台面等高的衍生造型

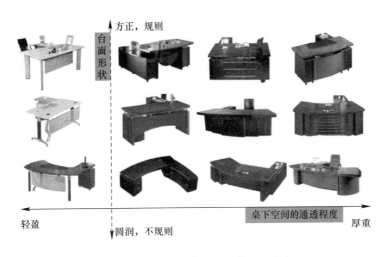

图 2.2-4　L 形主辅台面不等高的衍生造型

为了便于临时接待，可以设置一个附加台面（表 2.2-3），该部分可以与主工作台面一体，成为主工作台面的延续，也可以独立自成一体，在不需要时从班台主体中分离，后者具有更大的弹性。

附加台面的衍生造型　　　　　　　　　　　　　　　　　　　　　　表 2.2-3

附加台面位置	图　示
与主台面一体	
位于主台面前方	
位于主台面的侧向	

2）一字形

一字形班台的体量不及 L 形大，通过面板的造型和桌下空间的设计，可以得到丰富的终端输出，如图 2.2-5 所示。为了更好地辅助工作，可以增加一些以独立桌体形式出现的矮柜，与桌架之间属于母子关系，通常不会分离使用，否则整体功能就不完善，如图 2.2-6 所示；此外，为了满足临时接待的需求，也可设置一些小型接待台，增加了使用弹性，如图 2.2-7 所示。

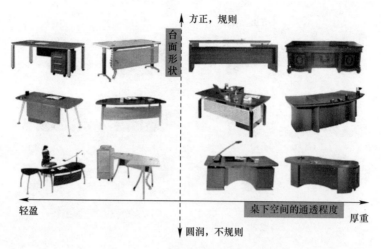

图 2.2-5　一字形班台的衍生造型

图 2.2-6　一字形班台与办公桌子柜

图 2.2-7　一字形班台与附加接待台

3）围合型与半圆形

围合型与半圆形的衍生造型见表 2.2-4。

围合型与半圆形班台衍生造型　　　　　　　　　　　　　　　　　　　　表 2.2-4

基本造型	衍生造型图示		
围合型			

基本造型	衍生造型图示	
围合型	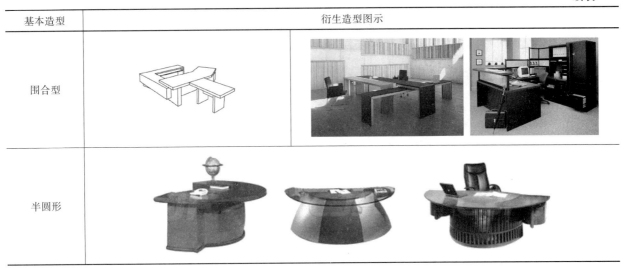	
半圆形		

（3）产品高度

针对不同属性的企业，对材料、感官效果要求不同。对于国有企业的高层，更偏向于木质材料和皮革的运用，整体以方正、稳重、闭合的视觉效果为主；对于服务型企业，写字楼，跨国公司的高层，可以接受玻璃、金属等材料的融入，整体造型以轻盈、通透为主，更加圆润，如图2.2-8所示。同一企业不同等级的管理层之间，其差异化主要表现在体量和功能细节的考虑上。

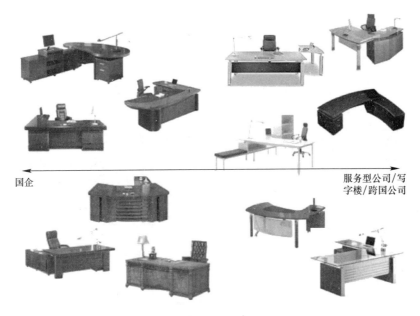

图2.2-8 不同企业属性的班台设计

2.1.2 班椅

班椅在体量上会相应的偏大一些，在一定程度上体现了使用者的身份。图2.2-9展示了班椅从厚重感向轻盈感的过渡变化，主要通过软体的厚度及材料的通透性、造型来体现。班椅给人体坐姿及休息态提供了全方位的贴合响应，从腰部、背部到颈部、头部，在满足人工舒适性的同时，也成就了班椅的整体造型。

班椅和班台之间要形成和谐的关系，在一定程度上风格可以是班台风格的延续，如班台造型表现出圆润，班椅也可设计得圆润一些，如图2.2-10所示。班椅通常会选用优质的材料，如优质皮料等。

厚重

轻盈

图 2.2-9　班椅

图 2.2-10　班椅和班台的协调感

2.1.3　文件柜

　　管理层办公空间的文件柜，更多的作用是为了陈设和展示，可通过部分开放式设计或玻璃门板的设置来实现，也可以融入灯光，营造氛围。另一核心功能是对文件的收纳和管理，主要是一些使用不是很频繁的文件，此外还有衣物等其他物品的收纳和管理。

　　将文件柜肢解为柜类的最基本构件，主要有旁板、顶板、隔板、背板和面板。终端输出推荐三种标准形式——高柜、中柜、低柜。标准形式之间可以随意组合，如高柜和低柜组合等，带来更多变化；每一类标准形式内部也可以有多种变化，如独立高柜、组合高柜、模数化高柜等（见表 2.2-5）。结合不同的材料，可以获得更加丰富的终端感官效果，如图 2.2-11 所示。

文件柜　　　　　　　　　　　　　　　　　　　　　　　　　　　　表 2.2-5

基本造型	衍生造型
低柜（台面可放置物品或进行资料整理等活动）	
中柜（常与高柜相组合产生有不同变化的组合效果）	

基本造型	衍生造型
高柜（存储量大，更好地实现展示）	**单体高柜**
	组合高柜（不同的组合可形成富有变化的终端效果）
	兼具书桌功能的高柜
	通过层板连接的高柜
组合柜（不同高度的文件柜相组合，形成了丰富的终端表现形式，使空间灵活变化）	**高柜＋中柜**
	高柜＋低柜
	中柜＋低柜
	高柜＋中柜＋低柜

基本造型	衍生造型
模数化（设计有关零部件作为产品系统平台，在终端根据不同的使用条件和需求灵活组合）	

图 2.2-11　不同的材料，不同的视觉效果

2.1.4　办公沙发/茶几

办公沙发主要用于接待访客，同时也彰显出主人的身份，规格尺寸偏大，大气，几何形体，这是通用的设计手法，当然也可以是对空间环境氛围的延续，承袭班台与班椅的设计。茶几造型简洁，与沙发的通配性强，如图 2.2-12 所示。

图 2.2-12　办公沙发/茶几

2.1.5　其他

此外，管理层办公空间还可能设有小型洽谈桌，如图 2.2-13 所示。

图 2.2-13　小型洽谈桌

2.2 职员区家具

2.2.1 办公桌

职员区办公桌的设计更注重产品本身的属性，实用、经济、组群时的整体感，是职员桌的设计重心。

（1）平面组合

桌类家具最基本的构件是桌面和支架，也可以一体化。职员区桌面板的基本形状推荐如下几种：90°L形板、120°L形板、规则形板、不规则形板，这些板件自身的造型变化、组合及板件之间的组合，可以在终端表现得到无限的组合形式。根据不同的工作性质，可以是独立的办公桌，也可能是以工作站的形式，表 2.2-6 仅列举了一些参考方式，设计师可以在此基础上做更多的创新。

桌面板的平面组合　　　　　　　　　　　　表 2.2-6

基本形状	组合方案	图　示
90°L形板	以其中一种造型为例	

基本形状	组合方案	图　示
90°L 形板	在上面列举的独立单元的基础上可以延伸出无限的组合，如：	
120°L 形板		
规则形板		

基本形状	组合方案	图　示
规则形板 		 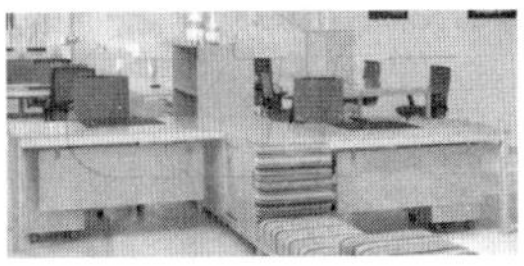  

不规则形板 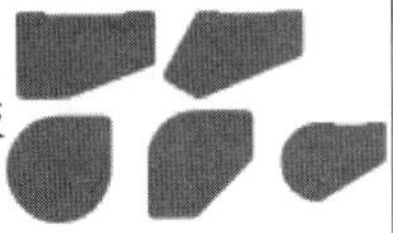		 
90°L形板，120°L形板，规则形板，不规则形板相互之间组合	无限	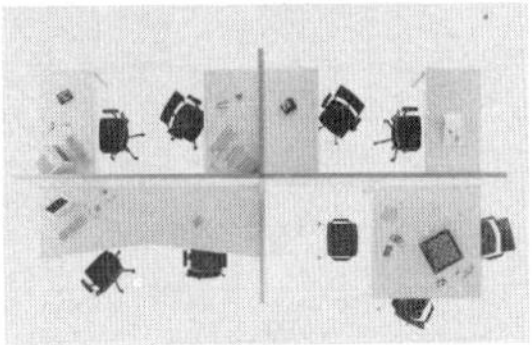 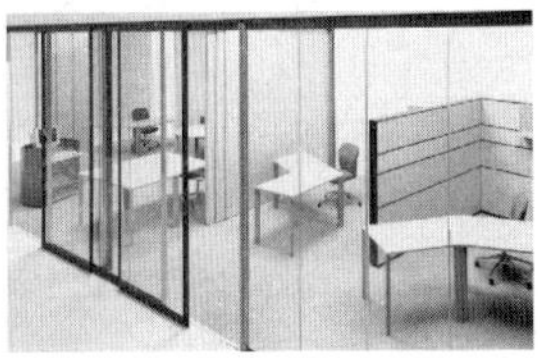

（2）高度保持方式

职员区办公桌的核心功能为凭倚，要求在合适高度处有一个物理面能保持，常用的基本形式为嵌固式和支撑式，其中支撑的基本方式有腿、柜体、板、屏风，终端输出可以实现无限的组合，表 2.2-7 列举了一些不同的高度保持方式，在此基础上可以延伸出更丰富更随意的形式。

（3）分隔，储物

职员办公桌的辅助功能为临时储物、适应电子设备、分隔。为了保证职员能获得一定的个人私密空间，或保证个人的领域，通常在工作台之间会采取一些分隔，常用的手法为借助柜体或屏风（见表 2.2-8）。在满足空间界定的同时，也在一定程度上解决了物品储存的问题。

保持方式	视觉变量	图　示	备　注
独立腿支撑	直落式，"工"字形，"人"字形等	直落式 "工"字形 "人"字形 	通常会附带可移动矮柜或桌边柜来满足储物的需求
柜体支撑	可以是钢制柜或木质柜，模数化设计，获得多变的终端视觉效果	柜体与台面不直接接触 柜体与台面直接接触 	柜体作为支撑，同时也解决了储物的问题，是比较经济的手法
旁板支撑	可以是木质材料或钢板，旁板的造型可以很丰富		可以附带可移动矮柜，或在桌面下悬挂柜体满足储物的需求
屏风支撑	屏风的造型与材料		

家具设计资料集

続表

保持方式	视觉变量	图 示	备 注
腿＋柜体支撑		 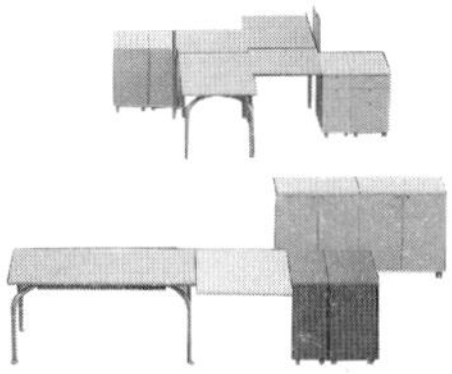	
腿＋屏风支撑		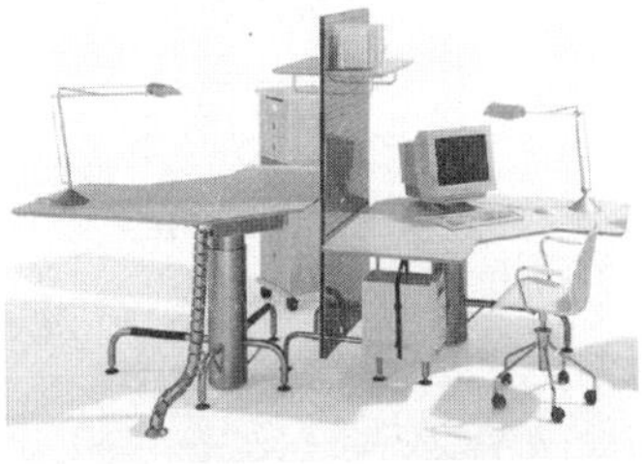 	
柜体＋旁板支撑		 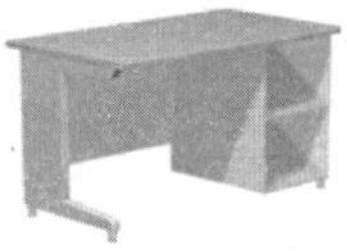 	
嵌固式	依靠作为隔断的屏风保持	 	
其他	基本方式之间更多的组合可能	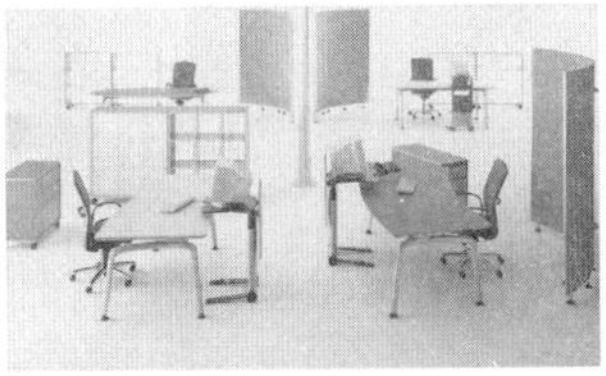 	创意无限

职员办公桌的分隔手法　　　　　　表 2.2-8

分隔手法	图 示	备 注
柜体	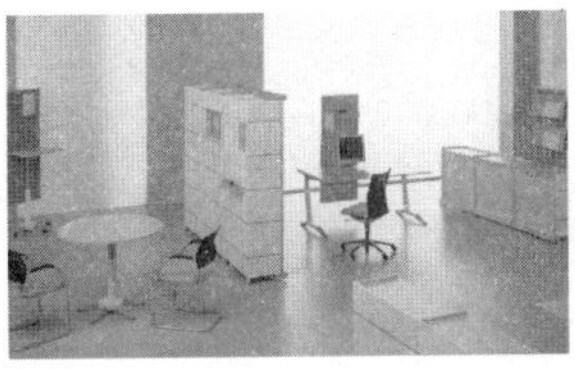 	满足分隔功能之外，可以放置一些经常要用的物品
屏风（不同的造型和材料之间的搭配可以营造出无限的终端视觉效果）		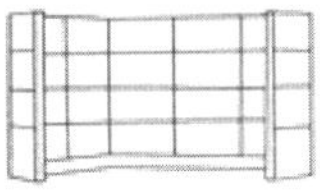  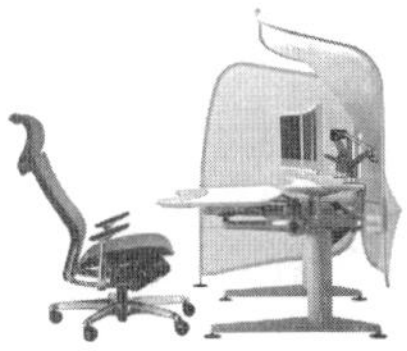 主要用于空间的隔断，对私密性要求较高

分隔手法		图 示	备 注
屏风（不同的造型和材料之间的搭配可以营造出无限的终端视觉效果）	低屏	纯粹的空间分隔 带置物功能 ①屏风挂架/书架 ②挂槽 ③屏风挂柜/留言板 （屏风附件）	除了分隔空间之外，可以在屏风隔断上加一些附件，放置常用的物品
	桌上屏风		桌下空间较开阔

（4）走线，细节

　　如今已进入电子化办公的时代，对于电子化办公的物件又该如何管理，走线问题如何解决，表2.2-9给出了若干参考解决方案。

电子设备的管理及走线问题的参考解决方案　　表 2.2-9

细节关注	参考解决方案	图　示
主机箱	装于桌腿/悬挂在桌面下/另设移动架	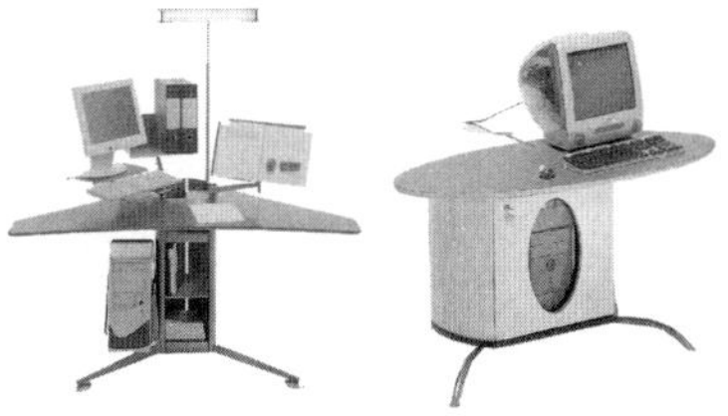
键盘	置于桌面/用键盘抽的形式	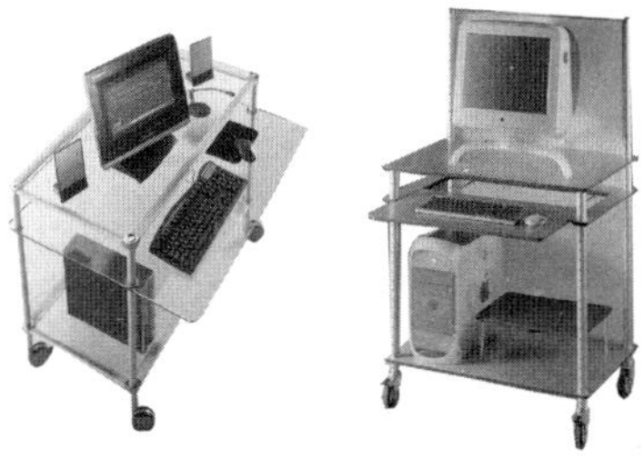
鼠标	置于桌面/铺设专门的托板	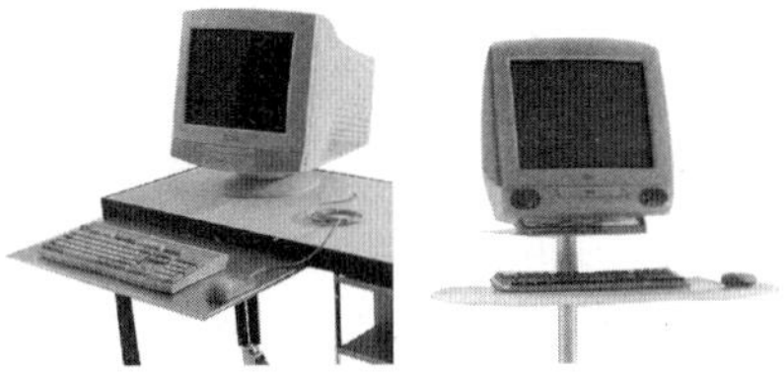
走线	桌腿走线，蛇形管走线	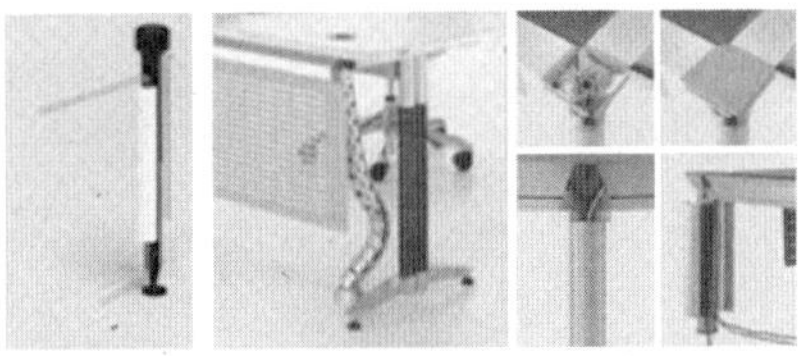
	屏风走线	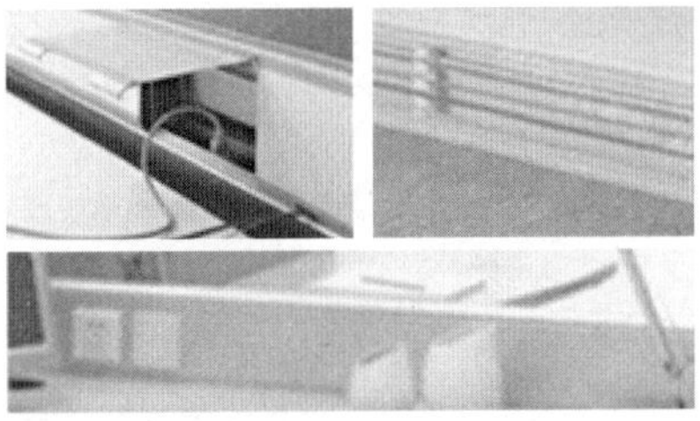
	桌面走线（线盒，走线夹）	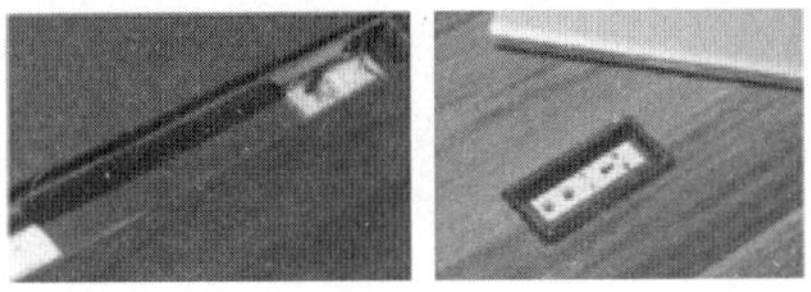

除油漆类家具之外，防火板由于表面耐磨、耐污性能突出，因而在文员桌上广泛使用，三聚氰胺板更具有价格优势。对于边部处理，除了防火板那种可弯曲的工艺外，还可采用镶边、封边及油漆边等多种工艺，以获得所需要的边部功能与视觉效果。

2.2.2　办公椅

职员区的办公椅满足基本的舒适性即可，座椅更多的是实现了基本的物理属性，满足坐的功能，靠背不需要太高，为了便于灵活移动，通常为可移动式，如图 2.2-14 所示。

图 2.2-14　职员办公椅

　　在大部分企业中存在着等级制度，这就使得管理层的班椅有别于职员的办公椅。米勒公司则弱化了等级制度，更加强调民主化设计、人性化设计，从米勒公司设计的椅子中解读不出等级尊卑，不存在为管理层或职员单独设计的座椅，有的只是对广大使用者无限的关怀，如图 2.2-15 所示。

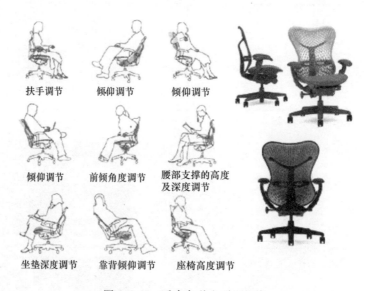

扶手调节　　倾仰调节　　倾仰调节

倾仰调节　　前倾角度调节　　腰部支撑的高度及深度调节

坐垫深度调节　　靠背倾仰调节　　座椅高度调节

图 2.2-15　适合各种人群和坐姿

2.2.3　文件柜

　　职员区的文件柜，主要是满足储物的需求。类似管理层的文件柜，同样给出三种标准模式，即高柜、中柜和矮柜，相互之间实现不同的组合，自身也可以呈现出更丰富的变化（见表 2.2-10）。矮柜，有一部分是以办公桌下柜的形式存在的，辅助办公桌的使用，存放一些常用的材料；中、高柜更多的是依墙布置，有时也可用来进行空间分割，主要存储一些公用性强，量大并需明细归类，使用频率较低的文件。

基本造型	图　示	
矮柜（方便拿取，可作为操作台）	移动柜	
	非移动柜	
中柜		
高柜	开放式	
	封闭式	
	半开放式	
组合柜（不同高度的文件柜组合，形成不同的终端效果）		

基本造型	图　示
模数化（设计有关零部件作为产品系统平台，使其在终端根据不同的使用条件和需要进行可能的组合）	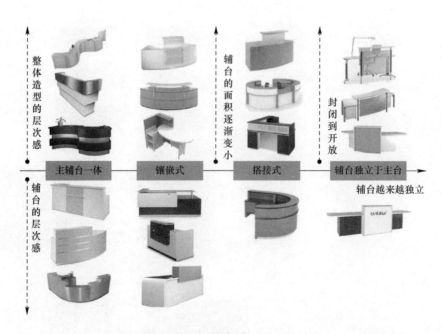

标准化的构件，通过不同的组合搭配，终端可以呈现出丰富的视觉效果，满足不同的需求，加上不同材料的搭配选用，更是锦上添花。

2.3　接待区家具

2.3.1　接待台

接待台有两种性质，一种主要承担的是企业形象的展示，不存在具体的办公行为，是一种精神接待，这类接待台更多的需要和整个空间室内环境和谐，在此不做过多分析探讨；另一种，也是比较常见的，是承担具体的接待工作，有办公行为，更侧重物理的接待。

后一种接待台在设计时要考虑常用物品和临时物件的存放，对接待台的空间要合理分割。桌面结构通常设置为两个以上台面，一为主台面，供工作人员使用，在高度上按坐式用桌的尺度考虑；一为辅台面，供来访客户使用，在高度上按站式用桌的尺度考虑。通过两个台面的相对位置及相对面积的变换即可产生丰富的视觉效果，如图 2.2-16 所示。

出于礼貌及美观的考虑，接待台一般会在前部设置遮挡，从而也赋予接待台以充足的装饰空间。桌面下的空间为大件物品的存放及临时物品的保存提供了理想的渠道。

图 2.2-16　接待台的主、辅台设计

表 2.2-11 展示了接待台的外观造型设计，主要按照接待台对空间的围合程度展开。

接待台的外观造型 表 2.2-11

围合类型	视觉变量	图　示
单面围合（一字形）	直线形	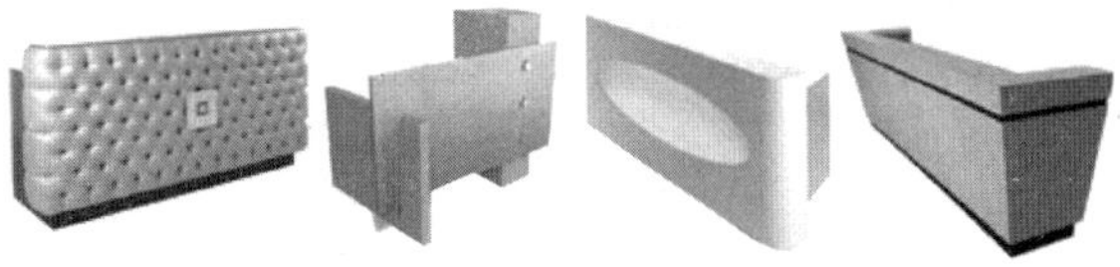
	圆弧形	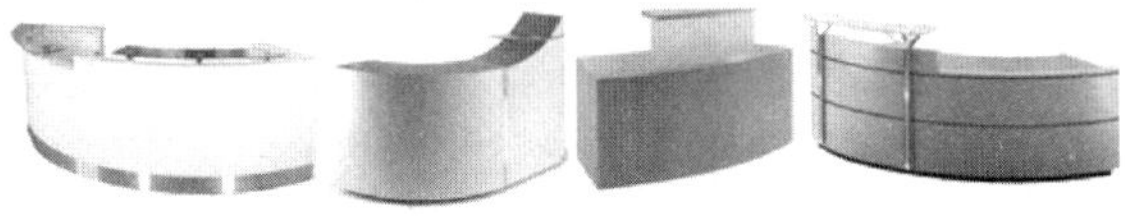
	曲线形	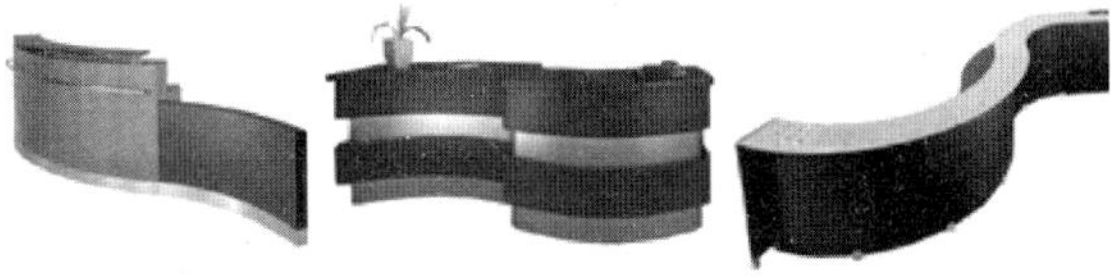
两面围合（L 形）	直角	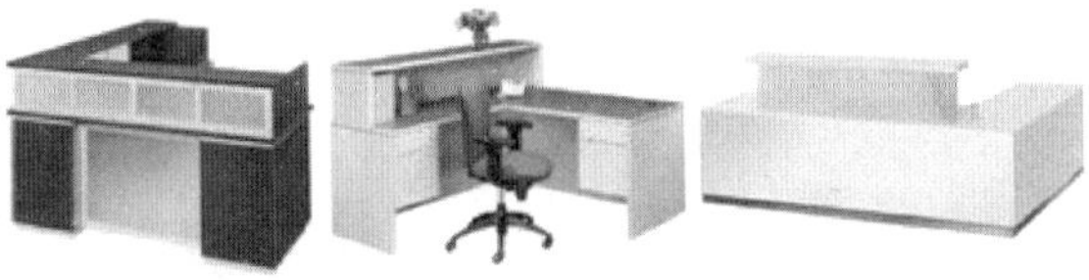
	倒圆角	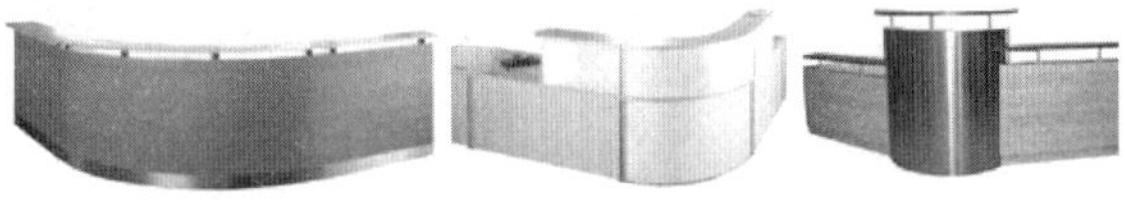
	倒直角	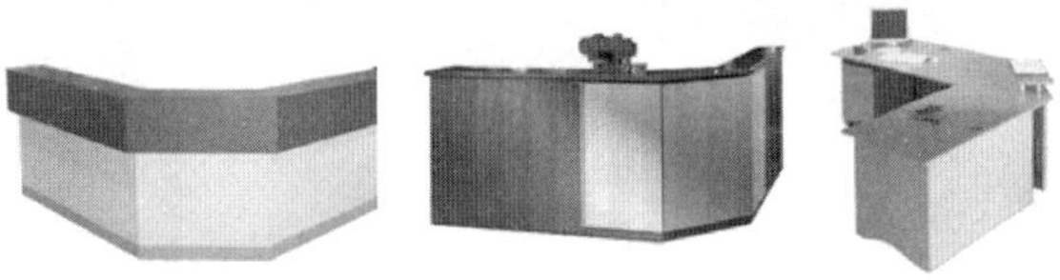
三面围合	U 形	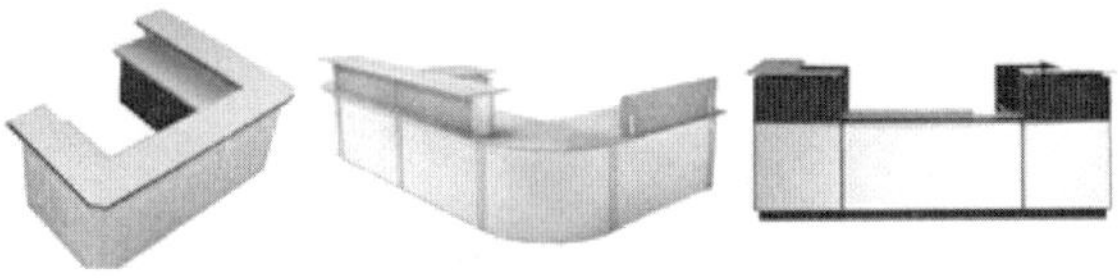
	半圆形	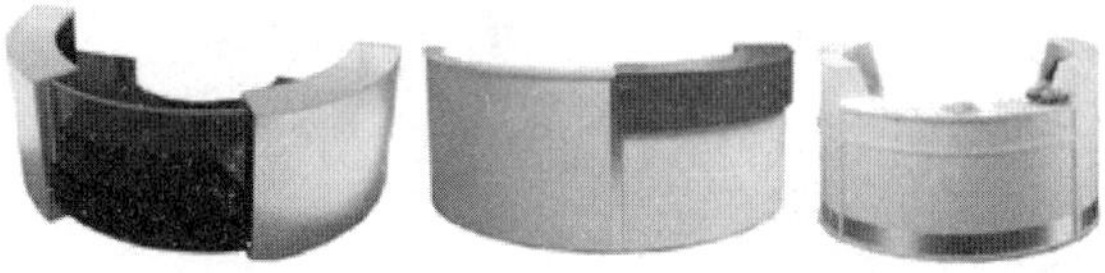
四面围合（全围合）		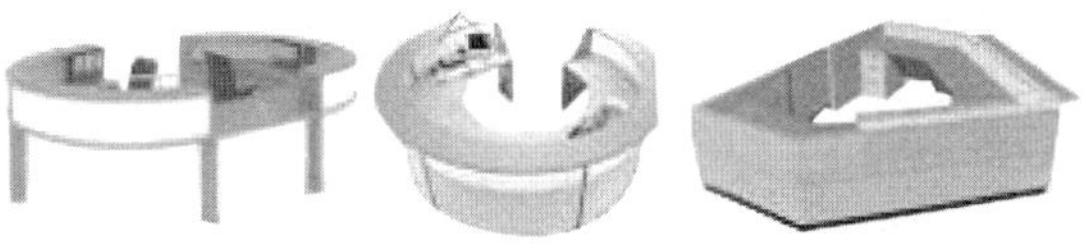

2.3.2 休闲沙发

接待区沙发用以客户的临时性休息，或与客户洽谈使用。在设计时主要考虑两方面的因素：一是要与办公空间整体的色调和风格相融合，并能透过家具传递企业的文化内涵；二是在空间的分布上具备可调节性，即能够根据客户数量或临时的功能需求进行自由布置，也就是要具备对空间的适应性。因此，接待区的沙发单体体量不宜过大，并常采用单体组合的方式来达到各种造型或功能需求，如图 2.2-17，

图 2.2-18、图 2.2-19 和表 2.2-12 所示。

图 2.2-17　独立沙发体，相互之间不可连接，组合

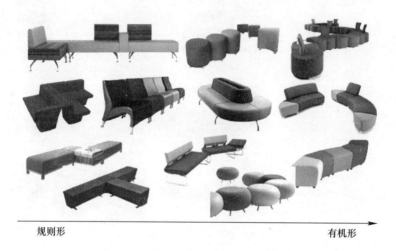

图 2.2-18　单体沙发之间可组合延续

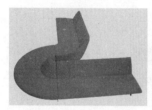

图 2.2-19　整体沙发，对空间的利用率较高

单体沙发的组合方式　　　　　　　　　　　　　　　　　　　　　　表 2.2-12

组合方式	图　示
聚焦式组合	

组合方式	图 示
线性组合	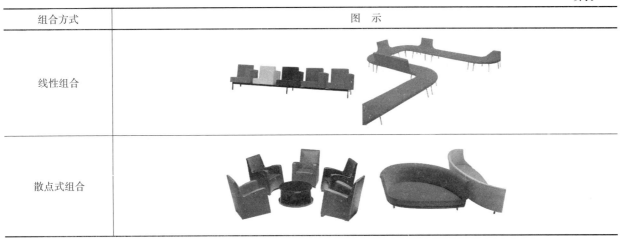
散点式组合	

2.3.3 茶几

通常为突出接待区沙发的视觉中心，接待区茶几的设计一般作视觉上的弱化处理，从而在与沙发的组合上有更大的相容性，如图 2.2-20 所示。

 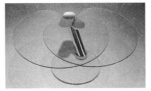  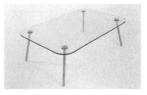

图 2.2-20 接待区茶几

2.3.4 报纸杂志架

在客人等待的过程中提供一些报刊杂志等，在心理上缩短等待时间，充分体现人性化关怀，图 2.2-21 展示了一些报刊杂志架的设计。

图 2.2-21 报刊杂志架

2.4 会议室家具

2.4.1 会议桌

工作需要交流，无论是工作小组、公司内部还是对外联络，均要通过洽谈和会议形式决定事务。交流性质及人员多寡都会对会议桌提出不同的要求，交流手段还将决定会议桌及其所在空间即会议室的综合设施的配置。

　　小范围的信息交流洽谈可以采用圆形桌、方形桌等，更多的是平等对话。对于大中型会议室的会议桌，可以采用长方形桌、椭圆形桌、船形桌等，需要体现出主次关系或对等关系。组合式会议桌具有更强的灵活性，可以单置，亦可组合。表 2.2-13 列举了常见的会议桌桌面的造型。支撑方式的设计可以参考民用部分桌类家具的设计。

会议桌桌面造型　　　　　　　　　　　　　　表 2.2-13

交流性质	会议桌形式	图　示
小范围交流，小型会议室，人数较少，更多的是平等对话	圆形桌	
	方形桌	
大中型会议室，人员较多，体现出主次对话	椭圆形桌	
	环形桌	
	长方形桌	
灵活满足不同人员数量及不同性质的交流	船形桌	
	组合会议桌	

实木可以让人忘却时代特征，实在、高贵而又亲和，设计师珍惜大自然的馈赠，将其打造成一件件精品。融入了金属、玻璃等材质之后，朴实无华中彰显出几分现代气息，更具有时代感，也显得更加的通透，如图 2.2-22 所示。

图 2.2-22 会议桌从传统向现代的过渡演绎

随着步入电子信息时代，多媒体会议越来越普遍，电子设备如何与会议桌融合，走线问题如何解决，这又给会议桌的设计提出了更多要求，表 2.2-14 总结了若干解决辅助设备（主要是多媒体，电脑等）及电源连接问题的方法。

多媒体辅助设备及走线问题解决方案　　　　　　　　　　　　表 2.2-14

辅助需求	解决方案	图　示
电源连接	开合式	
	升降式	

辅助需求	解决方案	图　示
电源连接	旋转式	 
	走线夹	 桌面下设置槽状部件放置电源
多媒体	电脑	电脑可能的放置方式，在不需要使用时，可收纳进会议桌    具体场景：   
其他		投影仪，麦克风 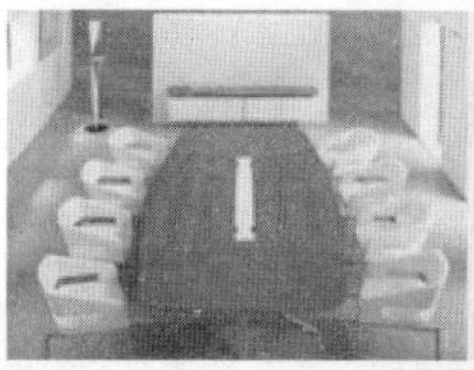   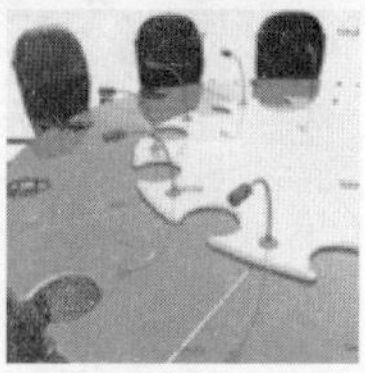 带提示时间的会议桌 下图的会议桌的桌面内置有 10 个 LED 灯，随着时间的推移，LED 灯会按照规定的期限（会议时间的十分之一）和声音效果对与会者进行提示，同时变化不同的颜色，将时间直观地进行展示，从而利于对会议进程的把握，提高会议的质量   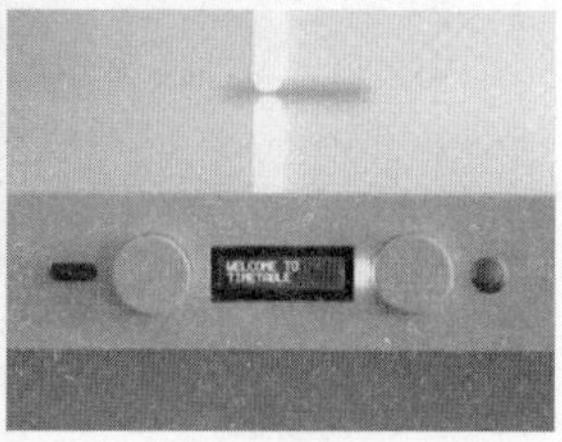

2.4.2　会议椅

　　会议椅除了给与会者提供坐姿舒适度外，还要考虑其储存、搬移问题。便于储存，对可折叠性或可叠落性提出了要求；便于搬移，则体量上不可太大，最好轻巧一些。当然，一些特殊场合的椅子，需要强化装饰性或彰显气派感。表 2.2-15 展示了会议椅的设计路径，设计师应根据不同的需求侧重点，综合考虑这些指标。

会议椅的设计路径 表 2.2-15

会议椅的设计诉求	设计响应	图　示
坐姿舒适性	软体或软质材料	
便于储存	可折叠/可叠落	
便于搬移	可移动/轻巧	
强化装饰性	附加装饰	

2.4.3　其他

为了满足临时的物件存储，以及设备的放置，可设置一些边柜（如图 2.2-23 所示），具体可以参考文件柜的设计；为了满足交流时临时书写的需求，可以设置可移动的白板或壁挂式书写板，如图 2.2-24 所示。

图 2.2-23　会议室中设置边柜

图 2.2-24　壁挂式书写板

2.5　培训室家具

培训的核心在于信息的传递和记录，性质与学校教室相似，相应地，对家具设计提出了相关要求。

2.5.1　讲台

在合适的高度处有一个支撑平面，最好高度可以调节，方便各种身材的人群使用，有少量的储存空间，满足临时置物，如图 2.2-25 所示。

图 2.2-25　普通讲台

对于一些特殊的讲台，融入了现代科技，增加了一些专业的配置，如内置电脑屏幕等，如图 2.2-26 所示。

图 2.2-26　带专业配置的讲台

2.5.2　课桌

课桌除了满足基本的凭倚功能之外，更多的需要考虑功能细节的设计，如：简单的存储空间，灵活的组合性，便于搬移等（见表 2.2-16）。

课桌的设计诉求	设计响应	图 示
基本的凭倚支撑	合适的高度处保持	
简单的存储空间	抽屉	
灵活的组合性		
便于收纳	可以折叠	
方便搬移	轻巧/带滑轮	

2.5.3 椅子

培训用的椅子同样在满足基本的支撑功能之外，更多的需要考虑功能细节，如简单的存储，方便记录，便于搬移，方便收纳（见表 2.2-17）。

培训用椅子的设计诉求	设计响应	图 示
基本的支撑	合适高度处保持	

培训用椅子的设计诉求	设计响应	图　示
简单的存储空间	存储空间的发掘	
方便记录	写字板	
便于收纳	可以折叠或叠落	
方便搬移	轻巧/带滑轮	

最大化的精简空间，图 2.2-27 展示了将桌椅融为一体的设计方案。

图 2.2-27　桌椅结合

2.5.4　其他

为了方便培训时更好的信息沟通，可以设置移动式白板，如图 2.2-28 所示。同时还可以设置一些边柜，便于存放培训材料及相关设施设备，具体设计可以参考文件柜的设计。

图 2.2-28　培训空间

2.6　休闲区家具

办公空间已经成为人们活动空间中重要的组成部分，特别是在快节奏、高效率的现代社会，办公空间环境的好坏直接影响到人们的工作情绪和质量。理想的工作环境，应该是人性化的，除了具备功能齐全的工作区域，如果能空出地方给办公人员休息和活动，不但能舒缓他们沉重的工作压力，亦可正面地提升工作效率。这些贴心的考虑，同样也能加强办公人员对公司的归属感和投入度。图 2.2-29 展示了在办公区域开辟出的休闲区，条件许可的情况下，还可以设置一些活动设施，如乒乓球桌等。

图 2.2-29　休闲区

3 特种家具的常规设计

特种场所和空间具有其非常专业和个性化的特点，而且也一直在发展中。家具设计要配合建筑和室内设计行业进行深入细致的研究，并且遵循具体问题具体分析的原则来进行设计。目前这些空间的家具多数为按照工程项目的方式实现定制，以满足不同用户和不同场合的特殊需求。

不过，事实上对于同一种服务类型的空间而言，其服务形态的高度相似性，使得其中的核心类家具具有功能的一致性，家具作为一种工业产品依然可以在深入研究的基础上开发定型产品，其共性部分使得在为服务形态相似的空间设计家具时，相互之间可以借鉴。不同于民用空间和办公空间的是，特种家具的设计更注重与室内环境的关系，与空间的融合性更强，使得更多与室内一体化的家具设计成为了可能。

下文中涉及的家具在前面都已有独立的常规设计路径演绎，此处展示的是对不同空间的具体设计响应，仅列举一些具有代表性的设计图片作为参考。

3.1 商业空间

3.1.1 餐饮

餐饮空间的核心家具为接待台、陈列柜、餐桌和餐椅，结合不同属性的餐饮空间和主题，家具设计有不同的终端展示。此处以饭店、酒吧、茶社为例，其他的餐饮空间可以在此基础上借鉴，衍生。

3.1.1.1 饭店

饭店家具主要有接待台、餐边柜、餐桌和餐椅等（见表 2.3-1）。

饭店家具设计 表 2.3-1

家具类别	设计指导	图示
接待台	可以借鉴办公空间的接待台设计，结合不同的餐饮空间属性，呈现出不同的终端表现，更注重与空间环境的融合	
餐边柜	可以借鉴民用空间的餐边柜设计部分，此处的餐边柜设计更注重装饰性	
餐桌/餐椅	可借鉴民用空间的餐桌椅设计，根据不同空间尺度做适应性调整，餐椅更注重装饰性及功能细节。整体与环境的协调性更需突出	包间

家具类别	设计指导	图　示
餐桌/餐椅		散座 

3.1.1.2　酒吧

　　酒吧家具主要有吧台、吧凳、酒柜等，空间布局一般分为吧台席和座席两部分，也可适当设置站席，酒吧家具可以考虑与室内空间的一体化设计（见表 2.3-2）。酒吧通常会选择一个主题作为主旋律，家具设计根据不同主题做适应性调整（见表 2.3-3）。

酒吧家具设计　　　　　　　　　　　　　　　　　　　　　　　表 2.3-2

家具类别	图示
吧台席	
座席	
吧凳	固定式 可旋转式

家具类别	图示
吧凳	个性化 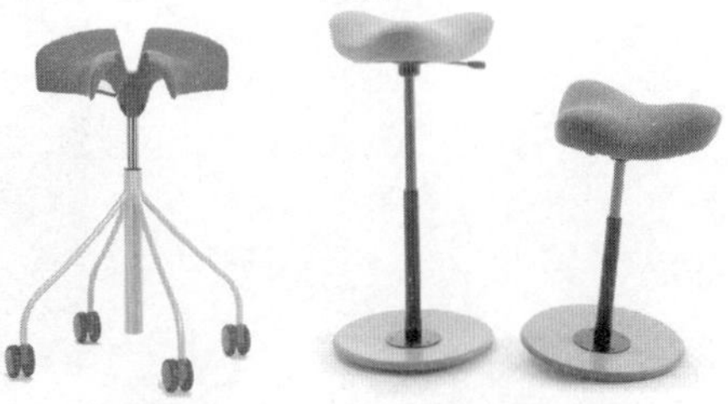
酒柜	

主题酒吧　　　　　　　　　　　　　　　　　　　　　表 2.3-3

主　题	图　示
冰酒吧	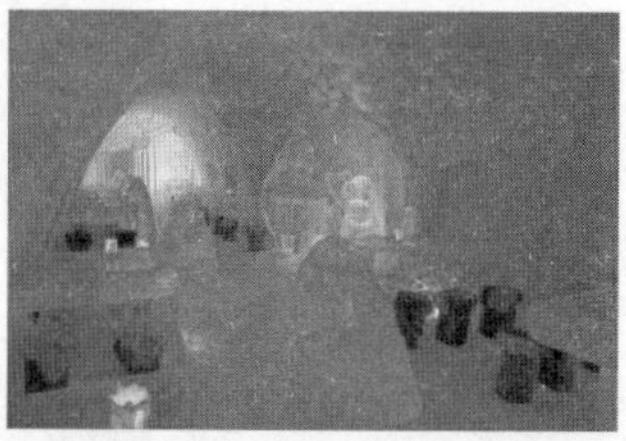
海星酒吧	
医院主题酒吧	

3.1.1.3　茶室

茶室的家具主要有接待台，各种桌子、椅子、储物架等，主要选用的材料为竹藤材等，见表 2.3-4。

家具类别	图　示
接待台	
桌椅	

3.1.2　零售与金融

3.1.2.1　商店

百货商店家具设计要点：

（1）家具主要有收款台、陈列橱、柜、架等品种，有些百货商店也配有休息座椅、简易沙发等。

（2）陈列橱、柜、架根据陈列品的性质，可以分为三种展示形式，橱柜形式、层板架形式和挂具形式，根据陈列的需要组合选择应用，可以采用多种材料组合而成。

（3）休息座椅和简易沙发设计应注重人类工效学的应用，可以参考休闲沙发的设计。

（4）百货商店家具设计还应与整个室内环境相协调，重视灯光的配备。

表 2.3-5 为商店家具设计图示。

百货商店家具设计　　　　　　　　　　　　　　　　　　　表 2.3-5

家具类别	设计指导	图　示
收银台	可以参考办公空间接待台的设计，以简洁小巧为主	
陈列橱柜	以橱柜形式为主	

家具类别	设计指导	图　示
陈列橱柜	以架子形式为主	
	以挂具形式为主	
	综合，该部分设计可以借鉴衣帽间的设计思路，标准化的构件，无限的终端组合	
陈列托架		

　　各类专业商店的家具设计涉及的面很广，如服装店家具设计，钟表眼镜店家具设计，书店、唱片店家具设计，药店家具设计，食品店家具设计等，但核心类家具是大同小异的。具体设计时，可以根据各个专业商店的不同特点、经营项目、服务对象等在家具的基本形式上作适应性调整和补充。

3.1.2.2　银行与证券交易中心

　　银行、证券交易中心家具主要包括接待等候区家具、出纳区家具和办公区家具。

　　接待等候区家具一般包括接待台、沙发、茶几、排椅、书报架等品种，可以参考办公空间的接待区家具设计。

　　出纳区家具包括出纳柜台、座椅等品种。

　　办公区家具主要包括办公桌、办公椅、文件柜等，该部分可以参考办公空间的家具设计。

表 2.3-6 为接待等候区家具和出纳区家具设计图示。

家具类别	图 示

银行、证券交易中心家具设计　　　　　　　　表 2.3-6

家具类别	图 示
接待等候区家具	
接待等候区家具	
出纳区家具	

3.1.3　宾馆

宾馆家具设计要点：

（1）宾馆家具主要由客房家具、餐厅家具、大厅家具所构成。

（2）客房家具一般包括休息床、床头柜、梳妆柜、写字台、矮柜、衣柜、沙发、茶几等品种。设计时要注重人体使用功能，应尽量满足使用舒适需要，便于清洁打扫。床头柜应考虑各种电气开关的设置。客房家具在一定程度上可以实现功能互换性设计，即多功能家具的设计，或与室内空间相融合，采用嵌固式家具样式。

（3）餐厅家具通常有餐桌、餐椅、陈列柜、食品用器柜、活动推车等品种。具体设计可以参考民用餐厅家具的设计。

（4）大厅家具设计的品种主要有进门问询服务台，休息沙发及便椅，报刊架等。问询服务台要考虑到各种通信设置的安装。休息沙发及便椅设计组合可以自由活泼些，通常以低靠背为宜，可以参考办公空间接待区沙发的设计。

表 2.3-7 为宾馆家具设计图示。

家具类别	图　示
大厅家具	服务台 装饰台 休息沙发，便椅 报刊架/伞架
餐厅家具	餐桌，餐椅 就餐活动推车/清洁活动推车

家具类别	图　示
客房家具	客房卧床   会客沙发   梳妆台，电视柜，行李架   与室内空间的一体化设计   客房内设全景  

3.1.4 服务场所

服务场所的家具应根据行业的特点，合理选用。设计家具时，要考虑到服务人员工作方便，也要照顾到顾客的方便取拿，同时还要与整个室内的空间相协调。

3.1.4.1 洗浴中心

洗浴中心的家具主要有接待台，休闲沙发，存衣柜，长凳，散床等（见表2.3-8）。

洗浴中心家具设计　　　　　　　　　　　　　　表 2.3-8

家具类别	设计指导	图　示
接待台	可以参考办公空间接待台的设计	
存衣柜	可以参考民用衣柜的设计，但洗浴中心的衣柜对防水性和安全性要求较高，通常会选用钢制柜体，并上锁	
休闲沙发	可以参考民用沙发的设计，此处给予的是高度放松，对舒适性要求较高，此外清洁性处理也是关注的重点	
长凳	更衣时提供辅助，造型宜简洁，适当考虑组合性	
搓背床	特殊的床体设计	

3.1.4.2 理发店

理发店家具主要有接待台、休闲沙发、衣物收纳柜、理发座椅、梳理镜台和器具柜等（见表2.3-9）。

家具类别	设计指导	图　示
接待台	可以参考办公空间接待台的设计，造型宜小巧，时尚前卫	
休闲沙发	可参考休闲沙发或休闲椅的设计	
衣物收纳柜	对安全性要求较高，通常会上锁，借助室内空间的角落，合理开辟出收纳柜也是不错的选择	
理发座椅	可以调节高度，强化功能性	
梳理镜台	更多地考虑镜面周围的空间如何有效利用，解决临时置物的问题	
器具柜	小巧，轻便，可移动，空间的有效规划分割	

家具类别	设计指导	图　示
美容床	特殊床体设计	
洗头床	人体舒适性，考虑人体仰躺时的姿势	
大工椅 （师傅椅）	可以灵活移动，轻便，高度可调节	

3.1.4.3　洗染店

洗染店家具主要有接待台、存衣柜、存衣架等（见表 2.3-10）。

洗染店家具设计　　　　　　　　　　　　　　　　　表 2.3-10

家具类别	设计指导	图　示
接待台	可以参考办公空间接待台的设计，造型宜小巧	
存衣柜/存衣架	开放式设计，以悬挂的形式为主，不需要区分开的，可以通过层架形式实现；需要区分开的，可通过隔断的形式 可以参考借鉴步入式衣帽间的设计思路，标准化构件，终端灵活组合，增加使用弹性	
存衣架		

3.2 娱乐空间

3.2.1 视听空间

视听空间包括剧场、音乐厅等，其家具设计要点：

（1）家具主要包括座椅、后台工作家具、临时讲台桌、小卖部家具等品种。

（2）座椅设计时首先要考虑其舒适性，使人不易疲劳。座位分为活动式和固定式两种。固定座位的设置应考虑视线问题，具有翻转构造，以便人们疏散；活动座位的设置可考虑临时收纳的功能细节及储存问题如何解决，是否具有可叠落性等。如有贵宾座席，可将座椅的尺度放大一些，更强调舒适的要求。

（3）后台工作家具主要有戏剧化装需要的化装桌、衣架、休息椅等。设计化装桌时要注意镜子能移动，利于化妆。

（4）临时讲台桌设计要求简易大方，便于搬动，小卖部家具可以参考百货家具设计。

表 2.3-11 为视听空间的家具设计法图示。

视听空间家具设计　　　　　　　　　　　　　　　表 2.3-11

家具类别	设计指导	图　示
座椅	舒适性，功能细节的考虑	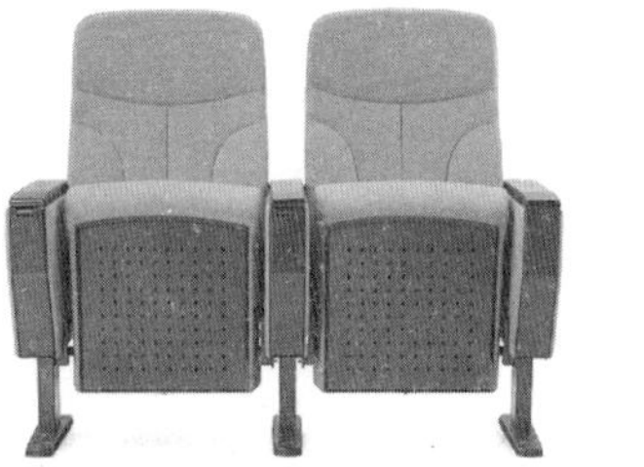 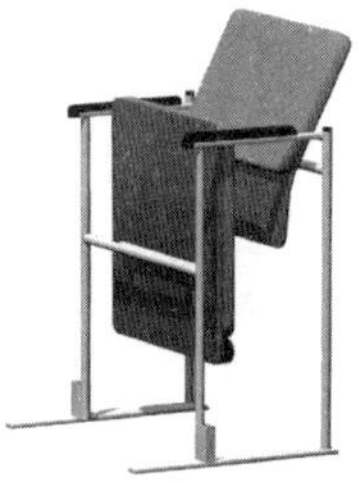
化妆桌	可以参考民用梳妆台的设计，对灯光要求较高	单人   多人 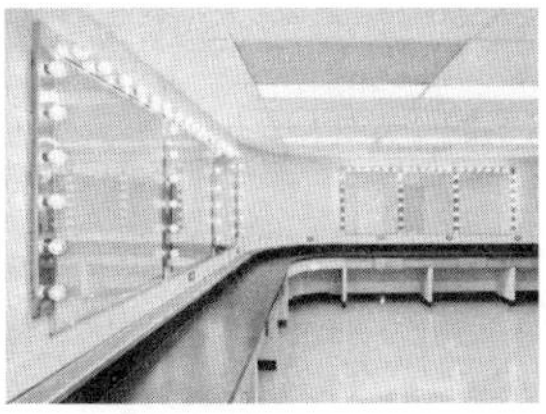 
衣柜，衣架	衣物以悬挂式为主，可以是移动衣架的形式，也可参考衣帽间的空间布局。对空间的合理利用是关注的焦点	 

家具类别	设计指导	图　示
临时讲台	可参考办公空间的讲台设计	
售货柜	可以参考百货家具的设计	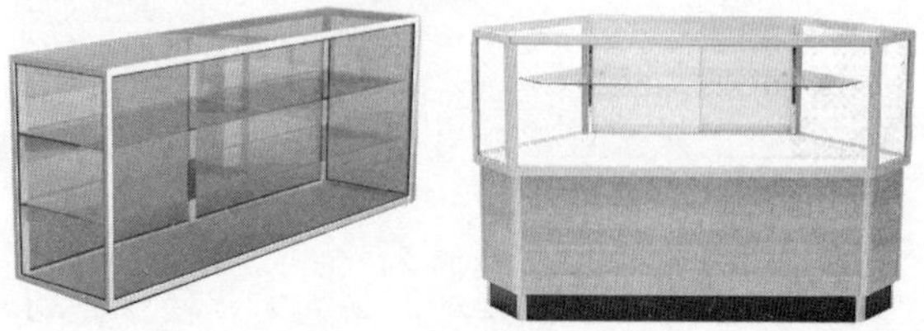

3.2.2　体育馆

体育馆家具设计要点：

（1）体育馆家具主要有看台座椅，代表席桌，主席台桌，讲台桌，小卖柜及运动员更衣、存衣家具等。

（2）看台座椅一般包括室内和室外两种，室内看台座椅设计要符合人体尺度的使用需要，考虑到人的视线范围等。室外看台座椅除了上述条件必须具备外，还要选择防晒，耐酸、碱的材料。

（3）看台座椅的构造形式一般采用落地式、悬挂式、折叠活动式等。

（4）代表席桌设计要考虑到放置文件、茶具、烟灰缸及记录之用；主席台桌设计应在满足使用功能的条件下，考虑到视线的要求尽可能缩小桌深和桌高的尺寸；讲解桌设计通常采用卧式和立式两种，根据不同的使用要求选用。

（5）小卖柜的设计可以参考百货家具的设计。

（6）更衣、存衣家具的设计一方面要考虑到运动员的使用需要，另一方面要选择耐水、防腐的材料，如钢制材料等。

表 2.3-12 为体育馆家具设计图示。

体育馆家具设计　　　　　　　　　　　　　　　　　　　　　　　　　表 2.3-12

家具类别	图示
看台座椅	落地式 

家具类别	图示
看台座椅	悬挂式  支架式 
代表席桌	
主席台桌	
更衣存衣柜	

3.2.3 娱乐场所

3.2.3.1 歌舞厅

歌舞厅家具主要有休息沙发、茶几、衣柜、酒吧凳、酒水柜台等（见表2.3-13）。衣柜通常与室内空间一体化设计。

歌舞厅家具设计　　　　　　　　　　　　　　　　　　　　　　　　表 2.3-13

家具分类	设计指导	图　示
休息沙发	可以参考民用设计的设计，更强调装饰性	
茶几	可以参考民用茶几的设计，体量上偏大一些，更注重装饰性，融入了灯光的设计	
酒吧凳，酒水柜台	可以参考酒吧家具的设计	

3.2.3.2　棋牌室

棋牌室家具主要是牌桌、椅子和出纳柜台（见表 2.3-14）。牌桌更注重功能性设计，出纳柜台可以参考接待台的设计。

棋牌室家具设计　　　　　　　　　　　　　　　　　　　　　　　　表 2.3-14

家具分类	图　示
牌桌/牌椅	

3.2.3.3　保龄球馆

保龄球馆的家具主要是一些休息椅凳和放物品的小桌（见表 2.3-15）。

保龄球馆家具设计 表 2.3-15

家具类别	图示
休息椅	 
保龄球架	 

3.2.3.4 桌球室

桌球室家具设计要点：

(1) 桌球室有营利性和非营利性两种，如属于前者，应考虑在入口处设接待及收款台。

(2) 每个球台边应设置休息凳和放物品的小桌。

(3) 休息区也可单独划出一个区域附设饮料柜台。

表 2.3-16 为球桌的设计，可以参考桌台类家具的设计，更注重功能性和装饰性设计。

桌球室家具设计 表 2.3-16

家具类别	图示
球桌	 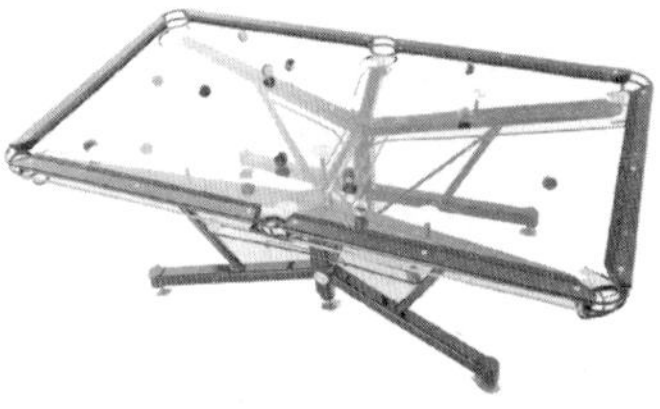

3.2.3.5 健身房

健身房的家具主要有接待台、衣柜等，表 2.3-17 为健身房家具设计图示。

健身房家具设计 表 2.3-17

家具类别	设计指导	图示
接待台	参考酒店接待台的设计	 

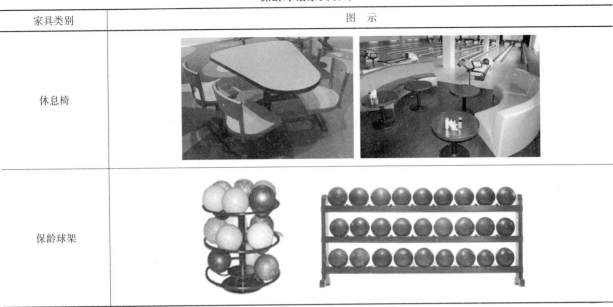

家具类别	设计指导	图　示
衣柜	参考体育馆存衣柜设计	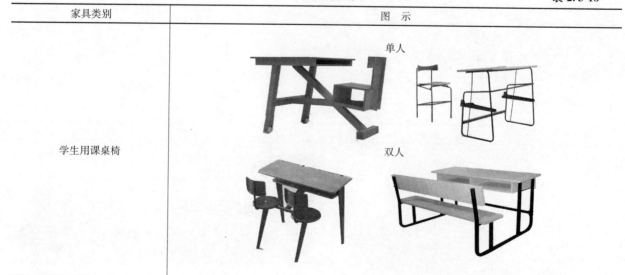
休闲椅	可以参考办公空间休闲沙发的设计，丰富的造型能力	

3.3　特殊空间

3.3.1　文教

（1）中小学校家具设计要点

1）中小学校家具主要有学生用的课桌椅，教师上课用的讲台、办公桌、黑板以及实验室、音乐室的家具等。

2）课桌椅的设计要考虑到学生的年龄、身高的特点，最好采用升降式课桌椅，以便调节。一般课桌椅的排列以单独或双位为宜，设计时最好能分能合，灵活运用。

3）教师用的讲台可以是普通形式的简易桌，或是可以适应教学设备的桌子，根据需求确定。办公桌可以参考办公空间职员桌的设计。

4）黑板的构造形式可根据自己的需要，选用适合的形式。实验室家具要选用防潮、防酸、防碱、不易燃烧的材料。

表 2.3-18 为中小学家具设计图示。

中小学家具设计　　　　　　　　　　　　　　　　　　　　　　　　表 2.3-18

家具类别	图　示
学生用课桌椅	单人 双人

家具类别	图　示
学生用课桌椅	排椅
黑板	落地式 挂墙式 A. 固定式 B. 上下式 C. 抽拉式
各类柜子	标本柜 仪器柜

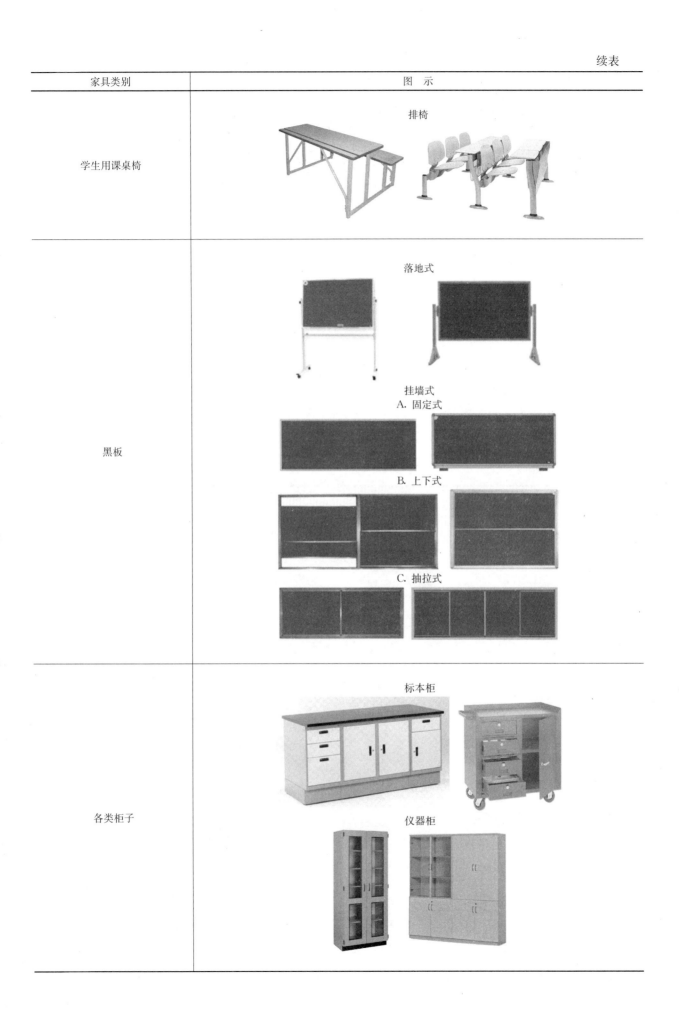

家具类别	图　示
实验室演示桌	 

（2）幼儿园家具设计要点

1）幼儿园家具设计要特别注意儿童的生理、心理的使用需要。儿童桌、椅的尺度要根据不同年龄的大小区别对待。儿童的家具应尽量设计得美观、可爱些。

2）在结构连接处，要防止楞角、倒口的现象出现，最好设计处理得圆润光滑些。

3）幼儿园家具的色彩可丰富多彩些，在家具的正立面可装饰些"卡通画"，活泼自由些。

4）家具以轻便材料为主，便于儿童自己搬拿。

表 2.3-19 为幼儿园家具设计图示。

幼儿园家具设计　　　　　　　　　　　　　　　　　表 2.3-19

家具类别	图　示
幼儿床	 
各类柜架	玩具柜   水杯柜  

家具类别	图　示
各类柜架	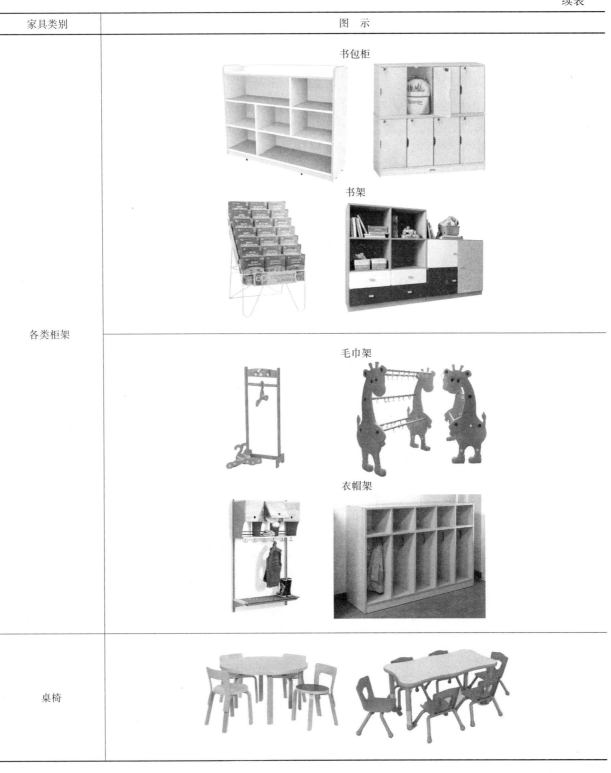
桌椅	

3.3.2 图书馆

图书馆家具设计要点：

（1）图书馆家具从其用途来看，有阅览室家具、出纳室家具、卡片目录查阅室家具及书库家具等。

（2）阅览室家具有阅览桌、椅、存列架、期刊架、书柜等，设计时桌、椅的规格尺寸要符合人类工效学。期刊架、书柜尺寸既要考虑书籍、画刊、杂志放得下，又要满足人体使用的舒适要求。阅览桌的桌面要根据采光的科学依据加以设计。阅览椅的座位倾斜角一般较小，后背以垫腰较为适宜。

（3）出纳室家具有出纳台、出纳椅、工作台、推车、索取柜等，设计时应根据出纳工作的不同要求设计产品。推车可采用钢木结合结构。

（4）卡片目录查阅室有目录柜、目录台、椅，现代图书馆还备有电脑目录查阅机，因此要配有现代化的查阅台及活动椅。

（5）书库家具设计主要考虑书籍存放的贮藏量、通风要求及结构的合理性。

表 2.3-20 为图书馆家具设计图示。

图书馆家具设计 表 2.3-20

家具类别	设计指导	图示
出纳台	可以借鉴办公空间的接待台设计	 
卡片索取柜	随着信息化时代的到来，这些数据可以通过电脑存储，但我们不会忘记曾经留下的印记	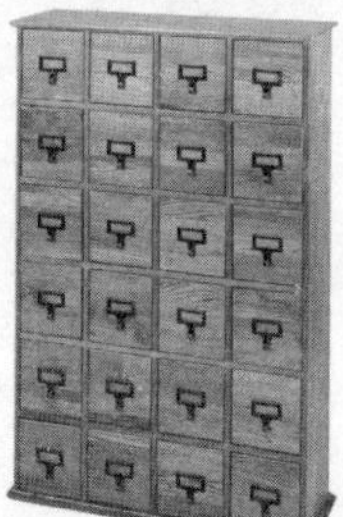 
查阅台	可以参考办公桌的设计，对组合性要求较高	 
阅览桌椅	可以参考办公桌椅的设计	 
画刊架		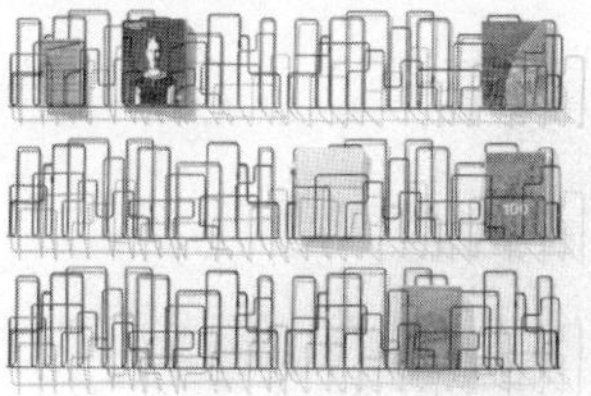 

家具类别	设计指导	图示
书架	可以参考柜类家具的设计，考虑使用的便捷性	 
书柜		 

3.3.3　礼堂、会堂

礼堂、会堂家具设计要点：

（1）礼堂、会堂家具主要有会议桌、会议椅、书写式会议椅、主席台、讲台桌等品种。

（2）会议桌的高度尺寸应根据会议椅的坐高决定，具体设计可以参考办公空间会议室的设计。会议椅一般采用低靠背的形式，可设计为有扶手和无扶手的，通常角度较直，在 $92°\sim94°$ 之间。

（3）书写式会议椅是根据礼堂、会堂的功能需要而设计的，其中书写板一般固定在右边扶手上，可翻动，便于灵活选用。

（4）主席台、讲台桌可以参照体育馆家具设计部分。

表 2.3-21 为会议椅的设计图示。

会议椅设计　　　　　　　　　　　　　　表 2.3-21

家具类别	图示
普通会议椅	 
书写式会议椅	 

3.3.4 展览陈列

展览陈列空间主要包括博物馆、画廊、纪念馆和展览馆等，其家具设计要点如下：

（1）展览陈列空间的家具一般以陈列架、陈列柜、橱、陈列屏为主。

（2）展览陈列空间家具设计大都应采取拆装组合的构造形式，便于布置，利于展览。

（3）通常陈列骨架以金属为主，可进行二向、三向、四向及多向连接。

（4）展览馆家具采用的材料可根据当地的实际情况合理选用。

（5）展览馆小件家具设计应注意与环境整体相呼应。

表 2.3-22 为展览陈列家具设计图示。

展览陈列空间家具设计   表 2.3-22

家具类别	设计指导	图　示
陈列橱柜	独立封闭式，用于展示单件产品，产品不暴露在外。可以借鉴柜类、桌台类家具的设计，追求视觉上的开放性，选用透明材料展现物品	 
展示台	独立开放式，用于展示单件产品，产品暴露在外，展台便于拆装与组合	 
陈列墙（适宜整体展览，可拆装性强）	适宜整体性展览，可拆装性强，可以借鉴模数化设计理念	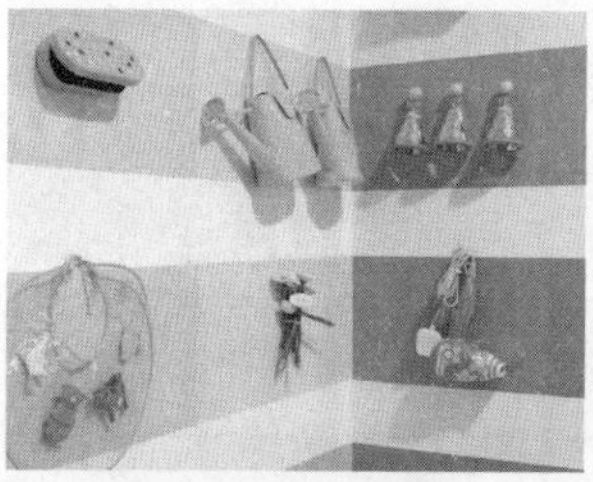 
陈列层板/陈列盒	不独立存在，依附于墙体，可以是层板，或透明盒子的形式	 
其他	其他展示类，如悬挂式展示等	 

3.3.5 医疗

医院家具设计要点：

（1）医院家具包括面广，各科家具均有其自身的设计要点。

（2）门诊入口处家具有候诊椅、休息座椅、问询台、挂号桌椅、病历卡存放柜等。设计时应结合医院的规模大小合理选用。候诊椅倾斜角度不宜太大，一般在92°左右为宜。问询台规格尺度既要考虑到使用功能需要，又要符合卫生要求，病历卡存放柜可采用开放式的排列，也可采用抽屉式排列。

（3）内外科家具设计应考虑到小巧多用，节约面积为主，因内外科门诊病人较多，而一位大夫的诊室面积约8～10m²，两位大夫的诊室面积约12～15m²。

（4）中医门诊的家具应根据不同的需要设计不同的床、桌、椅等产品。一般有针灸床、椅、推拿床、按摩床、气功椅、正骨手术等品种。

（5）妇产科、儿科家具设计要考虑到孕妇行动不便，小孩不能自理的特点，应尽量在舒适性上加以设计。小孩的检查床要适宜卧躺，利于家长扶抱，高度一般在1000mm左右，长度在1200～1500mm之间。

（6）眼科、口腔科、耳鼻喉科各科家具设计应结合不同的使用需要进行功能区分，合理安排。

表2.3-23为医疗用家具设计图示。

医疗用家具设计   表2.3-23

家具类别	设计指导	图示
问询台	可以参考办公接待台的设计，以围合形式为主	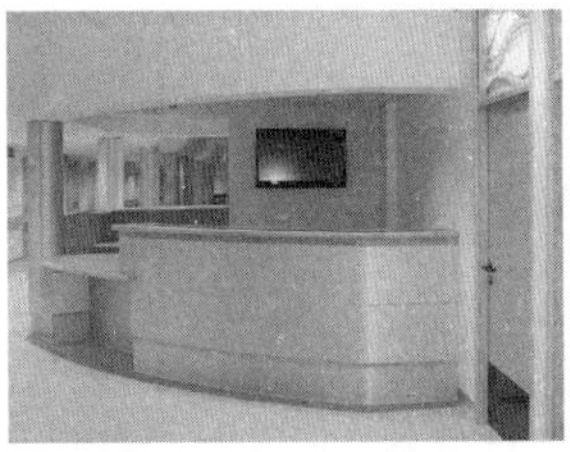 
各种椅子	可以参考公共用椅的设计	候诊椅 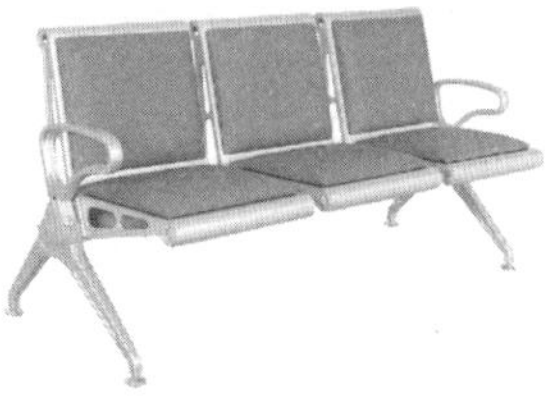  输液椅  

家具类别	设计指导	图　示
各种柜子	可以参考办公文件柜的设计。对于特殊的柜体，如器械柜等，考虑其易消毒性，适宜采用钢制材料	文件柜 药柜 器械柜（不锈钢）
各种病床	特殊设计	
活动推车	小巧，轻便，空间合理分割，考虑清洁性，适宜采用钢制材料	
医生工作台	可以参考职员办公桌的设计	

4 系统家具的设计

系统设计理念是系统内产品具有相同设计元素和共同的基调，通过诸如对材料、五金等细节的改变，可以实现产品终端表现的多样化设计延伸，提供给客户不同的解决方案。

尽管独立单体家具中也有标准化系统设计思想，但这一思想在柜类家具和文员集成办公桌中更为必要，在现代商品化家具设计中越来越重要，也越来越成熟。本章主要描述系统家具的设计思想和方法。

系统家具设计是指不是设计一件终端固定的单件家具形式，而是设计有关零部件作为一个产品的系统平台，这个平台可以在终端根据不同的使用条件和需要进行各种可能的组合，以满足宽泛的市场需求，同时，必要时也可以为用户参与设计提供必备的基础。系统家具在柜类家具上的优势尤为明显，如衣柜系统、书柜系统以及客厅柜系统等。"32mm 系统"在一定程度上具有这一属性，但这里介绍的概念更为宽泛，手法更加灵活多变，接口更加丰富多彩。基本元素不仅仅限于板式构件，而是涵盖各种材料和各种形体（包括三维构件），甚至还包含了灯光及其他一切必要和可能的物质形式。除了一般的家具设计知识外，系统家具在几何学基础和结合技术上有着独特的要求。这是一个新的设计理论，思维方式与传统设计也全然不同，但却是一个极其重要的设计方向和十分有效的设计工具，读者需要高度重视。下面通过一些具体的设计案例来予以诠释。

4.1 标准化设计思想与"蘑菇式"模型

"蘑菇式"模型是当代产品构筑理论中提出的最新概念，它把产品的构筑分解为两个阶段：第一个阶段是产品成型前的基础阶段，这个过程是构筑产品的"核心面"阶段，产品具有低度的可变性；第二个阶段是产品成型阶段，在这个过程中给产品赋予"辅助面"，使产品具有中度或高度的可变性，丰富其终端表现形式。最后，将家具置于环境中时还可以通过 CMF（color，material，finishing）的变化进行几乎无限的裂变（图 2.4-1）。整个理论的指导思想是：基础的标准化＋输出的多元化，其核心内容为产品标准化体系设计。

当今家具企业都在寻求产品的标准化体系设计，这样的标准化给企业带来的收益是无穷的，工业产品十分重视标准化问题。家具结构标准化在提高生产效率、降低制造成本、减少模具与工具的数量、缩短设计与生产周期、便于生产组织与管理等方面都有着积极的现实意义。但是在真正付诸实施的时候总是会遇到很多的问题，特别是标准化设计与终端表现要求多样化之间的矛盾，以至于有些企业认为标准化体系不过是学者的一个理想化的假想罢了。标准化不是从生产系统，而是从设计的起始阶段就开始酝酿的。标准化设计有两大难点制约着它的发展，一是基础系统的设计构筑，这还不是最难的，因为这主要是由设计师来把握的；难点是第二个问题，即"傻瓜化"输出的要求，由于除设计师之外，从生产到向市场终端输出的整个过程中，各节点的人员要完全理解并学会解决从基础构件中组合产品时会遇到的专业性障碍，这就需要设计部门予以"傻瓜化"输出，否则很可能无法真正实施，输出越傻瓜，过程就越复杂。

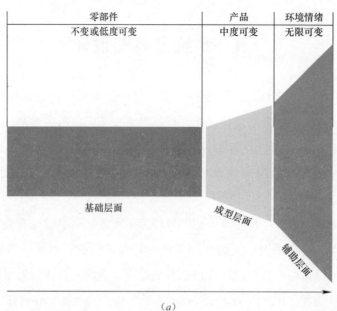

（a）

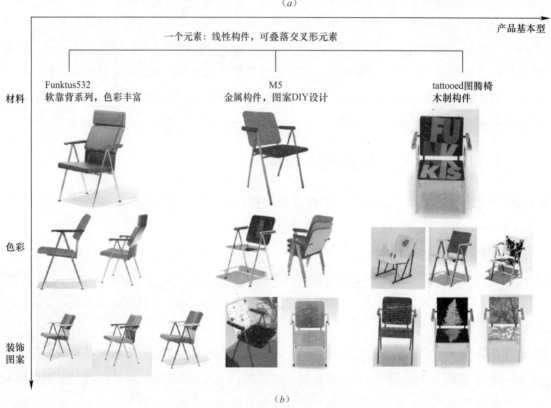

（b）

图 2.4-1 产品设计的"蘑菇式"模型

（a）"蘑菇式"模型；（b）应用案例（设计师：Yrjo kukkapuro）

4.2 母板插接系统

这是在墙壁上有一个固定的母板，可安装悬挂层板架、柜体、搁板、方盒子等插件。

图 2.4-2 是意大利 B&B 公司的 Domusoo 系统家具。基本元素包括盒子、带滑门的书橱、五金、抽屉和踢脚板。这个系列产品最具创新的是其带有一块墙体母板，并配有长度为 70cm 的层板插件，构建了一个完整的办公空间，其中图（b）提供了一种书房空间或视听空间的解决方案。

(a)   (b)

图 2.4-2　意大利 B&B 公司的 Domusoo 系统家具

图 2.4-3 是 MDF 意大利 Elenfive08 系统家具。墙壁插件系统/固定在墙上的母板与层板和柜体组合为 LCD 等离子电视提供良好的陈设空间。

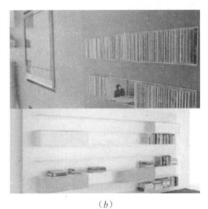

(a)   (b)

图 2.4-3　MDF 意大利 Elenfive08 系统家具

图 2.4-4 是意大利 Acerbis.life 系统家具。各种各样悬挂的吊柜满足了现代生活贮存、收纳等多方面的需求。灯光、家具和母板的组合提升了空间的容积感，增强了使用性，更好地凸显了陈设物体。借鉴建筑设计利用光影手法，同样可以带给家具设计新的感受。

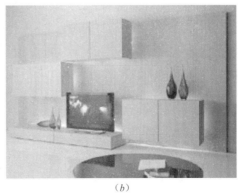

(a)   (b)

图 2.4-4　意大利 Acerbis.life 系统家具

4.3 二维模数

其基本的设计理念就是通过五金组合各独立单元，从而实现不同的终端表现。

图 2.4-5 是 Lago.30mm 模数化系统，使自由的组合方式和更大范围的定制成为可能。该系统是由四块板件和连接件组合而成的。此系列产品能衍生不同的组合方案，从而满足不同的功能需求，并且还可根据需要选择安装柜体或门。

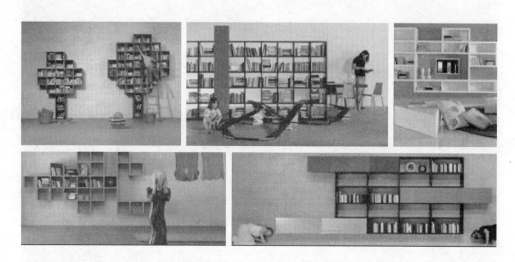

图 2.4-5　Lago.30mm 模数化系统

图 2.4-6 是 Kartell 可复合书架，这个系统包含三个连接件（T 形、L 形、十字形）、四个板件和一个方盒子，它们以简单的方式来组装，并且没有使用任何五金件。这个产品还可以当成双面柜使用。

图 2.4-6　Kartell 可复合书架

图 2.4-7 是 Porro 的无限组合书架，各单元采用特殊的印模压铸铝件来连接。脚部的五金件可拆装，采用漆黑的铝制品，而板材则可以做以下各种表面处理：橡木、黑橡、自然樱桃色、三胺板。

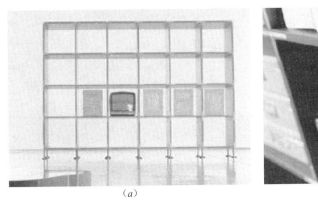

(a)　　　　　　　　　　　　　　　(b)

图 2.4-7　Porro 的无限组合书架

4.4　三维模数

三维模数是可通过三维盒状单体组合创造出一个系统。

图 2.4-8 是意大利 Targa 自由组合系列，LIBRE 像 Lego 砖块的玩具模数，通过拼接就可以组合适合各种书本尺寸的书架。这是一个书架系统，具有一个双面模数，你可以任意延长，也可以作为隔断或双面书柜固定在墙上。个体单元也可以用来作椅子或小桌子。其表面可以做成两种不同的贴面或选择不同颜色油漆或用铝材。

图 2.4-8　意大利 Targa 自由组合系列

图 2.4-9 是 lago. Net 系列。一个 40cm 大的立方体组成网状构成，可以给每个顾客一个自由创造任意组合的机会。

图 2.4-10 是 Acerbis 新概念系列，这个系列产品由边柜、层板、立式家具、带镜子的几个单元构成，这些单元体理论上说是可以自由组合的，这个系统还包括了发光装置，线路采用"技术型通道"，实现隐蔽式安装。这个系统是由基座、框架、平台、底层架构、层板、边柜等构成的。

图 2.4-11 是 MDF 意大利 Vita 系统家具，如果把生活当中的家具看作一个模数化系统，那么可以认为是由架子和层板组成的，其主要的特点在于对空间的适应力和对时间的把控力。每一个组合性模数都是用户在不同需求下建立虚拟空间的结果。客户可以在特制的软件中，调用各种单元模型设计自己想要的家具，模块采用金属结构，可以悬挂在墙上，这种组装可以预留出各种视听设备的走线通道。

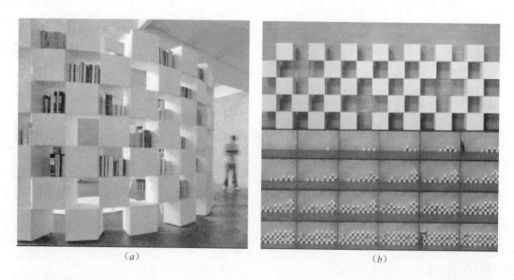

(a)   (b)

图 2.4-9   lago. Net 系列

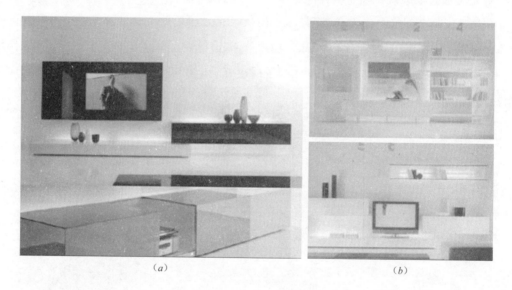

(a)   (b)

图 2.4-10   Acerbis 新概念系列

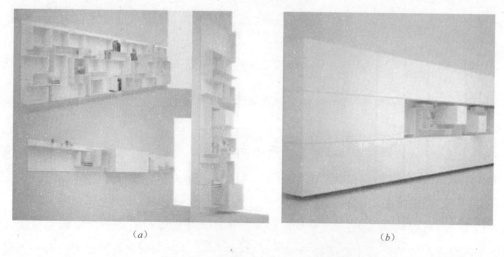

(a)   (b)

图 2.4-11   MDF 意大利 Vita 系统家具

图 2.4-12 是意大利 Poliform 公司的 Sintesi 系列，这是一个客厅系统，可向客户提供一个完全自由

组合的空间解决方案。它的基本设计思路是在水平方向上延展各单元体，且每一个单元体都有特殊的功能。

(a)　　　　　　　　　　　　　　　　　(b)

图 2.4-12　意大利 Poliform 公司的 Sintesi 系列

4.5　旁板结构系统

图 2.4-13 是 Acerbis. Cambridge 系统，带有结构型旁板的旁板系统，或者入墙式，或独立支撑，适用于住宅和办公室。为了保证其耐久性，边部设计成便于安装的铝制框架，它可以安装玻璃移门，或者门板、抽屉、架子等，还可以是可拆卸的层架（内置影碟机或 CD）等，这种架子通常用于具有旁板支撑的层板系统，要么固定在墙上，要么独立支撑。适用于民用家具和办公家具。

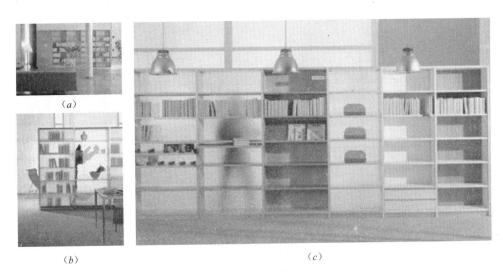

(a)

(b)　　　　　　　　　　　　　　　　　(c)

图 2.4-13　Acerbis. Cambridge 系统

图 2.4-14 是 MDF 意大利 Random 系统，书架采用 6mm 厚的 MDF 做旁板，背板厚度 10mm，层板有很多标准规格，通过侧板开槽结构，且嵌入层板，变化各种高度。背板安装在隐藏的沟槽内，且采用可调节脚，方便与墙体连接。

图 2.4-15 是 Polifom 墙组系统，该产品具有丰富的终端表现和强烈的个性风格，具有很高的美学价值和艺术创造价值。模数的空间非常宽泛，可以适用各类复杂多变的建筑空间。

(a)

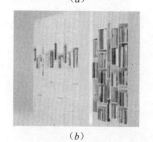

(b)

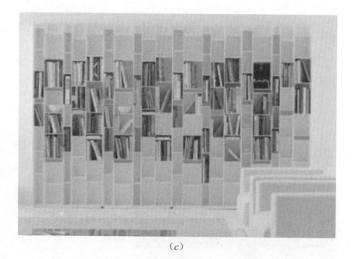

(c)

图 2.4-14　MDF 意大利 Random 系统

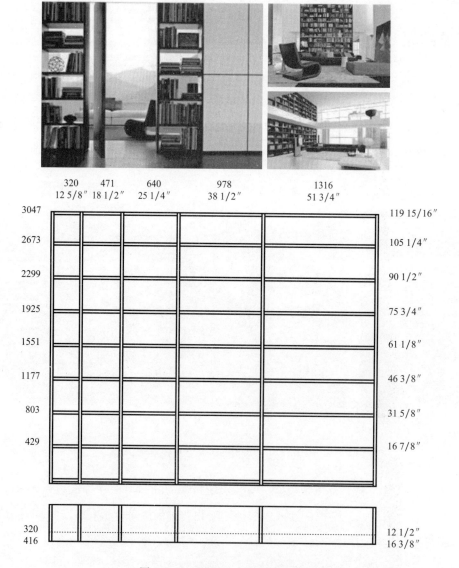

图 2.4-15　Polifom 墙组系统（一）

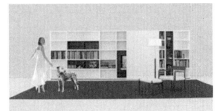

图 2.4-15　Polifom 墙组系统（二）

4.6　组合桌与工作站

（1）核心功能：凭倚，有支撑。

（2）辅助功能：临时橱物、适应电子设备、分隔，如图 2.4-16 所示。

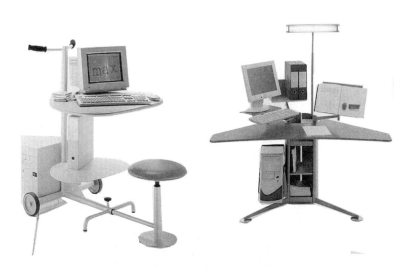

图 2.4-16　突出功能响应的电脑桌

（3）实现条件：要求高度处有一个物理面能保持。

（4）保持方法：支撑、悬吊、嵌固。

（5）构成分解：桌面＋支架（或可一体化）。

（6）走线方案：内藏、外露。

各式组合桌与工作站设计图示见表 2.4-1。

类　别		图　示
平面组合		
屏风和隔断	高屏	
	低屏	
	桌上屏风	
走线		
细节		

　　图 2.4-17、图 2.4-18、图 2.4-19、图 2.4-20、图 2.4-21、图 2.4-22、图 2.4-23、图 2.4-24 和图 2.4-25 为圣奥公司设计的百变文员桌系列，其核心设计思想就是基础的标准化与终端输出的多元化。其桌面的平面形态来自灵活动感的水滴及其演变。

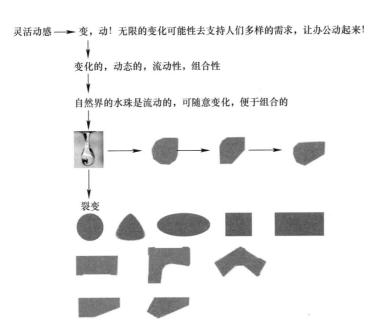

灵活动感 ——→ 变，动！无限的变化可能性去支持人们多样的需求，让办公动起来！

变化的，动态的，流动性，组合性

自然界的水珠是流动的，可随意变化，便于组合的

裂变

图 2.4-17 桌面平面形态的裂变

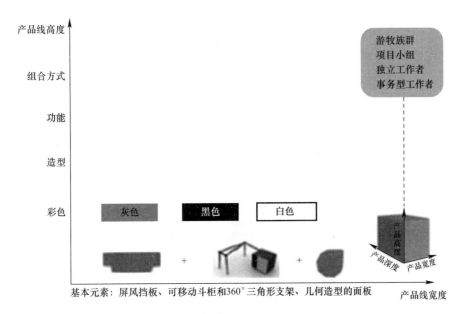

图 2.4-18 产品线二维方向变化基础

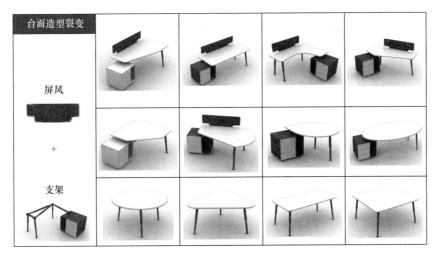

图 2.4-19 桌面形态变化后的桌子视觉效果

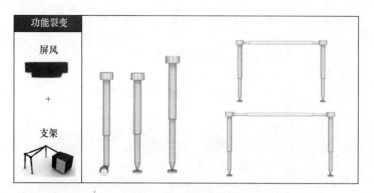

图 2.4-20　基本结构件的可变性设计

图 2.4-21　组合裂变演绎

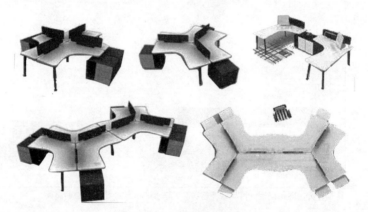

图 2.4-22　组合效果之一

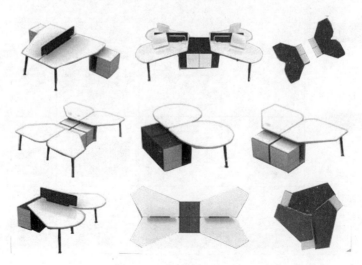

图 2.4-23　组合效果之二

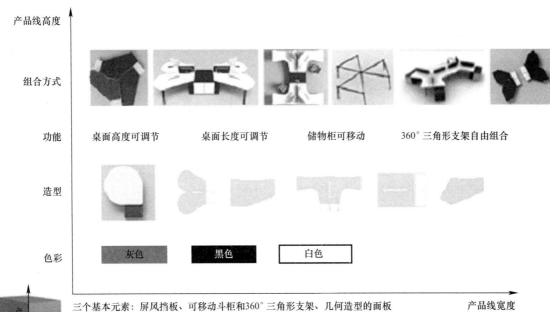

产品线高度

组合方式

功能　　　桌面高度可调节　　　桌面长度可调节　　　储物柜可移动　　　360°三角形支架自由组合

造型

色彩

灰色　　　黑色　　　白色

产品高度

产品深度　产品宽度

三个基本元素：屏风挡板、可移动斗柜和360°三角形支架、几何造型的面板　　　　产品线宽度

图 2.4-24　组合基础汇总

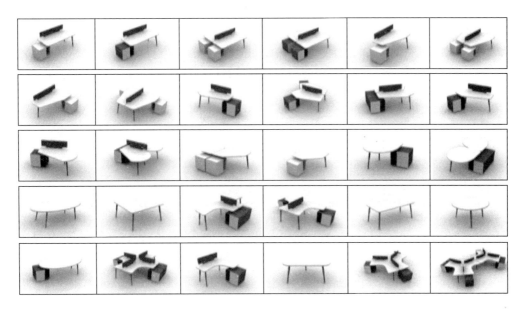

图 2.4-25　终端输出形态裂变

5　品牌构筑与产品服务体系设计

"设计这个词似乎是再普通不过了，然而事实上完全不是这样的，它有着数不清的复杂表现，没有清晰的轮廓和边界。"（John Heskett，Design. A very short introduction，2002）

设计由功能、形态、含义与价值来呈现，需要考虑的是经济与市场、技术、艺术以及人文等因素，这些因素无法独立解决设计所需呈现的目标，而是交互作用的结果。如：功能需要考虑经济与市场、技术等；形态则由技术和艺术所共同作用；含义包括艺术和人文两个方面；而价值不仅有经济与市场方面的价值，还有人文价值在内，如此等等。技术不仅对功能起作用，也对造型产生影响；艺术不仅与形态密不可分，还有含义呈现；人文有含义，也有价值考量；经济与市场不仅有功能方面的要求，也有价值诉求，如图 2.5-1 所示。

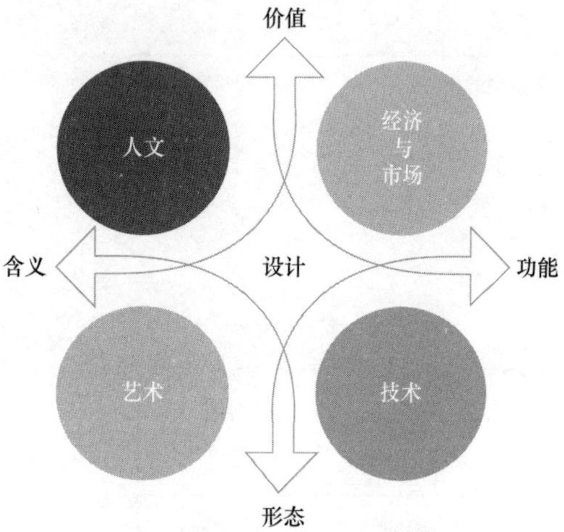

设计在不同情况下有不同的目的，一般认为有四种情况，即：状态设计、技术设计、浪漫设计与远景设计。

（1）状态设计是设计某种状态，其中需要着重建立各个要素之间的关联，是对使用状态所需要的一套解决方案。

（2）技术设计也可视为开发的技术活动，开发的目标源自需求。

（3）浪漫设计是指设计师有自己独特的天赋和幻想，或是一种浪漫情感的抒发，在这个意义上来看，设计师是独特的艺术家。

（4）远景设计则意味着设计是探索未来可能性的工具。

图 2.5-1　设计条件、目标与呈现

（Alessandro Deserti）

设计的技术角色与远景角色是不同的，甚至在一定程度上具有不可调和的属性。技术设计主要在工程方面，需要更多地考虑制作的可实现性与经济性，这必定会存在一系列的制约条件，企业自己属下的设计师在内部经常听到的是这个不行、那个做不出或其他的不经济等，即便一开始还有自己的独立想法，但久而久之就习惯了被制约，甚至主动给自己设定条条框框，因此，驻厂设计师随着时间的推移往往会失去创造力。而设计的创意来自于寻找机会，探索未来世界，唯有如此设计才能进步，因此，来自外部的设计力量是不可忽视的，即便你的企业看上去不乏设计，但没有了外来的血液将会有失去持续创新能力的危险。

5.1　基于企业综合系统的大设计概念

在工业社会，设计被视作生产系统的附属，设计只是为了生产，一旦生产出来，设计的任务就宣告结束；而对于后工业社会来说，设计不仅仅为了生产，还要考虑消费系统以及生产与消费之间的链接。设计价值链描述的是从概念到产品和服务的全部活动，通过不同的阶段：生产，向终端消费者的递送，以及产品使用之后的处置。即使（价值链）通常被描述成单向线性的，而实质是价值链内部很大程度上经常是双向的，如图 2.5-2 所示。

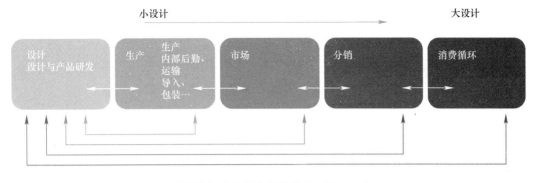

图 2.5-2　大设计概念及其价值链描述（Alessandro Deserti）

现在，国际设计界已经将传统的产品设计概念上升到产品服务体系设计的高度来看待。

产品服务体系是产品、传播、服务和销售点的组合体，通过这个组合体系，企业或者机构可以更完善和整体地向相关市场展示自我。这种系统是一种创新战略的结果，把业务重点从单纯的设计和销售实际的产品，转移到销售产品和服务共同组成的体系，这个体系更有能力满足特定的客户需求。品牌的属性应当与产品服务体系的表现相一致，它依附于产品服务体系，同时随着品牌公正的树立，又能够建立起自己独立的价值。品牌是一种承诺，我们可以承诺高品质与高价位，也可承诺相对于同类产品具有更好的性价比，甚至还可以承诺不比别人更好，但一定便宜。品牌应当有差异化和可识别性。

因此，当今我们所要关心的不仅是产品本身，而且还有周边的服务体系。以产品和服务的组合概念，来满足消费者的需要并以自己的品牌以及品牌的公正性来予以承诺。产品服务体系的模型如图 2.5-3 所示。

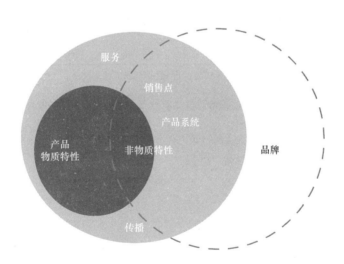

图 2.5-3　产品服务体系与品牌关系的模型

设计有物质与非物质两个层面，物质有材料与产品两个阶段，非物质在物质层面之外还有三个阶段，即：服务、体验与变化响应。在每个阶段，价值含量是不同的，一般认为材料阶段所创造的价值是最小的；制成产品后价值可以得到不同程度的提升，但依然有限；服务可以创造更大的价值；而体验所隐含的价值还要大，在理论上来看甚至是无限的；变化响应是让消费者尊享到其明确和潜在的愿望，而且是完全量身定制和参与设计过程。图 2.5-4 所示为价值模型，图 2.5-5 为价值模型的具体属性。

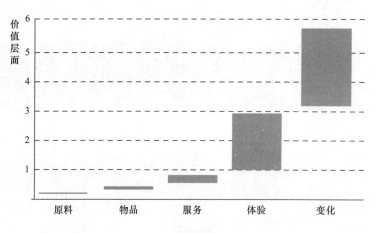

图 2.5-4　物质与非物质各阶段价值模型

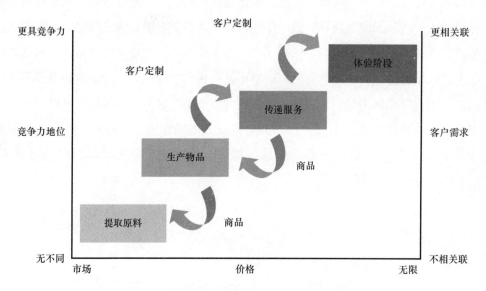

图 2.5-5　价值模型的具体属性（Alessandro Deserti）

5.2　创新设计的基本程序与相应工具

设计包含输入、过程与输出。在设计过程中不仅要考虑实际运作中的制约条件，还要在安全与创新之间谋求最佳的平衡。

5.2.1　基本程序

在输入阶段，首先需要对市场与客户需求进行描述，然后评估设计条件，这些条件既有内部的也有外部的，输出的是设计限定信息。这种限制是必需的，但同时也将缺乏创新基础和创新依据，因此还需要进行潮流与趋势研究，所用方法在国际上被称作蓝色天空研究（bluesky research），输出的是灵感。限制条件与灵感相结合，可以构筑场景（Scenario）、创建情绪模板（moodboard）并制订战略，输出的是定位；在此基础上可以通过头脑风暴（brainstorm）、故事板（storyboard）或思维导图（mindmap）生成概念，输出的是设计方案。后续工作则是设计深化与细节推敲，更多的是技术层面的工作了。设计程序框架如图 2.5-6 所示。

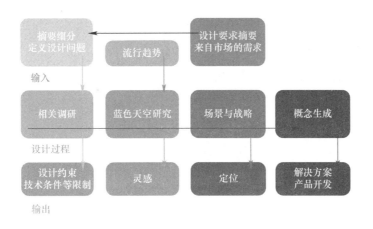

图 2.5-6 设计程序框架

5.2.2 有关重要的设计概念与工具

5.2.2.1 潮流趋势与蓝色天空研究（trend & bluesky research）

（1）潮流与趋势

潮流趋势研究是一种认知隐藏信号的能力，通常是一些微弱的信号，这些预测未来的信号来源于自然、社会、技术、人口、文化、民族习俗等的动向。

1）宏观趋势（macro trend）：从一个大的范围（国内或国际）来观察变化，通常涉及人口统计学、政治、经济、环境、技术、社会和文化等内容。

2）微观趋势（micro trend）：观察小范围的变化，通常涉及社会文化、技术和功能。

Martyn Evans 先生认为："潮流的总体方向是发展或改变，Lindgren 和 Bandhold（2003）认为潮流一定程度上反映一个更深刻的变化，这种变化要胜于流行时尚。潮流是有迹可循的而不是全新创造。这能形成'自我实现预言'的环境，识别潮流的行为、确认其存在性和因此强调它的方向和趋势。"

潮流可以理解为趋势线外推法（trend extrapolation），即对未来的预测（predict the future）。

预测未来需扎根于现在，观察正在出现的现象，这些现象在现在表现得还不明晰。我们的目的在于构建一个变化莫测的构架，让这些信号变得明显。

另一个概念是预示未来（prefigure the future），预示更加超前，就是积极主动地勾勒出下一步的未来景象。我们的目的在于构建未来发展的指导方针。

其他相关概念如下：

趋势预测（或投影）：如果我们认为一个趋势已经开始流行，那么对于很多企业而言，能够把握这一趋势会何时终止也是非常重要的。Cornish（2004）推论认为，当数据积累到一定程度，认为这一趋势可行的时候，把时间分成小块能够分析出每段时间中这个趋势的变化表现。趋势走向也可以通过变化率来推演出其未来的走向。这样的推演在一定程度上也能够预测出这一趋势何时将终止变化。

预测：Martyn Evans 先生指出："预测是对未来事件或趋势的质量和可能性进行简单或复杂的透视。Coates（1996）认为未来主义者和预言家有一定的区别，未来学家通常不确定将要发生事情的时间或地点，而预言家通常对未来发生的事情会具体化陈述。"

反推法（backcasting）：Martyn Evans 先生描述："设计中使用的另一种预测方法就是反推出一种需要的构想或者可能的结果。着手做反推时，使用者需要及时的反推工作来决定未来会发生什么和带来什么后果。使用一种能够预测未来的方式并且问一个问题'这些事件是如何发生的…?'。后面的任务就是构筑一幅场景（或一系列事件）来解释假设的未来可能会怎样成为现实。反推提供一种路径使一个群体去预想一个理想的未来景象，然后决定达到这一目标需要做什么。"

反推给设计提供机会并且在反推的过程中能够给理想未来或者一个设计方案提供意见。它关系到设计过程中的元素，对设计师也有利，如果能够使用正确，它可以成为一个强大的传播和发展工具。

时尚观察和预测（coolhunting）中还有以下专业术语：

热点（hot spots）：一个集中大量信号的地方。

触角（antennas）：网络中的人或组织在世界各地进行趋势研究。

调焦（zoomers）：设计师在设计活动中寻找趋势。

趋势观察（trend watching）：一种关注于寻找趋势的活动。

病毒式营销（viral marketing）：趋势信息兜售。

弄潮儿（early adopters）：首先在新趋势中尝试的人。

地平线扫描（horizon scanning）：寻求未来场景。

寻求触点（stimoli scouting）：寻找信号的新来源。

影响分析（impact analysis）：观察和分析趋势所带来的结果。

风尚（fad）：组织现代趋势。

疯狂（craze）：个人现代趋势等。

（2）蓝色天空研究（bluesky research）

蓝色天空研究是对设计表现的潮流采集，可以从四个方面进行，即：直接产品分析、边缘产品分析、其他相关领域分析以及潮流发展趋势分析。对各个领域的分析首先需要通过书刊、网络和实际场景拍摄等手段采集相关的图片，制作成数字卡片，如图 2.5-7 所示；然后再通过比较和分析提炼出相关的潮流元素，潮流元素随着时间而变化，所以不是一劳永逸的，设计师要动态把握才能紧跟时代步伐。表 2.5-1 是深圳家具研究开发院 2009 年蓝色天空研究的部分成果，表 2.5-2 为蓝色天空研究的相关案例。

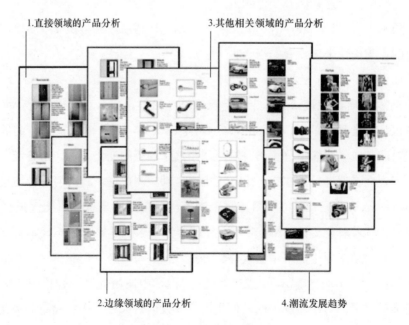

图 2.5-7 潮流采集数字卡

2009 年国际设计表现手法采集汇总（深圳家具研究开发院） 表 2.5-1

手 法	成果汇总		手 法	成果汇总	
Patchwork 拼合	Elements 元素		Digital 数字化	Edge 边部	Nurbs 曲面
	Colors 颜色			Nacked 混沌	Pixel 像素
	Shining 发光的				
Sense 感觉	Touchable 触感		Print 印刷	Print 版面	
	Cut 切割		Interactive 互动	Integrate 整合	
Manufacture 生产制造	Carve 雕刻			Polifunctional 多功能	Assembled 可拆装组的
	Weave 编织			Modular 模数化	Plug in 嵌入
	Natrue 自然主义		Ages 时代	New barocco 新巴洛克	
Ecological 生态	Ecological 生态的			Oriental 东方	

蓝色天空研究的相关案例 表 2.5-2

手 法	设计案例	手 法	设计案例
拼合		数字化	
感觉		印刷	
生产制造		互动	
生态		时代	

5.2.2.2 未来研究与场景（future studies & scenario）

未来研究和战略计划是用来定位和把控未来的方法的。

未来学这个流行语用来描述一种预测未来的行为，提供未来可能发展的方向性概念。这一工作同时也伴随着一定程度的猜测和质疑。预测事件的概念产生以后，这些假设事件的方式也被提出，有时使观察者感到惊恐（Martyn Evans 2003）。

"当你在研究未来学时，会遇到三个问题。首先，你是错误的。其次，即使你是正确的，但是时机不允许。最后，当你正确的时候你已不再相信。"（Woudhuysen，1992）

（1）场景构筑（scenario building）

场景构筑的目标是发展产品服务体系、社会、技术和企业的战略决策。

场景构筑涉及社会技术系统的发展，这个技术平台能够促进系统的实施。技术和经济状况都伴随着整个过程。

可视化场景和未来幻想是一个激发战略对话的方式，不同的利益相关者，人员、企业和机构在不同的竞争环境、角色、语言下运转，因此他们需要一个人人熟知的共同知识信息平台。（Luisa Collina 2005）

场景这个术语和流行趋势这个术语一样，当今社会在不同的背景下被广泛使用，具有不同的意义和结果。通常，场景指对未来预期事件进行描述和可视化展示，并且这些可能的行为会成为事实。这是一个广泛并且复杂的系统，系统中的要素一直在变化。

场景构筑所用到的方法都有共同的基本特征：

1）它们都基于一个多元化的假说；

2）它们都通过陈述的方式呈现；

3）它们通过预测和反推的方法来描述一个复杂的框架和限定一个过程的转化。

场景分为"方针定位场景（POS）"和"设计定位场景（DOS）"。

"方针定位场景"（POS）：场景的目标是为了评估宏观趋势的变化、相对结果和最初行为的方式，减少负面影响和加强正面影响。

"设计定位场景"（DOS）：（Ezio Manzini e François Jégou）设计活动中场景非常有用，正如在战略设计活动中使用场景一样。DOS的最终目标是"背景图片不存在，但是可能会摆放工艺品"，这样的展示便于理解和评估。（Flaviano Celaschi，Alessandro Deserti 2007）

——场景构筑的方法不是基于一种可能性猜测，而是基于定性分析和因果关系的推演；场景构筑时确信未来能够被预测并且认为这种预测还不适合当下的现实环境，预测的最大特征是不确定并且不断变化。不确定性应该是这个方法不可或缺的组成部分，提议出不同的路径，这些路径也可以被反驳，这个过程能够推演出未来并且可以通过说故事的方法来表述。

——当下作指导性决策的时候场景起到催化剂作用。

——场景的目的不是预测未来，而是把它作为进行自主创新过程的理由。

——最好的场景不一定是那些可行性强的场景，而是那些推翻既定想法的场景，这些场景能够做到对发生在我们身边的变化有很深的洞察。好的场景能够对我们的当下有一个深刻的理解。（p.118-Schwartz 1991）（Nicola Morelli 2003 _ on Philips Design project）

场景构筑是方法学中的一种方法，这种方法是一种具有社会责任感的设计过程，可以借用战略设计。场景构筑在战略管理中被广泛运用，通常是有一个具体的设计重点，例如由飞利浦发动起来的展望未来项目。

——这个项目在1996年设计，目的在于探索人们所认识到的有用的东西，希望这些有用的东西在未来能够创造效益，并且创造技术蓝图来实现这一目标。

——参加研究的人员来自多个领域，其中有文化人类学研究者、人类工程学研究者、社会学家、工程师、产品设计师、交互设计师、展示设计师、平面设计师和视频电影专家。这个项目由一系列有创造性的专题讨论会组成，生成了超过300幅的场景（描述产品概念和用法的短故事），这些场景是基于社会文化和技术研究构筑的。这些场景的构筑过程使用了 5 个基本参数：个人、时间、空间、对象和环境。

——最终场景被精炼成 60 个以内的概念说明，分成四个领域：个人、家庭、公共和工作。这些概念将要再次给专家们进行讨论和归纳，成为一系列产品的原型。（Flaviano Celaschi，Alessandro Deserti 2007）

——场景构筑过程在设计文化中的目的是为了解释和陈述，场景构筑时使用真实的场景、合适的技术和共同的准则，设计师可以对产品进行一定程度的创新。

（2）愿景（vision）

愿景定义（Luisa Collina，2005）：需要共同的愿景来定位政治和经济争论并且构想和推动可持续的解决方案的产生。

"愿景：这是场景的最特别的部分。这回答了一个基本问题：如果……这个世界将会怎样？愿景给整个生命背景勾勒了一个影像，如果采取适当的行动并且执行适当的建议（我们案例中的一些产品和服务），我们的生活将会如何？"（Ezio Manzini）

"设计师角色的作用不是给一些界定的问题提供一个解决方案，而是去拓宽解决问题的可能性，寻求更多的研究空间。"（Ezio Manzini）

——预见性是新思路产生的催化剂；

——愿景是未来能够实施的解决方案，它的目标不仅仅要激发好奇心，还要激发公司的革新能力；

——愿景是革新的指导方针；

——愿景是对未来可能世界关键性的预测，但是内部是一个可行和能够被认知的框架。（Giovanni ANCESCHI，in il Verri，1996）（Flaviano Celaschi，Alessandro Deserti 2007）

一个愿景就是一组同质的刺激物给新概念的解决方案提供发展方向。

在概念设计中，愿景是用来作为催化剂和定位决定的工具，它是准设计（metadesign）和设计的分界线。通过观察产品、组成部分、市场和技术等，对它们表现出来的强弱信号进行解读，从而发展愿景。"愿景来源于一幅场景（Visions come from a scenario）"（P. 128-Ezio Manzini），预测未来的唯一方法就是尝试去设计未来：设计师的作用是把未来进行可视化，这是为了刺激行动去发展"可能的未来"，并且给他们一个更高的可能性来成为事实，付诸实施，换句话说，"明确愿景"同时构筑他们。

5.2.2.3 思维导图（mindmap，Buzan，1982）

思维导图是一张表现给定主题或论题的、有系统关联的、图示的思维世界，便于在认识主题的基础上，作机会发展和问题分析。这是一种理性与感性相结合的方法，并需要在严密的逻辑下推进，每一步发展都要仔细推敲并充分调动各人的知识、经验和捕捉到的各种信号。图 2.5-8 和图 2.5-9 为思维导图的形式和示例。

5.2.2.4 故事板

故事板（storyboard）是对生活场景的可视化描述，示意图如图 2.5-10 所示。

5.2.2.5 五顶帽子法

在小组讨论时，经常会出现思维过于发散而不能聚焦的情况，或者虽然聚焦但考虑又不够全面。五顶帽子法可以通过强制性规则来有效解决这一问题，带每种帽子的人都必须进入自己的角色并严格遵守自己帽子所代表的属性。五顶帽子由五种颜色来分别代表五种身份或角色。

图 2.5-8　以快乐为主题的思维导图

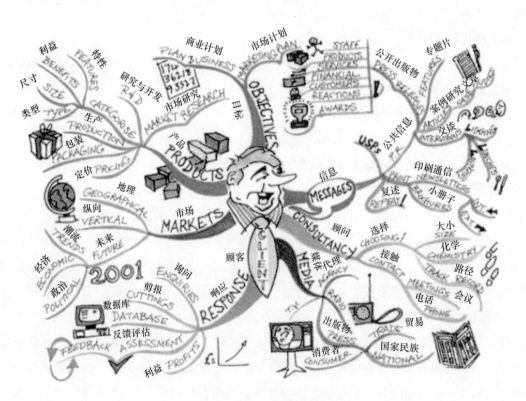

图 2.5-9　以顾客为主题的思维导图

（1）白帽子

白色帽子陈述事实，可以从以下几个方面来思考和表达，即：

1）我们现有什么信息？

2）我们需要什么信息？

3）我们错过什么信息？

4）我们需要问什么问题？

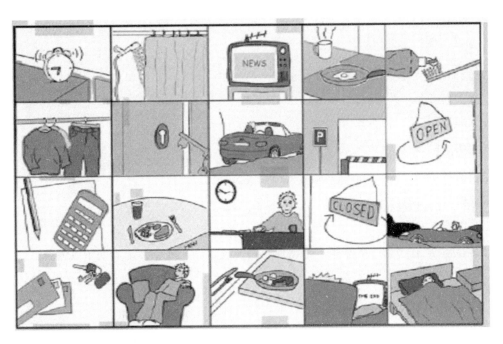

图 2.5-10　一天起居与活动的故事情节串联

5）我们打算如何获得我们所需要的信息？

白帽子如一台电脑，只陈述客观事实而不作任何解释和评论。

（2）红帽子

红色帽子表达情感，可以从以下几个方面来思考和表达，即：

1）关于这个题材我感受到什么？

2）反映和颠覆！

3）什么是你的情感、价值和选择？

4）给一个主观想法！

红帽子只表达强烈感情，表达自己的直觉，不需要说原因，无须解释。

（3）黑帽子

黑帽子进行风险警示，可以从以下几个方面来思考和表达，即：

1）为什么某些事不可以做？

2）指出困难和问题！

3）保持道德和规范的价值观！

4）维护规则！

黑帽子以父母的身份出现，是批评性的，指出将来有可能发生什么情况，其风险在什么地方？

（4）黄帽子

黄帽子寻找机会，可以从以下几个方面来思考和表达，即：

1）为什么某些事可以做？

2）哪个是问题的积极方面？

3）实现的想法和建议！

4）可能的最好情景！

黄帽子要有积极的思想，是乐观主义者，指出好处是什么，并构建想法让其得以实现。

（5）绿色帽子

绿帽子代表革新，可以从以下几个方面来思考和表达，即：

1）新主意、新概念和新理念！

2）新主意的创造！

3）寻求非传统！

4）新途径！

5）出感觉！

6）不要有思维定式！

绿帽子是创新派，有激情、破规矩。指出什么是传统，如何破除传统规则予以创新。

5.3 准设计

设计前期研究在国际上被称为"准设计"（metadesign）。

意大利著名设计师 Alessandro Mendini 指出：准设计的主要作用是强调组成部分的开发，设计师的具体工作与设计过程中各组成部分策划工作紧密相连，工业化建设的产生源于准设计，尽管准设计被认为是"一种逻辑分析工业化建筑"的设计过程。（Alessandro Mendini，"Metaprogetto sì e no"，in Casabella，n. 333，febbraio 1969，pp. 4-15）

Gui Bonsiepe 认为：准设计就像一个分享技术、模型、方法来完成整个设计过程的团队，这个团队能够给一个相同的特质赋予不同的结果。不同类型的产品准设计过程都非常强调设计和计划设计过程的方法和工具模型；一个设计过程能够界定明确一致的特性、语言、风格和行动方式。

"现今国际设计公司明显表现出对准设计的需求，不再仅仅把设计依托于一位设计师。"（Bonsiepe Gui，Teoria e Pratica del progetto，Milano，Feltrinelli，1975）

设计分析阶段收集了很多资料，准设计就是把设计分析阶段的资料运用到特定的案例中，把这些资料转化成定义限制、方案、指示和目标的清晰形式（需求、行为）；让案例和现行规章、使用者（社会不同阶层的个体）、技术、竞争环境（从整体经济范围到单个企业）以及过去积累的解决方案等联系起来。

不同的准设计产品在开发过程中会有一系列设计工作，例如：流行趋势白皮书、流行趋势地图、客户信息地图、技术发展方向地图、技术蓝图、知识地图和商业地图等。通常这些地图是在特定条件、不同背景和不同观念下让未来发展方向可视化。

5.3.1 设计三阶段

在家具企业中，设计分为三个阶段，每个阶段都有自己的任务。第一阶段主要研究市场与生产之间的矛盾，第二阶段则是研究产品并生成概念，第三阶段才是具体的设计执行和传播，前两个阶段均属于准设计范畴。设计三阶段的关系如图 2.5-11 所示。

5.3.2 准设计的演绎

第一阶段研究市场与生产的矛盾，其通用的研究路径是需要对相关市场进行分析和解读，对各相关产品从产品、技术和材料等方面进行分类剖析，表述结论和建立档案，最重要也是最难的是要从各个角度对上述要素进行关联性描述，画出关联图，如图 2.5-12 所示。

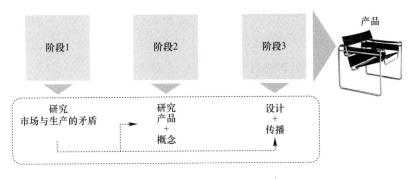

图 2.5-11　设计三阶段的关系

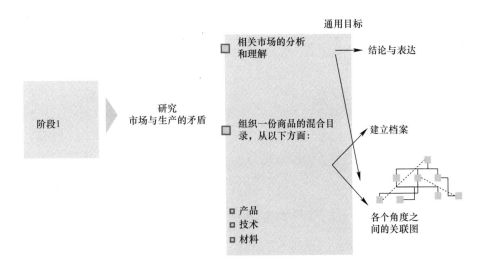

图 2.5-12　准设计第一阶段框架

对于每一个具体的企业，准设计还应当对上述通用研究进行细化和深化，这主要是从本企业的情况与竞争对手的分析中找到设计的概念和切入点。就自身企业而言，要认清自己在市场中的身份和地位，发现本企业的竞争优势所在，认识本企业产品的价值。同时，还要识别出主要竞争对手是谁，给出竞争对手的特性，做到知己知彼。然后，将自己现有的产品与竞争者提供的产品进行逐项比较，如图 2.5-13 所示。

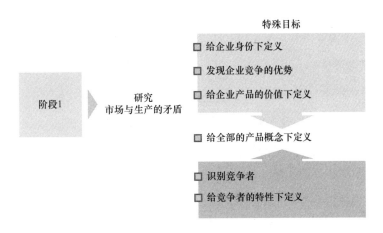

图 2.5-13　比较企业自身产品与竞争产品

此项研究可以用到三种途径，一是研究范畴界定，二是案头研究方法，三是聚焦相关组织。企业认清自我可以通过采访有关知情人物，分析产品和生产传递过程，分析销售点和传播战略。发现企业竞争优势可以通过确定基准、分析历史文件和描绘竞争者地图来完成。认识企业产品的价值也可以通过研究范畴中的关键点来进行。识别竞争者可以通过研究范畴和案头研究来实现。给竞争者的特性下定义可以通过案头研究和聚焦组织来理解。给包括本企业和竞争者产品的全部下定义可以通过聚焦组织来识别产品主题和战略路线，充分考虑各企业产品家族的标准化体系和终端表现，并在设计专家的监护下进行设计交互作用的分析研究，如图 2.5-14 所示。

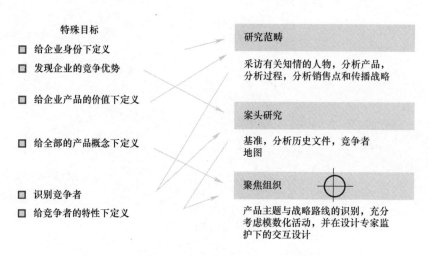

图 2.5-14　企业及其产品的比较研究路径

　　研究工作需要资料的组织，给研究的问题下定义可以采用头脑风暴法和关键词法。研究范围需要界定，资料需要选择，所得资料需要组织和回馈，研究结论最终还要转化为设计要求。资料的格式如图 2.5-15 所示。图 2.5-16 为户外家具案例设计制约的轮廓分析。

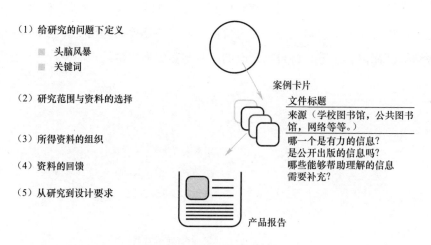

图 2.5-15　研究资料的格式

　　设计研究需要从各领域的各类出版物中采集相关资料，资料源不可能无限扩充，而是需要有目的地选择，图 2.5-17 为资料源的界定。表 2.5-3 是国际上一些重要的相关出版物名称，在此列出以便查阅，国内刊物读者不难物色，在此不作具体介绍。表 2.5-4 和表 2.5-5 分别是通俗出版物和专业出版物的详细信息。

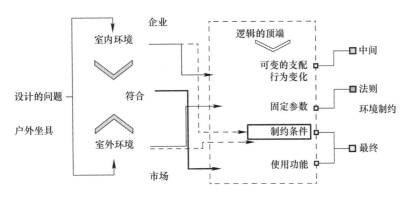

图 2.5-16　户外坐具案例设计制约的轮廓分析

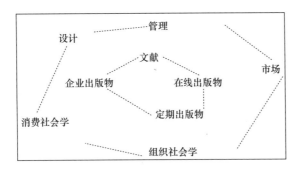

图 2.5-17　设计研究资料源的界定

国际上可供设计研究的重要出版物名称　　　　　表 2.5-3

行业出版物	通俗出版物	专业出版物	科学出版物
＞ll legno	＞Brava casa	＞Abitare	＞Design lssue［US］
＞ll mobile	＞Casa country	＞Domus	＞Design Studies［UK］
＞L M L'industria del legno e del mobile	＞Casa Vogue	＞lnterni	＞Form Diskurs［CH］
＞Lasedia e il mobile	＞Cose di casa	＞ddn design diffusion	＞Design Recherche
＞Editoria d'impresa	＞Wall paper	＞Ottagono	＞Design management journal［US］
	＞…	＞…	＞…

通俗出版物详细信息　　　　　表 2.5-4

通俗出版物	
■ Domina ■ Brava casa＞http：//www. bravacasa. it/ ■ Casa country ■ Casa Vogue＞www. voguecasa. it ■ Casa Facile＞www. mondadori. it ■ Wall paper＞www. wallpaper. com	

专业出版物

- ■ ABITARE＞www. abitare. it

- ■ DOMUS＞www. edidomus. it

- ■ INTERNI＞www. internimagazine. it

- ■ OTTAGONO＞www. ottagono. com

- ■ MODO＞www. editmodo. it

设计研究可以分为产品研究和产品周边情况研究，如图 2.5-18 所示。

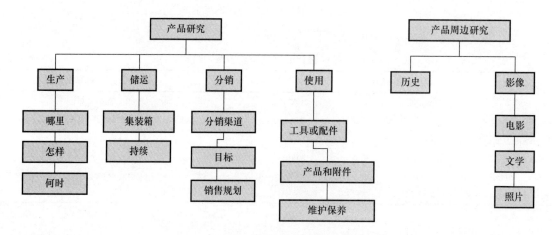

图 2.5-18　产品研究与产品周边研究

　　设计研究工作有主干和枝干，呈树状展开，由系统方法与研究系统两个要素组成。系统方法是指系统内各组成部分的研究均有一定的方法，研究系统是指各因子之间的相互关系与交互作用，是一幅关联图，如图 2.5-19 所示。

　　设计研究有定性与定量之分，凡是可以量化的信息就应当量化。量化就是用数据描述，将一些可变的价值清晰化，柱状图和饼图等常用的数理统计描述方法一般都不陌生，对于产品分析而言，可以采用"雷达图"来对各性能和面貌指标予以定量描述，如图 2.5-20 所示。

5.3.3　三阶段的属性与作用

　　设计三阶段具有不同的属性，从科学性上看，第一阶段最强，第二阶段次之，第三阶段最弱；从分析性上看，也是如此；从表达、可视化和吸引力上看，则阶段三最佳、阶段二次之、阶段一最弱；从绝对价值来看，则是阶段二最为重要，阶段一和阶段三的重要性几乎相当，如图 2.5-21 所示。

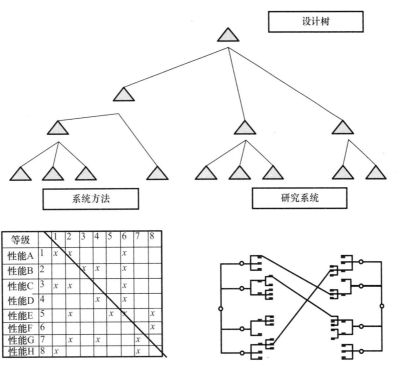

图 2.5-19　设计树、系统方法与研究系统

数据描述

将一些可变的价值清晰化

重组组织机构图表

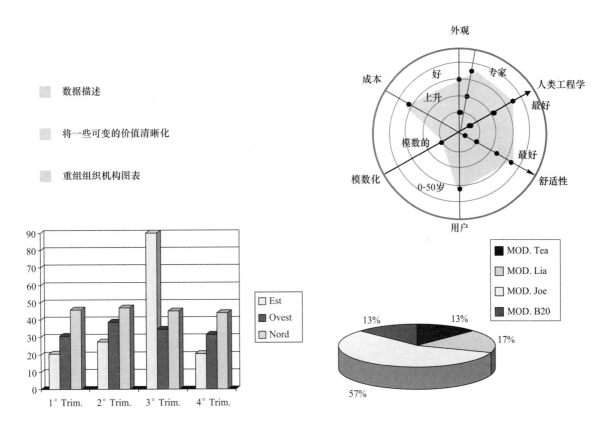

图 2.5-20　设计定量分析与描述

　　但三个阶段缺一不可，这是逻辑地推演出设计成果的科学创新方法。根据企业特性研究、市场研究、竞争者及其产品案例研究，明确设计需求并结合企业战略转化为产品需求，如图 2.5-22 所示。

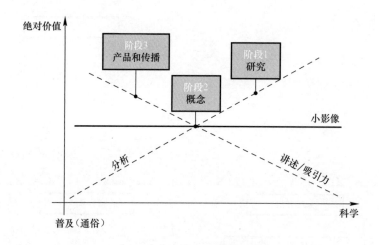

图 2.5-21　设计三阶段的属性

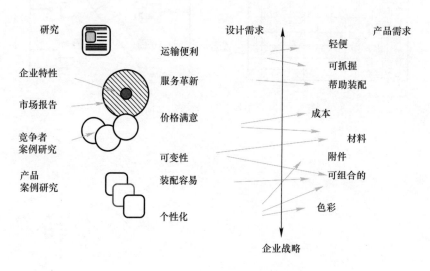

图 2.5-22　设计三阶段的逻辑推进

5.4　概念生成

　　概念是基于前期的研究而生成的，是分析了市场、企业自身与竞争对手的情况，找准了目标客户群并分析了用户使用状态、购买心理而理出的思路，而且要对潮流进行研究后，结合前面分析找到相应的切入点并对此予以描述和可视化。

　　理解使用场景的轮廓及其革新机会，可以通过以下内容来发展一个产品服务体系框架：

　　（1）描述：什么？为什么？为谁？

　　（2）绘制概念图：视觉描述（有感染力的图像＋标题）。

　　（3）系统地图：角色与流程。

　　设计需要创新，但创新不能局限于个人对灵感作出的响应上，而是需要掌握创新的程序与方法。创新有根本性与量变性之分，前者是革命性的和彻底的，是对传统的颠覆；而后者是渐变的和温和的。创新可以带来新的市场机会，也伴随着风险。创新程度越高，主导性越强，风险也相应增加。

5.4.1　革新战略

　　企业的革新战略有以下三种，我们可以选择其中之一，也可以采用混合模式，但即便混合也是以其中某一种为主导的。这三种战略是：

1) 技术驱动（不一定是原创技术，而是技术的有效整合能力）；

2) 市场拉动；

3) 设计驱动。

5.4.1.1 技术驱动

技术驱动是指企业开发并掌握可以提升自身竞争能力的独特技术，从而领先于竞争者，占得市场先机。技术驱动不见得是全新的发明创造，对现有成熟技术的整合能力对于商业活动而言往往更加直接有效。如打字机的发明与进化就是一个经典的案例。

◆ 1866 年，Sholes 先生（一个机械工程师）通过组合现有技术发明了第一台打字机

——前移运动（每键一步）：时钟原理

——回复移动（杠杆力量）：缝纫机原理

——键盘：电报机

——打印每个字母的捶打机：钢琴原理

◆ 1873 年，Remington（武器生产者）购买其许可后改良其产品

——Remington No. 1（1874）：锤击只在打字机内部，看不见

只能打大写字母

使用困难

销售 4000 台

——Remington No. 2（1878）：大小写字母可切换

销售 100000 台

——Underwood No. 5：可视化书写

表格键

◆ 电子打字机：IBM（不是 Remington）

◆ PC：Apple（不是 IBM）

5.4.1.2 市场拉动与设计驱动

有两句人们常说的话，单独看都对，但合在一起似乎就矛盾了，即："以市场为导向"和"引导消费"。实际上反映出的是两种不同的企业战略，这两种战略在本质上的目标是完全一致的，但在执行层面不同，应当根据企业所需的智力资源谨慎选择不同的设计战略并应用不同的设计战术。

（1）市场拉动

理解用户需求，来自市场的建议：

我们的市场是人，因此我们需要知道他们要什么。但是，直接问他们往往不可能有答案，因为他们通常要看到或体验过以后才会有想法。那就意味着我们需要间接地得到关于他们的信息，特别是关于他们价值观的信息。与其聚焦于产品上，倒不如关注他们是如何使用的，即在使用中的更宽泛的关系。

Stefano Marzano，飞利浦设计公司的 CEO

（2）设计驱动

理解用户需求，给市场以建议：

市场？什么市场？我们不关注市场需求，我们制造建议并提供给人们。

Alberto Alessi，Alessi 公司的 CEO

5.4.2 市场定位与品牌构筑

5.4.2.1 市场定位

　　一般人都认为产品要价廉物美，然而，深入来看，事实上是很难做到甚至是错误的。企业主或经理人经常会听到来自各方面的声音，有的要求价格便宜，有的要求品质更好，有的需要用更多的功能赋予，有的要求款式更新，凡此种种，这些信息往往充满着矛盾，无法调和，从而使得许多企业失去了方向。要解决这些问题就必须对目标客户群进行细分，市场越成熟就应当分得越细，至少可以分为四个层次，不同层次的消费群尽管对以上指标均有要求，但其中最敏感的要素是不同的，只有牢牢抓住最敏感的要素才能在有限的条件下确保市场成功，图 2.5-23 为市场金字塔分析模型。同时，市场定位不是线性的，而是蕴含着非常复杂的综合关系，因此是一个矩阵结构，同时也与企业产品线的长短有关，定位于坐标中的不同位置就意味着整个战略方针都需要完全不同。图 2.5-24 为市场定位的坐标图。

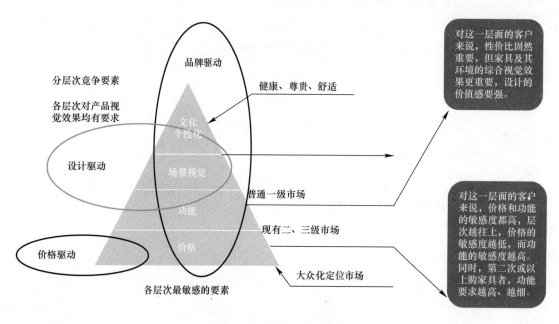

图 2.5-23　市场金字塔分析模型

5.4.2.2 品牌构筑与描绘

　　品牌描绘与品牌联合如图 2.5-25 和图 2.5-26 所示。

5.4.3 产品服务体系的分解设计

　　由于销售的业绩都是直接表现在产品上的，所以人们一直误认为设计只是产品设计。但事实并非如此，而是包括产品、服务和传播在内的整个产品服务体系和品牌相结合的综合作用。本章一开始就给出了产品服务体系与品牌关联的模型，在确定设计概念方向和具体设计执行时也应当贯穿这一思路，并对产品服务体系进行分解和分别给以设计赋予。产品服务体系的分解如图 2.5-27 所示，可以分解出提供物、接触点传播、商业模式与商业网络和设计过程四个模块，而每个模块又可以进一步裂变出若干个子模块，设计需要对这些模块逐一进行响应。

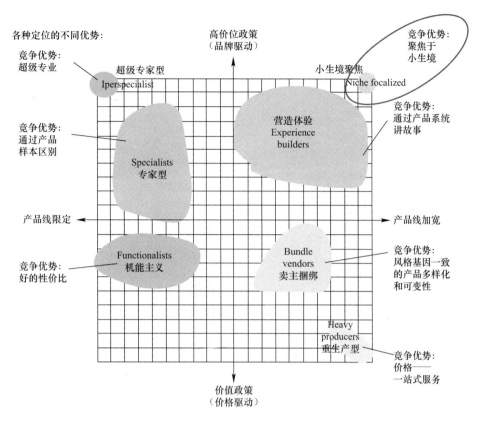

图 2.5-24　市场定位坐标图

"品牌描绘"模型

"品牌描绘"是将品牌分解成不同的特征加以定位；
品牌描绘由两个要素构成：品牌构筑、品牌印象；
品牌构筑被定义为品牌给消费者所作的一套承诺；
品牌印象有两个元素：
　　品牌外表，涉及到品牌个性；
　　品牌联合，那是感觉、物件或与品牌关联的人

图 2.5-25　品牌描绘模型

品牌联合金字塔

品牌联合在金字塔中有三个水平：
——在底部，品牌依赖其属性与特征；
——在中部，消费者因为其利益而记住该品牌；
——在顶部，消费者相信该品牌，相对于一件
　　单纯的产品而言，品牌成为一种生活方式

图 2.5-26　品牌构筑模型

5.4.3.1　提供物

　　提供物就是设计输出的载体，其中包括了产品系统和服务系统，如图 2.5-28 所示，每个系统还都有物质与非物质两个层面。

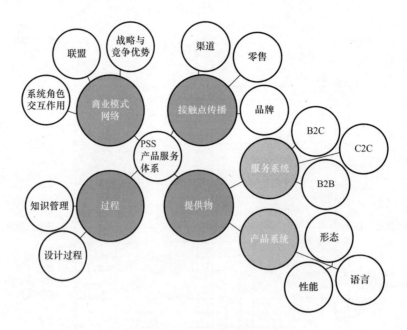

图 2.5-27　产品服务体系分解

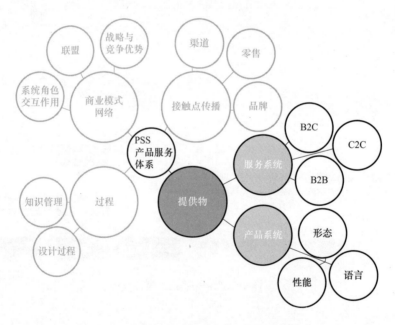

图 2.5-28　产品服务体系中的提供物

（1）产品系统

1）产品种类：

提供什么种类的产品？即：企业产品家族的合理构成，既要考虑市场覆盖面，还要考虑企业的条件、管理难度和发展的可持续性。

2）性能：

它们怎样被使用？预期的性能（成果）是什么？

它们呈现怎样的生活风格？

3）语言：

它们被期待有怎样的感觉？

其文化背景与特性是什么？

它们应当接受怎样的视觉和语言形式？

它们归属于什么文化？

产品是功能、形态与含义的有机统一，关于功能与形态的描述已经很多，但如果没有含义就没有灵魂，含义需要有主题，主题是感觉的描述，通常以形容词作为关键词。主题来自于对客户心理诉求的响应，也与品牌定位与属性相关联。

此外，人们在不同的历史时间段的审美标准是不同的。一种感觉如果普及到泛滥的程度或出现时间过长就会出现审美疲劳，同时由于复杂的社会文化因素，对美的因素也会出现微妙的动态变化，如从奢华到极简主义，人们的喜好一直在发生着变化，极简主义盛行一段时间后，又有前卫人物率先开始反思并探索新的美学概念与形式。图 2.5-29 反映了 20 世纪以来世界审美观点的变迁。

图 2.5-29　20 世纪设计美学思潮的变迁

（2）服务系统

服务系统的概念设计取决于商业模式，商业模式不同，系统角色就不同，需要分别予以设计响应，家具行业主要有以下几种模式：

B2C：即制造商直接面对终端客户。

B2B：即制造商面对的是其他商业公司。

C2C：即消费者自助/对等/互助。

"服务是一个交互过程，旨在解决问题，满足个人、社会和公司的需求与愿望，通过互惠的信息流、知识、技能、工作、所有权、安全或工具的提供以及共享与特有自然资源的使用发生作用。"（尼古拉，1992）

服务是一个活动执行过程，即某些人为了有效性、满意度而工作，以支持其他人的活动。

服务是一种双向关系（交互作用），不仅仅基于经济交换，而且还有信息、情感等的表达与传递。

服务不是成品，而是一种潜在事件，只有使用者使用时才开始。

产品意味着生产的结果，而服务象征着与物质产品互补的和选择性的解决过程。

1）服务的属性

① 无形性（Intangibility）：相对于产品而言，购买前服务看不出，不可尝，触不着，听不见，嗅不到。

② 不可分离性（Inseparability）：服务不可分离于它的供应源，是一种刺激人的"武器"或非物质

机器。

③ 不同成分性（Heterogeneity）：服务的成分特别复杂，取决于提供者和提供的地方。

④ 消失性（Perishability）：服务不能储存，当要求改变时，服务公司很难找回他们自己。

2）产品与服务的整合

现代社会有某些变化正在发生，那就是产品和服务互相越来越接近和越来越相似。

从产品的角度来看，通过大规模定制和模数化制品，顾客越来越多地参与到生成过程中来。"聪明的产品"有能力通过详细的数据说明和自动行为来与外部的变化条件相关联。

从服务的角度来看，有工业化的趋势，在合乎经济原则和使最优化的服务性的原则下来扩大产能和减少服务单元的成本。ICT引入和启动在线服务。

服务正在添加到产品中，服务瞄准的是为提供物增添价值，创造一个与顾客的更强关联和保证产品使用和评价情况的适时反馈。产品与服务的结合就可以称为"解决方案"。

售前服务：顾问、试用、信息材料、共同设计/提供个性化、递送、保险、消费者共享注册等。

售后服务：维护、更新、置换、使用状态反馈、热线电话中心等。

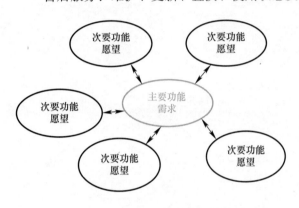

图 2.5-30　服务价值包模型

3）服务价值组（Service as a set of benefits）

服务需要给客户带来利益或价值，价值往往不是单一的，而是多元的和多重的。其中有主要价值，也就是说必需的或基本的价值；还有次要价值，即为一种愿望，有此最好，没有也不会使基本服务失效。这些价值合在一起叫做"服务价值包"或简称"服务包"（Service package），如图 2.5-30 所示。

服务价值的实现需要有多方面的条件来保证，首先要在服务价值包界定的基础上提出服务概念，这些概念要考虑市场分区和客户类型。实现这些价值需要设置服务系统，服务系统由服务人员、客户与服务设施及其相应的技术与物质支持。服务供应系统要与有关社团相联系，不同市场区域的社团情况是不同的。同时还要考虑服务供应商的物质与文化，以此为中心以辐射形式与以上各要素进行链接。这些工作的整合称为服务管理系统（Service management system）。服务管理系统的模型如图 2.5-31 所示。

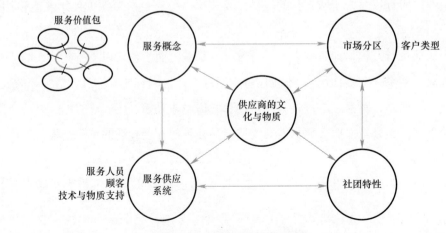

图 2.5-31　服务管理系统模型

4）服务过程（Service as a process）

通过服务生产的系统来研究服务价值的创造过程，服务性能的构建与公司同客户界面中所有的物质与非物质因子有关（如服务设施、服务人员素质等）。这些性能在商业上可以通过服务水平的等级评定来衡量（如星级评定等）。服务过程模型如图 2.5-32 所示，图 2.5-33 为计划与品质控制的 5P 模型，图 2.5-34 为品质功能部署的"品质屋"模型。

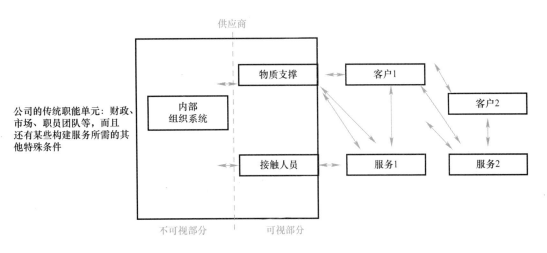

图 2.5-32 服务过程模型

1-预期品质：隐含、明确与潜在需求，服务品质评估与要素判别；
2-设计品质：客户类型界定，服务、供应和操作系统的组织特性；
3-递送品质：服务供应系统执行的系统化控制；
4-理解（感知）品质：用户的感知、感受和使用服务的评估；
5-比较品质：与直接和间接竞争者比较，在如何控制和在哪里控制上有什么不同？

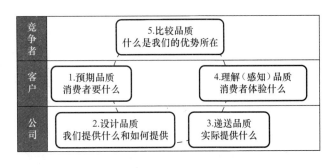

图 2.5-33 计划与品质控制的 5P 模型

①-客户需求评估；
②-服务供应系统特性的定义；
③、④-特性与需求以及特性与特性之间的关系；
⑤、⑥-重点评估；
⑦-竞争者评估；
⑧-消费品质评估；
⑨-公司战略评估；
⑩、⑪-竞争性评估；
⑫-品质标准定义。

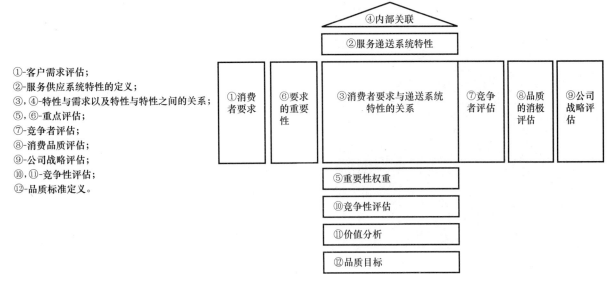

图 2.5-34 品质功能部署的"品质屋"模型

服务蓝图需要组合在一幅地图中，设法在所有部分描绘服务系统，从用户视点出发予以重构，但要努力维护系统评估的自然性。图 2.5-35 是消费者行为与服务支持模型。

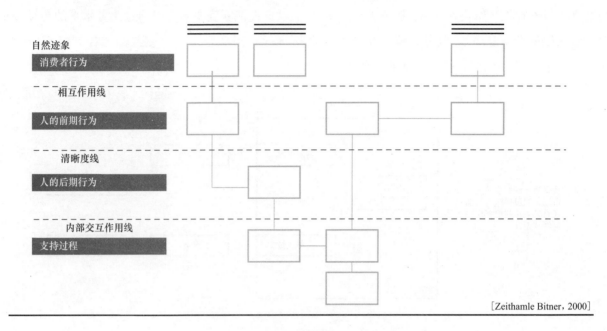

[Zeithamle Bitner，2000]

图 2.5-35　消费者行为与服务支持模型

5）服务遭遇（Service encounter）：

服务遭遇是一个体验过程，也可称为服务体验。服务体验描绘的是客户从与服务公司接触的那一刻到获得想要的服务那一刻感知与学习到的东西。这与客户和服务公司接触的所有元素有关，如：职员、物质支持和供应环境（界面类型）等。服务遭遇建立在客户同接触人员之间的双值关系（社会性的相互影响）上。图 2.5-36 为服务类型坐标。

① 服务认知描述（Service cognitive script）：服务认知描述是"人们所期待事情进展的连贯性，需要他/她观察和参与，并在参与和观察中学习。"（Abelson，1976）

在服务的整个体验过程中，有与环境的交互作用，也有与人接触和由客户参与的共同活动。

a. 服务描述知识积极影响服务活动执行的个人；

b. 服务描述知识积极影响认识控制的理解水平（可预言的环境）；

c. 剧本的隐喻：知识和剧情细节由每一个角色保证满意的结果；

d. 教会使用者服务描述的重要性，既能提高生产力，又能克服结果变化的阻力（变化成本）。

② 用户参与服务：用户参与服务过程是区别产品和服务的主要特性。参与情况分析如

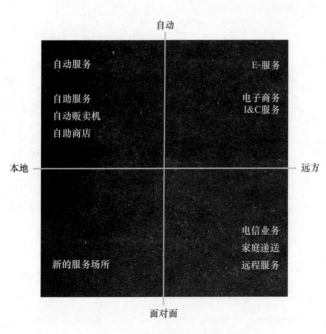

图 2.5-36　服务类型坐标

图 2.5-37 所示。

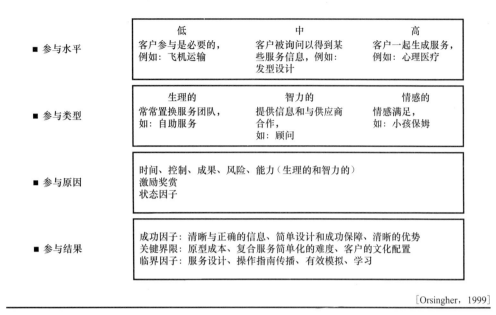

	低	中	高
■ 参与水平	客户参与是必要的，例如：飞机运输	客户被询问以得到某些服务信息，例如：发型设计	客户一起生成服务，例如：心理医疗

	生理的	智力的	情感的
■ 参与类型	常常置换服务团队，如：自助服务	提供信息和与供应商合作，如：顾问	情感满足，如：小孩保姆

■ 参与原因	时间、控制、成果、风险、能力（生理的和智力的） 激励奖赏 状态因子

■ 参与结果	成功因子：清晰与正确的信息、简单设计和成功保障、清晰的优势 关键界限：原型成本、复合服务简单化的难度、客户的文化配置 临界因子：服务设计、操作指南传播、有效模拟、学习

[Orsingher，1999]

图 2.5-37　客户参与情况分析

③ 服务界面（Service as an interface）：从复合性的组合结构到复合性的用户界面。组织结构需要复合网络系统和次系统的计划，控制它们的功能要求有足够的技术和组织能力；用户界面包括地方、人员、工具和信息的整套交互设计，设计的技能是必需的。

设计执行与用户体验需要通过可视化元素来予以表达，可视化程度如图 2.5-38 所示（Pacenti，1998）。服务界面设计意味着区域、范围、背景在用户与供应系统之间发生的交互作用，如图 2.5-39 所示。

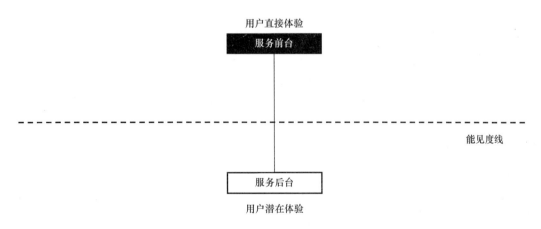

图 2.5-38　服务界面的可视化程度

6）服务设计师的角色（Designer's role）

设计与协调不同元素复合的能力（环境、物质支撑、传播元素、职员队伍等），控制现有和潜在的服务规模。服务设计师应当主导以下工作，即：管理多元化传播范围的能力、事件及其时间策划、多样性设计知识和技能（包括对话的能力与识别性、整个项目的连贯性管理）。

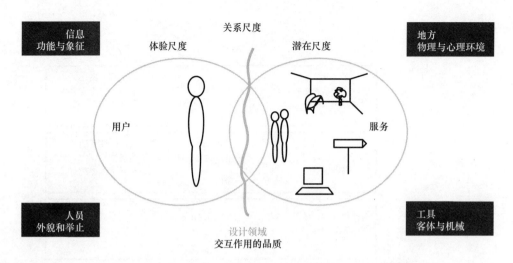

图 2.5-39　服务界面设计

7）服务指导方针（Guidelines）

① 交互作用平台：

共享语言——作为交互作用所要求的服务角色之间要协商公共的语言。

价值分享规则——用户依靠对交互作用的理解水平，评价服务价值与优势。

可达到性——交互作用的物质条件与认知能力，以及连贯性与可持续性。

多重逻辑性——多重选择的共存和为了响应用户不同预期、不同知识水平、不同能力和技能而执行的存取方式。

② 交互作用的风格与模式：

清晰度——服务可呈现的路径，对用户的特性与执行表现。

氛围——交互作用的美感，由个性化感情、友善和界面的柔和程度给出与支持。

方向——方向清晰、正确与连贯。

透明性——整个服务执行过程对消费者透明，用户有知情、分享和一定的自主权。

③ 任务执行的基本交互作用原理：

反馈——系统与用户的对话能力，给每个用户输入以证实与否决。

错误宽容度——如果用户做错程序，有不破坏整个交互作用的能力。

解除性——用户停止和注销这个过程在任何阶段均有可能。

变移性——引用执行节奏与时机，在任何状态下维持。

④ 个性化：

可听取性——用户敏感和自动途径收听与学习的能力。

丰富性——通过提供的知识工具，用户体验可以丰富的能力。

弹性——能够识别用户和根据用户个性最终修正执行的能力。

5.4.3.2　接触点传播

接触点的传播设计包括品牌、渠道和零售三个方面，如图 2.5-40 所示。

（1）渠道

什么媒体（或渠道）被使用？如何使用？为什么？见表 2.5-6 和表 2.5-7。

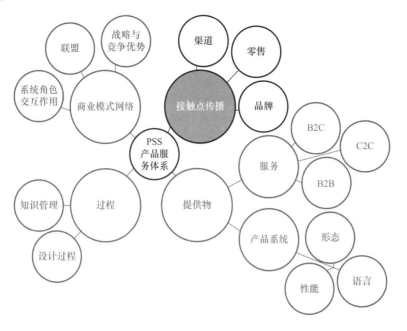

图 2.5-40 产品服务体系中的接触点传播

媒体或渠道类型 | 表 2.5-6

广告											产品样本			事件			网站			店铺			
央视电视广告	地方台电视广告	杂志广告	商场户外广告	街头广告牌	网络广告	行业外报纸广告	行业内报纸广告	无线广播广告	公交车电视广告	户外高速公路广告	店内海报	图册	电子杂志	宣传折页	促销活动	社会大事活动	与消费者等互动活动	官网	博客等其他形式	企业自办杂志（纸制）	独立店	商业卖场专卖店	临街店铺	独立网上商场

传播方式对顾客心理与行为变化的促进关系 | 表 2.5-7

	广 告	事 件	网 络	促 销
感观		高峰论坛		
情感	情感攻势		博客日志	
思索	服务攻势			有折扣的小件服务便宜150元的新的促销方法等
活动	服务攻势	新闻发布	新闻报道	客户有兴趣的不仅仅是打折
关联	情感攻势	其他活动	咨询服务	

以怎样的形式表现？是传播概念、产品还是生活方式？为什么？

从谁到谁？对目标受众予以界定。

怎样与公司的属性相结合？

参加什么样的展会或举办怎样的活动？如何参展和活动？为什么？

（2）零售

采用怎样的零售模式？为什么？

终端卖场要传递一种怎样的感觉？宣导怎样的生活方式？用怎样的关键词来描述？

（3）品牌

视觉感受如何？语言词汇是否恰当？

（4）价格

价格如何？与目标客户群相匹配吗？

5.4.3.3　商业模式与网络

商业模式有战略与竞争优势分析、联盟、系统角色的交互作用等，如图2.5-41所示。

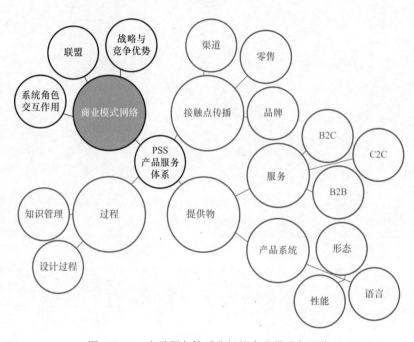

图 2.5-41　产品服务体系分解的商业模式与网络

（1）系统角色的交互作用

系统中的角色如何关联？

他们交换什么并根据怎样的逻辑？

什么活动被集中和什么不被集中？

系统中的每一个角色都有各自的利益诉求，可以称为利益相关者，他们构成了一条完整的价值链，价值链各节点有哪些角色，物品、信息、资金和资源将如何流转与分配是必须首先考虑清楚的，如图2.5-42～图2.5-44所示。利益相关者还有主次之分，如图2.5-45所示。

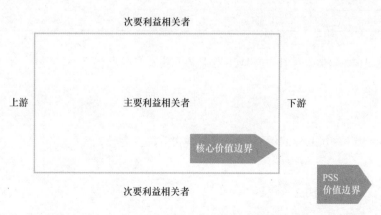

图 2.5-42　系统中的利益相关者模型

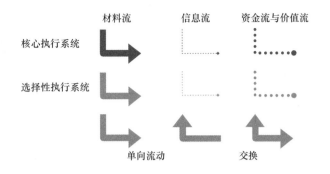

图 2.5-43 材料、信息、资金与价值流

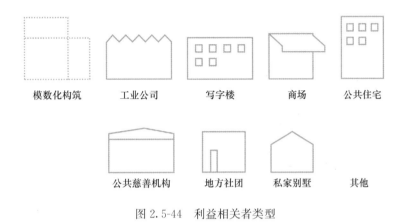

图 2.5-44 利益相关者类型

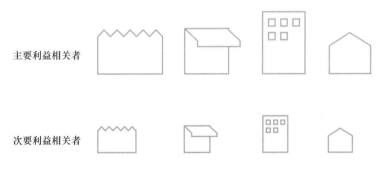

图 2.5-45 主要利益相关者与次要利益相关者示意图

（2）联盟

谁是市场中的联盟？为什么？

谁是生产上的联盟？为什么？

（3）战略与竞争优势

你与谁竞争？市场的本质不在于我们自己做得多好，而是在于消费者有选择的可能以及选择的谨慎性。在市场上有五个角色共同作用着，即：供应商、消费者、直接竞争者、间接竞争者和可替代商品竞争者，图 2.5-46 是波特的五力模型。

为什么会有你可以供货的地方？

在什么资源/能力上可建立起你的竞争优势？它是可持续的吗？

企业必须具备一定的竞争优势，你必须选择要在什么方面竞争：如在成本上竞争（更低的运作成本）或在吸引力上竞争（提供差异化的产品）。

竞争应当基于能力/资源的理论上，你应当保持自己的竞争优势，确定在资源上（技术、市场通路、品牌等），还是能力上（技术诀窍、熟练性），即：唯一性、利益关系、可持续性或者不容易被拷贝/替代。竞争点的选择如图 2.5-47 所示。

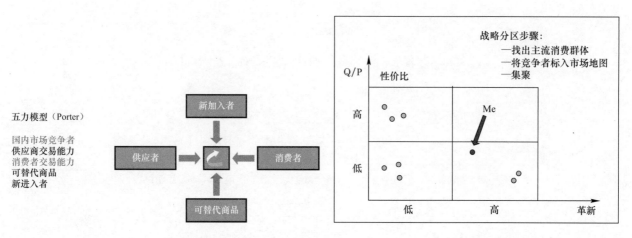

图 2.5-46　市场竞争的五力模型　　　　　图 2.5-47　竞争点的选择

5.4.3.4　过程

过程包括知识系统的导入与管理及设计过程，如图 2.5-48 所示。

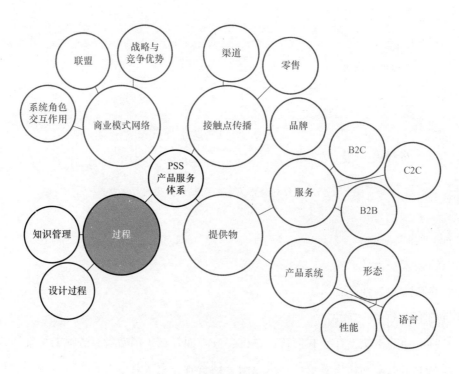

图 2.5-48　产品服务体系分解的过程

（1）设计过程

公司怎样管理一个设计项目？

设计的主要活动有哪些？它们在 Kano 模型中处于什么位置？如图 2.5-49 所示。

设计过程中需要什么？需要怎样的资源/能力？

采用设计合作吗？如何采用？和谁合作？

生产者（供应商）与销售公司以及销售公司与顾客如何互动？

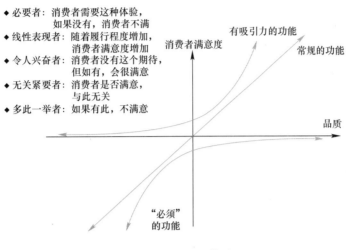

图 2.5-49　Kano 模型

（2）知识管理

一个项目在公司中被如何管理？

谁做什么？

公司的知识资源与储备怎样？

项目进程管理的最常用方法之一是采用甘特图（Gantt Diagram）进行计划与控制，如图 2.5-50 所示，其中时间为单位时间值。

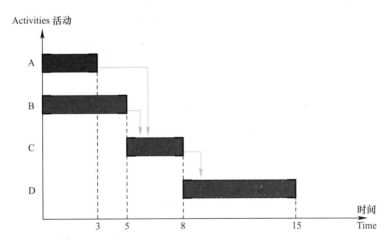

图 2.5-50　甘特图示范

对于产品服务体系（PSS）的每个领域都必须构筑一个令人感兴趣的解决问题的体系。并考虑：你必须有怎样的解决办法？什么办法是最好的？以上相关活动及相应工具汇总如图 2.5-51 所示。

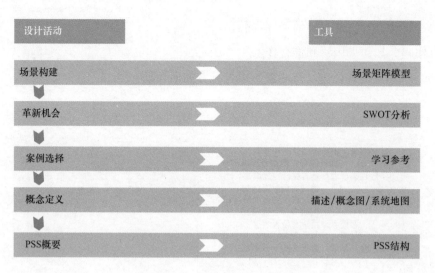

图 2.5-51　设计活动及相应工具

5.5　设计输出与传播

设计可以理解为一个知识集成中心，设计过程是一个复杂的知识活动过程。从研究观察、分析、概念创造与合成，直至产品开发与终端表现是连续和循环的，其相互关系与属性演变如图 2.5-52 所示。

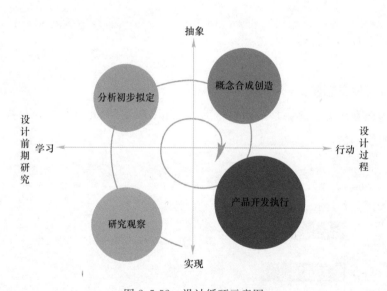

图 2.5-52　设计循环示意图

从设计输入到最终输出呈漏斗形状，即：前期需要装入用户与市场描述、蓝色天空研究、相关制约条件的研究等，通过概念设计、交互作用互动、选定设计创意、产品完善管道到最终解决方案，这是逐步收缩的过程，如图 2.5-53 所示。最终的输出内容是概念的深化与物化。

5.5.1　产品设计执行与物化

案例：下面是 Alessandro Deserti 教授领衔的意大利设计师团队为巴西 Brinna 品牌设计的案例，图 2.5-54 为前期研究示意，图 2.5-55 和图 2.5-56 为蓝色天空研究方法，图 2.5-57 为概念设计图，图 2.5-58 为产品最终设计的实物效果，图 2.5-59 为细节推敲示意，图 2.5-60 为产品系统与场景，图 2.5-61、图 2.5-62 和图 2.5-63 为传播版式。

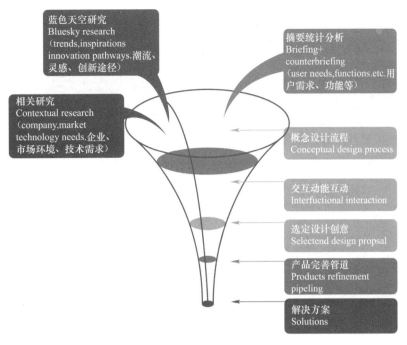

图 2.5-53　设计过程的漏斗式模型（Alessandro Deserti）

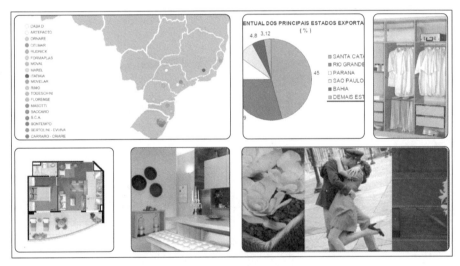

图 2.5-54　前期研究示意图

图 2.5-55　蓝色天空研究（扭曲）

图 2.5-56　蓝色天空研究（折线）

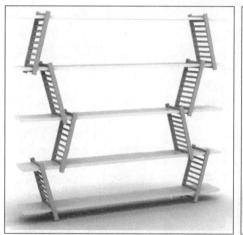

图 2.5-57　概念设计图

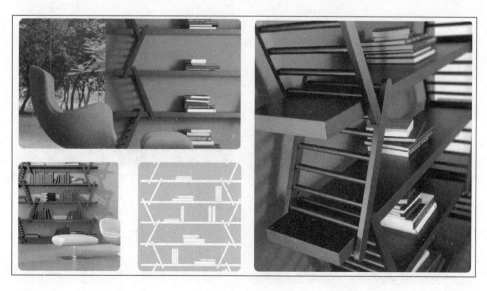

图 2.5-58　产品最终设计效果（实物照片）

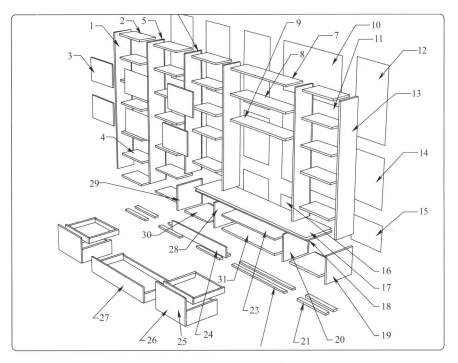

图 2.5-59　细节推敲示意图

图 2.5-60　产品系统与场景

图 2.5-61　传播版式

图 2.5-62　传播版式

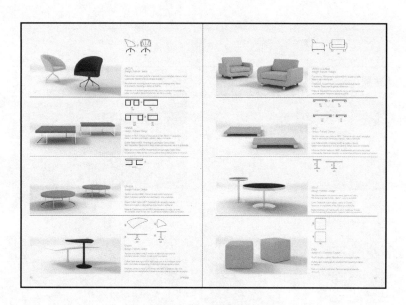

图 2.5-63　传播版式

5.5.2　品牌属性与设计表达

　　品牌的差异化价值主张需要予以界定，从而使自身的属性明晰并以此作为设计指南。如意大利著名家具品牌 B&B 的品牌属性为：设计导向、高雅和意识形态；MDF 的品牌属性是：白色、简单、最小化和功能性；LAGO 的品牌属性则是：革新、多彩和可爱。图 2.5-64、图 2.5-65 和图 2.5-66 分别是这三个品牌属性的产品设计表现。

5.5.3　生活风格与故事描述

5.5.3.1　生活风格研究

　　（1）生活情景研究

　　在每天各个时间段，对各个层次消费人群的生活状态进行影像情景捕捉，了解人们正在说什么，正在做什么，正在尝试什么。

　　生活情景头脑风暴，写出相关的中性和正面的形容词和相关名词。

图 2.5-64 B&B 品牌属性的产品设计表现

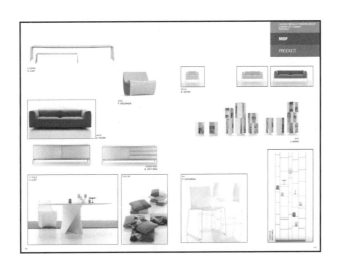

图 2.5-65 MDF 品牌属性的产品设计表现

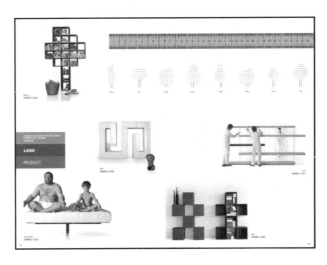

图 2.5-66 LAGO 品牌属性的产品设计表现

中性和正面的形容词 adj.——对未来的关键词设定以及场景情节把握具有至关重要的作用，从心理层面去唤醒消费者的隐性需求。

相关名词 n.——为设计要素提供依据，可以是形态上的依据，也可以是质感上的依据，总之是从微观层面响应环境。例如，一个系列的产品关键词为白色的，纯净的，与此相关的名词事物我们可能想到雪花、砂糖等，那么产品设计中可以抽象雪花的几何形态，隐于产品设计之中，材质表现出砂糖的感受，与环境和主题相一致。

从对人们生活场景的捕捉中把握人们在生活状态中的心理需求。

从心理层面进行场景设计，激起与消费者的共鸣。

（2）其他情景研究（各相关领域）

以建筑为例：在建筑领域去了解人们正在说什么，正在做什么，正在尝试什么。

建筑情景头脑风暴，写出相关的中性和正面的形容词和相关名词。

从对建筑场景的捕捉中，把握人们在生活状态中的心理需求。

从心理层面进行场景设计，激起与消费者的共鸣。

（3）生活风格转化为设计

生活风格转化为设计的流程如图 2.5-67 所示，提炼示意如图 2.5-68 所示。

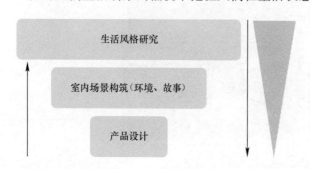

图 2.5-67　生活风格转化为设计的流程（章彰整理）

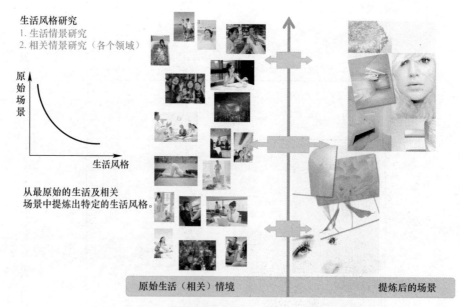

图 2.5-68　生活风格元素的提炼示意（章彰整理）

5.5.3.2　以生活风格为主题的产品及其环境设计

案例：Poliform

Poliform 为意大利家具品牌，创立于 1942 年，是国际家具行业中的领航者。其产品涵盖柜类（衣柜、电视柜、书柜)、沙发座椅类、桌类、床类及厨房类。与殿堂级著名设计师 Paolo Piva、Marcel Wanders、Carlo Colombo 及 Vincent Van Duysen 等的合作以及持续不断地研发工作,使得它的产品总是能够引领家具设计行业的潮流趋势。Poliform 的成功源自于一直保持着对现代生活方式风尚的敏锐触角,一直秉持着对品质的不懈追求。其使命在于为整个空间提供最佳的解决方案,对产品进行定制化的技术,让产品达到多功能用途,在不同的空间里,大至图书室,小至衣柜、床铺,乃至各个角落,都能够针对任何单一的物件提供个性化的解决方案,各成系统,成为体现现代风格、现代美学的典范品牌。简约、实用、完美、永恒,是其对现代居家空间理念的最佳诠释,其另一竞争优势是做工精湛,价位适中。

Poliform 产品家族以多种生活风格来予以表现,如引入自然、白色纯净、红色热情、自由色彩、湖泊往事、城市的心脏等,每一种生活风格均有对应的目标消费群体。

(1)引入灯光、走进自然

在这一主题下的所有场景都融入自然的灯光和自然,整体采用非常安全的颜色,营造自然的空间和环境,寓情于景,如图 2.5-69、图 2.5-70 所示。

图 2.5-69　客厅通过落地玻璃窗与室外环境融为一体　　　　图 2.5-70　打通餐厅的室内外界线

(2)白色纯净

整个场景的营造只用了白色以及少许的灰度色。把纯粹的感觉表现的淋漓尽致,如图 2.5-71 和图 2.5-72 所示。

图 2.5-71　具有纯净感的客厅产品与环境　　　　图 2.5-72　具有纯净感的厨房产品与环境

(3)红色热情

在纯净的环境中加入少许的红,使得整个环境活起来,但是这样的红不会超过场景的 20%,如图

2.5-73 所示。

（4）自由色彩

给生活加入了一些色彩，场景更加生活化，但是整体的色彩不会超过整个场景的 20%，如图 2.5-74
和图 2.5-75 所示。

图 2.5-73　红色热情的客厅产品与环境

图 2.5-74　色彩自由的起居室

（5）湖泊往事

整体空间营造运用了湖泊的基本色调，如图 2.5-76 所示，从图 2.5-77 可以看出其设计来源。

图 2.5-75　色彩自由的餐厅（餐椅的设计源自煎鸡蛋）

图 2.5-76　具有湖泊和历史感的客厅产品与环境

图 2.5-77　湖泊往事家具与环境的设计来源

参 考 文 献

1. 中文著作

[1]   许柏鸣. 家具设计. [M]. 北京：中国轻工业出版社，2009.

[2]   许柏鸣. 家具设计. [M]. 北京：中国轻工业出版社，2000.

[3]   许柏鸣. 现代民用家具设计精品解析. [M]. 南京：江苏科技出版社，2002.

[4]   许柏鸣. 现代家具与装饰——设计与制作. [M]. 南京：江苏科技出版社，1999.

[5]   许柏鸣. 材料的魅力——家具丛书. [M]. 南京：东南大学出版社，2004.

[6]   许柏鸣. 办公家具设计精品解析. [M]. 南京：江苏科技出版社，2002.

[7]   方海. 芬兰现代家具. [M]. 北京：中国建筑工业出版社，2002.

[8]   方海. 现代家具设计中的"中国主义". [M]. 中国建筑工业出版社，2007.

[9]   方海. 北欧设计多维透视. [M]. 南京：东南大学出版社，2013.

[10]   方海. 跨界设计：建筑与家具. [M]. 北京：中国电力出版社，2012.

[11]   方海. 20世纪西方家具设计流变. [M]. 北京：中国建筑工业出版社，2001.

[12]   方海（著），罗萍嘉（译）. 北欧现代设计的旗帜：昂蒂. 诺米斯耐米. [M]. 北京：中国建筑工业出版社，2002.

[13]   方海（著），罗萍嘉（译）. 艾洛·阿尼奥：北欧浪漫主义设计大师. [M]. 北京：中国建筑工业出版社，2002.

[14]   胡景初，方海，彭亮. 世界现代家具发展史. [M]. 北京：中央编译出版社，2005.

[15]   耿晓杰，张帆，方海. 家具大师设计作品解析. [M]. 北京：水利水电出版社，2012.

[16]   杨耀. 明式家具研究. [M]. 北京：中国建筑工业出版社，1986.

[17]   王世襄. 明式家具研究. [M]. 北京：生活. 读书. 新知三联书店，2008.

[18]   蔡易安. 清代广式家具. [M]. 上海：上海书店出版社，2001.

[19]   胡文彦. 中国家具鉴定与欣赏. [M]. 上海：上海古籍出版社，1995.

[20]   胡文彦，于淑岩. 中国家具文化. [M]. 石家庄：河北美术出版，2004.

[21]   田家青. 明清家具鉴赏与研究. [M]. 北京：文物出版社，2003.

[22]   田家青. 清代家具 [M]. 香港：三联书店，1995年.

[23]   李宗山. 中国家具史图说. [M]. 武汉：湖北美术出版社，2001.

[24]   朱家溍. 明清家具（上）（下）. [M]. 上海：上海科学技术出版社，2002.

[25]   濮安国. 中国红木家具. [M]. 杭州：浙江摄影出版社，1996.

[26]   濮国安. 明清家具装饰艺术. [M]. 杭州：浙江摄影出版社，2001.

[27]   濮安国. 明清家具. [M]. 杭州：西泠印社，2004.

[28]   濮安国. 明清家具研究选集1：明清家具鉴赏. [M]. 故宫出版社，2012.

[29]   濮安国. 明清苏式家具. [M]. 长沙：湖南美术出版社，2009.

[30]   翁同文. 中国座椅习俗. 北京：海豚出版社. 2011.

[31]   赵海明，许京生主编. 中国古代发明图话. 北京图书馆出版社北京. 1999

[32]   崔咏雪. 中国家具史. 坐具篇. [M]. 台北：台湾明文书局，1990.

[33]   胡德生. 中国古代家具. [M]. 上海：上海文化出版社1998.

[34]   胡德生. 明清宫廷家具二十四讲. [M]. 紫禁城出版社，2010.

[35]   伍嘉恩. 明式家具二十年经眼录. [M]. 故宫出版社，2010.

[36]   林寿晋. 战国细木工榫接合工艺研究. [M]. 香港：中文大学出版社，1981.

[37]   陆志荣. 清代家具. [M]. 上海书店出版社，1999.

[38]   阮长江编绘. 中国历代家具图录大全. [M]. 南京：江苏美术出版社，1992.

[39]   徐雯. 中国古家具图案. [M]. 北京：轻工业出版社，1991.

[40]   张福昌. 中国民俗家具. [M]. 浙江摄影出版社，2005.

[41] 董伯信. 中国古代家具综览. [M]. 安徽科学技术出版社

[42] 何晓道. 红妆（家有宝藏木器）. [M]. 浙江摄影出版社，2004.

[43] 何晓道. 江南明清椅子. [M]. 江苏美术出版社，2013.

[44] 赵祖武. 明清床榻. [M]. 百花文艺出版社，2006.

[45] 马书. 明清意象. [M]. 中国建筑工业出版社，2009.

[46] 马书. 明清制造. [M]. 中国建筑工业出版社，2007.

[47] 康海飞（著）. 明清家具图集1. [M]. 中国建筑工业出版社，2005.

[48] 康海飞（著）. 明清家具图集2. [M]. 中国建筑工业出版社，2007.

[49] 刘传生. 大漆家具. [M]. 故宫出版社，2013.

[50] 黄林，张一曼（著）. 住的艺术. [M]. 福建科学技术出版社　出版日期：未知

[51] 邵晓峰. 中国宋代家具：研究与图像集成. [M]. 东南大学出版社，2010.

[52] 周默. 紫檀. [M]. 山西古籍，2007.

[53] 王琥. 中国传统器具设计研究（首卷）. [M]. 江苏美术出版社，2007.

[54] 赵广超. 国家艺术：一章"木椅". [M]. 生活、读书、新知三联书店，2008.

[55] 赵广超. 笔记《清明上河图》. [M]. 生活、读书、新知三联书店，2005.

[56] 赵广超. 不只中国木建筑. [M]. 三联书店，2006.

[57] 吴美凤. 盛清家具形制流变研究. [M]. 紫禁城出版社，2007.

[58] 马未都. 坐具的文明. [M]. 紫禁城出版社，2009.

[59] 马未都. 百盒千合万和. [M]. 紫禁城出版社，2009.

[60] 王子林. 明清皇宫陈设. [M]. 故宫出版社，2011.

[61] 顾音海. 中国历代家居. [M]. 浙江摄影出版社，2006.

[62] 欧阳琳，史苇湘，史敦宇. 敦煌壁画线描集. [M]. 上海：上海书店出版社，1995.

[63] 郑振铎. 中国历史参考图谱. [M]. 北京：书目文献，1998.

[64] 尚秉和. 历代社会风俗事物考. [M]. 北京：文物出版社，2006.

[65] 沈从文. 中国古代服饰研究. [M]. 上海：上海书店出版社，2002.

[66] 中国文物交流中心编. 出土文物三百品. [M]. 北京：新世界出版社，1993.

[67] 刘萱堂，魏愫兰，章志国编绘. 中国古代器物图典. [M]. 长春：吉林美术出版社，1993.

[68] 吴山主编. 中国工艺美术大辞典. 凤凰出版传媒集团. [M]. 南京：江苏美术出版社，2011.

[69] 田自秉. 中国工艺美术史. [M]. 上海：东方出版中心，1985.

[70] 许倬云. 西周史. [M]. 北京：三联书店，2012.

[71] 米鸿宾. 道在器中—传统家具与中国文化. [M]. 北京：故宫出版社，2012.

[72] （明）王圻，王思义编著. 三才图会. [M]. 上海：上海古籍出版社，1988.

[73] （明）宋应星编著，潘吉星注释. 天工开物. [M]. 上海：上海古籍出版社，2008.

[74] （明）计成（著），胡天寿（译）. 园冶. [M]. 重庆：重庆出版社，2009.

[75] （清）李渔（著），本忠实（译注）. 闲情偶寄. [M]. 天津：天津古籍出版社，1996.

[76] 刘道广，许旸，卿尚东. 图证考工记. [M]. 南京：东南大学出版社，2012.

[77] 徐毅英. 徐州汉画像石. [M]. 北京：中国世界语出版社，1995.

[78] 湖南省博物馆等. 长沙马王堆一号汉墓（上，下）. [M]. 北京：文物出版社，1973.

[79] 《中国古代书画图目》（已出21卷）.

[80] 《中国古代版画集》第二辑（共十卷）.

[81] 《中华古文明大图典》（共八卷）.

[82] 李砚祖，张夫也（主编），朱怡芳，宋炀（编著）. 中外设计简史. [M]. 北京：中国青年出版社，2012.

[83] 何人可. 工业设计史. [M]. 北京：北京理工大学出版社，2000.

[84] 王受之. 世界工业设计史略. [M]. 上海：上海人们美术出版社，1987.

[85] 高军等. 西方现代家具与室内设计. [M]. 天津：天津科学技术出版社，1987.

[86] 董玉库. 西方历代家具风格. [M]. 哈尔滨：东北林业大学出版社，1990.

[87] 高兵强. 工艺美术运动. [M]. 上海：上海辞书出版社，2011.

[88] 高兵强. 新艺术运动. [M]. 上海：上海辞书出版社，2010.

[89] 高兵强. 装饰艺术运动. [M]. 上海：上海辞书出版社，2012.

[90] 颜勇，黄虹等. 西方设计：一部为生活制作艺术的历史. [M]. 长沙：湖南科学技术出版社，2011.

[91] 龚锦. 人体尺度与室内空间. [M]. 天津：天津科学技术出版社，1993.

[92] 彭一刚. 建筑空间组合论. [M]. 北京：中国建筑工业出版社，1983.

[93] 贾倍思. 型和现代主义. [M]. 中国建筑工业出版社，2003.

[94] 王受之. 世界现代设计史. [M]. 深圳：新世纪出版社，2001.

[95] 曾坚等. 北欧现代家具. [M]. 北京：中国轻工业出版社，2002.

[96] 陈瑞林. 中国现代艺术设计史. [M]. 长沙：湖南科技出版社，2002.

[97] 当代中国丛书：当代中国轻工业（上）. [M]. 北京：中国科学出版社，1985.

[98] 中国近代手工业史资料（1840-1949）. [M]. 北京：三联书店，1957.

[99] 陈于书等. 家具史. [M]. 中国轻工业出版社，2009.

[100] 王松永等. 台湾家具通鉴. [M]. 台北：台湾区家具工业同业公会，1999.

[101] 上海家具研究所. 家具设计手册. [M]. 北京：轻工业出版社，1989.

[102] 张恭昌. 家具结构设计. [M]. 南京林业大学讲义，1989.

[103] 蔡军，方海. 芬兰当代设计. [M]. 北京理工大学出版社，2004.

[104] 彭亮. 家具设计与制造. [M]. 高等教育出版社，2006.

[105] 胡宏述. 基本设计：智性理性和感性的孕育. [M]. 高等教育出版社，2008.

[106] 耿晓杰，张帆. 百年家具经典. [M]. 中国水利水电出版社，2006.

[107] 赵一东. 北方游牧民族家具文化研究. [M]. 内蒙古大学出版社，2013.

[108] 胡景初，李敏秀（著）. 家具设计辞典. [M]. 中国林业出版社，2009.

[109] 杨鸿勋. 江南园林论. [M]. 北京：中国建筑工业出版社 2011.

[110] 展望之. 居室雅趣. [M]. 上海：上海古籍出版社，1991.

[111] 杨泓，孙机. 寻常的精致. [M]. 沈阳：辽宁教育出版社，1996.

[112] 郭力家. 感觉画廊. [M]. 北京：中国文联出版公司，1997.

[113] 日青. 时尚发展史：如果家具会说话. [M]. 商务印书馆，2013.

[114] 王受之. 白夜北欧. [M]. 黑龙江美术出版社，2006.

[115] 午荣. 鲁班经. [M]. 华文出版社，2007.

[116] 陈耀东.《鲁班经匠家镜》研究：叩开鲁班的大门. [M]. 中国建筑工业出版社，2010.

[117] 过汉泉等. 古建筑装拆. [M]. 中国建筑工业出版社，2006.

[118] 江泽慧. 世界竹藤. [M]. 辽宁科学技术出版社，2002.

[119] 紫大师图典丛书 编辑部编. 世界设计大师图典速查手册. [M]. 陕西师范大学出版社，2003.

[120] 霍郁华等（编）. 我的世界是圆的：科拉尼和他的工业设计. [M]. 航空工业出版社，2005.

[121] 林東陽. 名椅好坐一輩子：看懂北歐大師經典設計. [M]. 台北：三采文化出版事业有限公司，2011.

[122] 李蕙蓁，谢统胜. 德意志制造. [M]. 北京：生活. 读书. 新知三联书店，2013.

2. 译著

[1] （美）爱德华. 谢弗著，吴玉贵译. 唐代的外来文明. [M]. 西安：陕西师范大学出版社，2005.

[2] （美）莱斯利. 皮娜（著），吴智慧（编译）吕九芳（编译）. [M]. 家具史：公元前3000-2000年. 北京：中国林业出版社，2008.

[3] （美）特里·马克思，（美）马修·波特（著），张婵媛（译）. 好设计. [M]. 济南：山东画报出版社，2011.

[4] （美）唐纳德·A·诺曼（著），梅琼（译者）. 设计心理学. [M]. 北京：中信出版社，2010.

[5] （美）唐纳德•A•诺曼（著），张磊（译者）. 设计心理学 2：如何管理复杂. ［M］. 北京：中信出版社，2011.

[6] （美）维克多•帕帕奈克（著），许平（编），周博等（译）. 绿色律令：设计与建筑中的生态学和伦理学. ［M］. 中信出版社，2013.

[7] （美）大卫•瑞兹曼（著）. 若澜达•昂，李昶（译）. 现代设计史. ［M］. 中国人民大学出版社，2013.

[8] （美）鲁道夫. P. 霍梅尔（著）. 戴吾三（译）. 手艺中国：中国手工业调查图录（1921-1930）. ［M］. 北京理工大学出版社，2012.

[9] （美）罗伯特•布伦纳（著）. 廖芳谊等（译）. 至关重要的设计. ［M］. 中国人民大学出版社，2013.

[10] （美）理查德•布坎南，（美）维克多•马格林（著），袁熙旸，顾华明（编），周丹丹，刘存（译）. 发现设计：设计研究探讨. ［M］. 南京：江苏美术出版社，2010.

[11] （美）维克多•帕帕奈克（著）周博（译）. 为真实的世界设计. ［M］. 中信出版社，2012.

[12] （美）史坦利•亚伯克隆比（著），赵梦琳（译）. 室内设计哲学. ［M］. 天津大学出版社，2009.

[13] （美）瓦尔特. 迈勒斯（著）迟罕，肖薇（译）设计家手册.

[14] （美）杰伊•格林（著），封帆（译）. 设计的创造力. ［M］. 北京：中信出版社. 2011.

[15] （美）唐纳德•A•诺曼（著），何笑梅，欧秋杏（译）. 设计心理学 3：情感设计. ［M］. 北京：中信出版社，2012.

[16] （美）黛比•米尔曼（著），鲍晨（译）. 像设计师那样思考. ［M］. 济南：山东画报出版社，2010.

[17] （美）莎伦•罗斯，（美）尼尔•施拉格（著），张琦（译）. 有趣的制造. ［M］. 北京：新星出版社，2008.

[18] （法）伊丽莎白•库蒂里耶（著），谢倩雪（译）. 当代艺术的前世今生. ［M］. 北京：中信出版社，2012.

[19] （法）怀特海（著），杨俊蕾（译）. 18 世纪法国室内艺术. ［M］. 广西师范大学出版社，2008.

[20] （法）莫尼卡•玛雅尔著，耿昇译. 古代高昌王国物质文明史. ［M］. 北京：中华书局，1995.

[21] （法）费尔南•布罗代乐（著），顾良，施康强（译）. 十五至十八世界的物质文明、经济和资本主义. ［M］. 北京：三联书店出版社，1996.

[22] （英）威廉•荷加斯（著），杨成寅（译），佟景韩（校）. 美的分析. ［M］. 桂林：广西师范大学出版社，2005.

[23] （英）雷纳•班纳姆（著），丁亚雷，张筱膺（译）. 第一机械时代的理论与设计. ［M］. 南京：江苏美术出版社，2009.

[24] （英）阿梅斯托（著）. 陈永国（译）. 改变世界的观念. ［M］. 上海人民出版社，2008.

[25] （英）斯蒂芬•加得纳（著）. 于培文（译）. 人类的居所：房屋的起源和演变. ［M］. 北京大学出版社，2006.

[26] （英）佩夫斯纳（著）. 殷凌云等（译）. 现代建筑与设计的源泉. ［M］. 生活•读书•新知三联书店，2001.

[27] （英）凯瑟琳•麦克德莫特，（英）希拉里•贝扬（著），郭姝涵，Ricoe Jen（译）. 不败经典设计. ［M］. 北京：中国青年出版社，2011.

[28] （英）史蒂文•帕里西恩（著），程玺等（译）. 室内设计演义. ［M］. 北京：电子工业出版社，2012.

[29] （英）斯坦因著，向达译. 斯坦因西域考古记. ［M］. 北京：商务印书馆，2013.

[30] （英）弗兰克•惠特福德（著），林鹤（译）. 包豪斯. ［M］. 成都：四川美术出版社，2009.

[31] （英）史蒂芬•贝利，特伦斯•康兰（著），唐莹（译）. 设计的智慧：百年设计经典. ［M］. 大连：大连理工大学出版社，2011.

[32] （英）罗伯特•克雷（著），尹弢（译）. 设计之美. ［M］. 济南：山东画报出版社，2010.

[33] （英）贡布里希（著）. 范景中（译）. 艺术发展史. ［M］. 天津人民美术出版社，2006.

[34] （英）马科斯•弗拉克斯（著），刘蕴芳（译）. 中国古典家具私房观点. ［M］. 中华书局，2012.

[35] （英）修•昂纳，约翰•弗莱明（著），吴介祯等（译）. 世界艺术史. ［M］. 北京：北京美术摄影出版社，2013.

[36] （日）渡部千春（著），张军（译）. 北欧设计（全三卷）. ［M］. Oversea Publishing House，1970.

[37] （日）山本由香（著），刘惠卿，曾维贞译. 北欧瑞典的幸福设计. ［M］. 北京：中国人民大学出版社，2007.

[38] （日）铃木（著），黄碧君（译）. 非设计不生活. ［M］. 北京：中国人民大学出版社，2007.

[39] （日）坂井直树（著），赖惠铃（译）. 设计的图谋. ［M］. 济南：山东人民出版社，2010.

[40] （日）坂井直树（著），赖惠铃（译）. 设计的深读. ［M］. 济南：山东人民出版社，2011.

[41] （日）柳宗悦（著），张鲁（译），徐艺乙（校）. 日本手工艺. ［M］. 桂林，广西师范大学出版社，2011.

[42] （日）柳宗悦（著），徐艺乙（译）. 工艺文化. [M]. 桂林，广西师范大学出版社，2011.

[43] （日）柳宗悦（著），徐艺乙（译）. 工艺之道. [M]. 桂林，广西师范大学出版社，2011.

[44] （日）田中一光（著），朱锷（编），朱锷等（译）. 设计的觉醒. [M]. 桂林，广西师范大学出版社，2009.

[45] （日）原研哉，阿部雅世（著），朱锷（译）. 为什么设计. [M]. 济南，山东人民出版社，2010.

[46] （德）艾克·古斯塔夫，薛吟（译）. 中国花梨家具图考. [M]. 地震出版社，1991.

[47] （德）林丁格尔（著），王敏（译）. 乌尔姆设计——造物之道. [M]. 北京：中国建筑工业出版社，2011.

[48] （瑞士）鲁格（著）. 方海等（译）. 瑞士室内与家具设计百年. [M]. 中国建筑工业出版社，2010.

[49] （奥）图加·拜尔勒，（奥）卡林·希施贝格尔（著），赵鹏（译）. 奥地利设计百年（1900-2005）. [M]. 北京：中国建筑工业出版社，2009.

[50] （芬）拜卡·高勒文玛（著），张帆，王蕾（译）. 芬兰设计：一部简明的历史. [M]. 中国建筑工业出版社，2012.

[51] （芬）约·瑟帕玛（著），武小西，张宜（译），匡宏（校）. 环境之美. [M]. 长沙，湖南科学技术出版社，2006.

[52] （俄）金兹堡（著），陈志华（译）. 风格与时代. [M]. 陕西师范大学出版社，2004.

[53] （西）比伊诺（著），于厉明等（译）. Chairs 名家名椅. [M]. 中国水利水电，2007.

[54] （荷）奥塔卡·迈塞尔，桑德·沃尔特慢，卡劳特·凡·维基克（著），屈丽娜（译）. 坐设计. [M]. 济南，山东画报出版社，2011.

3. 中文杂志论义

[1] 许柏鸣. 家具设计的定位. [J]. 家具. 2004（10）.

[2] 许柏鸣. 家具业的基本属性与企业的设计定位. [J]. 家具. 2007（01.）

[3] 许柏鸣. 家具企业的竞争策略与价值优势. [J]. 家具. 2007（03）.

[4] 许柏鸣. 家具产品系统的设计战略. [J]. 家具. 2007（05）.

[5] 许柏鸣. 设计需求分析. [J]. 家具. 2007（07）.

[6] 许柏鸣. 告别极简主义——从意大利设计的最新思潮看家具创新思路的突破. [J]. 家具与室内装饰. 2006（12）.

[7] 许柏鸣. 现代家具设计（系列文章）. [J]. 家具. 2000（01～12）.

[8] 许柏鸣. 办公形态的发展与办公家具. [J]. 家具. 2002（01）.

[9] 许柏鸣. 市场细分与产品设计. [J]. 家具. 2002（03）.

[10] 许柏鸣. 办公桌的设计与制造. [J]. 家具. 2002（05）.

[11] 许柏鸣. 收纳类办公家具的设计. [J]. 家具. 2002（07）.

[12] 许柏鸣. 办公家具的延展设计. [J]. 家具. 2002（09）.

[13] 许柏鸣. 办公家具设计与开发的程序与方法. [J]. 家具. 2002（11）.

[14] 许柏鸣. 人造板家具的结构设计（上）. [J]. 林产工业. 2001（03）.

[15] 许柏鸣. 人造板家具的结构设计（下）. [J]. 林产工业. 2001（05）.

[16] 章彰，许柏鸣. 玫瑰椅的标准化设计思想. [J]. 家具与室内装饰. 2009（4）.

[17] 方海. 库卡波罗的设计经典——从"库卡波罗50周年回顾展"谈起. [J]. 装饰，2008年05期.

[18] 方海. 丹麦现代家具. [J]. 装饰，2000年05期.

[19] 方海. 威勒海蒙·家具. [J]. 装饰，2000年05期.

[20] 方海. 《从古典漆家具看中国家具的世界地位的作用》[J]. 家具与室内装饰. 2002年第6期.

[21] 方海. 设计·质量及中国家居的未来：设计大师库卡波罗、著名企业家沃伦尤里访谈录. [J]. 室内设计与装修，2004年01期.

[22] 方海. 现代设计与中国家具的未来——设计大师约里奥·库卡波罗访谈录. [J]. 家具与室内装饰，2004年01期.

[23] 方海. 赫尔辛基2006年"椅子"家具设计国际论坛展览作品. [J]. 装饰，2006年11期.

[24] 方海，周浩明. 西方现代家具设计中的中国风（下）. [J]. 室内设计与装修，1998年01期.

[25] 方海，唐飞. 设计——人类宝贵的财富. [J]. 室内设计与装修，1998年04期.

[26] 方海，陈红. 现代家具设计中的"中国主义"——对椅子原型的研究. [J]. 装饰，2002年03期.

[27] 方海，景楠. 从《考工记》到《鲁班经》：中国人的设计观. [J]. 家具与室内装饰，2011年07期.

[28] 方海，景楠. 专业化改善生活质量：以芬兰当代设计三杰为例. [J]. 家具与室内装饰，2012 年 02 期.

[29] 关惠元. 板式家具结构——五金连接件及应用. [J]. 家具. 2007（7）.

[30] 胡德生. 浅析历代的床和席. [J]. 故宫博物院院刊，1988 年 01 期.

[31] 王世襄. 束腰与托腮：漫话古代家具与建筑的关系. [J]. 文物，1982 年 01 期.

[32] 张德祥. 肴桌小考. [J]. 收藏家，1995 年 05 期.

[33] 陈增弼. 明式黄花梨家具之美. [J]. 装饰，1996 年 01 期.

[34] 陈绍棣. 战国楚漆器述略. [J]. 中原文物，1986 年 01 期.

4. 外文著作

[1] Fang, Hai. *Yrjö Kukkapuro*. [M]. Southeast University Press. Nanjing, 2001.

[2] Fang, Hai. *Eero Aarnio*. [M]. Southeast University Press. Nanjing, 2002.

[3] Michale. H. *Shaker*. [M]. Eagle Editions, 1989.

[4] Bemd, P. *Design Directory Scandinavia*. [M]. Pavilion Books Limited, 1999.

[5] Ulf, H. *Modern Scandinavian Furniture*. [M]. Helsink: Otava Publishing Co., 1963.

[6] Catherine, M. D. *20cth Design*. [M]. Canton Books Limited, 1997.

[7] Fiona&Keith, B. *20cth Furniture*. [M]. Canton Books Limited, 2000.

[8] Elizabeth, C. & Wendy, K. *The Arts And Crafts Movement*. [M]. Thames&Hudson Ltd, 1995.

[9] Alastair, D. *Art Nouveau*. [M]. Thames&Hudson Ltd, 1997.

[10] Geoffrey, W. &Dan, K. *Art Nouveau And Art Deco*. [M]. Chancellor press, 1996.

[11] Susan, A. S. *Art Nouveau Spirit Of The Belle Epoque*. [M]. Smithmark Publishers, 1996.

[12] Alastair, D. *Encylopedia of Art Deco*. [M]. Grange Books, Singapore, 1998.

[13] Patricia, B. *Art Deco Interiors*. [M]. Thames&Hudson Ltd, 1997.

[14] Alastair, D. *Art Deco*. [M]. Thames&Hudson Ltd, 1995.

[15] Magdalena, D. *Bauhaus*. [M]. Benedikt Taschen Verlag GmbH, 1993.

[16] Frank W. *Bauhaus*. [M]. Thames&Hudson Ltd, 1995.

[17] Adriana, B. S. *Furniture From Rococo To Art Deco*. [M]. Benedikt Taschen Verlag GmbH, 2000.

[18] Lydia, D. *Furniture*. [M]. Eagle Editions, 1998.

[19] Pater, G. *Frank Lloyd Wright*. [M]. Benedikt Taschen Verlag GmbH, 1994.

[20] Spencer, H. *Frank Lloyd Wright*. [M]. Brompto Books Corporation, 1993.

[21] Philippe, G. *Twentieth-Century Furniture*. [M]. Phaidon press Limited, 1980.

[22] Margaret, D. *Scandinavian Modem Design 1880-1980*. [M]. HARRY N. Abrams, 1982.

[23] Fiell, Charlotte. Fiell, Peter. *60s Decorative Art*. [M]. Benedikt Taschen Verlag GmbH, 2000.

[24] *1000 Masterpieces from the Vitra Design*. Museum Collection, 1996.

[25] Sembach, *Twentieth-Century Furniture Design*. [M]. TASCHJEN GmbH, 2002.

[26] Richard, W. *Modernism*. [M]. Phaidon Press Limited, 1996.

[27] John, M. *Furniture: The Western Tradition History Style Design*. [M]. London: OEames & Hudson Ltd, 1999.

[28] Eames, D. *An Eames Primer*. [M]. London: Thames&Hudson Ltd, 2001.

[29] Freeman, Michael and others. *In the Oriental Style: A Sourcebook of Decoration and Design*. [M]. London: T&H, 1990.

[30] Grosier, J. -B. *The World of Ancient China*. [M]. London: John Gifford, 1972.

[31] Lao Zi. *The Book of Tao and Teh*. [M]. Translated by Gu Zhengkun, Peking University Press, 1995. 8.

[32] Siggstedt, Mette. *Kinesiskt Siden*. [M]. Stockholm: östasiatiska Museets Monografiserie Volym no. 11, 1990.

[33] —*Te Som Konst*. [M]. Stockholm: Ostasiatiska Museets Monografiserie Volym no. 14, 1996.

[34] Silcock, Arnold. *Introduction to Chinese Art and History*. [M]. London, 1935, 1947.

[35] Silva, Anil Dc. *Chinese Landscape Painting in Dunhuang Carves*. [M]. London: Methuen, 1964.

[36] Tregear, Mary. *Chinese Art*. [M]. London: T&H, 1980.

[37] Berliner, Nancy and Sarah Handler. *Friends of the House: Furniture from China's Towns and Villages*. [M]. Salem Massachusetts: Peabody Essex Museum, 1995.

[38] Beurdeley, Michel. *Chinese Furniture*. [M]. Tokyo, New York and San Francisco: Kodansha International, 1979.

[39] Bruce, Grace Wu. *Chinese Classical Furniture*. [M]. Oxford University Press, 1995.

[40] Cescinsky, Herbert. *An Introduction to Chinese Furniture: A Series of Examples from "Collection in France"*. [M]. London: Bean Brothers Limited, 1922.

[41] Chai, Chenyang. *Zitan: The Most Noble Hardwood*. [M]. Taipei: Humble House Press, 1996.

[42] Clunas, Craig. *Chinese Furniture*. [M]. London: V&A Museum, Far Eastern Series, 1988.

[43] Dupont, Maurice. *Chinesische Möbel*. [M]. Stuttgart: Verlag Julius Hoffmann, 1926.

[44] Ellsworth, R. H.. *Chinese Furniture: Hardwood Examples of the Ming and Early Qing Dynasties*. [M]. London and Glasgow: Collins, 1971.

[45] —*Chinese Hardwood Furniture in Hawaian Collections*. Honolulu Academy of Arts, 1982.

[46] Jones, Rebecca Rice and Angus Forsyth. *Wood From the Scholar's Table: Chinese Hardwood Carvings and Scholar's Articles*. [M]. Hong Kong: Artfield Gallery, 1984.

[47] Kates, George N.. *Chinese Household Furniture*. [M]. New York: Dover Publishing Inc. 1948, 1962.

[48] Laufer, Berthold. *Chinese Baskets*. [M]. Chicago: Field Museum of Natural History, 1925.

[49] Roche, Odilon. *Meubles De La Chine*. [M]. Paris: Librairje Des Arts Decoratifs, 1922.

[50] Ruitenbeek, Klaas. *Carpentry and Building in Late Imperial China: A Study of the Ffleenth-Centuiy Carpenter's Manual "Lu Ban Jing"*. [M]. Leiden, New York, Köln: E. J. Brill, 1993.

[51] Stone, Louise Hawley. *The Chair in China*. [M]. Toronto: Royal Ontario Museum of Archaeology, 1952.

[52] Strange, Edward F.. *Catalogue of Chinese Lacquer*. [M]. London: V&A Museum Dept. of Wood-Work, 1925.

[53] Wang, Shixiang. *Classic Chinese Furniture: Ming and Early Qing Dynasties*. [M]. London: Han-Shan Tang Ltd. 1986.

[54] Wang, Shixiang and Curtis Evarts. *Masterpieces from the Museum of Classic Chinese Furniture*. [M]. Chicago and San Francisco: Chinese Art Foundation, 1995.

[55] Wang, Shixiang and Wan-go Weng. *Bamboo Carving of China*. [M]. New York: China House Gallery and China Ins.

[56] Yee, Ip and Laurence C. S. Tam. *Chinese Bamboo Carving*. [M]. Hong Kong Museum of Art, 1978.

[57] *Aalto Interiors 1923-1935*. [M]. Jyväskylä: Gummerus Oy, 1986.

[58] Adam, Peter. *Eileen Gray: Archtect — Designer*. [M]. A Biography. T&H, 1987.

[59] Asenbaum, Paul and others. Otto Wagner: *Möbel und Innenräume*. [M]. Residenz Verlag, 1984.

[60] Baroni, Daniele. *Gerrit Thomas Rietveld Furniture*. [M]. London: Academy Editions, 1978.

[61] Baroni, Daniele and Antonio D'Auria. *Josef Hoffmann und die Wiener Werkstätte*. [M]. Stuttgart: Deutsche Verlags-Anc 1984.

[62] Bayer, Patricia. *Art Deco Interiors: Decoration and Design Classics of the 1920s and 1930s*. [M]. London: T&H, 1 -1997.

[63] Beard, Geoffrey. *The National Trust Book of the English House Interior*. [M]. Penguin Books in Association with The Nanc Trust, 1990.

[64] Beer, Eileene Harrison. *Scandinavian Design: Objects of a Life Style*. [M]. New York: The American-Scandinavian Society, 1975.

[65] Bell, J. Munro. *The Chippendale Director*. [M]. Wordsworth Editions, 1990.

[66] —*The Sheraton Director*. [M]. Wordsworth Editions, 1990.

[67] Blaser, Werner. *AlvarAalto als Designer*. [M]. Germany: Deutsche Verlags-Anstalt, 1982.

[68] —*Folding Chairs*. [M]. Basel, Boston and Stuttgart: Birkhäuser Verlag, 1982.

[69] Bogle, Michael and Peta Landman. *Modern Australian Furniture*: *Profiles of Contemporary Designers-Makers*. [M]. Austri. Craftsman House, 1989.

[70] Bosley, Edward R.. *Gamble House*: *Greene and Greene*. [M]. Phaidon Press Ltd. 1992.

[71] Böhn-Jullander, Ingrid. *Bruno Mathsson*. [M]. Lund Sweden: Kristianstads Boktryckeri AB, 1992.

[72] Brackett, Oliver. *Thomas Chippendale*. [M]. London, 1924.

[73] Bradford, Peter and Barbara Prete. Chair: *The Current State of the Art*, *with the Who*, *the Why*, *and the What of It*. [M]. New York: Thomas Y. Crowell, 1978.

[74] Bridge, Mark. *An Encyclopedia of Desks*. [M]. The Welifleet Press, 1988.

[75] Byars, Mel. *50 Chairs*: *Innovations in Design and Materials*. [M]. New York, 1996.

[76] Capella, Juli and Quim Larrea. *Designed by Architects in the 1980s*. [M]. New York: Rizzoli, 1987.

[77] Collins, Michael. *Post-Modern Design*. [M]. London: Academy Editions, 1989, 1990.

[78] Colombo, Sarah. *The Chair*: *An Appreciation*. [M]. Aurum Press, London, 1997.

[79] Conran, Sir Terence. *Terence Conran on Design*. [M]. London: Conran Octopus, 1996.

[80] Cunningham, Allen. *Modern Movement Heritage*. [M]. London and New York: E&FN Spon, An Imprint of Routledge, 1998.

[81] Curtis, Lee J.. Lloyd Loom. *Woven Fibre Furniture*. [M]. London: Salamander Books Limited, 1991.

[82] Dalisi, Riccardo. *Gaudi*: *Furniture & Objects*. [M]. New York: Barron's Woodbury, 1980.

[83] Danto, Arthur C.. *397 Chairs*. [M]. New York: Harry N. Abrams Inc. 1988.

[84] Darbyshire, I. ydia. *Furniture*. [M]. London: Eagle Editions, 1996.

[85] Denker, Ellen and Bert. *The Rocking Chair Book*. [M]. New York: Mayflower Books Inc. 1979.

[86] Dieckmann. Erich. *MöbeIbau in HoLz. Rohr und Stahl*. [M]. Stuttgart: Julius Hoffmann Verlag, 1931.

[87] Domergue. Denise. Artist *Design Furniture*. [M]. New York: Harry N. Abrams, 1984.

[88] Donovan, and Green. *The Hood Chair in America*. [M]. New York: Estelle D. Brickel and Stephan B. Brickel, 1982.

[89] Dormer, Peter. *The New Furniture*: *Trends + Traditions*. [M]. T&H, 1987.

[90] Downey, Claire. *New Furniture*. [M]. T&H, 1992.

[91] Duncan, Alastair. *The Encyclopedia of Art Deco*. London, 1988, 1998. — *Art Nouveau*. [M]. London: T&H, 1994, 1997.

[92] Durant, Stuart. *C. F. A. Voysey*. [M]. London: Academy Editions/St Martin's Press, 1992.

[93] Faber, Tobias. *Arne Jacobsen*. [M]. Stuttgart: Verlag Gerd Hatje, 1964.

[94] Fahr-Becker, Gabriele. *Wiener Werkstdtte 1903-1932*. [M]. Benedikt Taschen, 1995.

[95] Fang, Hai. *Yrjö Kukkapuro*. [M]. Southeast University Press. Nanjing 2001

[96] Fang, Hai. *Eero Aarnio*. [M]. Southeast University Press. Nanjing 2002

[97] Fiell, Charlotte & Peter. *Charles Rennie Mackintosh 1868-1928*. [M]. Köln and other Cities: Taschen, 1995.

[98] —*1000 Chairs*. [M]. Taschen, Köln, 1997.

[99] —*Design of the 20th Century*. [M]. Taschen, Köln, 1999.

[100] Filbee, Marjorie. *Dictionary of Country Furniture*. [M]. London: The Connoisseur Press, 1977.

[101] Fleming, John and Hugh Honour. *The Penguin Dictionary of Decorative Arts*. [M]. London: Allen Lane, 1977.

[102] Frey, Gilbert. *The Modern Chair*: *1850 to Today*. [M]. Tenfen Switzerland: Verlag Arthur Niggli Ltd. 1970.

[103] Futagawa, Yukio. *Frank Lloyd Wright*: *Selected Houses 5*. [M]. Japan, 1990.

[104] Gandy, Charles D. *Contemporary Classics*: *Furniture of the Masters*. [M]. Mcgraw-Hill Book Company, 1981.

[105] *Gebogenes Holz Konstruktive Entwurfe Wien 1840-1910. Wien*, 1979.

[106] Gössel, Peter and Gabriele Leuthöuser. *Frank Lloyd Wright*. [M]. Benedikt Taschen, 1991.

[107] Hanks, David A.. *The Decorative Designs of Frank Lloyd Wright*. [M]. London: Studio Vista, 1979.

[108] Hart, Spencer. *Frank Lloyd Wright*. [M]. Grange Books, 1993.

[109]   Hausen, Marika and Kirmo Mikkola, Anna-Lisa Amberg and Tytti Valto. *Eliel Saarinen Projects 1896-1923*. [M]. Helsinki: Otava Publishing Company Ltd. 1990. *HendrikPetrus Berlage: Complete Works*. [M]. New York: Rizzoli, 1987.

[110]   Herausgaben von Edite' par Gerd Hatje. *New Furniture*. [M]. Stuttgart: Verlag Gerd Hatje, 1958.

[111]   Himmeiheber, Georg. *Biedermeier Furniture*. [M]. Lnodon: Faber and Faber, 1974.

[112]   Hiort, Esbjörn. *Modern Danish Furniture*. [M]. Copenhagen: Jul. Gjellerups Forlag, 1956.

[113]   Honour, Hugh. *Cabinet Makers and Furniture Designers*. [M]. London and other Cities: Spring Books, 1969.

[114]   Horsham, Michael. *Shaker Style*. [M]. Eagle Editions, 1989, 1998.

[115]   Howarth, Thomas. *Charles Rennie Mackintosh and the Modern Movement*. [M]. London, Henley and Boston: Routledge & Kegan Paul, 1952, 1977.

[116]   Humphries, Lund. *Modern Chairs 1918-1970*. [M]. London, 1970.

[117]   Jalk, Grete. *40 Years of Danish Furniture Design: The Copenhagen Cabinet-Makers's Guild Exhibitions 1927 - 1966*. [M]. Teknologisk Instituts Forlag, 1987.

[118]   Johnson, Peter. *The Phillips Guide to Chairs*. [M]. Merehurst Limited, 1989, Premier Books, 1993.

[119]   Jones, Owen. *The Grammar of Ornament*. [M]. First published in London in 1856 by Day & Son, Lincoln's Inn Fields, this edition by Parkgate Books Ltd, London, 1997. — *The Grammar of Chinese Ornament*. [M]. First published in London in 1869 by Day & Son, Lincoln's Inn Fields, this edition by Parkgate Books Ltd, London, 1997.

[120]   Joy, Edward T. *The Country Life Library of Antiques: Chairs*. [M]. Country Life Books, 1967, 1980.

[121]   —*The Connoisseur Illustrated Guides: Furniture*. [M]. London: The Connoisseur, 1972.

[122]   Julier, Guy. *The Thames and Hudson Dictionary of 20th-Century Design and Designers*. [M]. London: T&H, 1993, 1997.

[123]   Kaplan, Wendy. *The Arts and Crafts Movement*. [M]. London: T&H, 1991, 1995.

[124]   — *"The Art That Is Life": The Arts & Crafts Movement in America, 1875-1920*. [M]. Museum of Fine Art, Boston, 1987.

[125]   Karlsen, Arne. *Dansk Möbel Kunst*. [M]. Christian Ejlers, 1990 (Bindl), 1991 (Bind2).

[126]   Karlsen, Arne and Arker Tiedemann. *Made in Denmark: A Picture Book about Modern Danish Arts and Crafts*. [M]. Copenhagen: Jul. Gjellerup, 1960.

[127]   King, Constance. *An Encyclopedia of Sofas*. [M]. The Welifleet Press, 1989.

[128]   Kirkham, Pat. *Charles and Ray Eames: Designers of the Twentieth Century*. [M]. The MIT press, 1995, 1998.

[129]   Korvenmaa, Pekka. *Ilmari Tapiovaara*. [M]. Barcelona: Santa & Cole, 1997.

[130]   Kuper, Marijke and Ida Van Zijl. *Gerrit Thomas Rietveld: The Complete Works 1888-1964*. [M]. Central Museum Utrecht, 1992.

[131]   Lambourne, Lionel. *Utopian Craftsmen: The Arts and Crafts Movement from the Cotswolds to Chicago*. [M]. London: Astragal Books, 1980.

[132]   Lind, Carla. *The Wright Style*. [M]. T&H, 1992.

[133]   Makinson, Randell L.. *Greene & Greene: Furniture and Related Designs*. [M]. Santa Barbara and Salt Lake City: Peregrine Smith Inc. 1979.

[134]   *Marcel Breuer Design*. [M]. Berlin: Benedikt Taschen, 1994.

[135]   Martinell, Cesar. *Gaudi: His Life, His Theories, His Work*. [M]. Barcelona: Editorial Blume, 1975.

[136]   Mcdermott, Catherine. *Design Museum: 20th Century Design*. [M]. Carlton, London, 1997.

[137]   McFadden, David Revere. *Scandinavian Modern Design 1880-1980*. [M]. New York: Harry N. Abrams, Inc., 1982.

[138]   Meadmore, Clement. *The Modern Chair Classics in Production*. [M]. Van Nostrand Reinhold Company, 1979.

[139] Moody, Ella. *Decorative Art in Modern Interiors*. [M]. Vol. 59. London: Studio Vista, 1969.

[140] —*Modern Furniture*. [M]. London, 1966.

[141] Nakashima, George. *The Soul of a Tree — A Woodworker's Reflections*. [M]. Kodansha International Ltd. 1981.

[142] Naylor, Gillian. *The Bauhaus Reassessed Sources and Design Theory*. [M]. London: The Herbert Press, 1985.

[143] —*William Morris by Himself Designs and Writings*. [M]. London & Sydney, 1988.

[144] Nernsen, Jens. *Hans J. Wegner*. [M]. Copenhagen: Danish Design Centre, 1995.

[145] Neuhart, John and Marilyn and Ray Eames. *Eames Design: The Work of the Office of Charles and Ray Eames*. [M]. Ernst & Sohn, 1989.

[146] Nuttgens, Patrick. *Mackintosh and his Contemporaries in Europe and America*. [M]. John Murray, 1988.

[147] Ostergard, Derek E.. *Bent Wood and Metal Furniture 1850-1946*. [M]. The American Federation of Arts and The University of Washington Press, 1987.

[148] Page, Marian. *Furniture Designed by Architects*. [M]. London: The Architectural Press, 1980.

[149] Pallasmaa, Juhani (Preface). *Alvar Aalto Furniture*. [M]. Museum of Finnish Architecture, Finnish Society of Crafts and Design, Artek, 1984.

[150] Pfannschmidt, Ernst Erik. *Metallmöbel*. [M]. Stuttgart: Julius Hoffmann Verlag.

[151] Pile, John. *Furniture: Modern + Postmodern /Design + Technology*. [M]. A Wiley-Interscience Publication and John \ V: e. & Sons Inc. 1990.

[152] Roth, Richard and Susan King. *Beauty is Nowhere: Ethical Issues in Art and Design*.. [M]. Amsterdam: G+B Arts International. 1998.

[153] Ruoff, Abby. *Making Twig Furniture & Household Things*. [M]. Hartleg & Marks Publishers, 1991.

[154] Russell, Frank. *Art Nouveau Architecture*. [M]. London: Academy Editions, 1979. —*A Century of Chair Design*. [M]. Great Britain: Academy Editions, 1980.

[155] Saarinen, Eliel. *The Search for Form in Art and Architecture*. [M]. New York: Dover Publications.

[156] Sack, Albert. *The New Fine Points of Furniture — Early America: Good, Better, Best, Superior, Masterpiece*. [M]. New York: Crown Publishers Inc. 1993.

[157] Schmidt, Robert. *Mbbel*. [M]. Berlin: Richard Carl Schmidt & Co. 1922.

[158] Schmitz, Dr. Hermann. *The Encyclopedia of Furniture*. [M]. Germany: Ernest Benn Limited, 1926.

[159] Schofield, Maria. *Decorative Art and Modern Interiors*. [M]. Vol. 67. London: Studio Vista, 1978.

[160] Sembach, Klaus-Jurgen. *Henry Van De Velde*. [M]. London: Thames and Hudson, 1989. —*Art Nouveau: Utopia: Reconciling The Irreconcilable*. [M]. Benedikt Taschen, 1991.

[161] Shea, John G.. *The Pennsylvania Dutch and Their Furniture*. [M]. New York and other Cities: Van Nostrand Reinhold Company, 1980.

[162] Steensberg, Axel. *Danske Bondembbler*. [M]. Nyt Nordisk Forlag Arnold Busck, 1973.

[163] Stem, Seth. *Designing Furniture: from Cencept to Shop Drawing: A Practical Guide*. [M]. USA: The Taunton Press, 1989.

[164] Stimpson, Miriam. *Modern Furniture Classics*. [M]. London: The Architectural Press, 1987.

[165] Suthurland, Giles. *Explorations in Wood: The Furniture & Sculpture of Tim Stead*. [M]. Edinburge: Canongate, 1993.

[166] The Bauhaus: *Masters and Students*. [M]. New York: Barry Friedman Ltd. 1988. *Thonet Bugholzmöbel Gesamtkatalog 1911 & 1915*. [M]. Osterreichischer Kunst -und Kulturverlag, 1994.

[167] Tojner, Poul Erik and Kjeld Vindum. *Arne Jacobsen: Architect & Designer*. [M]. Copenhagen: Danish Design Centre, 1996.

[168] Truman, Nevic. *Historic Furnishing*. [M]. London: Sir Isaac Pitman & Sons Ltd. 1950.

家具设计资料集

512

[169] Whitford, Frank. *Bauhaus*. [M]. London: T&H, 1984, 1995.

[170] Wilk, Christopher. *Marcel Breuer: Furniture and Interiors*. [M]. New York: The Museum of Modern Art, 1981.

[171] Wilkie, Angus. *Biedermeier*. [M]. London: Chatto & Windus, 1987.

[172] Willett, John. *The Weimar Years: A Culture Cut Short*. [M]. London: T&H, 1984.

[173] Woodham, Jonathan M.. *Twentieth -Century Design*. [M]. Oxford University Press, 1997.

[174] Yates, Simon. *An Encyclopedia of Chairs*. [M]. London: The Wellfleet Press, 1988.

[175] Zaczek, Iain. *Essential William Morris*. [M]. Dempsey Parr, London, 1999.

[176] Alexander, Speltz. *The Styles of Ornament*. [M]. New York: Dover Publications, 1959.

[177] Barnard, Julian. *The Decorative Tradition*. [M]. London: The Architectural Press, 1973.

[178] Bayley, Stephen and Philippe Garner. *Twentieth-Century Style & Design*. [M]. London: Thames and Hudson, 1986.

[179] Becker, Howard S. *Art Worlds*. [M]. University of California Press, 1982.

[180] Benton, Tim and Charlotte. *Form and Function: A Source Book for the History of Architecture and Design 1890- 1939*. [M]. London: Crosby Lockwood Staples, 1975.

[181] Boardman, John. *Athenian BlackFigure Vases*. [M]. T&H, 1974, 1991, 1997.

[182] —*Early Greek Vase Painting*. [M]. T&H, 1998.

[183] Bocola, Sandro. *African Seats*. Trestel, Munich. [M]. New York, 1995.

[184] Boger, Louise Ade. *The Complete Guide to Furniture Styles*. [M]. London: George Allen and Unwin Ltd. 1961.

[185] Burchell, Sam. *A History of Furniture*. [M]. New York: Harry N. Abrams, Inc. 1991.

[186] Camesasca, Ettore. *History of the House*. [M]. London and Glasgow: Collins, 1968, 1971.

[187] Cescinsky, Herbert. *English Furniture from Gothic to Sheraton*. [M]. New York: Bonanza Books, 1929, 1937.

[188] Cooper, Jeremy. *Victorian & Edwardian Furniture & Interiors: From the Gothic Revival To Art Nouveau*. [M]. London: T&H, 1987, 1998.

[189] Cotton, Bernard D.. *The English Regional Chair*. [M]. Antique Collectors' Club, 1990, 1991. *De Stijl 1917- 1931: Visions of Utopia*. [M]. Oxford: Phaidon, 1982.

[190] Dormer, Peter. *The Meanings of Modern Design: Towards The Twenty-First Century*. [M]. T&H, 1990, 1991.

[191] Fairbanks, Jonathan L. and Elizabeth Bidwell Bates. *American Furniture 1620 to the Present*. [M]. New York: Richard Marek Publishers, 1981.

[192] Feduchi, Luis. *A History of World Furniture*. [M]. Barcelona: Editorial Blume Milanesado, 1975.

[193] Forty, Adrian. *Objects of Desire: Design and Society 1750-1980*. [M]. London: T&H, 1986.

[194] Garner, Philippe. *Twentieth — Century Furniture*. [M]. London: Phaidon, 1980.

[195] Giedion, Siegfried. *Mechanization Takes Command — a contribution to anonymous history*. [M]. W. W. Norton & Company, New York, London, 1969.

[196] Gilbert, Christopher. *English Vernacular Furniture 1750-1900*. [M]. Yale University Press, 1991.

[197] Gloag, John. *The Englishman's Chair: Origins, Design, and Social History of Seat Furniture in England*. [M]. London: George Allen & Unwin Ltd. 1964.

[198] Harries, Karsten. *The Ethical Function of Architecture*. [M]. The MIT Press, 1997, 1998.

[199] Harvey, David. *The Condition of Postmodernity: An Enquiring into the Origins of Cultural Change*. [M]. USA: Blackwell, 1991-1997.

[200] Honour, Hugh and John Fleming. *A World History of Art*. [M]. Great Britain: Laurence King, 1984.

[201] Jackson, Lesley. *The New Look: Design in the Fifties*. [M]. London: T&H, 1991. — "*Contemporary*": Ar-

chitecture and Interiors of the 1950s. [M]. London: Phaidon, 1994. — *The Sixties: Decade of Design Revolution*. [M]. Lpndon: Phaidon, 1998.

[202] Lockwood, LV.. *Amerikanische Möbel Der Kolonialzeit*. [M]. Stuttgart: Verlag Von Julius Hoffmann, 1948.

[203] Lucie-Smith, Edward. *Furniture: A Concise History*. [M]. London: T&H, 1979, 1995.

[204] MacCarthy, Fiona. *All Things Bright & Beautiful: Design in Britain 1830 to Today*. [M]. London: George Allen & Unwin Ltd. 1972.

[205] Mang, Karl. *History of Modern Furniture*. [M]. Academy Editions, London 1979, Stuttgart 1978.

[206] Marcus, George H. *Functionalist Design: An Ongoing History*. [M]. Trestel, Munuch, New York, 1990, 1995.

[207] Margolin, Victor. *The Struggle for Utopia: Rodchenko, Lissitzky, Moholy. Nagy 191 7-1946*. [M]. London and Chicago: The University of Chicago Press, 1997.

[208] Massey, Anne. *Interior Design of the 20th Century*. [M]. T&H, 1990, 1996.

[209] Naukkarinen, Ossi and Olli Immonen. *Art and Beyond: Finnish Approaches to Aesthetics*. [M]. International Institute of Applied Aesthetics and The Finnish Society for Aesthetics, 1995.

[210] Pain, Howard. *The Heritage of Country Furniture: A Study in the Survival of Formal and Vernacular Styles from the USA, Britain and Europe found in Upper Canada 1780-1900*. [M]. Toronto and other Cities: Van Nostrand Reinhold Ltd. 1978.

[211] Papanek, Victor. *Design for the Real World: Human Ecology and Social Change*. [M]. London: T&H, 1984, 1991.

[212] —*The Green Imperative: Ecology and Ethics in Design and Architecture*. T&H, 1995.

[213] Parrot, Andre. *Nineveh and Babylon*. [M]. London: T&H, 1961.

[214] Periäinen, Tapio. *Soul in Design: Finland as an Example*. [M]. Helsinki: Kirjayhtymä, 1990.

[215] Price, Bernard. *The Story of English Furniture*. [M]. British Broadcasting Corporation, 1978.

[216] Reeves, David. *Furniture: An Explanatory History*. [M]. London: Faber and Faber Limited, 1947.

[217] Roe, Fred. *A History of Oak Furniture*. [M]. London: The Connoisseur.

[218] Rogers, John C.. *English Furniture*. [M]. London: Country Life Limited, 1923, 1950.

[219] Sembach, Klaus-Jurgen. *Henry Van De Velde*. [M]. London: Thames and Hudson, 1989. — *Art Nouveau: Utopia: Reconciling The Irreconcilable*. Benedikt Taschen, 1991.

[220] Siverman, David P. *Masterpieces of Tutankhamun*. [M]. New York: Abbeville Press, 1978.

[221] Sparkes, Ivan G.. *The English Country Chair: An Illustrated History of Chair and Chairmaker*. [M]. Spurbooks Limited, 1973.

[222] Spivey, Nigel. *Etruscan Art*. [M]. London: T&H, 1997.

[223] Sprigg, June and David Larkin. *Shaker: Life, Work, and Art*. [M]. New York: Stewart, Tabori & Chang, 1987.

[224] Stangos, Nikos. *Concepts of Modern Art: From Fauvism to Postmodernism*. [M]. London: T&H, 1974, 1981, 1994.

[225] Tansey, Richard G. and Fred S. Kleiner. *Art through the Ages*. Harcourt Brace College Publishers, 1926-1996.

[226] Wanscher, Ole. *Mdbeltyper*. [M]. Copenhagen: Nyt Nordisk Forlag-Arnold Busck, 1932.

[227] —*Möbelkonsten: Typer Och Interiöere Fran Fem Artusenden*. [M]. Forum Copenhagen, 1966.

[228] —*Sella Curulis. The Folding Stool: An Ancient Symbol of Dignity*. [M]. Copenhagen: Rosenkilde and Bagger, 1980.

[229] —*Möblets Aestetik: Formernes Forvandling*. [M]. Arkitektens Forlag Copenhagen, 1985.

[230] Warncke, Carsten-Peter. *The Ideal as Art: De Stijl 1917-1 931*. [M]. Benedikt Taschen, 1991.

[231] Warren, Geoffrey and Dan Klein. *Art Nouveau and Art Deco*. [M]. London: Chanceller Press, 1974, 1978.

[232] Watson, Sir Francis (introduction) and Others. *The History of Furniture*. [M]. London: Orbis Publishing, 1976.

[233] Weton, Richard. *Modernism*. [M]. London: Phaidon. 1996

[234] Adamson, Jeremy. *American Wicker — Woven Furniture From 1850 To 1930*. [M]. New York: Rizzoli, 1993.

[235] Conrad, Peter. *Modern Times, Modern Places: Life & Art in the 20th Century*. [M]. London: T&H 1998.

[236] Cranz, Galen. *The Chair: Rethinking Culture, Body, and Design*. [M]. New York and London: W. W. Norton & Company, 1998.

[237] Darly, Mathias and George Edwards. *A New Book of Chinese Designs*. [M]. London, 1754.

[238] Graham, Gordon. *Philosophy of the Arts: An Introduction to Aesthetics*. [M]. London and New York: Routledge, 1997, 1998.

[239] Hermeren, Göran. *Influence in Art and Literature*. [M]. Princeton University Press. 1975.

[240] Jacobson, Dawn. *Chinoiserie*. [M]. London: Phaidon, 1993.

[241] Kress, Gunther and Theo van Leeuwen. *Reading Images: The Grammer of Visual Design*. [M]. London and New York: Routledge, 1996, 1998.

[242] Lee, Jean Gordon (Ed.). *Philadelphians and The China Trade 1784-1844*. [M]. Philadelphia Museum of Art, 1984.

[243] Luzzato-Bilitz, Oscar. *Oriental Lacquer*. [M]. Cassell London, 1966, 1988.

[244] Lyall, Sutherland. *Hille 75 Years of British Furniture*. [M]. Elron Press Ltd. in association with the V&A Musuem, 1981.

[245] Mollerup, Per. *Offspring: Danish Chairs with Foreign Ancestors*. [M]. Mobilia no. 315/316, 1983.

[246] Royal Ontario Museum. *Silk Roads -China Ships: An Exhibition of East — West Trade*. [M]. Toronto — Ontario, 1983.

[247] Rubin, William. *"Primitivism" in 20th Century Art: Affinity of the Tribal and the Modern*. [M]. New York: The Museum of Modern Art, 1984.

[248] Saunders, Richard. *Collecting & Restoring Wicker Furniture*. [M]. New York: Crown Publishers Inc. 1976.

[249] Setterwall, Äke and Stig Fogelmarck and Bo Gyllensvärd. *Kina Slott pä Drottningholm*. [M]. Alihems Forlög Malmö, 1972.

[250] Taylor, Mark C. *Hiding*. [M]. The University of Chicago Press, 1997

[251] Walkling, Gillian. *Antique Bamboo Furniture*. [M]. London: Bell & Hyman, 1979.

[252] Ashton, Leigh and Basil Gray. *Chinese Art*. [M]. London: Faber and Faber, 1935, 1945.

[253] Bachhofer, Ludwig. *A Short History of Chinese Art*. [M]. London: B. T. Batsford Ltd. 1946.

[254] Bilicliffe, Roger. *Charles Rennie Mackintosh: The Complete Furniture, Furniture Drawings and Interior Designs*. [M]. Guildford and London: Lutterworth Press, 1979.

[255] Billington, Ray. *Understanding Eastern Philosophy*. [M]. London and New York: Routledge, 1997.

[256] Clunas, Craig. *Art in China*. [M]. Oxford University Press, 1997.

[257] —*Pictures and Visuality in Early Modern China*. [M]. London: Reaktion Books, 1997.

[258] Fitel, Ernest J. *Feng Shui: The Science of Sacred Landscape in Old China*. [M]. Tucson: Synergetic Press, 1873 (First Edition) 1988.

[259] Fang, Hai. *The Chair as an Example, Chinesism in Modern Furniture Design*. [M].

[260] Harni, Pekka. *Object Categories*. [M]. Aalto University, October 10, 2013.

[261] Raizman, David. *History of Modern Design*. [M]. Pearson Prentice Hall; 2nd edition, July 9, 2010.

[262] Janssen, Hans. White, Michael. *The Story of De Stijl Modrian to Van Doesburg*. [M]. Harry N. Abrams, December 1, 2011.

[263] Neuhart, Marilyn. Neuhart, John. *The Story of Eames Furniture*. [M]. Die Gestalten Verlag, November 15,

2010.

[264] Gaynor, Elizabeth. *Finland Living Design*. [M]. New York: Rizzoli, September 15, 1990.

[265] by Klaus Klemp (Author) *Less and More*, *The Design Ethos of Dieter Rams*. [M]. Gestalten, 2011.

[266] Guy Cogeval (Editor), Giampiero Bosoni (Editor) *Il Modo Italiano*, *Italian Design and Avant-garde in the 20th Century*. [M]. Skira, July 18, 2006.

[267] Massey, Anne. *Chair (Reaktion Books -Objekt)*. [M]. Reaktion Books; 1st Ed. edition, February 15, 2011.

[268] Caan, Shashi. *Rethinking Design and Interiors*, *Human Beings in the Built Environment*. [M]. Laurence King Publishers, August 10, 2011.

[269] Savage, David. *Furniture with Soul*, *Master Woodworkers and Their Craft*. [M]. Kodansha USA, July 1, 2011.

[270] Pullin, Graham. *Design Meets Disability*. [M]. The MIT Press, September 30, 2011.

[271] Buckley, Cheryl. *Designing Modern Britain*. [M]. Reaktion Books, October 1, 2007.

[272] Korvenmaa, Pekka. *Finnish Design -A Concise History*. [M]. Aalto University, October 10, 2013.

[273] Papanek, Victor. *Design for the Real World*, *Human Ecology and Social Change*. [M]. Academy Chicago Publishers; 2 Revised edition, August 30, 2005.

[274] Olivares, Jonathan. *A Taxonomy of Office Chairs*. [M]. Phaidon Press, May 4, 2011.

[275] Bayley, Stephen. Conran, Terence. *Design*, *Intelligence Made Visible*. [M]. Firefly Books, September 14, 2007.

[276] *Design and Culture: The Journal of the Design Studies Forum*. [M]. Volume 1 Issue 1 March 2009. Berg.

[277] Fiell, Charlotte & Peter. *Masterpieces of British Design*. [M]. Goodman / Fiell Publishing, April 1, 2013.

[278] Litchfield, Frederick. *History of Furniture: Contains 400 Illustrations of Examples from Ancient Times to the Edwardian era*. [M]. Arcturus Publishing Limited, January 30, 2012.

[279] *Finnish Society Of Crafts And Design*, *Tapio Wirkkala*. [M]. Finnish Soc. /Crafts & Design; 2nd Edition edition, 1985.

[280] Byars, Mel. *New Chairs: Innovations in Design*, *Technology*, *and Materials*. [M]. Chronicle Books; First Edition edition, June 15, 2006.

[281] Barnwell, Maurice. *Design*, *Creativity & Culture: An orientation to design*. [M]. Black Dog Publishing; 1 edition, October 11, 2011.

[282] Remmele, Mathias. Panton, Verner. Vitra Design Museum. *Verner Panton -The collected works*. [M]. Vitra Design Stiftung, April 2001.

[283] Donald Albrech. *The work of Charles and Ray Eames: A Legacy of Invention*.

[284] Pevsner, Nikolaus. *Pioneers of Modern Design: From William Morris to Walter Gropius*. [M]. Penguin Books; First Edition edition, January 1, 1961.

[285] Stewart, Liliane and David M. *The century of modern design*. [M]. Flammarion Edition, November 9, 2010.

[286] Jackson, Lesley. *Robin & Lucienne Day: Pioneers of Contemporary Design*. [M]. Mitchell Beazley, August 1, 2011.

[287] Guillemette Delaporte. *René Herbst: Pioneer of Modernism*. [M]. Flammarion, October 15, 2004.

[288] Domitilla Dardi. *Eero Saarinen: Minimum Design*. [M]. Ore Cultura Srl (Acc), September 16, 2012.

[289] Reuter, Helmut. Schulte, Birgit. *Mies and Modern Living.*. [M]. Hatje Cantz, February 1, 2009.

[290] Polano, Sergio. *Achille Castiglioni*. [M]. Phaidon Press, August 20, 2012.

[291] Colle, Enrico. *500 Years of Italian Furniture: Magnificence and Design*. [M]. Skira; 1St Edition edition, September 8, 2009.

[292] Miller, Judith. *Miller's 20th Century Design: The Definitive Illustrated Sourcebook*. [M]. Miller's Publications, October 5, 2009.

[293] Perriand, Charlotte. *Charlotte Perriand: A Life of Creation*. [M]. The Monacelli Press; 1St Edition edition, November 10, 2003.

[294] Parissien, Steven. *Interiors: The Home Since 1700*. [M]. Laurence King Publishers; 1 edition, December 31, 2008.

[295] Byars, Mel. *The Design Encyclopedia*. [M]. The Museum of Modern Art, New York, June 2, 2004.

[296] *Builders of the Future: Finnish Design 1945-67*. [M]. Designmuseo.

[297] Carlano, Annie. Sumberg, Bobbie. *Sleeping Around the Bed from Antiquity to Now*. [M]. University of Washington Press, January 1, 2006.

[298] Miller, Judith. *Furniture: World Styles from Classical to Contemporary*. [M]. DK ADULT, September 19, 2005.

[299] Taschen, Angelika. *Bamboo style*. [M]. Taschen, 2006.

[300] Pickeral, Tamsin. *Mackintosh: The World Greatest Art*. [M]. Flame Tree Publishing, August 13, 2005.

[301] Tiradriti, Francesco. *The Pharaohs: Ziegler, Christiane*. [M]. Rizzoli, December 13, 2002.

[302] Celant, Germano. *Architecture & Arts 1900-2004: A Century of Creative Projects in Building, Design, Cinema, Painting, Photography, Sculpture*. [M]. Skira, March 8, 2005.

[303] Cabra, Raul. Nelson, Katherine E. *New Scandinavian Design*. [M]. Chronicle Books; First Edition edition, November 4, 2004.

[304] Sommar, Ingrid. *Scandinavian Style: Classic and Modern Scandinavian Design and Its Influence on The World*. [M]. Carlton Books, illustrated edition, October 1, 2003.

[305] Tuukkanen, Pirkko. *Alvar Aalto: Designer*. [M]. Alvar Aalto Museum. Ram Distribution, October 1, 2007.

[306] Antonella, Paola. *Design Directory: Italy*. [M]. Universe, September 4, 1999.

[307] Antonelli, Paola *Design Directory: Scandinavia*. [M]. Universe, September 18, 1999.

[308] Sparke, Penny *Design Directory: Great Britain*. [M]. Pavilion Books, 2001.

[309] Godau, Marion *Design Directory: Germany*. [M]. Universe, June 17, 2000.

[310] Marianne Av. *Tapio Wirkkala: eye, hand, and thought*. [M]. WSOY Finland, 2000.

[311] Hagstromer, Denise. *Swedish design*. [M]. The Swedish Institute, 2000.

[312] Klanten, Robert, Ehmann, Sven , Kupetz, Andrej. *Once Upon a Chair: Design Beyond the Icon*. [M]. Gestalten Verlag, October 1, 2009.

[313] Miller, R. Craig. Sparke, Penny. McDermott, Catherine. *European Design Since 1985: Shaping the New Century*. [M]. Merrell; 1St Edition edition, March 1, 2009.

[314] Polster, Bernd. Newman, Claudia. Schuler, Markus. *The A-Z of Modern Design*. [M]. Merrell, October 1, 2009.

[315] Fiell, Charlotte. Fiell, Peter. *Tools for Living: A Sourcebook of Iconic Designs for the Home*. [M]. Goodman / Fiell Publishing; Mul edition, August 19, 2011.

[316] Marcus Fairs. *21st Century Design: New Design Icons from Mass Market to Avant-Garde*. [M]. Carlton Books; 1 edition, September 1, 2009.

[317] Starck, Philippe. *Interiors by Yoo: Imaginative, Individual and Rare -Like You*. [M]. Goodman.

[318] Fiell, Charlotte. Fiell, Peter. *Chairs: A 1000 Masterpieces of Modern Design, 1800 to the Present Day*. [M]. Goodman / Fiell Publishing, April 15, 2013.

[319] Charlish, Anne. Bourne, Jonathan. *The history of furniture*. [M]. William Morrow & Company; First edition, December 1976.

[320] Pile, john. *A history of interior design*. [M]. Wiley; 2 edition, August 27, 2003.

[321] Fiell, Charlotte. Fiell, Peter. *Plastic Dreams: Synthetic Visions in Design*. [M]. Goodman / Fiell Publishing, August 19, 2011.

[322] Raizman, David. *History of Modern Design*. [M]. Raizman. Laurence King, 2010, January 2, 2010.

[323] Rudge, Geraldine. Rudge, Ian *1000 designs for the garden and where to find them*. [M]. Laurence King Publishing, February 23, 2011.

[324] Goldsmith, Selwyn. *Universal Design*. [M]. Taylor & Francis, February 20, 2001.

[325] Koizumi, Kazuko. *Traditional Japanese Chests: A Definitive Guide*. [M]. Kodansha USA, May 1, 2010.

[326] Adam, lindemann. *Collecting design*. [M]. Taschen, November 1, 2010.

[327] Brino, Giovanni. *Carlo Mollino: Architecture as Autobiography*. [M]. Thames & Hudson; Rev Exp edition, April 3, 2006.

[328] Juhl, Finn. *Furniture. Achitecture. Applied Art*.

[329] Henrik Sten Moller. *Motion and Beauty The Book of Nanna Ditzel*. [M]. Rhodos; 1ST edition, 1998.

[330] Fagerholt, Nils. Palsby, Ole. Harlang, Christoffer. Krogh, Erik. *Poul Kjærholm*. [M]. The Danish Architectural Press, October 29, 1999.

[331] Tostrup, Elisabeth. *Norwegian Wood: The Thoughtful Architecture of Wenche Selmer*. [M]. Princeton Architectural Press; 1 edition, August 24, 2006.

[332] Fiell, Charlotte. Fiell, Peter. *Scandinavian Design.*. [M]. Taschen, June 1, 2013.

[333] Zijl, Ida van. Kuper, Marijke. *Rietveld Gerrit: The Complete Works 1888-1964*. [M]. Centraal Museum Utrecht, June 1992.

[334] Judith Gura. *Sourcebook of Scandinavian Furniture: Designs for the Twenty-First Century*. [M]. W. W. Norton & Company; 1 edition, September 3, 2012.

[335] Widman, Dag. Winter, Karin. Stritzler-Levine, Nina. *Bruno Mathsson: Architect and Designer*. [M]. Other Distribution, February 28, 2007.

[336] Bassani, Ezio. *Arts of Africa: 7000 Years of Africa Art*. [M]. Skira, October 18, 2005.

[337] Muller, Felix. *Art of the Celts: 700 BC to AD 700*. [M]. Cornell University Press; 1 edition, July 30, 2009.

[338] Berry, Joanne. *The Complete Pompeii*. [M]. Thames & Hudson; Reprint edition, November 1, 2007.

[339] Nichols, Sarah, Antonelli, Paola. Friedel, Robert & 3 more. *Aluminum by design*. [M]. Harry N. Abrams; 1ST edition, October 1, 2000.

[340] Stewart, Richard. *Modern Design in Wood*. [M]. Transatlantic Arts, February 1980.

[341] Stenros, Anne. *Visions of Modern Finnish Design*. [M]. Otava Publishing, December 1999.

[342] Gay, Peter. *Modernism: The Lure of Heresy*. [M]. W. W. Norton & Company; 1 Reprint edition, August 16, 2010.

[343] Cranz, Galen. *The Chair: Rethinking Culture, Body, and Design*. [M]. W. W. Norton & Company, January 23, 2013.

[344] Boyce, Charles. *Dictionary of Furniture*. [M]. Facts on File; 2 edition, December 2000.

[345] Bayley, Stephen, Conran, Terence. *Design: Intelligence Made Visible*. [M]. Firefly Books, September 14, 2007.

[346] McQuaid, Matilda. *Shigeru Ban*. [M]. Phaidon Press, March 1, 2006.

[347] Englund, Magnus. Schmidt, Chrystina. *Scandinavian Modern*. [M]. Ryland Peters & Small, April 2007.

[348] Bosoni, Giampiero. *Italy: Contemporary Domestic Landscapes 1945-2000*. [M]. Skira, March 6, 2002.

[349] Fallan, Kjetil. *Scandinavian Design: Alternative Histories*. [M]. Bloomsbury Academic; 1 edition, March 13, 2012.

[350] Fiedler, Jeannine. *Bauhaus*. [M]. Konemann, April 2000.

[351] James-Chakraborty, Kathleen. Forgas, Eva. Baumhoff, Anya. *Bauhaus: Art as Life*. [M]. Walther König, Köln, August 31, 2012.

[352] Siebenbrodt, Michael. Wall, Jeff, Weber, Klaus. *Bauhaus: A Conceptual Model*. [M]. Hatje Cantz; 1St Edition edition, November 30, 2009.

[353] Whiteway, Michael. *Christopher Dresser: A Design Revolution*. [M]. V & A Enterprises, March 1, 2011.

[354] Sparke, Penny. *The Genius of Design*. [M]. Quadrille Publishing Ltd.

[355] Mollerup, Per. *Design*. [M]. Danish Design Council, 1986.

[356] McDermott, Catherine. *Modern Design: Classics of Our Time*. [M]. Carlton Books; Reprint edition, August 2, 2011.

[357] McCarter, Robert. *Frank Lloyd Wright*. [M]. Phaidon Press, September 26, 1997.

[358] Turkka, Marja. Karttunen, Leena. Aaltonen, Susanna. *Muovituolista Raitiovaunuun: Olavi Hanninen, Sisistusarkkitehti, 1920-1992*. [M]. Multikustannus Oy, 2006.

[359] Louekari, Meri. Hannula, Mika. Heikkinen, Mikko. *Newly Drawn: Emerging Finnish Architects*. [M]. Rakennustieto Publishing, January 1, 2010.

[360] Bird, Tim. *Living in Finland*. [M]. Flammarion, December 5, 2005.

[361] Conran, Terence. *Terence Conran on Design*. [M]. Overlook Hardcove, September 1, 1996.

[362] ECKE, Gustav. *Chinese Domestic Furniture*. [M]. See notes; Reprint edition, 1976.

[363] Elizabeth, Wilhide. *Terence Conran: Design and the Quality of Life*. [M]. Watson-Guftill Publications, 1999.

[364] Editors of Phaidon Press. *Pioneers: Products From Phaidon Design Classcics, VOL. 1*. [M]. Phaidon Press, May 16, 2009.

[365] Editors of Phaidon Press. *Mass Production: Products From Phaidon Design Classics, Vol. 2*. [M]. Phaidon Press, May 16, 2009.

[366] Editors of Phaidon Press. *New Technologies: Products From Phaidon Design Classics, Vol. 3*. [M]. Phaidon Press, May 16, 2009.

[367] Erik Tøjner, Poul. *Arne Jacobsen: Arkitekt & Designer*. [M]. Dansk Design Center, 1994.

[368] Pallasamaa, Juhanni. Ban, Shigeru. St John Wilson, Colin. *Alvar Aalto: Through the Eyes of Shigeru Ban*. [M]. Black Dog Publishing, April 10, 2007.

[369] Frampton, Kenneth. Korvenmaa, Pekka. Pallasmaa, Juhani & 3 more. *Alvar Aalto: Between Humanism and Materialism*. [M]. Museum of Modern Art, March 1998.

[370] Woodham, Jonatha M. *Twentith-Century Design (Oxford History of Art)*. [M]. Oxford University Press, USA, May 8, 1997.

[371] Fiell, Charlotte. Fiell, Peter. *Designing the 21st Century*. [M]. Taschen, October 1, 2001.

[372] Berliner, Nancy. *Beyond the Screen: Chinese Furniture of the 16th and 17th Centuries*. [M]. Boston: Museum of Fine Arts, 1996.

[373] Fanghai. *Yrjö Kukkapuro*. [M]. Nanjing: Southeast University Press, 2001

[374] Wilson, J. R. e E. N. Corlett. *Evaluation of Human Work. A Practical ErgonomicMethodology*. [M]. Taylor & Francis, London—Philadelphia, 1995

[375] *Tattooed Chairs*. [M]. Taik Press, 2002

[376] *Rooms for Everyone*. [M]. Otava Press, 1999

[377] *The Form and Substance of Finnish Furniture*. [M]. Otava Press, 1985

[378] Conran, Terence. Fraser, Max. *Designers on Design*. [M]. Octopus Publishing Group, 2004.

[379] Burkhardt, Francois. *Enzo Mari*. [M]. Federico Motta Editore, March 1997.

[380] AA. VV. Alvar Aalto. [M]. Milano. 1998.

[381] Gordan, Dan. Svenska Stolar Och DerasFormgivare 1899-2001. [M]. Svenska. 2002.

[382] *5x5 Chairs +5*. [M]. Taik Press, 2001

[383] *Nordic Modernism Design and Crafts*.

[384] *Welcome to Finnish Design Thinking*.

[385] 内田繁. 家具的本. [M]. 晶文社

[386] The European Office. Juriaan van Meel. [M]. Rotterdam: Oio Publishers, 2000

[387] On the job design and the American office. Donald Albrecht and Chrysanthe B. broikos, [M]. Princeton Architectural Press, 2000

[388] D. K. Ching. *Interior Design Illustrated*. [M]. Van Nostrand Reinhold Company, 1987

[389] Arnheim. *Rudolph: Art and Visual Perception*. [M]. University of California Press, 1971

[390] Dreyfuss Henry. *Measure of Man: Human Factors In Design*. [M]. Watson-Guptill, 1967

[391] Garner Philippe. *Twentieth Century Furniture*. [M]. Van Nostrand Reinhold Company, 1980

[392] Munsell, Albert H. *A Color Notation System*. [M]. The Munsell Color Company, 1980

[393] Phyllis Bennett Oates. *The Story of Western Furniture*. [M]. The Herbert Press, 1981

[394] F. Celaschi R. De Paolis A. Deserti. *Furniture E Textile Design, Ricwrca Applicata E Formazione Come Strategie Per L'area Comasca*. [M]. Milano: Poli. design, 2000

[395] La Repubblica Grandi Guide. *Arredamento & Design*. [M]. Milano: ADI Associazione Per Il Disegnon Industriale, 2004

[396] Pier Paolo Momo Francesco Zucchelli. *Design to Success, Come Concepire e Progettare Prodotti Vincenti*. [M]. Torino: ISEDI, 1997

[397] Mike Ashby Kara Johnson. *Materiali e Design, L'arte E La Sciena Della Selezione Dei Materiali Per Il Progetto*. [M]. Milano: Casa Editrice Ambrosiana, 2005

[398] G. Inkeles I. Schencke. *Arredamento & Benessere In Casa E In Ufficio*. [M]. Como: Lyra libri, 2001

[399] Edizioni Poli. *Design. Metodi di Prototipazione Digitale e Visualizzazione per il Disegno Industriale, L'architettura Degli Interni e I Beni Culturali*. [M]. Milano: Stampa Litogi, 2003

[400] Edizioni Poli. *Design. Ergonomia & Design*. [M]. Milano: Stampa Litogf, 2004

[401] Santa Raymond Roger Cunliffe. Progettazione di Uffici. [M]. Torinese: Unione Tipografico-Editrice Torinese Corso Raffaello, 1999

[402] Giovanni Emilio Buzzelli. *Progettazione Senza Barriere*. [M]. Napoli: Professionisti, Tecnicin e Imprese, Gruppo Editoriale Esselibri-Simone, 2004

[403] AA. VV. *Architettura ed edilizia*. [M]. Roma: Edizione De Luca, 1987

[404] AA. VV. *Architecture bioclimatique*. [M]. Roma: Edizione De Luca, 1989

[405] AA. VV. *Anuario de Arquitectura*. [M]. Caracas: Edizione Proimagen, 1981

[406] Barbara, Anna. *Storie di architettura attraverso i sensi*. [M]. Milano: Edizione Bruno Mondadori, 2000

[407] Bottero. M. et alii. *Archietttura solare, tecnologie passive e analisi di costi e benefici*. [M]. Milano: Edizione CLUP, 1990

[408] Busignoni, a. e H. L. Jaffè. *Le Corbusier*. [M]. Firenze: Edizione Sadea Sansoni, 1969

[409] Gasparini, G. e J. P. Posani. Caracas a traves de su arquitectura. [M]. Caracas: Edizione Fundaciòn fina Gomez, 1969

[410] Izard, Jean Louis. *Archi Bio: architettura bioclimatica*. [M]. Milano: Edizione CLUP, 1982

[411] Mazria, Edward. *Sistemi solari passive*. [M]. Padova: Edizione Franco Muzzio, 1990

[412] Mutti, A. e D. Provenzani. *Tecniche costruttive per l'architettura*. [M]. Roma: Edizione Kappa, 1989

[413] Predotti, Walter. *Bioedilizia*. [M]. Colognola ai Colli (VR): Edizione Bazar Book, 1998

[414] Sala Marco e Lucia Ceccherini Nelli, Tecnologie solari. [M]. Firenze: Edizione Alinea, 1993

[415] Herbert A. Simon. The scienceof artificial, Cambridge, MIT Press, Italiana. [M]. Bologna: Le scienze dell'artificiale, Il mulino, 1988

[416] Christopher Alexander. Note sulla sintesi della forma Il Saggiatore. [M]. Milano, 1967

[417] Teoria del Design. [M]. Procedimenti di problem-solving, Metodi di pianificazione, Processi di strutturazione, [M]. Milano Iitaliana: Ugo MursiaEditore, 1977

[418] Norman. Donald. Thingsthatmakeussmart. PerseusBooks, Cambridge, MA, 1993 e Ed. [M]. Milano Italiana:

Le cose che ci fanno intelligenti, Feltrinelli, 1995.

[419] Edward Lucie-Smith. Furniture, a Concise History. [M]. London: Updated Edition, 1997

[420] Adultdata. *The Handbook of Adult Anthropometric and Strength Measurement*. [M]. DTI 1998

[421] Tilley Alvin R. *Le misure dell'uomo e della donna*. [M]. Be-Ma editrice, Milano, 1994

[422] J. Panero, M. Zelnik. *Spazi a misura d'uomo*. [M]. Miano: Be-Maeditrice, 1989

[423] S. Pheasant. Bodyspace. [M]. CRC Press, 2005

[424] Di Martino, V. e N. Corlett. Organizzazione del lavoro ed ergonomia. [M]. Franco Angeli, 1999

[425] Grandjean, E. Fitting the task to the human. [M]. Taylor & Francis, 1969

[426] Pheasant, S. Bodyspace. Anthropometry, ergonomics and the Design of Work. [M]. Taylor & Francis, 1996

[427] Re, A. Ergonomia per psicologi. [M]. Il Mulino, Bologna, 2000

[428] Tosi, F. Progettazione ergonomica. [M]. Il Sole 24Ore, Milano, 2001

[429] Chapanis, A. Research techniques in Human Engineering. [M]. The John Hopkins Press, 1953

[430] Grandjean, E. Fitting the task to the human. [M]. Taylor & Francis, 1969

[431] Katz, D. La psicologia della forma. [M]. Boringhieri, 1979.

5. 外文杂志论文

[1] Xu Boming. Analysis and Exploitation of Ming Furniture. . [J]. Designing

[2] — Designers: Design by East & West. Milano: Poli. Design, 2006

[3] — "Abitare" editrice Abitare Segesta, Milano, 2005~2011

[4] — "Activa" Design diffusion edizioni, Milano, 2005~2011

[5] — accolta "Art Dossier", 2005~2011

[6] — "Box", 2005~2011

[7] — "Domus", editoriale Domus, Milano, 2005~2011

[8] — "Interni", Elemond, Milano, 2005~2011

[9] — "Modo", 2005~2011

[10] — "Ottagono", edizioni CO. P. IN. A, Milano, 2005~2011

[11] — testo enciclopedico "Le Muse", 2005~2011

[12] Beurdeley, Michel. "Li Yu: A Chinese Decorator of the Ming and Manchu Periods". [J]. Winter 1990.

[13] Chen, Zhengbi. "An Unique Folding Stool for Mounting Horses". [J]. Autumn 1992. — "A Thousand Year Old Daybed". [J]. Autumn 1994.

[14] — "Function and Style of Ming Furniture". [J]. Autumn 1991.

[15] Clunas, Craig. "Chinese Furniture and Western Desigers". [J]. Winter 1992.

[16] — "The Development of the Folding Chair — Notes on the History of the Form of Eurasian Chair". [J]. Winter 1990.

[17] — "Concerning Chinese Furniture". [J]. Autumn 1993.

[18] Evarts, Curtis. "Continuous Horseshoe Arms: and Half-Lapped Pressure-Peg Joins". [J]. Spring 1991.

[19] — "A Pair of Zitan Southern Official's Hat Armchairs". [J]. Autumn 1991.

[20] — "From Ornate to Unadorned: A Study of a Group pf Yokeback Chairs". [J]. Spring 1993.

[21] — "Ornamental Stone Panels and Chinese Furniture". Spring 1994.

[22] — "The Nature and Characteristics of Wood: And Related Observations of Chinese Hardwood Furniture". [J]. Spring 1992.

[23] — "Simplicity and Integrity: The Anatomy of a Masterpiece". [J]. Summer 1992.

[24] — "The Classic of Lu Ban and Classical Chinese Furniture". [J]. Winter 1993.

[25] Flynn, Brian. "Chinese Furniture in Two Columbian Exhibitions: 1893 and 1992". [J]. Spring 1993

[26] Grindley, Nicholas. "The Bended Back Chair". [J]. Winter 1990.

[27] Handler, Sarah. "George Kates: A Romance with Chinese Life and Chinese Furniture". [J]. Winter 1990.

[28] — "The Ubiquitous Stool". [J]. Summer 1994.

[29] — "A Ming Meditating Chair in Bauhaus Light". [J]. Winter 1992.

[30] — "A Yokeback Chair for Sitting Tall". [J]. Spring 1993.

[31] Holzman, Donald. "On the Origin of the Chair in China". [J]. Winter 1991.

[32] Kahn, H. L.. "Living in the Cities, Living on the Farm: Social Dimensions of Ming Culture". [J]. Winter 1992.

[33] Luo, Wuyi. "The Art of Ming Dynasty Furniture". [J]. Summer 1991.

[34] Mason, Lark E. Jr. "Understanding Joinery in Chinese Furniture". Autumn 1991.

[35] Medley, Margaret. "A Chinese Folding Chair in the Escorial". [J]. Spring 1991.

[36] Mott, Leslie Lackrnan. "The Challenge of Simplicity: An Interview with James Kline". [J]. Spring 1993.

[37] Norman-Wilcox, Gregor. "Early Chinese Furniture". [J]. Autumn 1991.

[38] Pirazzoli-t'Serstevens, Michele. "Chinese Furniture in Han Dynasty". [J]. Summer 1991.

[39] Pu, Anguo. "A Discussion of Ming-Style Furniture". [J]. Autumn 1992.

[40] Sickman. Laurence. "Chinese Furniture and Decorative Arts: The New Gallery at the Nelson-Atkins Museum". [J]. Winter 1993.

[41] Slomann, Vilhelm. "The 'Indian' Period of European Furniture". [J]. Autumn 1994.

[42] Taggart, Ross E.. 'The Impact of China on English and American Furniture Design". [J]. Summer 1992.

[43] Wang, Shixiang. "The State of Ming Furniture: A Comparision of Early and Late Joinery". [J]. Winter 1992.

[44] Wu, Tung. "From Imported Nomadic Seat to Chinese Folding Armchairs". [J]. Spring 1993.

[45] Yang, Naiji. "The Beauty of Perfect Roundness". [J]. Summer 1993.

[46] Yang, Yao. "A Brief Outline of Ancient Chinese Furniture". [J]. Spring 1991.

[47] Zhang, Yinwu. "A Sursey of Chu-Style Furniture". [J]. Summer 1994.

[48] Ang, John Kwang-Ming. "Shanxi Furniture: Unique Examples and Special Characteristics". [J]. *Arts of Asia* 1995. 5-6.

[49] — "Enduring Traditions of Shanxi Furniture". [J]. *Orientations 1996*. 5.

[50] Chapman, Jan. "Back to the Hu Chuang — A Reassessment of Some Literary Evidence Concerning the Origin of the Chair in China". [J]. *Oriental Art* winter 1974.

[51] Chua. John. "Classical Chinese Furniture in the Nelson-Atkins Museum of Art". [J]. *Arts of Asia* 1993. 1-2.

[52] Clunas, Craig. "The Chinese Chair and The Danish Designer". [J]. *The V&A Album* 4, 1985.

[53] Ellsworth, R. H.. "Some Further Thoughts on Chinese Furniture". *Oriental Ceramic Society of Hong Kong Bulletin* No. 5, 1980-1982.

[54] Figgess, Sir John. "Tansu-Chests of Old Japan". [J]. *Arts of Asia* 1978. 7-8.

[55] FitzGerald, C. P.. *Barbarian Beds: The Origin of the Chair in China*. London: The Cresset Press, 1965.

[56] Handler, Sarah. "The Korean and Chinese Furniture Traditions". [J]. *Korean Culture* June 1984.

[57] — "Proportion and Joinery in Four-Part Wardrobes". [J]. *Orientations* 1991. 1.

[58] — "Side Tables, a Surface for Treasures and the Gods". [J]. *Orientations* 1996. 5.

[59] — "The Elegant Vagabond: The Chinese Folding Armchair". [J]. *Orientations* 1992. 1.

[60] — "The Revolution in Chinese Furniture: Moving from Mat to Chair". [J]. *Asian Art* summer 1991.

[61] Hearn, Maxwell K.. "Masterpieces of Figure Painting from the Song to the Qing from the National Palace Museum". [J]. *Orientations* 1996. 9.

[62] Ichiura, Makiko. "Chinese Furniture of Robert Ellsworth". [J]. *Arts of Asia* 1976. 9-10.

[63] Jaffer, Amin KH. "The Furniture Trade in Early Colonial India". [J]. *Oriental Art* 1995.

[64] Jakobsen, Kristian. "Once Again the Kinastol". [J]. *Scandinavian Journal of Design History* volume 2, 1992.

[65] Longsdorf, Ronald W.. "Chinese Bamboo Furniture: Its History and Influence on Hardwood Furniture Design". [J]. *Orientations* 1994. 1.

[66] Mackenzie, Cohn. "The Chu Tradition of Wood Carving". [J]. *Style in the East Asian Tradition*, *Colloquies on Art & Archaeology in Asia* No. 14. London, 1987.

[67] Menshikova, Maria. "A Lacquer Table Screen in the Hermitage Museum". [J]. *Orientations* 1993. 1.

[68] Powers, Martin J.. "A Late Western Han Tomb near Yangzhou and Related Problems". [J]. *Oriental Art* autumn 1983.

[69] Roche, Odilon. "An Early Treasure on Furniture Making: The Lu Ban Jing". [J]. *Orientations* 1992. 1.

[70] Steinhardt, Nancy Shatzman. "Yuan Period Tombs and Their Decoration: Cases at Chifeng". [J]. *Oriental Art* winter 1990-199 1.

[71] Tian, Jiaqing. "Early Qing Furniture in a Set of Qing Dynasty Court Paintings". [J]. *Orientations* 1993. 1.

[72] — "The Art of Decorative Carving on Qing Dynasty Furniture". [J]. *Orientations* 1996. 5.

[73] — "Appraisal of Ming Furniture". [J]. *Orientations* 1992. 1.

[74] — "Zitan and Zitan Furniture". [J]. *Orientations* 1994. 10.

[75] Wachowiak, Melvin J. Jr. "New Directions in the Study of Chinese Furniture". [J]. *Asian Art* summer 1991.

[76] Wang, Shixiang. "Development of Furniture Design and Construction from the Song to the Ming". [J]. *Orientations* 1991. 1.

[77] Wang, Tong. "Ming and Qing Furniture in the Collection of the Beijing Museum of Art". [J]. *Orientations* 1996. 5.

[78] Wright, Michael. "Gilt Lacquer Cabinets of Siam". [J]. *Arts of Asia* 1978. 5-6.

[79] Yetts, W. Perceval. "*Concerning Chinese Furniture*". [J]. Journal of The Royal Asiatic Society of Great Britain and Ireland. London, 1949.

[80] Yip, Shing Yiu. "Collecting Ming Furniture of Huanghuali Wood". [J]. *Arts of Asia* 1991. 5-6.

[81] — "Observations on the Authentication of Ming Furniture". *Orientations* 1992. 8.

[82] *ICON. November* 2012.

[83] Form. Function, 3. 1995. Finland.

[84] Form. Function. No75. 3. 1999. Finland.

[85] db. 06. 2010. Konradin Mediengruppe.

[86] *Frame. SEP/OCT* 2004.

[87] Finnish Design Yearbook 2006: Play Respect Ease Share Flow Dare Imagine.

[88] Finnish Design Yearbook 2010-11.

[89] Furniture innovation VOL. 2.

[90] *Abitare.* Milano. 1960s-2010s.

[91] *Architectural Digest.* California. 1997-2010.

[92] *DesignDK.* Copenhagen. 2010s.

[93] *Design from Scandinavian.* Copenhagen. No. 1-No. 22.

[94] *Design in Finland.* Helsinki. 1964-1995.

[95] *Domus.* Milano. 1940s-2010s.

[96] *FengShui.* London. 1998-1999.

[97] *Form.* Stockholm. 1950s-2010s.

[98] *Form-Function-Finland* Helsinki. 1980-1999.

[99] *Finnish Contract Furniture.* Helsinki.

[100] *Finnish Furniture.* Helsinki.

[101] *Finnish Home Furniture.* Helsinki.

[102] *Interni.* Milano. 1990s-2010s.

[103] *Mobilia.* Copenhagen. 1956-1984.

[104] *Muoto.* Helsinki. 1980-1999.

[105] *Ottagono*: *Design and Designers*. Italy. 1990s-2010s.

[106] *The Home-The New York Times Magazine*. New York. 1960s-1970s.

[107] *The Museum of Far Eastern Antiquities*. Stockholm. No. 1 -No. 72.

[108] *The World of Interiors*. London. 1997-1999.

[109] MD，Germany. 1960s-2010s

[110] DDF，Italy，1980s-2010s

[111] Detail，Munich，1970s-2010s

6. 事件/活动

[1] SaieDue 2005，Bologna

[2] Salone Internazionale del Mobile 2004，Milano

[3] Salone Internazionale del Mobile 2005，Milano

[4] Salone Internazionale del Mobile 2006，Milano

[5] Salone Internazionale del Mobile 2007，Milano

[6] Salone Internazionale del Mobile 2008，Milano

[7] Salone Internazionale del Mobile 2009，Milano

[8] Salone Internazionale del Mobile 2010，Milano

[9] Fuorisalone 2005，Milano

7. 网站

[1] Siamesi Riombra S. R. L. <www. siamesi. com>，giugno 2005

[2] Metlsoluzioni S. A. S. <www. metalsoluzioni. com>，giugno 2005

[3] Merlo S. R. L. <www. merlo. com>，giugno 2005

[4] Schuco International Italia，<www. schueco. it>，giugno 2005

[5] Naco，<www. naco. it>，giugno 2005

[6] Renson Italia，<www. rensonitalia. com>，giugno 2005

[7] Metra，<www. metra. it>，giugno，2005

[8] Siteco，<www. siteco. com>，giugno 2005

[9] www. designboom. com

[10] www. designnet. com

[11] www. designconutinuum. it

[12] www. design. philips. com

[13] www. bravacasa. it

[14] www. voguecasa. it

[15] www. mondadori. it

[16] www. wallpaper. com

[17] www. abitare. it

[18] www. edidomus. it

[19] www. internimagazine. it

[20] www. ottagono. com

[21] www. editmodo. it

[22] www. mast. polimi. it

[23] Niosh Publication No. 2004-164，A Guide to Selecting Non-Powered Hand Tools，http：//www. cdc. gov/niosh/docs/2004-164/pdfs/2004-164. pdf

[24] www. 365f. com/

[25] www. ikea. com/cn